国家社科基金后期资助项目
出版说明

　　后期资助项目是国家社科基金设立的一类重要项目，旨在鼓励广大社科研究者潜心治学，支持基础研究多出优秀成果。它是经过严格评审，从接近完成的科研成果中遴选立项的。为扩大后期资助项目的影响，更好地推动学术发展，促进成果转化，全国哲学社会科学工作办公室按照"统一设计、统一标识、统一版式、形成系列"的总体要求，组织出版国家社科基金后期资助项目成果。

全国哲学社会科学工作办公室

国家社科基金
后期资助项目
GUOJIA SHEKE JIJIN HOUQI ZIZHU XIANGMU

赛博技术伦理问题研究

Studies on Ethical Issues in Cyber Technology

李蒙 著

上海三联书店

目　　录

前　言

当代著名计算机伦理学家牛津大学教授弗洛里迪（Luciano Floridi）在其《计算与信息哲学导论》（2004）一书中指出，信息革命正在深刻地改变着世界，而且这种改变是不可逆转的，同时也为我们带来种种问题，信息革命的步伐远远超出了我们所预期的范围①。在他看来，数据库化的社会已经带来了信息革命，这一革命的重大意义在于：先是个人计算机以及随之而来的网络"数据化"，世界与人类社会已经创造了全新的实体，使得前所未有的现象和经验成为可能，这也为我们提供了极为强大的工具和方法论手段。同时，信息革命提出了非常宽广和独特的问题，在我们面前展开了无以穷尽的可能性。不可避免地，信息革命也深刻地影响了哲学家从事研究的方式，影响了他们如何思考问题，影响了他们考虑什么是值得考虑的问题，影响了他们如何形成自己的观点甚至所采用的词汇。

当我们今天再回顾弗洛里迪的论述，我们的感受更为深刻，也会更加认同弗洛里迪的观点。计算和通信在和互联网连接方面取得了令人瞩目的发展，正在引领新的通信和计算平台快速进入世界几乎所有偏远角落，新的技术发展创造了新的社区样态和生态系统，也覆盖了更多人群。

一个明显的事实是：当今世界的信息革命已经深刻改变了人类生活的各个方面，包括商业、就业、医疗、安全、交通、环境等各个方面都深受信息通讯技术的影响，人类世界已经毫无疑问地进入了信息时代。生活在信息时代中的人们，正在经历、见证着信息技术的双刃剑作用。特别是最近十年来，信息技术发展的速度、广度、深度都是令人惊叹的，新的通信和计算平台延伸到了世界遥远的角落，随着物联网技术、人工智能、大数据、虚拟现实技术等快速发展，我们的世界已经完全被信息技术所覆盖。特别是随着科学技术的发展，机器人技术的进步，机器人与我们生活关系也越来越密切，我

---

① 参见［意］卢西亚诺·弗洛里迪主编，《计算与信息哲学导论》，刘钢主译，北京：商务印书馆，2010 年版，前言。

们不得不面对一个新的问题:这个新加入人类生活的"电子零件组合件",它们会跟人发展出一种新的伦理关系,机器人与机器人之间会发展出一种新的伦理关系,这样一来,人类世界中便存在着由人、机器人、社会、自然构成的一种新的伦理关系。所以,在并不遥远的将来,机器人将大量服役人类社会,我们人类必须提前研究可能出现的人类与机器人的伦理关系,提早想好对策,提早制定相关伦理原则、标准、准则、制度来规范这种伦理,既不要像防洪水猛兽一样,也不能对将要出现的新伦理现象掉以轻心。理论是行动的先导,现实是行动的动力,现实的压力督促我们必须尽快行动起来,我们深知:要想制定有效应对这些伦理问题理论与思想的措施与政策,就需要在伦理道德层面进行深入的探究,从而为解决这些问题提供伦理道德要支撑。实践表明,人类的一些核心伦理道德价值观念具有永恒的适用性,虽然时代在变迁,但这些观念仍然是我们认识时代问题、分析时代问题、解决时代问题的深厚的理论支撑。

哲学是时代精神的集中体现,是时代精神的精华。正如弗洛里迪所言,计算机科学与信息技术的迅猛发展,必然引起哲学范式的转换和变革,从而形成一个新的研究领域,提出新的具有创新意义的研究纲领,进而成为解决传统哲学问题的新方法。这种范式的转换就是所谓"计算机革命"或"信息转向"①。作为一种新的范式,作为哲学的信息转向的产物,信息哲学应运而生,弗洛里迪甚至预见其将成为第一哲学。在这个新的哲学范式中,信息和计算机的概念、方法以及理论已经为一种解释学框架,它不仅能够对原有的传统哲学的主题做出进一步的解释,而且能够在新的意义上解释传统哲学的一些根本问题。哲学研究因而也具有了新的主题、方法和模式,哲学家理解哲学的根本问题和基本概念的方式也发生了极大变化。与哲学研究的信息转向相对应,伦理学研究也出现了研究的应用转向,赛博伦理学、计算机伦理学等分支学科就是这一宏大转向进程中逐渐诞生的,这些研究的关注重点在于研究和分析计算机信息通讯技术在社会和伦理方面的重要影响。在当代哲学的探究中,一个非常重要的特征就在于"实践性",这也是应用伦理学最突出的特征。目前,各种不断涌现的信息技术正在迅速地影响和改变着我们传统的认知渠道、思想观念和生活方式,人们不仅要关注传统的三维立体空间,还要关注影响日益拓展的虚拟赛博空间(Cyberspace),当下的人类就是生活在一个现实与虚拟高度交织的时空中,在这样的时空境遇中,人们身处于无所不在的信息通信技术中,置身于不断变化、拓展的全球数据

---

① 参见:《什么是信息哲学?》,弗洛里迪文,刘钢译,《世界哲学》,2002 年第 4 期,第 72 页。

信息流中。这一变化和现实境遇自然成了应用伦理学重点关注和研究的内容，也成为信息哲学迅猛发展的现实基础。

1998年，由著名信息伦理学家泰雷尔·贝奈姆（Terrell Ward Bynum）和詹姆斯·摩尔（James H. Moor）主编的《数字凤凰》（The Digital Phoenix）出版了，正如文集的副标题标示的"计算机如何改变哲学"（How Computers are Changing Philosophy）所意蕴的，信息哲学的涌现是哲学图景中的一股新生力量，而这一哲学图景的出现并日益多彩有着深厚的现实基础，充分展现了哲学作为理论思维与现实的互动，信息哲学正是哲学对信息技术时代的真实，恰当反映。

哲学领域不时会发生一些大的运动。这些运动始于若干简单但却非常丰富的思想，这些思想为哲学家提供了审视哲学问题的新透镜。渐渐地，哲学方法和问题得到了提炼并根据这些新观念获得理解。随着新颖而有意义的哲学成果的获得，运动发展成一股蔓延至整个学科的知识浪潮。一个新的哲学范式涌现了（……）计算机技术便为哲学提供了这么一套简单而又令人难以置信的丰富观念，即新颖而又演变着的为哲学探究所准备的主题、方法和模式。计算为传统的哲学活动带来了新的机遇和挑战（……）计算正在改变着哲学家理解那些哲学基础和概念的方式。哲学探究中的这股思潮吸收了计算的主题、方法或模式，正稳定地迈向前方①。

我们从上述论述可以得到的启示在于：哲学探究的主题、方法不是凝固不变的，随着时代的发展，社会的变迁，哲学一定要与时俱进才能保持常青状态，正所谓理论是灰色的，而生活之树常青，理论只有不断回应现实变化，从现实中汲取养料才能不断丰富自身，保持繁荣，哲学作为高度抽象的系统化、理论化的思想体系亦是如此。就21世纪而言，这种自我更新的现实拉动力、源动力就是计算机科学与信息技术。

本书正是基于上述哲学研究信息转向的背景下，试图对由赛博技术引发的伦理问题展开深入的探究。在本书中，我们通过重点探究赛博技术时代下人们面对的一系列新旧交织的社会伦理问题来反思人类的现代实践生活，试图从伦理的宏微观视域对信息时代背景下的人类生活有所思考和分析，并力图揭示应对这些伦理问题的策略、方案、途径。我们知道，自从亚里士多德把"伦理学"作为一个重要的实践学术领域开始，伦理学就是最有活力、最鲜活的一门学问，因为伦理学最初提出的什么是美德的问题、什么是幸福的问题以及如何处理权利和义务的关系等问题，无论在何时何地，依然

---

① 参见：《什么是信息哲学？》，弗洛里迪文，刘钢译，《世界哲学》，2002年第4期，第72页。

存在于我们的生活中,它不会因为岁月的流逝、历史的变迁而褪色、陈旧甚至消亡,它也不会因为某些思想家的研究和探索得出标准答案而不再需要我们做新的思考和探索,可以这样说,只要人类社会存在,构成伦理学的那些基本问题就存在,围绕这些问题的讨论就永远也不会终止。20世纪60、70年代,应用伦理学的兴起正是在其学科内部矛盾和外部的社会、历史矛盾共同推动下产生的。目前,随着数字电子媒介的蓬勃兴起、计算机与国际互联网的日益普及,以及种种信息处理技术的不断发展和应用,人们生活的空间已经从传统的三维立体空间逐渐进入了虚拟的赛博空间(Cyberspace)。

应用伦理学最突出地体现出了实践性特性,随着人类生活在更加广阔的空间、更加多元的现实层面上展开,应用伦理学的理论领域也有了更大的拓展。生活在赛博技术时代的人类,由于计算机技术的应用使得国家与国家之间、国家与个人之间的关系更为紧密,通过计算机技术的应用,我们称呼"地球村"这一名称时才让人感觉到其内在意蕴。同时,各个学科之间的结合也越来越密切,从这个意义上说赛博技术成为了我们的一个链接工具。赛博技术迅猛的发展趋势是难以阻挡的,它在其自身的发展中在为我们的生活创造便捷时还会带来新的问题,我们永远需要铭记的一点是:和其他技术一样,赛博技术亦是一把双刃剑。因此,我们必须通过人文的视角对于这一新兴技术进行考量和省思,要将工具理性、人文理性和价值理性有机结合,将科学和人文脱离开来的思维方式势必会给人类生活带来难以预计的灾难性后果。总而言之,人类的社会实践历程表明新技术会促生新思想、新理念以及新的道德思考,面对新的技术伦理问题,如何做出我们有效及时的应对,使得人类生活向着正确、光明的方向发展,这无疑一直考验着人类的智慧。

导　论

　　在欧洲哲学传统中，人类决策领域被归之于伦理学。柏拉图在其名著《理想国》中就对于人类为什么应当是伦理的进行了探讨。在思考人类为了达到目的应该采取什么样的伦理措施时，我们需要认真思考影响人类做出决策的重要因素。而这样的思考遵循了人类思维的基本规律，一般会按照两种路径进行：一种路径是理性思考，即在理性思考的基础上，人类决定共同生活于人类社会之中，从而完成自己的目的，满足自身的需求。亚里士多德的伦理学就是沿着这一思路来思考的，康德对于这样的伦理学进行了深刻的考察。第二种路径是将人类情感能力作为思考的基础。18 世纪哲学家休谟就是将人类具有的同情心作为伦理行为的源泉。在我们看来，伦理学的这两种理论从表面看起来是相互冲突的，但其实二者都具有极为重要的洞见，应该是互相补充的关系。这样的一些伦理理论对于我们分析、认识赛博技术时代人类的伦理生活亦有着重要的启示。从 20 世纪 60 年代开始，哲学家们关于最为复杂的计算机能否拥有人类行为自由以及情感自由便展开了激烈的论战，直至今日，哲学界也难以达成一致，或许我们只能从原则上来讨论这些问题。

　　通过梳理西方伦理学发展的基本脉络，透过纷繁复杂的理论体系、理论派别我们会发现，道义论（Deontology）和后果论（Consequentialism）在伦理学思想史上产生了深远的影响，是两种非常重要的理论和方法，其对于西方的政治、经济、法律、文化起着毋庸置疑的重大作用。在长久的哲学探究历史中，道义论和后果论引发了无数学者的研究热情。学者们抑或对二者进行批评、修正，抑或试图将二者完美地结合起来以完善它们。然而，迄今为止，各种努力虽然加深了人们对道义论和后果论的理解，完善了二者的某些不足，但同时也引发了一些新的问题，这样的探究看起来是会永无止境的。

　　赛博空间（cyberspace）这个词汇最早见于美国科幻小说家威廉·吉布森（William　Gibson）在 1984 年出版的科幻小说《神经漫游者》

(Neuromancer)中。在书中,吉布森多次使用"cyberspace"这个他自己独创的术语,并把赛博空间描述为一个纯信息的三维空间,该空间由计算机网络组成,计算机将人、机器和其他对象链接在一起,这个空间提供了高度的移动性,用户能够在这个空间中自由地冲浪。从吉布森的概念化到网络空间的实际实现,我们注意到互联网在全球计算机网络中发挥的主导性作用。随着技术的不断发展,现实中的网络空间被逐渐构建起来,并且随之引起了相关领域学者的注意。2000 年,美国著名学者哈姆林克(Cees J. Hamelink)在其专著中指出赛博技术(Cyber-technology)可以说是当今时代最为核心的技术,它包含了计算机技术、网络技术和信息通讯技术[①],是众多新技术的典范。2007 年,赫尔曼·塔瓦尼(Herman T. Tavani)将赛博技术描述为相互独立的计算机通过网络或者通讯技术实现广泛联结的一种技术,它是计算机、网络、信息通讯技术的组合[②]。时至今日,技术不断更新,网络空间和赛博技术的概念也在不断进化。2013 年凯查(J. M. Kizza)[③]指出网络空间是基于计算机网络构建的全球网格人工现实环境。任何使用计算机,智能手机或任何其他启用互联网电子设备的人都可以进入赛博空间。全世界数十亿的用户在这个空间中可以进行一对一、一对多和多对一的交流。人们可以通过专门的应用程序,通过电子方式进入这个虚拟世界。本书所使用的"赛博技术"就是由计算机技术、网络技术和通讯技术所组合而成的,而由"赛博技术"形成的虚拟空间就是"赛博空间"。

毫无疑问,赛博技术将继续深刻地影响整个人类社会。然而随着整个人类社会越发地依赖赛博技术,当其发生故障、或因其滥用而带来困惑时,人类终将要从最初的无助和茫然走向理性和自信。赛博技术引发了一系列全新的社会问题,如计算机犯罪、软件盗版、黑客、计算机病毒、侵犯隐私、计算机安全等等。近年来,随着人工智能、大数据、物联网、虚拟现实等技术的快速发展,一些新的伦理问题接踵而至,新旧问题相互交织纠缠,使得赛博技术专业人员和用户陷入了道德困境的泥潭之中。

依据什么样的道德理论才能够公允地解决这些棘手的问题无疑成为学界讨论的焦点。不论是将注意力集中于道德动机、以责任为行为基础的道义论,抑或是聚焦于行为后果、以后果为评定基准的后果论,都在分析这些

① Cees J. Hamelink. *The Ethics of Cyberspace*. SAGE Publications. 2000. P. 10.
② Herman T. Tavani. *Ethics & Technology: Ethical Issues in an Age of Information and Communication Technology*. Hoboken. NJ: John Wiley & Sons. 2007. P. 3.
③ J. M. Kizza. *Ethical and Social Issues in the Information* Age. Texts in Computer Science. Springer-Verlag London. 2013. P. 12.

由赛博技术引发的新的社会问题中起到了突出的作用。二者究竟哪一个更为有效？还是同等有效？二者应该实现辩证统一还是相互融合？如何在新的科技革命中继续发挥义务论与后果论的重要作用呢？在赛博技术时代，由于应用新技术而产生的层出不穷的伦理问题究竟在何种意义上改变了人类的实际生活？人类究竟以何种智慧和实际行动才能应对这样的挑战？为什么在信息技术时代更加需要综合辨证的思维方式呢？这是本书试图重点探讨的问题。

一、赛博技术时代引发的社会新问题

以赛博技术为代表的数字革命是科学技术发展史上的又一次飞跃，它广泛而深入地植入我们的生活，为社会营造了空前巨大的、新的生产力。赛博技术使生产自动化、教育电子化、办公家庭化以及全球信息一体化成为现实。从制造业、商业、运输业到政府、军队、医疗卫生、教育和研究部门，赛博技术的影响无处不在。在人们学习、工作、娱乐、生活之中也处处体现着赛博技术带来的便捷与准确。

然而，任何事物都具有矛盾性，在技术的发展与应用过程中，都无法逃避其负面影响，赛博技术也不例外。由赛博技术带来的大麻烦、小问题层出不穷，报纸、杂志、电视、网络等媒体的新闻标题中关于这些问题的报道也屡见不鲜。1991 年 2 月 25 日，由于软件错误导致爱国者系统故障，进而导致爱国者导弹没有成功拦截伊拉克飞毛腿导弹，致使美军 28 名士兵丧生。1996 年 6 月 4 日，由于软件错误造成固体助推器喷嘴和主要火箭发动机旋转异位，那个由法国航天局、国家空间研究中心和欧洲航天局共同设计的阿丽亚娜 5 号卫星运载火箭偏离了轨道、自毁，该火箭上价值 5 亿美元的卫星毁于一旦。在这些对人类生命、财产造成威胁的重大事故中，赛博技术都扮演着令人恐惧的角色，目前，由赛博技术主导下的数字战争对人类生命和安全也形成了巨大的威胁。

在近来的新闻报道中，赛博犯罪无疑是一个热门话题。通过使用赛博技术产生了新的诈骗手段，如自动提款机、电子资金转账、移动电话、有线电视、电话销售，等等。如今，新一代的赛博犯罪分子正通过窃取、篡改甚至威胁要毁灭数据库来达到经济获利的目的。各国的公司都面临赛博诈骗的威胁，并且许多公司已经为此付出了昂贵的代价。目前已披露的赛博犯罪行为只是冰山一角，随着赛博技术的不断更新，赛博罪犯同警方之间势必出现道高一尺，魔高一丈的严峻态势。

计算机黑客和计算机病毒制造者对计算机系统、网络系统的攻击，以及

对计算机用户造成的损失也是惊人的。有些黑客潜入国家安全系统对国家安全形成威胁；有些黑客闯入计算机公共服务系统，如电话系统、电力系统、银行系统等对公众的生活、财产、隐私形成威胁；还有些黑客溜入个人电脑、公司电脑对知识、数据形成威胁；还有些黑客通过散播计算机病毒造成对文件的删毁、硬盘的损坏，甚至整个计算机系统的崩溃，他们的行为对无数计算机用户造成了无法估算的损失。

复制一个文件、从网络上下载一个"免费软件"、购买一个廉价的系统安装盘、下载一首网络歌曲……这些都被软件开发商视作"侵犯知识产权"的行为。于是软件开发商付重金给计算机专业人员令其编写程序，通过设置密码、输入用户口令等形式保护自己的知识产权。在昂贵的正版软件、会员注册门之内，阔绰的用户正在享受新技术、新知识的芳香；而在其门之外，伫立着成千上万同样渴望享受余香的另一批人。维护正版和支持盗版二者孰是孰非？二者谁将在填平数字鸿沟的事业中发挥更大的作用？

这些新的社会伦理问题都使专业人员及涉及的相关人员陷入二难的伦理困境。在采取行动之前，进行理性选择是必经之路。生活中，我们的选择无处不在，有时它们很简单，有时它们很琐碎，有时它们很特别，有时它们又涉及一些道德问题。经常发生这样一些事情：我们在相互冲突的道德主体间进行选择，或我们的选择后果已经对其他事物造成影响。困难的是要在两个或更多的基本道德主体之间进行选择，而这些道德主体都是平等有效的，但选择的主张又各不相同，时常发生冲突。如果我们选择 X 方式发生行为，那么会触犯 A 原则，行为的后果是错误的；如果我们选择 Y 方式发生行为，就会违反 B 原则，我们也会犯错。现实困境向我们发出挑战，我们要在正确与错误之间进行选择。这就如同在《苏菲的选择》（Sophie's Choice）这部电影中，苏菲——这位拥有一个儿子和一个女儿的母亲，不得不在德国纳粹的面前做出一个令人心痛的选择：在她的儿子和女儿中选择一个人让其活下来。

通常我们所看到的共同体其实就是那些共同体范围内的集体或个人的集合，他们持有不同的道德准则。然而，大多数人的道德准则就构成了其所属的共同体的道德准则。在共同体内部人与人发生冲突，集体与集体发生冲突。似乎现实中没有真正的道德社会，也很少有绝对的、有道德的个体。人们终年被"怎么做才是正确的？"这个问题所困扰。为了找到令人满意的答案，人们向伦理学、道德理论发出了求助。

二、人类生活中的伦理学理论

"伦理学是对道德、伦理和人类幸福进行反思的一门理论学科。[①]""伦理道德就是指人们认为什么是对的，什么是错的。[②]"伦理学和伦理道德都能够在人们进行道德判断时给予规范性的指示——应该做什么，不应该做什么，做什么是正确的，做什么是错误的。那么，我们为何向伦理学发出求助信号，而非某个伦理道德规范呢？众所周知，任何一个伦理道德、道德规范都体现出其所在地域的风俗、文化和价值观念。因而，每个人都是在这种"相对符合"（并非符合其他地域的道德规范）的道德约束下做出自己相对主观的道德判断和推理。故此，对"什么行为是最适当的？"这一问题的回答也不可能形成统一定论。然而，伦理学作为各种伦理道德理论的集大成者，不仅拥有"海量"理论的优势，同时具备学科的规范性、系统性，能够使我们站在更高的视角审视伦理规则、行为活动主体。从伦理学的视角研究道德决策背后的规则，能够为我们提供更加合理的道德判断的理性基础。在赛博技术引发的伦理悖论中，运用伦理学的理论能够帮助我们找到解决问题的出路。

在过去的两千多年中，哲学家提出了许多伦理理论，主观相对主义、文化相对主义、神命论、康德主义、行为功利主义、规则功利主义、美德伦理、社会契约论，等等。在不同的历史时期、不同的事件中，这些伦理理论对于分析、处理当时语境中的伦理问题起到了重要作用，同时也暴露出这些理论的不足。的确，任何一个有效的理论都允许它的支持者将其用于检验道德问题、为之前的怀疑进行辩护并形成结论。历史在发展，科学技术在更新，人的思维、认识在不断进步，出现在人们视野中的伦理问题的形式也在不断变化，有的问题是原有问题新的表现形式，有的问题已然脱离了原有问题的胚胎，豁然呈现全新的表现形式。赛博技术是当今新技术的典范，它引发的社会问题也极具代表性。这些问题中既有老问题的变异，如数字技术知识产权问题、隐私问题等，又有我们未曾谋面的新问题，如黑客、病毒等。究竟哪一个或哪几个理论能够为我们分析、解决由赛博技术引起的道德问题提供道德判断的理性基础，从而有效应对并帮助人类逐渐减少赛博技术所引发的伦理难题呢？

[①]　倪愫襄，《伦理学导论》，武汉：武汉大学出版，2002 年版，第 13 页。

[②]　[美]汤姆·弗雷斯特，佩里·莫里森，《计算机伦理学——计算机学中的警示与伦理困境》，陆成译，北京：北京大学出版社，2006 年版，第 12 页。

总的来说,在人类社会的发展过程中,有两种道德理论曾经先后或交替地作为整个社会的价值导向,有效地规范着人们的行为,它们就是道义论和后果论。道义论和后果论是按照对待道德行为的不同目的,或者说对待快乐和幸福、利益和需要的不同态度而进行划分的两种道德理论。实际上,借助道义论和后果论迥异的道德理念、道德标准、道德追求和伦理精神,我们才有可能厘清赛博技术产生的伦理困惑所在。然而,同样一个问题经过道义论和后果论的不同分析,从行为动机和行为后果双方面进行考察所得出的结论有时并不一致,有时甚至是互相冲突的,这就是需要我们进一步研究的问题。

(一) 基于责任的伦理学理论:道义论

道义论强调以责任作为行动的基础,把义务或职责看作是中心概念,注重道德动机,亦称义务论。作为与后果论伦理学相对立的伦理学理论,道义论反对后果论将某个行为的正当性的判断标准归于该行为是否能带来好的后果。道义论不仅思索单个道德主体的权益和目的,更加重视社会或群体的整体利益,并关心如何将这些利益进行公正分配的问题,以及如何顾及所有道德主体之间权益分配的问题。道义论寻求道德规范的普遍有效性,甚至于追求道德规范的绝对道义性。因此,道义论者往往把制定这种具有普遍有效的道德原则(规范)或像康德所说的"绝对命令"(Categorical Imperative)当作伦理学的第一要务。

某些学者还将道义论细分为行为道义论(Act-deontology)和规则道义论(Rule-deontology)。行为道义论认为在道德选择中最重要的因素是个人的道德直觉。正如某些专家常说的那样,他们本能地知道如何做是正确的,他们的道德直觉引导他们完美地进行道德选择。规则道义论认为规则指导道德主体进行道德选择,其本质依据是可应用的道德规则。道义论的代表人物是伊曼努尔·康德(Immanuel Kant)和约翰·博德利·罗尔斯(John Bordley Rawls),康德主义伦理学(Kantian ethics)和罗尔斯的社会契约论是道义论理论的经典代表。

康德主义伦理学的特征主要有:1.普遍主义和形式主义。它寻求单一的或几条至上的道德原则或法则,它们是抽象的和普遍的,支配着所有的理性存在者,而无需考虑他们特殊的历史环境。2.理性主义。这些原则和法则是由理性自身建构的,与我们的欲望和情感不相干。3.自主性。这些原则表达的是有理性的行为者的自由。4.强调义务或责任。它认为行为的道德价值在于行为与普遍的道德原则"义务"的一致性。5.一个目的领域。人类必须作为目的而得到尊重而不仅仅是工具,创造目的王国是人类行为所应优先考虑的。康德主义伦理学是当代反理论运动的攻击目标，人们批评它忽略了社会和历史环境的差别，排除了人类的情感和欲望，忽略了道德运气（Moral Luck），低估了德性的价值以及对实践直觉的拒斥。

罗尔斯在《正义论》（A Theory of Justice）中阐述了他重新构建的社会契约论，正是这一思想使他声名鹊起。罗尔斯的正义理论扭转了 19 世纪中叶以来契约论的低迷状态。罗尔斯的契约论有四个基点：第一，契约论是一种权利论；第二，契约论是一种道义论；第三，契约论以分立的个人为基础；第四，契约论背后的社会是由契约约束的互利合作的社会。在罗尔斯看来，功利主义的社会是为了满足最大化而对社会资源进行有效管理的社会。罗尔斯在《正义论》中挑战了后果论的代表理论功利主义，产生了重大影响。

（二）基于行为后果的伦理学理论：后果论

后果论不太重视行为的动机，认为一个行为的价值完全由它的后果所决定，故此又称为结果论、目的论。后果论在进行道德评价时所遵循的评价原则是道德经验实证论，依据的是道德经验主义或道德实在论。与道义论不同的是后果论不太重视从社会的角度思考某个行为的伦理价值，更多地倾向于从个人角度思考个人美德或人格道德的价值。它常常与道德价值论或道德完善论联系在一起。正是由于后果论特别强调行为的目的性，相对轻视实现该目的的手段或方法的价值，所以它经常被作为社会乌托邦理论的道德依据。

功利主义是典型的后果论代表。功利主义是杰里米·边沁（Jeremy Bentham）、约翰·斯图亚特·密尔（John Stuart Mill）、亨利·西季威克（Sidgwick Henry）和其他许多人所发展的一种有代表性的现代伦理学理论。宽泛地说，这个理论认为，一个行为的正当与错误是由它所产生的善的、好的（快乐、幸福）或恶的、坏的（痛苦、罪恶）后果所决定的。一个人应该选择在道德上正当的行为，在所有可选择中可产生最大快乐最少痛苦的行为。基于对"行为"和"后果"的不同理解我们又可以将功利主义区分为行为功利主义与规则功利主义。

行为功利主义，又称"行为后果论"，该理论认为要依据行为本身所产生的后果的善与恶、好与坏来判断道德行为的有效性，所以我们应该追求在任何一种环境条件下都能产生最大快乐（幸福）的行为。行为功利主义的难题在于怎样确切地评估行为本身的后果，它也因忽视行为者的整合性或目的而受到批评。

规则功利主义，又称"规则后果论"，它认为判断一个道德行为的正当性应依据那个行为所遵循的普遍道德规则，而不是根据一个具体行为所能产生的好的或坏的后果。在这一形式中,用来评价功利的是一般规则而不是行为,从而将所关注的问题由个人转向习惯和风俗。行为被认可不是因为行为者本身的利益得以最大化,而是因为行为所遵循的习惯、风俗使功利演算的结果实现善的最大化。按照规则功利主义的看法,一种道德行为应遵从的规则是:对它的普遍遵从将会产生最大的功利。规则功利主义的基本的困难是,在很多情况下,它规定要遵从的规则在某个既定的特殊场合并不是最有益的。

现在,我们用后果论和道义论来分析一个案例:X 先生购买了一份 A 公司研发的正版计算机操作系统盘,并将其借用给他的好友 Y 先生。请分别说明 X、Y 和 A 三者的行为是否是正确的。(分析后果见:表导论-1)

		行为	后果论	理由	道义论	理由
X		买入	正确	实现个人目的维护 A 的利益	正确	实现了个人目的维护了 A 的利益
	借出	对于 Y	正确	利益最大化	正确	帮助他人的目的是善的
		对于 A	错误	损害了 A 的利益	错误	未尽到保护知识产权的义务
Y	借入	对于自己	正确	实现了个人目的	正确	习得知识的动机是善的
		对于 A	错误	损害了 A 的利益	错误	以侵害 A 的利益为动机
A	防止盗版	对于自己	正确	维护公司利益	正确	尽到了维护知识产权的责任
		对于公众	错误	阻碍实现利益最大化	错误	侵犯了公众享用知识的权利

通过上述分析我们发现,社会实践中将道义论和后果论理论应用于分析现实的道德问题,对于形成清晰的分析结论是非常必要的。但我们同时也发现,对同一问题的分析,在不同的语境中,道义论和后果论的答案常常是不一致的,甚至是矛盾的。

语境主义者拒绝用通常的演绎推理模式解决伦理问题,而是乐于用语用推理的方法进行伦理的论证。这并不是一味地堆砌伦理理论和伦理原则,而是将理论和原则在不同的推理中进行定位。根据语境主义者的观点,选择情景的主要任务是在关键时刻对道德问题做出准确的解释,首先要试图详细地理解具体情况中最根本的选择是什么。这不同于传统的演绎推理方法,它开始于一般的道德理论或原则,然后把这些一般性理论或原则应用于这些具体情况。语境主义者的分析方法似乎与传统的演绎方法是相对的,它是通过在相同的情景中比较哪一个理论具有比较优势来解决问题的方法,然后才根据这个优势选择结论。在这样的一种道德论证的过程中,问题是围绕着习惯和文化背景而提出的,并且按照这些习俗背景、这些问题的价值方向也被确定了。

(三) 基于人格塑造的伦理学理论——美德伦理学

我们研究道德伦理的目标一直都是锁定于规范性和协调性,对一个行为的评价要么是从行为的结果要么从行为的目的,其结果无非是想找到某种普世的规范能够一劳永逸地让人类社会充满和谐,行为彼此之间避免矛盾,协调有序。然而矫正行为也好,道德规导也罢,这是一种从外部关注人应当怎样生活的路径。美德伦理学则强调道德、美德是一种品质,强调一个人的内在道德对于外在行为具有非常重要的价值引导意义。

当今的世界是一个文化和价值观多元化的世界,不论是从方法论上还是从道德判断的理论依据上,仅仅依靠道义论和后果论两种理论诉诸解决实际问题显然是不够的,越来越多的义务论者和功利主义者都开始承认美德的重要性,并试图从自身的理论框架内对美德伦理学做出回应。本书试图通过分析赛博技术在不同的文化和价值观念中引起的社会问题,进而做出伦理分析以解决不同文化间的伦理冲突问题。同时,试图通过对赛博技术的伦理探究以推动应用伦理学取得新的进展。

三、国内外研究现状

本书是以西方伦理学理论——道义论和后果论作为基本的理论基础进行讨论的。因而,在文章的开始作者首先解释并证明了何以在众多伦理理论中选择它们二者作为理论基石的原委。接下来,笔者进一步将二者的理论进行对比、分析,从而为后面分析赛博技术引发的社会问题找到理论工具。

众所周知,道义论与后果论,是西方伦理思想中贯穿始终的两个基本派别,它们反映出人类面临现实选择时的两种价值选择倾向,它们的对立构成西方伦理学争论的主流。在奴隶制和封建制社会中道义论起着价值导向的作用;然而在现代英国和美国社会中,后果论的典型代表——功利主义作为道德和立法的基本原则起着重大的作用,它是近现代资本主义社会中起着主导作用的价值导向，是人们行为的实际道德准则，同时它也一直为道德哲学和政治哲学所关注。因此，在西方，道义论和后果论从未逃离学者关注的视域。

在中国，以自然经济为基础的"家族本位"或"群体本位"社会传统中，传统道义论一直占据强势地位，忽视责任、义务强调获得最大利益的功利论根本无法同道义论相提并论。然而，随着国际文化的交流与融合，随着中西学者的学术交流，西方伦理思想逐步成为中国学者的研究对象。中国学者也开始关注西方伦理学视域下的道义论理论和后果论理论。然而，在《当代西方道义论与功利主义研究》①一书出版之前，几乎未见到有对西方道义论和功利主义进行综合比较研究论著的出版。可以说，这本书是我国第一部全面而深入地研究这一领域问题的前沿性专著。作者龚群系统地厘清了西方伦理思想的脉络，全面、综合地介绍了当代西方道义论与功利主义的最新理论及其表现形态。之后，也有部分中国学者在此基础上对道义论和后果论进行了比较研究，取得了较多的研究成果。

赛博技术所引发的社会问题引起了海内外专家学者的高度重视。在西方，伦理学工作者深入地研究了赛博技术带来的伦理悖论问题，并在深入、系统地理论论述之后形成了新的应用伦理学学科——赛博伦理学。在这些领域中著名的专家有：泰雷尔·贝奈姆（Terrell Ward Bynum）②、唐·B·帕克（Donn B. Parker）③、W·曼纳（Walter Maner）④、詹姆斯·摩尔（James H. Moor）⑤、狄波拉·约翰逊（Deborah Johnson）⑥、理查德·A·斯皮内洛（Richard A. Spinello）⑦等，他们发表、出版了大量具有很高学术价值的论文和专著，通过亚马逊网的调查，其网站中收录的与赛博伦理学相关的书籍就有 10 多万册。另外，还有一些专家、学者在其论著中非常重视从道义论和后果论的角度、以具体的案例分析为方法，对赛博技术引发的社会问题进

---

① 龚群，《当代西方道义论与功利主义研究》，北京：中国人民大学出版社，2002 年版。

② T. W. Bynum. *Information ethics*：*An introduction*. Oxford：Oxford University Press. 1997.

③ Donn B. Parker. *Fighting Computer Crime*. Scribner. 1983.

④ Walter Maner，Terrell Ward Bynum. John L. Foder. *Computer Ethics Issues in Academic Computing*. Research Center on Computing & Society. 1993.

⑤ James H. Moor. Terrell Ward. （eds.）. *Cyberphilosophy*：*the intersection of philosophy and computing*. Malden. MA；Oxford；Blackwell. 2002.

⑥ Deborah G. Johnson. *Computer Ethics*. NJ；prentice Hall. Englewood. Cliffs. 1985.

⑦ Richard A. Spinello. *Cyber Ethics*：*Morality and Law in Cyberspace*. Sudbury. MA；Jones and Bartlett Publishers，2000.

行深入的理论探讨，其中的主要代表是：亚当·D·摩尔（Adam D. Moore）[①]、赫尔曼·T·塔瓦尼（Herman T. Tavani）[②]、迈克尔·J·奎因（Michael J. Quinn）[③]和斯泰西·L·埃德加（Stacey L. Edgar）[④]。四位学者在其专著中不谋而合地使用最新的、具有影响力的案例进行实证分析，并且他们一致反对在分析、解决赛博技术相关伦理难题的面前，进行道义论和后果论二者间非此即彼的道德抉择。2010年著名学者弗洛里迪（Luciano Floridi）编辑出版了《剑桥信息与计算机伦理手册》[⑤]。2013年和2014年他又分别出版了专辑《信息伦理学》[⑥]和《第四次革命——信息世界如何重塑人类现实》[⑦]。弗洛里迪对计算机伦理和信息伦理问题做了进一步深入研究，并将信息社会中人们必须面对的伦理问题摆在了桌面上。2012年著名学者奎因·M（Michael J. Quinn）出版专著《信息时代的伦理》[⑧]。2013年米迦·克扎（Joseph Migga Kizza）出版了专著《信息时代的伦理和社会问题》[⑨]，书中详实分析了信息时代面临的种种社会问题，截至2017年该书已经出版了六个版本。随着信息技术和通讯技术应用的不断扩展，大数据伦理问题、物联网伦理问题、虚拟技术伦理问题也都呈现出来，西方学者对此展开了研究分析。格林加德（Samuel Greengard）在2015年在《物联网》[⑩]中讨论了物联网问题。福尔摩斯DE（Dawn E. Holmes）在2017年出版了有关大数据知识的通识读物[⑪]。2018年阿德里亚诺·法布里斯（Adriano Fabris）先生

---

① Adam D. Moore. (ed.). *Information Ethics：Privacy，Property，and Power*. Seattle，WA：University of Washington Press，2005.

② Herman T. Tavani. *Ethics & Technology：Ethical Issues in an Age of Information and Communication Technology*. Hoboken，NJ：John Wiley & Sons，2007.

③ Michael J. Quinn. *Ethics for the Information Age*. (2nd ed.). Boston：Pearson/Addison-Wesley，2005.

④ Stacey L. Edgar. *Morality and Machines：Perspectives on Computer Ethics*(2nd ed.). Sudbury，Mass：Jones and Bartlett，2002.

⑤ Floridi L. (ed)*The Cambridge handbook of information and computer ethics*. Cambridge U. P.，Cambridge，2010.

⑥ Floridi L.，*The ethics of information*. Oxford U. P. Oxford，2013.

⑦ Floridi L.，*The fourth revolution. How the infosphere is reshaping human reality*. Oxford U. P. Oxford，2014.

⑧ Quinn M*E.，thics for the information age*. Addison Wesley-Pearson，London，New York，2012.

⑨ J. M. Kizza. *Ethical and Social issues in the information age*. Springer，London，Heidelberg，New York，Dordrecht，2013.

⑩ Greengard S.，*The internet of things*. The MIT Press，Cambridge，2015.

⑪ Holmes DE. *Big data：a very short introduction*. Oxford University Press，Oxford，2017.

在《信息和通信技术伦理学》中对信息伦理学问题进行了全面的研究[①]。

在中国,随着赛博技术的普及与应用,学者们也纷纷意识到赛博技术对人们生活的冲击。20世纪80、90年代是中国网络文化的启蒙时代,而此时赛博技术已经在西方发达国家逐渐普及,于是一些卓有洞见的中国学者翻译了为数不多几本书籍[②],这些书籍大多是介绍赛博技术及其文化的科普书籍。后来在郭良、严耕和姜奇平三位学者的主持下分别撰写、发行了三套有关计算机和网络的丛书:《网络文化丛书》《透视网络时代丛书》和《数字论坛丛书》,这三套丛书从某种意义上来说也应归类于科普书籍,学术研究的价值不太突出。与此同时,北京大学的刘华杰教授主持编译的《计算机文化译丛》和清华大学曾国屏教授主持编译的《三思文库·赛博文化系列》两套丛书迈出了科普图书的阶段,开始了对赛博技术的哲学探讨。《机器的奴隶:计算机技术质疑》[③]一书从计算机技术对人类的异化作用上进行了哲学探讨;《混乱的联线:因特网上的冲突与秩序》[④]一书介绍了互联网技术引发的社会问题;《赛博空间和法律:网上生活的权利和义务》[⑤]一书探讨了网络空间中人的权利和义务的哲学问题;《赛博犯罪:如何防范计算机犯罪》[⑥]是一本关于计算机犯罪的书籍,书中介绍了当时使用计算机技术犯罪的种种手段。

进入21世纪,赛博技术开始在中国迅速地普及,赛博技术的"双面性"也逐渐在我国显现。此时,西方学者关于赛博技术引发的伦理问题的研究已经进入成熟阶段。敏感的中国学者迅速将其中有影响力的书籍翻译成中文,介绍给国内学者。刘钢老师翻译的《世纪道德——信息技术的伦理方面》[⑦]一书是中国学者研究信息伦理学的经典书目,书中介绍了信息伦理学

[①] Adriano Fabris, *Ethics of Information and Communication Technologies*. Springer International Publishing AG. 2018.

[②] [美]尼古拉·尼葛洛庞蒂,《数字化生存》,胡泳,范海燕译,海口:海南出版社. 1996年版。
[美]比尔·盖茨,《未来时速:数字神经系统与商务新思维》,蒋显璟,姜明译,北京:北京大学出版社,1999年版。
[美]比尔·盖茨,《未来之路》,辜正坤译,北京:北京大学出版社,1996年版。

[③] [美]罗林斯,《机器的奴隶:计算机技术质疑》,刘玲,郭晓昭译,保定:河北大学出版社,1998年版。

[④] [美]查尔斯·普拉特,《混乱的联线:因特网上的冲突与秩序》,郭立峰译,保定:河北大学出版社,1998年版。

[⑤] [美]爱德华·A·卡瓦佐,加斐诺·莫林,《赛博空间和法律:网上生活的权利和义务》,王月瑞译,南昌:江西教育出版社,1999年版。

[⑥] [美]劳拉·昆兰蒂罗,《赛博犯罪:如何防范计算机罪犯》,王涌译,南昌:江西教育出版,1999年版。

[⑦] [美]理查德·A·斯皮内洛,《世纪道德:信息技术的伦理方面》,刘钢译,北京:中央编译出版社,1999年版。

研究的几个重点领域;李伦老师翻译了两本著作:《黑客伦理与信息时代精神》①和《铁笼,还是乌托邦:网络空间的道德与法律》②,前者讨论的是信息时代的黑客伦理,后者讨论的是道德和法律对网络空间的制约与网络空间崇尚自由的对立观点;赵阳陵老师等翻译的《信息和计算机伦理案例研究》③以案例的方式向人们介绍了信息伦理学和计算机伦理学;陆成老师翻译的《计算机伦理学:计算机学中的警示与伦理困境》④一书系统介绍了计算机伦理学中探讨的伦理困惑。2008 年和 2009 年出版的北京大学应用伦理学丛书中,霍政欣老师翻译了鲁蒂诺等人编写的《媒体与信息伦理学》,书中哲学家和学者表示信息时代发展迅猛对人们的各种观念形成冲击,学者们从信息战争、黑客行为、网络伦理等方面进行了论述⑤。李伦等老师翻译了贝奈姆(Terrell Ward Bynum)等学者编写的《计算机伦理与专业责任》一书。该书是西方广为流行和众多高校选用的一本计算机伦理的教科书,主题涵盖了计算机伦理学的历史、社会环境、计算机伦理的方法、专业责任和伦理规则等内容,给国内学者带来了很多信息⑥。2014 年出版的当代科学技术应用伦理学丛书中,陈凡、赵迎欢等老师翻译了尤瑞恩·范登·霍文等人编著的《信息技术与道德哲学》,书中介绍了信息技术引发的伦理问题,如信息隐私、数字鸿沟、平等机会、电子商务的信任等⑦。2016 年,王益民老师翻译美国学者迈克尔·J. 奎因(Michael J. Quinn)的《互联网伦理:信息时代的道德重构》一书。迈克尔·J. 奎因在这部书中并没有直白地告诉读者何为对,何为善恶,而是带着读者重新思考在新时代,在分析互联网这个新技术的伦理问题时,需要哪些理论、语境⑧。可以说中国的学者们一直搭着时代的脉搏,辛勤地将国外名著介绍到国内,其中代表的译著还有:①金吾伦先生、刘

① [美]派卡·海曼,《黑客伦理与信息时代精神》,李伦译,北京:中信出版社,2002 年版。
② [美]理查德·A·斯皮内洛,《铁笼,还是乌托邦:网络空间的道德与法律》,李伦译,北京:北京大学出版社,2007 年版。
③ [美]理查德·A·斯班尼罗,《信息和计算机伦理案例研究》,赵阳陵译,北京:科学技术文献出版社,2003 年版。
④ [美]汤姆·福雷斯特,佩里·莫里森,《计算机伦理学:计算机学中的警示与伦理困境》,陆成译,北京:北京大学出版社,2007 年版。
⑤ [美]格雷博什·鲁蒂诺,《媒体与信息伦理学》,霍政欣译,北京:北京大学出版社,2008 年版。
⑥ [美]贝奈姆·罗杰森编,《计算机伦理与专业责任出版社》,李伦等,北京:北京大学出版社,2009 年版。
⑦ [美]尤瑞恩·范登·霍文,《信息技术与道德哲学》,陈凡、赵迎欢等译,北京:科学出版社,2014 年版。
⑧ [美]迈克尔·J. 奎因著,《互联网伦理:信息时代的道德重构》,王益民译,北京:电子工业出版社,2016 年版。

钢老师联合翻译的迈克尔·海姆的《从界面到网络空间——虚拟实在的形而上学》[①];盛杨燕,周涛老师翻译的维克托·迈尔等人的著作《大数据时代》[②];吴常玉老师翻译的费尔南多·伊弗雷特的《人工智能和大数据:新智能的诞生》;刘西瑞、王汉琦老师翻译的丹尼特的《认知之轮:人工智能的框架问题》;马慧老师翻译的艾伯特·拉斯洛·巴拉巴西的《爆发:大数据时代预见未来的新思维》[③];任莉、张建宇老师翻译的皮埃罗·斯加鲁菲的《智能的本质:人工智能与机器人领域的 64 个大问题》[④];王文革老师翻译的卢西亚诺·弗洛里迪的《第四次革命——人工智能如何重塑人类现实》[⑤];李龙泉、祝朝伟老师合译的杰伦·拉尼尔的《互联网的冲击》[⑥];盛杨燕老师翻译的库兹韦尔的《人工智能的未来》[⑦]等。

通过对西方计算机伦理学、网络伦理学和信息伦理学译著的学习与反思,我国学者也出版了自己的专著:《网络伦理》[⑧]、《鼠标下的德性》[⑨]、《赛博空间的哲学探索》[⑩]、《信息伦理学》[⑪]、《网络伦理研究》[⑫]等等。2018 年,在李伦老师出版的专著《人工智能与大数据伦理》中,李伦老师指出在现在以及未来社会,在信息技术的背景下,人与技术、社会编织成更加复杂的社会关系,研究人工智能与大数据技术具有深厚的伦理意蕴。该书从人工智能的道德哲学、道德算法、设计伦理、社会伦理,以及大数据伦理与信息伦理等方面进行了探讨[⑬]。2019 年,李伦老师又出版了专著《数据伦理与算法伦理》。书中指出数据和算法是大数据的两大核心,大数据在人类社会产生引发的伦理问题与这两大核心密不可分。书中他通过数据滥用、数据孤岛、数

---

① [美]迈克尔·海姆,《从界面到网络空间:虚拟实在的形而上学》,金吾伦、刘钢译,上海:上海科技教育出版社,2000 年版。
② [英]维克托迈尔·舍恩伯格、肯尼思·库克耶,《大数据时代:生活、工作与思维的大变革》,盛杨燕、周涛译,杭州:浙江人民出版社,2013 年版。
③ [美]艾伯特-拉斯洛·巴拉巴西著,《爆发:大数据时代预见未来的新思维(经典版)》,马慧译,北京:中国人民大学出版社,2012 年。
④ [美]皮埃罗·斯加鲁菲,《智能的本质:人工智能与机器人领域的 64 个大问题》,任莉、张建宇译,北京:人民邮电出版社,2017 年版。
⑤ [美]卢西亚诺·弗洛里迪,《第四次革命——人工智能如何重塑人类现实》,王文革译,杭州:浙江人民出版社,2016 年版。
⑥ [美]杰伦·拉尼尔,《互联网的冲击》,李龙泉、祝朝伟译,北京:中信出版社,2014 年版。
⑦ [美]库兹韦尔,《人工智能的未来》,盛杨燕译,杭州:浙江人民出版社,2016 年版。
⑧ 严耕,《网络伦理》,北京:北京出版社,1998 年版。
⑨ 李伦,《鼠标下的德性》,南昌:江西人民出版社,2002 年版。
⑩ 曾国屏、李正风、段伟文等,《赛博空间的哲学探索》,北京:清华大学出版社,2002 年版。
⑪ 沙勇忠,《信息伦理学》,北京:北京图书馆出版社,2004 年版。
⑫ 宋吉鑫著,《网络伦理研究》,北京:科学出版社,2012 年版。
⑬ 李伦,《人工智能与大数据伦理》,北京:科学出版社,2018 年版。

据安全等问题讨论了隐私权、数据权、人类自由和社会公正等问题①。2020年6月上海出版社出版了《信息文明的哲学研究丛书》,丛书之一的《信息文明的伦理基础》一书,"主要为信息文明的伦理反思与实践提供理论基础,并对当代信息技术所引发的伦理问题形成了一系列基调性认识。②"书中段伟文老师以一种前瞻式思维进行了分析探究:"展望未来,面对信息与数据智能时代冷酷无情的思维自动化和工程思维对人性的挑战,必须构建一种可以制衡其滥用的信息伦理反射弧。③"其他四本专著《虚拟现象的哲学探索》④、《大数据时代的认知哲学革命》⑤、《人的信息化与人类未来发展》⑥和《人工智能的哲学问题》⑦都"从不同侧面揭示和阐释了信息技术的快速发展本身所存在的哲学问题和所带来的哲学问题⑧"。这套丛书对信息技术本身及其哲学问题的探讨非常系统,具有很高参考价值。

综观国内的研究现状,随着信息技术在人们生活中的影响日益广泛,它所引发的伦理问题也受到了越来越多学者的重视,并且对这类问题的研究广度越来越宽,研究程度也越来越深入。

四、本书的整体框架

本书正是受到了上述学者们的启发,试图以伦理学理论的丰富资源(主要是应用道义论和后果论)作为论文分析的内在脉络,在整体介绍伦理理论图景的基础上,重点介绍这些伦理理论的分歧、对立以及它们之间的内在逻辑关系,并将其用于分析由赛博技术引发的社会伦理问题。我们尝试通过对赛博技术伦理问题的分析,再次凸显各种不同的伦理理论,主要是道义论和后果论各自的理论优点和不足,从而站在辩证哲学的视角提出将包括道义论和后果论在内的伦理理论辩证融合起来以克服单个理论的不足的思路。赛博技术引发的社会问题是繁杂的,在本书中,笔者将重点介绍、分析具有代表性的、产生重大影响的、表现形式更新颖的赛博技术伦理问题,它们是:赛博空间信息发布的伦理问题、软件盗版与数字鸿沟问题、计算机病毒与黑客问题、人工智能的伦理问题、机器人的伦理问题、物联网与虚拟现

① 参见:李伦,《数据伦理与算法伦理》,北京:科学出版社,2019年版。
② 段伟文,《信息文明的伦理基础》,上海:上海人民出版社,2020年版,第4页。
③ 段伟文,《信息文明的伦理基础》,上海:上海人民出版社,2020年版,第15页。
④ 张怡,《虚拟现象的哲学探索》,上海:上海人民出版社,2020年版。
⑤ 戴潘,《大数据时代的认知哲学革命》,上海:上海人民出版社,2020年版。
⑥ 计海庆,《人的信息化与人类未来发展》,上海:上海人民出版社,2020年版。
⑦ 成素梅,《人工智能的哲学问题》,上海:上海人民出版社,2020年版。
⑧ 段伟文,《信息文明的伦理基础》,上海:上海人民出版社,2020年版,第5页。

实的伦理问题以及赛博空间管理的伦理问题。

本书的第一章首先对探讨赛博技术伦理问题的理论基础予以介绍。人类区别于其他动物的独特之处在于人具有对自身行为的反思能力,会思考对他人他物造成的影响,而这些反思正是人类道德的体现。理性判断是人类进行道德判断的基础,感性判断的可靠性是令人质疑的。因此,第一章的第一节主要论证了道德决策的理性基础的重要性。第二节主要对几个伦理理论进行了分析。西方伦理学发展的过程中,相对主义、神命论、康德主义、功利主义和社会契约论都对人类不同时期道德规则的制定起到了理论指导的作用。当今,赛博技术在各种新技术中具有突出的地位,对人们的行为产生了重要的影响。在西方学界,有学者试图从道义论和后果论的角度来探讨赛博技术的伦理问题,但是,关于二者究竟谁更适合于分析这些伦理问题一直存有争论,这也是本书的主要探究点之一。在第二、三、四、五、六、七、八章,笔者主要挑选了具有代表性的由赛博技术引发的伦理问题进行分析。这些问题是:赛博空间信息发布中的伦理问题、软件盗版与数字鸿沟问题、计算机病毒与黑客问题、人工智能的伦理问题、机器人的伦理问题、物联网与虚拟现实的伦理问题以及赛博空间管理的伦理问题。在第二章中主要是从赛博空间中信息发布遇到的伦理问题进行了分析。其中包括了发布电子邮件、色情信息、微博、微信发布消息和网络水军、网络欺凌的问题,这些赛博空间中有关信息发布的问题主要涉及的是个人隐私和言论自由之间的博弈,所以在本章末从伦理学角度对该类问题进行了分析。在第三章,主要分析的是赛博技术背景下新型的盗版问题——软件盗版。围绕着软件究竟是不是私人财产、是否应当受到财产权的保护进行了道德探讨。然而,有不少学者认为对软件进行保护无疑加重了数字鸿沟的格局,对人们享受知识的权利形成了威胁。因此,应填平数字鸿沟。然而"填平"这一行为又是否是正义的呢? 这几个问题都是非常重要的伦理问题;在第四章,主要讨论的是计算机病毒和黑客的伦理问题。我们应该如何看待计算机病毒? 计算机病毒释放者的行为究竟是否是正义的呢? 计算机黑客的行为是正义的吗? 计算机病毒问题和黑客问题与第二、三章的问题略有不同,其区别在于计算机病毒的制造者和黑客都是计算机专业人员,美国计算机伦理协会和美国电气电子工程师协会计算机分会制定了三个行为规范:ACM、IEEE 和 SECEPP,以此对这些专业人员的行为进行道德约束。ACM、IEEE 和 SECEPP 行为规范的内容给我们带来什么样的启示呢? 在第五章,主要探究人工智能的哲学基础及伦理考量,我们将从认识论、逻辑视域下的计算机科学、人工智能与人类的认知、机器文化视域下的人工智能以及人工智能的伦理考量几个方面对这个论题进行分析。我们试图对诸如研究者试图在计算机程序中模拟人类智力的思想能全面实现吗？人类知识的结构是什么？我们可以通过计算机记忆来代表人类知识的结构吗？人类思考的过程是什么？我们可以用计算机程序模拟推理、思考和创造吗？这些问题做出有益性的分析。在第六章，主要初步讨论了关于机器人伦理学相关论题。我们重点考察了自上而下地研究机器人伦理学的方法、自下而上的机器人伦理学方法、人机共生中的伦理考察以及现当下机器人伦理的几个焦点问题。在第七章，重点考察了物联网与虚拟现实的伦理学考量。主要分析了物联网中的大数据应用及其伦理问题、物联网的道德分析及应对、虚拟现实的伦理考量。核心主旨在于：虚拟现实技术确实给我们的生活带来了翻天覆地的变化，但是我们要极力避免将现实世界和虚拟世界相混淆，从而规避潜在的道德风险。在第八章，主要探究了赛博空间管理的伦理意蕴，从人们容易忽略的不同视角探究赛博技术的伦理问题：人们试图通过对于赛博空间的强化管理维护自己的合法权益，但人们往往会忽视一个问题：在他们所期望的种种强制管理措施背后，是否存在对于其合法权益的侵犯和破坏呢？目前人们关注的赛博空间管理的伦理问题是不全面的，考量的深度也有待于进一步挖掘。第九章是本书的最后一章，通过前面的案例分析，我们得出的一个总体的观点是：针对赛博技术引发的各种伦理问题，各种伦理理论单独应对分析这些问题时都有不可避免的缺陷，得出的结论有时互相矛盾，这就使得我们产生一个疑问，我们究竟该如何来解答这些伦理问题？道义论与后果论这两个主要的伦理理论究竟哪一个分析更具有说服力？二者是不可调和的吗？在利用伦理理论分析赛博技术引发的伦理问题时我们有没有第三条道路可选呢？我们试图指出：在研究由赛博技术引起的伦理问题时，我们需要关注一些新的思路和新的趋势：1. 仅仅通过道义论和后果论二者各自的单独视角对于赛博技术引发的伦理问题进行探讨是片面的，也是难以令人信服的，这样做并不能真正消除我们对于这些伦理问题的困惑，我们应该将二者融合而不是对立；2. 应该在道义论和后果论之间保持平衡，方法之一就是"广泛反思平衡方法"，这种方法克服了道德一般论者所持有的工程模式的缺陷，弥补了道德特殊论者和反理论的不足，提倡以前瞻式思维考察由赛博技术引发的伦理问题；3. 在应用传统的伦理理论分析由赛博技术引发的伦理问题时要避免过去存在的道德绝对主义和道德相对主义之间的对立立场，在二者之间保持必要的张力；4. 应该超越道德内在理由和外在理由之间的二分；5. 应该超越美德伦理学和规则伦理学的不足，实现二者的互补；6. 顺应当代实践哲学主流，以道义论（代表理论为：康德主义、社会契约论、正义论)和后果论(代表理论为：功利主义)为切入点对赛博技术行为进行价值理性基础、规范根源的探究,从行动者、行动和行动后果三元结构分析赛博技术的实践行为,这一方法体现了实践哲学的研究范式。对于赛博技术引发的伦理问题进行伦理探究本身就是实践哲学的一部分,也正是在实践哲学研究范式的影响下诞生了新兴的赛博伦理学这一应用伦理学研究分支,我们只有在实践哲学这一更为广泛的理论背景下探究由赛博技术引发的伦理问题,才能使我们的分析更具有深度和启示意义。

在本书整体的分析视域中,我们特别注重唯物、辩证的视角。在我们看来,分析赛博技术伦理问题,首先要遵循客观性原则,基于事实,一切从实际出发、实事求是地分析实际存在的由赛博技术引发的伦理问题。要占有第一手材料,将之作为分析的起点,避免主观想象;在运用伦理理论分析这些事实材料的过程中,我们强调辩证思维的运用,要基于矛盾分析方法,全面、综合地对伦理理论、现实问题做出客观辩证分析,努力克服形而上学分析的弊端。同时,运用唯物辩证的矛盾分析方法,我们要不断强化问题意识,坚持具体问题具体分析。总之,由赛博技术运用引起的伦理问题是复杂多样的,这就要求我们客观地而不是主观地、联系地而不是孤立地、发展地而不是静止地、全面地而不是片面地、系统地而不是零散地进行分析和研究,要努力把握这些伦理问题产生的本质和发展规律,对各种伦理理论的分析既不一概肯定,也不一概否定,而是尽量认真探析它们之间的异同以及内在张力,考察各种伦理理论的适用语境,在此基础上,努力为解决赛博技术伦理问题探索有效方法和途径。

我们深知,对于由赛博技术引发的伦理困惑进行伦理探究不是一件容易的事情。主要的难点在于,要对这些伦理问题进行深入的探讨,不仅要对整体伦理学的基本理论、实质精神及发展脉络有清晰的把握和深刻的理解,还要考量如何将这些理论作为分析现实问题的理论基础,使之能够在分析的过程中具有说服力,而我们在本书结尾提出的对赛博技术引发的伦理问题进行探究的几点建议涉及面广,需要广博的哲学理论基础和宏观的把握能力,我们自感在这些方面还要不断努力,只有通过不断的钻研,才能使自己的论点更加融会贯通,提出的建议和意见才能更加具有针对性和实用性。另外,现代信息技术的发展真正体现了日新月异的特征,而随着技术发展出现的新的伦理问题也层出不穷,我们只能针对大的、引起人们显著关注的问题进行较为宏观的描述,因而势必在具体化、细微化、全面性方面会存在不足,理论分析的深度和广度也还需要在未来的研究中进一步完善。

理论探究永无止境,或许理论的魅力就在于不断的探索。本书通过对由赛博技术引发的伦理问题的考察,试图为赛博技术的伦理探究提出一些新的方法论视角并为解决这些伦理问题提供可资借鉴的建议,这应该是本书研究的主要意义所在。不过,任何理论研究都不会是完美无缺的,尤其是在伦理学领域,争议在所难免。在笔者看来,如果通过本书的讨论能够对赛博技术的伦理探究有一定的借鉴或助益的话,就已经达到了研究的目的。

第一章　分析赛博技术伦理问题的理论基础

　　赛博技术对于人类社会的影响是巨大的,影响的范围也是异常广泛的。生活中,我们的主要行为受到自身选择与决策方式的深刻影响。就人类的决策而言,也很难脱离赛博技术的影响。赛博技术正在对人类决策的行为和途径产生深刻的影响。我们已经从农业社会转变为信息社会,随着信息技术不断和人类生活融合,人们越发感受到信息技术正在悄悄地改变着我们的生活。詹姆斯·摩尔(James H. Moor)曾把信息称作"看不见的因素"(invisible factor),他认为信息可以导致计算机程序或数据的滥用,从而使得人类对其失去控制。因此,摩尔倡议人类应该提高对计算机进行监管的警惕性,需要对计算机进行伦理审视。摩尔指出:"我们必须做出决策,即决定什么时候可以信任计算机,而什么时候不能信任它。[①]"

　　那么,人类是如何做出决策的? 人类做出决策的依据何在? 我们又该如何认识人类的决策呢? 任何人都不能仅凭直觉就能有效地处理道德问题,因为在不同的语境中直觉往往是错误的或矛盾的。除非直觉是以某种较好的道德标准为基础,否则,它的可信度实在令人怀疑。

　　人类的某些行为是在伦理规范的约束下产生的,而某些行为却缺乏伦理的规范。道德不仅仅是某种共同意识的产物,因此,我们需要从道德判断开始讨论,只有找到了道德判断的基点,我们才能更加客观地分析问题。

第一节　人类道德决策的基点

　　人类区别于动物的本质之处在于人类通过大脑思考产生了意识,并且在日常生活中逐渐形成了群体的道德意识。一般的动物不会反思自身行为

---

①　James H. Moor. "*What's Is Computer Ethics?*" Metaphilosophy 16. No. 4 (October 1985). p. 75.

是否应受到道德的约束，而人类会按照某些道德规范来约束自身的行为。人类对行为的自省就是根据某种道德规则进行某种道德判断。通常，人类进行道德判断所秉持的道德规范、社会习俗是为某个社会范围内所接受的。然而，不同的地域既可以有不同的习俗，也会有相似的社会文化，但这些习俗、文化并非全人类都接受的。道德规范是否具有合理性正是伦理学的研究对象，因为伦理学是研究道德的哲学。伦理学能够为道德行为的选择和判断提供某些理论的基础，能够解答道德规则尚未回答或未能回答的道德问题，甚至还能推翻某些道德观念。伦理学之所以能够为道德行为提供选择和判断的理论基础，是因为这些理论基础是在理性的指导下形成的，具有说服力。现代理性观强调精确推理，把理性视作是一种计算方法；而一些古代思想家认为理性不仅可以计算和比较，并且可以发现指导、监督我们进行判断的基本原则。

一、道德自省

人们总是喜欢追问：究竟是什么使得人类如此特殊？是因为我们语言复杂？会算术？会做游戏？有宗教信仰？能做出严密的选择？还是其他原因呢？事实上，人类之所以如此独特，最主要的因素在于人类行为本身所具有的影响力。人会关注对他人造成的影响，以及对其他物种和环境造成的影响。这些关注他人、他物的行为就是所谓的"道德"。

有时，人类的行为仅仅是在某种强烈感情的驱使下发生的，而在某些时候人们的行为却受到了某些规范的约束。正如亚里士多德所指出的那样，人类具有受到大自然的支配、社会和群体的影响的属性。人类不喜欢独居，而是喜欢形成某种组织。在亚里士多德看来，人类形成党派、组织的原因在于自然的影响。由于早期的人类居住在城邦之中，故此，在《国家篇》中，柏拉图对理想的城邦作了描述，这个理想中的城邦成为所有善良城邦的榜样。在城邦这一共同体中，你与他人是互动的。通常，人们会跟喜欢自己的人比较亲近，比如，因血缘关系而亲近的家人，因志趣相投而亲近的朋友们。

如果人类身边的物质资源相对所有人而言不是那么十分充足，那么人与人之间就会形成竞争甚至产生敌人，这些敌人试图从他人手里夺走其所拥有的物质，比如土地、水源、牛羊、珠宝、艺术珍品甚至伴侣。因此人们对待敌人的方式与对待朋友的方式是截然不同的。在某个既定的区域中，朋友之间的交往通常会受到某些规范的约束，比如宗教规范，当地的习俗、法律，甚至是常识的规则。有些规则或法律非常专制但非常有用，比如"靠马路右侧行驶"在我们国家已经写入交通法规，虽然很严苛，但却帮助大家避免了交通事故。这些看起来很严苛、大家都在遵守的习俗或法律规则其实是具有深刻的理论背景的,它们是要经得起道德判断选择以及伦理学检验的。

然而,其他动物的行为是不受道德约束的,它们的行为很大程度上是直觉的产物,它们只有喜悦和疼痛刺激的反应。与其不同的是人类可以意识到自己正在做什么,人类也能够反思过去做了什么,并且会思索是否还可以再次采取这些行为。人类也可以为将来制订计划,预测某一行为产生的不同后果。

人类除了具有意识、能够反思自己的行为的能力,人类能够运用语言的特征也为人类可以进行道德评价做出了贡献。当然,记忆也很重要,只不过其他动物也有记忆。在没有语言的情形下,人们可以通过其他符号化的方式描述不同事件,在精神上做出评价。记忆比仅仅提供"直觉反应"的作用大很多,它可以使经验持续保存,没有记忆就无法比较,也无法形成一般的规则。有趣的是计算机也有记忆,也有符号化的语言,这就会引出一些问题,我们在讨论人工智能时是否也要将它作为道德主体进行讨论?人类可以从精神上处理他们的记忆,并寻找它们的共同模式,从而产生了科学和数学。人类也可以根据这些记忆对未来事件进行联想。这就为他们做出意识选择打开了门户:我可以做 A,或我可以做 B。问题是我应该做哪一个? 我可以投硬币决定,或根据当时的感觉决定,或根据过去记忆中的经验评价 A 和 B 的优缺点,我也可以寻找一些基本的、符合规范的行为作为我的行为选择的参照物。

可见,不论是复杂的语言也好、记忆也好,人类与其他动物的根本区别在于人类会反思自身的行为,以及自身行为对他人、他物产生的或好、或坏的影响。而这种对行为的自省就是在根据某种道德规则进行某种道德判断。亚里士多德曾经说过:"人的特有的活动是他运用理智力量的活动。然而心灵的感情欲望的活动及其原理一方面影响到理智的状态;一方面受到理智的状态及其活动的影响。所以,我们的感情欲望的活动和运用理智的活动及其各自的原理都是人的特有活动的原理。①"本文是对赛博空间中发生的一些行为进行伦理分析,一个基本前提是将行为者视为区别于一般动物的能够运用理智力量活动的主体,进而思考对其行为进行道德判断的理论依据何在以及这些理论依据是否正确。

---

① 〔古希腊〕亚里士多德著,《尼各马可伦理学》,廖申白译,北京:商务印书馆,2003 年版,第19 页。

二、道德与伦理

罗尔斯在他的《正义论》中曾经指出,一个社会由许许多多的人组织而成,人们在其中按照某种既定的规则行事,其目的是促进其成员达到善的目的。个体间的相互合作促成了共同的善。然而除了共同的善,这个社会中还存在着一些规则,它们会告诉人们什么是可以做的,什么是不可以做的。在不同的社会,不同的历史环境中,这些规则有时不尽相同,我们可以把这些规则称之为"道德"。

伦理学(Ethics)是对伦理(ethic)、道德(morality)问题进行系统讨论、研究的学科。从词源上看,英文中 ethic 是"伦理"之意,源于希腊词 ethos,意思为品质;而 morality 为"道德"之意,源于拉丁文的词根 mores,除了具有品质的意思之外,道德还有风俗和习惯的意思①。

有些研究者认为伦理与道德这两个词是同义的,有些研究者认为二者是不同的。"伦理与道德共同的基本意义是通过习惯而得来的东西,是人在实践实务中通过行为的习惯形成的稳定的状态或品质、品性。②"并且,伦理与道德通常用于来描述好的品质、品性,不良的习惯我们常常称之为"恶习"。"亚里士多德将生成于习惯的德性成为'道德德性',其意义是生成于习惯的优良品质;道德德性生成于好的习惯,好的习惯通过一件件做得好的行为养成③;'我们通过做正义的事成为正义的人,通过节制成为节制的人,通过做事勇敢成为勇敢的人。'④"

在英文中,ethic 和 morality 常常交替使用,但从严格意义上讲,伦理和道德是有区别的。首先,伦理用于描述的是人与人之间的关系的规范,如汉语中表达的"人伦之理"。奎因认为"伦理是对道德的哲学研究,是对人的道德信念和行为的理性审视。⑤"而道德常指一个人内心的行为准则,这些内心的行为准则会影响到一个人同他人的交往关系,即道德会影响到伦理。第二,道德准则是一个人内心的准则,或内心准则式的规范,它不是人们相互间的有效性要求,只是对具有那种道德(德性)的人的自身有效性要求⑥,它

---

① 参见:Lawrence C. Becker and Charlotte B. Becker. (eds.) *Encyolpedia of Ethics*. New York & London: Garland Publishing. 1992. p. 329。

② 廖申白著,《伦理学概论》,北京:北京师范大学出版社,2009 年版,第 21 页。

③ 廖申白著,《伦理学概论》,北京:北京师范大学出版社,2009 年版,第 20 页。

④ [古希腊]亚里士多德著,《尼各马可伦理学》,廖申白译,北京:商务印书馆,2003 年版,P34。

⑤ [美]迈克尔·J. 奎因著,《互联网伦理:信息时代的道德重构》,王益民译,北京:电子工业出版社,2016 年版,第 4 页。

⑥ 参见:廖申白著,《伦理学概论》,北京:北京师范大学出版社,2009 年版,第 19 页。

通常是范围比较有限的,可以是某个人自己的道德准则,也可以是某个小团体的内部道德准则。然而伦理就十分强调规范性,它侧重交往双方彼此的关系,因此强调的是规则的双向性,相互性,不是单边的。波杰曼认为:"伦理是研究道德的哲学,而道德是指在某个社会范围内所接受的行为规范、习俗的集合,即我们应该怎样生活、怎样行为的日常道德规范的总和①"。埃德加认为:"伦理一词是试图对道德行为的选择和判断定义一些一般的基础②。"第三,伦理规范因为强调双方彼此关系因而比道德具有更高的约束性和强制性。第四,道德的尺度是德性的"善"与"恶",伦理的尺度是"应当"、"正确"和"错误"。"道德"这一词汇是指对行为进行褒贬的评价。可见,虽然伦理和道德都是关于我们风俗习惯和日常行为规范的问题,即如何生活、如何行为的问题,但伦理同道德还是不同的。

我们对某个行为进行理性的道德判断或系统的伦理分析,不仅要基于理性的基础,还要强调"自愿"。通过理性分析看看这个行为是给他人带来利益,还是造成伤害的,"自愿"原则说明人们发生某个行为的道德选择时,一个基本前提是行为者已经决定了他们应该采取什么行动。这样一来在理性和自愿的基础上,我们才能通过检测事实和推理过程来进行判断。

伦理学是哲学的一个分支,是对道德观念的哲学反思,这也是之所以伦理学被称为道德哲学的原因所在。伦理学的这种对道德原则、规则的哲学反思活动,有时可以为道德观念提供某些理论基础,有时能够回答道德规则尚未回答或不能回答的道德问题,有时还可能推翻某些道德观念。因此,在本书中,我们将重点从伦理学视角对赛博技术引发的伦理问题进行道德判断和伦理分析。

三、善与正当

"善"和"正当"是伦理学理论中的两个重要的概念,在伦理学研究的不同历史时期有不同的含义。

伯罗奔尼撒战争使希腊从兴盛走向衰落,人们生活于苦难之中,人们普遍关心的问题是什么是好的生活? 如何过上好的生活? 苏格拉底将这两个问题归于一个问题:"人应当过怎样的生活?"他从本体论角度把善(好)作为宇宙万物的目的,人生活的目的。苏格拉底的思考引起了后来哲学家

① Louis P. Pojman, (ed.). *Ethics Theory: Classical and Contemporary Readings*. CA: Wadsworth. 2002. p. 1.

② Stacey L. Edgar. *Morality and Machines: Perspectives on Computer Ehics* (2nd ed). Sudbury. Mass: Jones and Bartlett. 2002. p. 15.

的思考。柏拉图认为"善"是一种人们难以认识到的、无法用语言来定义和描述的理念。在理念世界，理念的善是其他各种理念的最终目的，在可感知的世界，可被感知的事物是各种理念的模型，而这些模型之所以被认为是"善"的是因为这些事物的本质功能的善（好）的发挥。在柏拉图那里，善的理念是最高的，也是最真实的，即善本身。关于"正当"柏拉图认为："如果商人、辅助者和卫士在国家中都做他自己的事，发挥其特定的功能，那么这就是正义，这就是整个城邦的正义。①""在建立我们的城邦时，我们关注的目标并不是个人的幸福，而是作为整体的城邦所可能得到的最大幸福，因此我们的首要任务是确定一个幸福城邦的模型，我们不能把城邦中的某一类人划出来确定他们的幸福，而要把城邦作为一个整体考虑。②"可见，柏拉图认为的正义和善是基于城邦与个人双方的，在至善的城邦中，各阶层人人各司其职，努力履行自己的职责，实现自身的正义，从而构成一个有序至善的状态，实现城邦的最大幸福，个人正义和城邦正义紧密联系，双方彼此成就。

　　亚里士多德与柏拉图不同，他认为"善"并不是一种超验的理念，理念是自然实体的共性，但人们在现实生活中可以去追求活生生的至善和幸福，并非柏拉图的那个神秘的、抽象的理念的"善"。在《尼各马可伦理学》中亚里士多德把善分析为目的善与手段善，目的善是指事物因自身是"善的"而被人们视为目的善，比如好的生活或幸福；手段善是事物为了达到自身善而采取的手段，比如金钱、自由等。"亚里士多德曾说："完满的善应当是自足的。我们所说的自足不是指一个孤独的人过孤独的生活，而是指他有父母、儿女、妻子，以及广言之有朋友和同邦人，因为人在本性上是社会的。③"可见，亚里士多德强调的是城邦人的共同幸福、共同的善，城邦的正义是总体的正义。

　　在古希腊城邦文明的背景下，我们很容易看到善与正义的关系，个人对至善的追求是在城邦正义的前提下展开的。"在古希腊，正当的概念，包含在德性这种内在善的概念之中，同人的好生活的概念不可分离地联系在一起。但自近代以来，尤其是自康德以来，人们对这两个词已经形成了不同的

①　［古希腊］柏拉图，《柏拉图全集》第 2 卷，王晓朝译，北京：人民出版社，2003 年版，第411 页。

②　［古希腊］柏拉图，《柏拉图全集》第 2 卷，王晓朝译，北京：人民出版社，2003 年版，第390 页。

③　［古希腊］亚里士多德，《尼各马可伦理学》，廖申白译，北京：商务印书馆，2003 年版，第 18—19 页。

使用习惯。当善这个词被从道德意义上使用时,它述说的是行为的道德状态上的好或德性,即行为所表现出的意图、倾向、态度、品质上的好或德性。正当则述说行为的对或错,即它是否满足我们对那种行为的最基本的道德要求。①"正当的不一定是善的,比如医生告知一个癌症晚期不可愈的患者真实病情,医生的行为是正当的,但对患者而言不一定是善的。然而善的也未必是正当的,比如医生为了减轻上述患者的痛苦向其撒谎,目的是善的然而撒谎却是不正当的。"事实上,人们只用正当述说由于与一个人、团体或制度的先前的行为,或同交往共同体的交往条件,有某种重要关联,因此具有某种特别重要的、伦理的、道德的性质的行为,用它来表明这样一个行为对于这些关联不构成伤害的性质。②"就是说,人们在日常生活中如果一个人或团体的行为与该行为相关的事物之间没有造成伤害,那么这个行为就是正当的。

可见,"善""正当"的概念是人们从对善(好)生活的不断思考中逐渐产生的,我们只有基于现实生活才能真正理解它们的意义。

四、道德决策的五种基本方案

对于人类而言一个本质的问题是我们应该如何生活。这似乎是要对求"善"或避"恶"进行定义。因此,何为善是一个目标或后果,它规范了我们生活的方向。然而,善并非一个能够彻底实现的结果,我们只能试图最大化善而最小化恶,这才是正确的,反之就是错误的。例如,如果人们必须在自己的爱人和孩子二者间选择一个获得生存权,不论选择哪一方都达不到善,但不论人们选择让哪个活下来似乎都是正确的,因为人们有自己的判断标准。一个完全被动的生物不可能成为道德主体。道德包括于选择之中,而这些选择应当在某一坚实的基础上才能进行。下面我们将对各种选择方式进行检验。

我们知道,一个道德决策(moral decisions)将会对他人、他物或自己本身造成影响,他物通常指其他生物或环境。举几个道德决策的例子:某人的爱人是否应该堕胎? 我们是否支持死刑? 人类是否可以吃肉? 当人们面对这些决策时,通常有可能采取以下五种方案:

(1) 根据自己的感觉、情感进行决策

人们的个人感觉(或"直觉")告诉自己采取什么样的决策是最佳的。问

---

① 廖申白著,《伦理学概论》,北京:北京师范大学出版社,2009 年版,第 80 页。

② 廖申白著,《伦理学概论》,北京:北京师范大学出版社,2009 年版,第 80 页。

题是这些感觉或直觉很有可能会误导人们。比如：某人知道毒品可以缓解痛苦，所以服用毒品；某人在无人看管的商店购物就偷东西；再比如同事导致某人失业，他心生怨恨就杀了这个同事，等等。这种根据人的感觉、情感进行的决策往往是冲动的、非理性的，会引起不良的后果，所以我们应该尽量避免以这样的方式进行决策和选择。

（2）回避的态度

生活中为了避免进行决策就试图忽略问题的存在、不把它们当回事、或采取一种没有你参与也能解决问题的方法，我们称之为回避的态度。这样做的好处是可以避免因决策失误导致不良后果，而且如果在拖延时间的过程中也许会有人参与进来进行决策，这样自己也不至于承担后果，或者某些看似棘手的问题会随着时间的流逝而随之消失。但丁（Dante）把有这种想法的人称为"机会主义者"（opportunists）。问题的关键在于人们如果采取这种回避的、不做决策的行为其实是不道德的。人类之所以是人类是因为人类有选择的能力，这是有别于植物的，回避的态度避开了道德的责任，同时也拒绝了行使人类选择的权利和责任。

（3）踢皮球的态度

面对一个决策，人们不想因做出决策而负责，会选择许多方法帮助自己规避责任。比如找个替罪羊或同事或朋友；还可以照本宣科，把责任推给权威人士，比如老板或领导。问题是如果权威人士们的意见不一致，又该怎么办呢？比如有的科学家认为臭氧层空洞是个问题，而有的科学家反对该观点。这时候该相信谁的观点？我们难道要靠投币来解决吗？另外，书本或法律也许有错需要修改，在这样的情况下，我们又该如何应对呢？我们可能还会说那就服从多数人的观点吧。但问题是如果大多数人的观点是错误的怎么办？历史、科学发展过程中有过很多这样的例子。"地球是平的"、"地球是宇宙的中心""奴隶没有权利"等等。这些观点都是当时的权威人物的观点、大多数人都信奉的观点，所以我们就应该跟着人云亦云？就应该放弃寻找更新、更好的选择的权利？

（4）同情心、母爱的作用

有时人们还会基于同情、母性的关爱做出决策。虽然伦理学基于同情并且能够从女性主义伦理学那里获取更大的支持，但对于合法性的呼声远远高于以同情、母爱为基础的行为。一方面，以关爱、同情为主线的观点对于一般道德的成立显得过于狭隘。我们不会忽视同情的因素，但它也不会成为我们的一条基本路径。也许从长远来看需要将爱和理性联合起来，把道德的"心脏"放到我们伦理的审查之中。伯纳德·威廉斯（Bernard

Williams)就主张在讨论道德哲学时应关注道德心理学[①]。

（5）找一个理性的标准去衡量决策

以理性的标准判断决策的方法看似很不错，但还有很多工作需要去做。"理性的"（Rational）或"理性"（Reason）到底是什么意思？如果它们能引导我们做出好的道德选择的话，我们最好还是好好理解一下什么是理性。对于"理性"有不同的观点，一般而言，我们可以将理性分为"古典的理性观"和"现代的理性观"。

五、古典的和现代的理性观

在伦理学领域，理性（Reason）被认为是一种计算方法，它可以帮助人们满足情感和喜好。情感告诉人们想要得到什么，但是理性却告诉人们应该如何获得它。很多现代思想家认为应该把理性简化为一种计算方法。西格蒙德·弗洛伊德（Sigmund Freud）就是这种观点的代表。弗洛伊德认为人性由三部分构成：本我（the Id）、自我（the Ego）和超我（the Superego）。在一个健康的人体内这三者和谐共生。本我是在婴儿时代发展的，它源于快乐原则（the pleasure principle），它试图减少紧张和不适。它是有目的的、冲动的、不合逻辑的、非社会的、自私的和充满快感的，它是被人性宠坏了的，总是保持婴儿的特征；自我是来自"本我"的超然能量，但由于"本我"不能有效地处理好外部世界，就通过"自我"来表现。"自我"为实在原则所约束。"自我"为"本我"的需求服务，并为"本我"对外部世界的需求和满意进行调解，它是为情感服务的计算方法；超我由"自我完美"组成，自我完美体现出孩子家长所持有的"善"的目的，体现出孩子眼中的"良心"或"是非感"，这种是非感来自于父母所持有的"恶"。因此，按照弗洛伊德的形式，"善"仅仅是父母对你的嘉奖，而"恶"仅仅是你受到的惩罚。"超我"构成了一个人的道德规则，并且它体现了家庭和社会的观点。弗洛伊德在《文明与不满》中把有组织的宗教表述为一个"大众欺骗"。他指出，一般而言，宗教满足的是某个教父级人物的需要，这些人物会保护那些遵守其教义、任其摆布的人[②]。很多人认为宗教为伦理学提供了基础，没有宗教人们的行为就会像野兽一样。但弗洛伊德清除了宗教在伦理学中的奠基作用，对于他来讲，理性（自我）只是为本我服务，而超我（一个人应该思考道德）不过是偏见和习

---

① ［美］伯纳德·威廉斯，《道德运气》，徐向东译，上海：上海译文出版社，2007 年版，第 31 页。
② Sigmund Freud. *Civilization and Its Discontents*. N Y：W. W. Norton & Company. 1995. p. 21.

俗的集合体,他还认为理性可以为伦理学提供基础,我们将对此进行进一步检验①。

　　然而许多古代思想家却认为理性应当是某种基本原则,这些基本原则可以指导人们的生活、影响人们的判断及行为。柏拉图认为人们应当去寻找真、善、美这三个理念或形式,它们才是之后对某事物进行真、善、美论证的标准,它们也是逻辑、数学、美学和伦理学的基础。柏拉图在《菲德罗篇》中构出了一幅联想的画面,他把人的灵魂比喻为一白一灰两匹马,白色的那匹马,性情比较随和、顺从,它试图帮助驾驭者保持战车的平稳行进,它代表的是灵魂中英勇智慧的那一部分;灰色的马长着血红色眼睛,无礼、任性,并试图推翻战车,代表着灵魂中欲望桀骜不驯;驾驭马的车夫代表着灵魂中理性,他的工作是控制着两匹马拉着战车前进到最终的目的地。这个灵魂在不同的生命体中进行尝试,寻找真理,看看究竟驾驭者如何通过理性平衡好欲望和智慧。亚里士多德认为我们在探索真理的过程中发现了两种直觉理性。其一,通过它我们发现关于特殊事物的真理,通过观察和直觉为科学提供场所;另一个是关于永恒实体的真理。理性的作用在于告诉我们应该向哪走,如何走。在亚里士多德看来,理性可以引导我们去认识第一主体。亚里士多德关于理性的结论结合了他对方法、目标的对比。某一行为的目标或目的是在理性的驱动下产生的,例如,老师的目的是帮助学生理解一些基本的问题和方法,并借此使得老师达到自己的目标,而方法仅仅是某人达到终点的途径。达到终点可以有很多不同的途径,但理性可以帮助你判断哪条路径是最佳的,如上面的例子,在教授的过程中,老师可以使用演讲、课堂讨论、或二者结合的方法;还可以安排论文、考试、或将其结合的方法;老师也可以安排阅读或课外实践,等等。

　　精确的推理可以告诉我们获得适当目标的路径,也可以帮助我们在各种达到终点的路径中进行选择,但它却不能回答我们的目标究竟在哪里。如果我们只能计算理性,那么我们可以在路径中进行选择,而没有机会监督目标。那么,可以假定目标是由我们的父母、国家等所给定的,但他们是如何选择目标的呢? 也许有人会说那是上帝给我们的。如果这个假说成立,那么上帝是如何告诉人们这一目标的呢? 也许是通过他们的直觉理性。如果是通过启示告诉他人的,那么是谁告诉我们的? 我们如何在互为冲突的启示中进行决策呢? 亚里士多德指出,因为我们只能够通过考察路径进行

①　Sigmund Freud. *Civilization and Its Discontents*. N Y: W. W. Norton & Company. 1995. p. 49. P90.

推理,所以我们也只能针对途径进行选择,那么任何事物都可供选择,并且毫不限制。如果这是成立的,我们所有的愿望将是"徒劳的"。因此,我们的选择一定得有目标,因为目标本身是善的,并且我们的理性也必须认识到这些善的目标①。也就是说,我们需要直觉理性去认识适当的目标,而某个独立的、精确的推理是不充分的,我们必须能够定义什么目标是最佳的。

例如,一个精确的推理也许可以告诉你挣钱的最有效途径,但它不能计算出你为什么要挣钱,以及如何把金钱进行最好的消费。一个精确的推理可以帮你编一个有效的程序去控制某个"爆炸驱动",但它无法告诉你是否应该设计这样一个驱动程序。精确的推理也许可以告诉你实施"信息高速公路",但它不能判断这是否是个好主意,或判断出应该使用它的最好方法是什么。

从某种意义上而言,现代理性观点强调精确推理,而古典理性观点关注直觉推理,这是二者的最重要的区别之一。

可见,当我们人类进行道德判断的时候是需要一些基本条件的,比如,我们为什么要有如此的行为? 我们可以回答是因为我们的某种信念主使我这样行为,当然并不是说信念是行为动机的唯一来源,除信念之外还有对该行为发生的一些其他条件分析。那么我们有了发生某些行为的动机就可以了吗? 我们除了顾忌自己的信念还要考虑对周围环境和对象的影响,这就是所谓道德自省,这是区别于一般动物的直觉性行为的。那么这些道德自省的标准又是来源于哪里呢? 什么是对的,什么是错的? 按照对的去做就是道德的,反之亦然。那么这些所谓的对的、错的就一定是对的、错的吗? 我们需不需要对他们进行反思呢? 这就是伦理学对道德观念进行的反思了。所以我们需要站在更高点去反思道德的问题,只有这样才能形成正确的道德决策。而这些道德决策有些是经过理性计算出来的结果,有些又是玄而又玄的理念。下面我们就要从伦理学的诸多理论中寻找分析赛博技术伦理问题的工具。

第二节　分析赛博技术伦理问题的理论"工具箱"

在第一节中我们已经了解到与道德和伦理学相关的一些基础知识,并

---

① 参见:[古希腊]亚里士多德,《尼各马可伦理学》,廖申白译,北京:商务印书馆,2003 年版,第 17—18 页。

且探究了理性观的重要理论,从而总结得出:通过理性找到某种支配行为的原则的能力对于做出伦理决策是十分重要的。在本节我们将仔细考察那些为伦理学提供理性基础的观点。我们回顾伦理学理论的历史,并不是仅仅为了梳理伦理学的历史进程,而是试图为伦理学找到一个理性基础,并试图将有效的理论进行系统化。

我们都知道,古希腊哲学家苏格拉底在距今至少2400年前就已经开始对伦理学进行研究。然而苏格拉底本人并未将他的哲学思想记载下来,它的学生柏拉图做了这个工作。在柏拉图的对话篇《克里托篇》(Crito)中描写道,被监禁的苏格拉底用伦理推理解释为何他应当面对一个不公平的死刑,而不是争取一个和他的家人被流放的机会①。在后来的2000年里,哲学家们相继提出了很多伦理理论。那么在这些理论中有没有一个或一些理论对于分析赛博技术伦理问题是有效的? 我们用某个理论来分析问题的时候会很自然地发问"为什么我们认为这么做是正确的?"如果我们能够通过推理和逻辑证明为何是正确的,那就具有说服力。所以我们得从事实基础上进行推理论证,不能普遍地接受那种不基于事实的伦理理论。因此,任何一个有用的理论都支撑着它的支持者将其用于检验道德问题、为之前的怀疑进行辩护并形成结论。

在这一节中,我们将思考五个伦理理论——五个道德决策框架。我们将根据每个理论提出的动机或者分析,通过具体的案例来分析这个理论为什么能够用于判断一个行为的正确与否,并给出支持或反对的理由。

一、相对主义

相对主义(Relativism)是一种极为复杂的理论现象,它的产生是基于事物本身所具有的相对性,构成人类社会和自然界的一切存在都是相对于其他事物的,没有哪种存在可以独立于其他事物,而总是在与其他事物的条件联系中才存在。简单来说相对主义是一种拒斥确定性的学说,表现在本体论上,它否认存在永恒的、超历史的"本体";表现在认识论上,它否认存在绝对真理和可独立存在的"最终语汇";表现在价值论上,它否认存在终极的、确定的价值原则。在伦理学领域,相对主义的观点就是不存在普遍的关于正确与错误的道德准则。针对一个道德问题不同的个人或群体可以有完全相反的观点,并且双方都可以是正确的。我们将讨论两种相对主义——主

---

① 参见:[美]迈克尔·J.奎因著,《互联网伦理:信息时代的道德重构》,王益民译,北京:电子工业出版社,2016年版,第9页。

观相对主义(Subjective Relativism)和文化相对主义(Cultural Relativism)。

主观相对主义强调个人价值的独特性和个体对道德价值的自主选择、自由意志和主观能动性,认为一切价值都是相对的、个人的、自主的,认为个人根据自身判断正确与错误。这个观点比较流行的表达就是"对你而言是正确的,但对我而言也许却是不正确的。"

如果你的目标是劝说他人相信你对现实伦理问题的解决是正确的,那么主观相对主义者未必会相信你。主观相对主义者认为每个人都可以根据自我的标准去判断什么是正确的和错误的。按照主观伦理相对主义者的观点,没有任何其他人的结论比自己的结论更有效。正是由于主观相对主义的自我决定的特性,所以在本文中拒绝把主观相对主义作为一个有使用价值的伦理理论来分析赛博技术伦理问题。

如果主观相对主义是没有效用的,那么,如何看待不同社会关于同一个问题正确与错误的不同观点?

文化相对主义是一种强调文化的认知差异性与文化间的价值不可比性的理论主张,是美国文化人类学家梅尔维尔 J. ·赫斯科维茨(Melville J. Herskovits)于 1949 年在其《人类及其创造》中提出来的。他认为,各民族的不同文化是该民族在特定的自然环境和文化环境下形成的,一种社会制度的成员没有权利去评判其他社会制度的成员,文化价值是相对的,不存在一个放之四海而皆准的标准去判断所有文化的优劣。后来阿诺尔德·约瑟·汤因比(Arnold Joseph Toynbee)在其《历史研究》一书中持相同观点,他认为各种文明发展之间有明显的共时性和差异性,文化形态具有多样性,各种文化都有自己的优点。文化相对主义者通常认为,"一切道德信仰和道德原则都相对于不同的社会文化或个别的人。相对主义者主张,一个人的价值观或一种社会文化的价值观,并不或无需支配别人的行为。……道德的正确性或错误性随地区而异,并不存在可以在一切时代应用于每一个人的绝对的或'放之四海而皆准'的道德标准。[①]"从这种观点看来,一个群体或个人的道德信仰包括良心意识,并非天赋的,而是在一定文化语境中后天形成的,它必然地随着历史、环境和文化的差别而变化、变异,不存在普遍的道德规范,更不用说普遍有效的道德规范。

美国学者迈克尔·J. 奎因认为,文化相对主义作为一个伦理说服的工具具有重要的缺陷。按照文化相对主义的观点,不同的社会发生了同样的道德问题,而由其中的某个社会的某个人对其进行伦理评价是毫无意义的。

① 汤姆·L. 彼彻姆,哲学的伦理学(雷克勤),北京:中国社会科学出版社,1990,第 137 页。

文化相对主义者认为不存在普遍的道德准则，对待伦理评价他们更看重传统而非事实和推理。正是由于这些原因，不少学者认为，文化相对主义对于构成伦理评价而言不是一个有力的工具，认为它毫无未来①。因为文化相对主义无法在不同时期不同地域的文化和冲突中提供解决伦理冲突的方案，并且无益于形成普遍的核心价值观，不具备理性分析是导致它存在缺陷的一个致命弱点。

二、神命论

中东地区诞生了三大宗教——犹太教、天主教和伊斯兰教。它们的共同之处是都认为是神创造了宇宙和人类。除此之外其他民族文化中也有关于神创造世界和人类的传说。神命论（Divine Command Theory）认为善的行为是与上帝的意志一致的，恶的行为是与上帝的意志相对的。由于《古兰经》（Holy Book）承载着上帝的旨意，于是人们可以使用《古兰经》作为道德决策的向导。上帝说要尊敬父母，所以尊敬父母就是善的。上帝说不要撒谎或盗窃，所以撒谎和盗窃是恶的。

神命论的支持者认为，人们应该服从于人类的创造者。神是宇宙的创造者，是人的创造者，人类是依赖神而生存的。因此，人们要服从神的旨意；神命论者还认为，神是全知的、全善的，是终极权威，而人类却不是，神知道如何做才是善的，人类如何做才能幸福的，神爱人类并希望人类达到至善。

然而，许多神命论的反对者却认为，世界上不同的民族有不同的宗教信仰，并且所信仰的圣书中一定存在很多相互冲突的内容。不存在为所有人共同信仰的宗教和所信奉的圣书。即使是在基督教中对圣经也有不同的观点。天主教圣经和新教圣经就有不同。并且，有些与时俱进的问题在古老的经文中也没有提及过。比如，在圣经中就没有提到过赛博空间（Cyberspace）。当我们讨论赛博技术引发的道德问题时，神命论的信奉者只能求助于类比。再有，宗教的信徒通常都同意"神就是善"的说法。然而，"善"和"神"根本就不是相同的事物。试图将这两种事物等同的观点，被称为等价谬误（equivalence fallacy）。因此，将"善"等同于"神"是谬误；最后，神命论是基于顺从的，而非推理。如果善意味着神的意志，如果宗教教义承载着我们需要去了解的神的意志，那么，这也就没有给选择和分析留下空间。因

---

① 参见：Michael J. Quinn. *Ehics for the Information Age*.（2nd ed.）. Boston：Pearson/Addison-Wesley. 2005. p. 59。

此,神命论不是基于逻辑推理对前提中大量的结论进行研究的,对于一个人来说根本就不需要提出问题,那些指令因为是神的命令而是正确的[①]。

因此,神命论的主要障碍是这些伦理规则不是从一系列根本的原则中经过逻辑证明(logical progression)得出的。虽然人们可以使自己的行为符合神的意志,然而,神命论经常在对持有不同宗教信仰的怀疑论者进行劝导的时候是失败的。因此,我们的结论是,尽管神命论在历史上有较大的影响,但由于其唯心主义的基本立场,缺乏事实的依据,因而对于伦理论战而言并不是一个有力的武器。

三、康德主义

康德主义是根据德国哲学家伊曼努尔·康德(Immanuel Kant)的伦理学理论命名的。康德有这样一句名言:"有两样东西,我们愈经常愈持久地加以思索,它们就愈使心灵充满始终新鲜不断增长的景仰和敬畏:在我之上的星空和居我心中的道德法则。[②]"康德认为人的行为应该遵守道德规则,并且这些道德规则是普遍的。他的观点是为了适用于所有的理性主体,任何最高的(supreme)道德原则本身必须基于理性。因此,大多数康德所描述的道德规则都能够在圣经中找到,康德的形而上学承认这些规则都来源于理性进程。按照圣经的某个章节去判断某个行为对与错的理论远不及康德哲学,因为康德哲学还可以解释为何该行为是正确的还是错误的。康德希望他的伦理学系统也能够像数学那样具有确定性。这样伦理学就可以在面对所有的理性事物时具有普遍性。如果伦理学不是先天综合的,那它一定会依赖当地的风俗、环境以及其他一些突发的、不可预知的因素,伦理学应该超越习俗、地域和偏见。如果我们不把确定性归于伦理学,伦理学就会变得武断,并且导致由伦理学指导的行为变得空洞。

康德的《道德形而上学基础》是以讨论作为唯一的善良意志开始的。康德认为,我们也可以把知识、财富、智慧、喜好、勇气看作是善的东西,但很快我们就会发现如果这些东西派不上什么用场时,它们也许反而有害。例如,如果把知识用于善的目标,它就是善的,反之,将其用于恶的目标,它就是恶的:一伙歹徒可以运用智慧和勇气去抢劫银行。因此,无条件的善良意志是唯一一个可以被视为善的东西,其自身就是善。

① 参见:Michael J. Quinn. Ethics for the Information Age. (2nd ed.). Boston: Pearson/Addison-Wesley. 2005. pp. 62－63。

② [德]康德,《实践理性批判》,韩水法译,北京:商务印书馆,1999年版,第177页。

　　善良意志不是由于它发生了实际效用或达到了预期目的就是善的，而是因为它的内在价值。康德指出，即使在善良意志的作用下最终未能达到最大效用，它仍然"像宝石般闪烁着耀眼的光芒"①。康德的结论是：世界上唯一能够被称为是无条件善的只有"善良意志"。当然，善良意志是以创造善的后果为目标的，即使这些善的后果未发生（由于突发事件或阴谋破坏），善良意志也不会因此而减弱。由于所有的物理组织都适合于它们的目标，理性也就最适它们的目标。但这些物理组织不具备自我维持的性能，理性的功能就是要培养一种内在善的意志。

　　康德指出，只有人的行为是在责任感的指导下产生的它才是善的。这并不是说你无法享受善的行为或根本不存在道德价值，这正是说明你的享受完全与行为的道德价值无关。动物的行为并未表现出寻找快乐或避免痛苦的本能，它们的行为是没有道德价值的，只有在理性指导下超越道德动机的行为才是善的。

　　康德认为行为的后果并不影响行为本身的价值。达到一个也许是有价值的目的有很多善和恶的方法，但只有在善良意志指导下产生的影响才是善的。一般而言我们都同意把钱捐给慈善组织，但如果某人第一次是通过盗取财物捐款，而第二次是通过自己努力工作挣钱捐款，我们只能说他的第二次行为是符合道德的、是善的行为。这是康德攻击功利主义者的基础。设想一下某公司有三个职员 A、B、C，他们的工作业绩同样出色，并且从未盗用公司的财物，这是因为他们有不同的原因：A 不偷钱是因为他怕被投入监狱，B 不偷钱是因为他爱他的孩子，力图为他们而努力工作，C 不偷钱是因为他努力工作是他们合同上的规定。在康德看来，只有 C 的工作是有道德价值的。

　　上述例子可以看到，"从外在"表现出来良好业绩的人不能被视为就是道德的。这也是为何康德指出的道德法则必须是先天综合的、不依赖经验的，因为经验和观察不可能总为我们提供行为道德的证据。我们很难在现实生活中找到那种纯粹按照义务的指导而发生的行为。现实生活很复杂，我们周围到处是诸如员工 A 或员工 B 的影子。但康德指出，这并不妨碍我们采用以纯义务指导行为，并且以此作为行为道德的榜样，道德原则必须纯粹以先天综合作为基础，自利的经验主义者以及他们的追随者只会阻挠道德的进程。在我们应用这些道德原则之前，我们必须清晰地规范我们的道德法则，仔细考察当时的具体细节。

---

　　①　［德］康德，《道德形而上学原理》，苗力田译，上海：上海人民出版社，1986 年版，第 13 页。

理性主体是指具有按照法则而采取行动的能力的人,这种能力是在意志(或实践推理)控制之内的,而不完全被理性主体持有的则是主观原则。客观道德原则要求任何理性主体都要按照道德上是"善"的原则发生行为。不完全的理性主体有时会按照客观原则行事,但他有时也会受到理念的干扰,对于不完全的理性主体而言,客观道德原则就好似是约束、强制、命令,所有的命令都包括"应该"一词,这就暗示命令的听从者具备对命令规则的理性理解。在康德的系统中,所有的绝对命令都被赋予"善举",一个纯粹的理性主体会视这些原则为必要的,而不是命令。不完全的理性主体也许会说:"我应当(I ought)",而完全的理性主体会说:"我会(I will)"。对那些完全的理性主体而言,他们根本不可能是被动地信任绝对命令,他们将这些绝对命令视作上帝、天使,他们会毫不犹豫地、努力地把善和施善结合起来。对康德而言,我们想做什么并不重要,我们应该重视的是我们应该做什么,我们"应该"的感觉被称为"顺从"(dutifulness)。一个有义务感的人会认为他必须按照某种必然的方式行事,而不是出于对道德规则的尊重,某个行为的道德价值取决于主要的道德规则。因此,如果我们的行为是依据一个适当的道德规则的话,那么我们就说这个道德规则是十分重要的。

我们再来看看康德的绝对命令。所有的命令不是假言的就是绝对的,假言命令假定一个目的,然后指定一个方式去达到这个目的,它的形式是"如果你想达到 X,那么请做 B"。绝对命令指称的行为没有假定、没有外在目的、是无条件的、是"自为"的。所有的命令都被规定了行为的目标为"善"。任何事只要通过理性主体的作用都有可能被视为是某些意志的可能目标。科学有一种实践的性质,其特殊点就是在于要达到的目标是什么,以及如何达到这一目标,这些都是技术的命令,不存在善的目的问题。某人只关注于在达到目标时获得了什么。"如果你想治愈 X,就给他 Y。","如果你想害 X,就给他 Z。",这两句话都是同样的"善"(从有效性来看)。

绝对命令是指该命令不以获取未来的任何目的为基础,它只是直接命令某一行动。它不考虑行为的物质属性及其后果,只关心行为的形式及其所遵循的原则(道德命令)。在道德命令的案例中不容易看到明显的目的,这就是说任何理性主体都会在不计较后果的前提下采取必要的行动,这仅限于理性主体。康德面临的问题是证明绝对命令。绝对命令要求我们按照某一普遍的法则采取行动,这一原则要成为适用于所有理性主体的理性道德,它要求我们接受基于它的可普遍化的任何特殊规则。你的行动会遵循普遍的规则吗?如果你能按照某一普遍规则采取行动,那么这个行为就是道德的,否则就是不道德的。

下面我们来看看康德绝对命令的三种表述①：

第一种表述："要只按照你同时认为也能成为普遍规律的准则去行动。"

为了说明绝对命令，康德将一个个体的问题置于一个困难的情境中——他/她必须决定是否会抱着打破承诺的目的进行许诺。将这个问题转换为一个道德规则就成了：我也许会带着打破承诺的目的进行许诺。

为了评价这个道德规则，我们将其普遍化，如果每个人在极端的情境中都做出了错误的承诺，那么，将会发生什么？一旦真是如此，承诺将毫无意义可言。也许，就不存在承诺这个事物了。因此，当我们试图将此作为一个普遍法则的时候，我们的道德规则就是自取灭亡。所以，对我们来说，以打破承诺为目的进行许诺的行为是错误的。

康德没有讨论如果每个人都打破自己的承诺，将会带来什么样的后果，诸如：破坏人与人之间的关系、增加暴力、使人们陷入痛苦。并且这也是为何我们无法想象将我们假设的道德规则转变为普遍规则带来的后果。甚至康德所说的将我们的道德规则变成普遍规则的这一简单的要求产生了一个逻辑矛盾。

让我们来看看这个逻辑矛盾是如何产生的。一方面，我们的要求"我能够做一个承诺"是可信的。毕竟这是承诺所向往的。如果我的承诺内容是不可信的，我就会打破这个承诺，这样我就无法跳出我所处的困难境地。另一方面，当我要求将道德规则普遍化，那就是每个人都可以打破自己的承诺。如果这种情况成为事实，那么承诺将不可信，这意味着也许将不存在承诺这个事物。一旦承诺不存在了，我也不会再做出承诺了。这样，试图普遍化我们的道德规则的建议就导致了一个矛盾。

第二种表述："你的行动，要把你自己的人格中的人性和其他人格中的人性，在任何时候都同样看作是目的，永远不能仅仅看作是手段。"

绝对命令的第二种表述可以简单地表达为：一个人"使用"另一个人是错误的。而应替换为，人与人之间的互动必须被认为是他们彼此之间都是理性主体。

例如，某个幼儿园的管理者了解到本幼儿园的投资方将在一年后撤离资金，那时将会对幼儿园的老师孩子形成重大影响。那么这个管理者现在还应不应该继续招收新的孩子入园学习？如果他将这个消息告诉教室员工和学生家长，教师员工有可能会寻找新的教育机构，已有学生将会迅速转园

① ［德］康德，《道德形而上学原理》，苗力田译，上海：上海人民出版社，1986 年版，第 72—90 页。

或明年再做转园考虑,新生将不会入园,甚至幼儿园无法运营到明年投资方撤资。请问这个幼儿园管理者应该把这个消息告诉大家吗?

按照绝对命令第二种表述,这位幼儿园管理者有义务告知大家。因为这个消息会影响老师们和家长们的决策。如果他隐瞒了消息,他就是把老师和家长甚至孩子当作工具,而不是将他们作为理性主体来尊重。

第三种表述:"每个有理性者的意志的观念都是普遍立法意志的观念",从而"每个有理性的存在,在任何时候都要把自己看作是一个由于意志自由而可能的目的王国中的立法者"。

绝对命令不包括个人爱好。不是说"如果我想达到 Y,那么我应该去做 X"而应该是"我应该做 X",这是一个非常简单的模式。对于规则而言,一个意愿不因任何喜好而变得主观,那么这个规则就是一个自律的规则,它不为任何外物所控。而那些将德行解释为兴趣的哲学家恰恰是在否定德行的可能性。他们提出他律的规则,认为由规则构建的他律源于他物或目的,而非源于意愿本身,这是假言命令的模式。我们知道,每一个理性的人都属于目的王国的一份子,他既是立法者又是执行者。这直接来源于"自律规则"。从某种程度来说,理性主体是他们自己制定的普遍规则的执行者。他们组成了王国或联邦。这些规则命令包括他们应根据内在目的进行互相监督。如果某一主体是为自身制定规则,那么他就是自律的,如果由他人为他制定规则,那么他就是他律的。意愿不仅仅对于规则而言是主观的,它还可以在理性的指导下规定规则。我们必须遵守我们自己制定的普遍的道德法则,因为这些法则的有效性是我们通过理性认识到的。

下面,我们使用康德主义对一个案例进行评价。

B 是一位在读研究生,家庭贫困,父母体弱多病需要他打工挣钱给父母看病。研究生毕业在即,他的父亲得了癌症需要巨额手术费用,他需要一天做三份工作维持父亲的医药费,可是他的毕业论文也需要时间撰写。在两难中他想到两个方案:其一自己延期毕业,专心打工挣钱给父亲看病。可是风险是父亲的病是个持久战,如果一年无法治愈还得更多时间更多金钱,延期毕业将会变为不能毕业。其二请女朋友帮他撰写毕业论文,顺利毕业后凭借硕士研究生文凭还能找到更好的工作,有更好的收入给父亲看病。再三衡量之后他决定请女朋友帮他写了毕业论文交给老师批改,最后如期毕业。请问 B 的行为是道德的吗?我们首先从康德绝对命令的第二种表述分析 B 行为的道德问题,这个角度对道德问题分析的重点在于行为的目的。B 让女朋友帮他写论文交给老师批改,这本身就是不尊重老师这个理性主体,就是通过欺骗老师达到自己的毕业目的,甚至如果每个学生都按照这样的规则行事,老师既不能相信学生,更不能相信学生的毕业论文的学术真实性。因此,B的行为是错误的。

比较我们已经叙述的那些道德理论,康德主义的特点是:①康德主义是理性的。康德主义是以理性主体能够使用逻辑解释伦理问题为前提的。②康德主义提供了普遍的道德准则。康德主义者认为同样的道德应当适用于所有的人,这些同样的道德准则能够指导我们做出清晰的道德判断。③康德认为情况相同的人应该受到同样对待的方式,因此,所有的人都应受到道德的平等对待。

然而,还有很多人对康德主义提出了异议。比如:就是上面那个B同学,他欺骗老师是错的,但他因为打工挣钱给父母看病没时间写论文才出此下策,我们如果仅仅从他欺骗老师的角度刻画他的行为,进行道德判断,是不是不够全面? 他孝敬父母,自立自强勤工俭学的行为是不是美德呢? 所以用单独的规则评价一个人是不全面的;那么在不应该骗人和应该救治父亲这两冲突中B究竟应该怎么办? 康德主义是为我们指明了明确的规则——应该最终理性主体,但他没有为我们提供当我们遇到两个或两个以上道德规则存在冲突时,究竟应该如何将道德规则进行排序的方法;还是刚才的B同学,他的爸爸得知他研究生毕业非常高兴,这位同学同样也在"欺骗"他的爸爸。请问他这种"撒谎""欺骗"行为对吗? 他是不是该如实告诉父亲"因为您生病我没时间写毕业论文所以没取得硕士文凭"或"因为您生病我没有亲自撰写毕业论文,是女朋友帮我写的"? 他这样"诚实"地说出实话是符合道德的,但对父亲的病情是好的结果吗? 是"善"的吗? 这种"善意的谎言"应不应该被当作一种例外来对待? 可想而知,一个康德主义者一定会批评B说撒谎是不道德的,因为撒谎违背了道德法规。但现实生活中很多人都认为那些太"耿直的"伦理理论对于解决"现实世界"的问题没有一个是有用的。

的确,上述这些观点体现了康德主义的某些缺点,康德还有很多问题未解决。如:第一,很显然善良意志不是唯一的善,至少还有健康、快乐、友谊,以及康德自己认识到的自由也是基本的善。第二,很难找到能被普遍接受的,并且无一例外的行为准则。例如,"永不撒谎"如果成为一个理性规则被执行的话,它能被普遍接受吗? 第三,绝对命令没有道德内容,所以它也可以被用于普遍的恶。

但是,我们还是从康德主义伦理学中受益匪浅,虽然它晦涩难解。康德所言的理性事物并不仅仅指称人类,他的理论似乎更为普遍,其领域甚至宽泛到能够包括人工智能实体,我们应当对人工智能实体也进行道德义务的思考,这是过去没有被提及的。虽然康德主义是有缺陷的,但我们应当看到它的闪光点,应该把它放到分析赛博技术伦理问题的工具箱里,将它作为评价道德问题的方法之一。

四、功利主义

功利主义,又称功用主义,是一种以实际功效或利益作为道德标准的伦理学说。它产生于近代英国,是伴随着英国资本主义经济发展而形成和发展的。该学说最早萌芽于培根和霍布斯的伦理学说中,直至 18 世纪末和 19世纪初,边沁(Jeremy Bentham)和密尔(John Stuart Mill)最终将其建立成一种系统的、有严格论证的伦理思想体系。

1. 古典功利主义

快乐——痛苦理论可以追溯到伊壁鸠鲁时代。伊壁鸠鲁认为善即是快乐,一个人生活的目标就是最大化快乐,最小化痛苦。但伊壁鸠鲁所说的快乐并非无休止的狂欢,他认为无休止的狂欢不能达到心灵(mind)的平静。他所说的快乐是最大化的、持久的快乐,并且最好的方式就是强调心灵的快乐超越身体的快乐。一个人应该追求一种有思想的、智慧的生活。他倡导聪明人应该存储过去的快乐记忆,到了悲伤之时就把快乐释放出来。伊壁鸠鲁主义者不惧怕死亡,认为死亡不外乎是身体把自己释放为它的最基本元素,但还保持了本性部分。后来伊壁鸠鲁主义更新为古典功利主义。古典功利主义的观点也是基于快乐是善,痛苦是恶。

边沁在《道德与立法原则》中将最大的善定义为数量最多的人所拥有的最大数量的快乐。一个有道德的人应该试图使最广大的群众的快乐最大化,使痛苦最小化。当要进行道德选择,决定做什么的时候,一个人应该关注所有要关注的事物,计算将要产生的快乐和痛苦,并且选择产生快乐量最大的行为。

边沁认为在对快乐与痛苦进行计算时,有七个计算因子应予以考虑。它们是:强度、持续性、确定性、远近性、繁殖性、纯洁性和广延性。除此之外,边沁的理论还认为如果两个人的快乐总量相等,那么这两个人的快乐就是相同的。

在边沁的功利演算中,边沁指出我们所有要做的工作就是计算出每一个行为将要产生的快乐的量和痛苦的量,然后再根据这些数据进行选择。问题是如何计算出每一个行为将产生的快乐与痛苦的确切数据? 应把什么放到最大善的考量中——是每个人? 女性可以包含在以男性为主的社会中吗? 儿童? 犯人? 奴隶? 老人? 所有肤色的人种? 这些问题在功利演算中都找不到答案,但我们又必须要找到答案才能进行计算。

即使如果边沁说:"好,包括所有的人。"我们也使用了现代技术,那也仍然存在问题。我们如何去判断一个未发生事件将会造成的快乐和痛苦的数量? 这只有靠猜测,但我们的猜测也是有限的。比如,针对是否应当设立死刑这个问题,我们可以在两个国家进行一个为期六个月的试验。这两个国家中一个设有死刑,一个没有。分别计算这六个月当中两个国家快乐和痛苦的总量,然后比较结果。我们分别把这两个国家中每个人的快乐、痛苦数量进行总和,并输入一个超级计算机中心。到第六年末,那个超级计算机就会告诉我们究竟应不应该设立死刑。

当然,也许还有一个比较困难的问题,是否有可能对这两个六年的时间进行"控制",此时期不会出现其他因素的变化。例如:在这六年中,其中一个国家,如果当地股票市场形势不好,其结果会导致民众收入减少,这样快乐的总量就会锐减,这种情况下得出的数据可信吗? 我们能以此作为判断是否应该设立死刑的标准吗?

边沁系统的另外一个问题是,其他暴力行为也会以功利演算的结果作为暴力行为存在的正当理由。我们想象一下,在一个有施虐存在的社会,人们通过观看他人遭受折磨而得到快乐,那么少数的受虐者正在为多数的观赏者提供最大量的快乐。因此,在功利主义原则中,折磨那部分少数人也就有了正当的理由,奴隶他人也就可以视作是正当的了。

密尔继承了边沁的功利主义,但又有所不同。边沁在提出功利主义的时候,只考虑了快乐的量,而没有考虑快乐的质。密尔认为某些快乐("较高的"快乐)比其他快乐重要。因此,对密尔来说,诗歌比游戏能使人更多地享受快乐,甚至相当于所有快乐之和。针对边沁的"猪的学说"密尔曾说:"即使是做一个无法得到满足的人,也比做一个得到满足的猪要好得多;即便是像苏格拉底得不到满足,也比像傻瓜感到满足要好得多。[①]"但是,密尔的论点也难逃争议,例如,某些快乐与那些引入了理性的快乐相比,前者的快乐大于后者。那么该怎么办? 我们还需要对那些理性的快乐进行"陶冶"吗? 我们做出判断的依据不应是原始的"情感"或生理的快乐、痛苦,而应该是理性。

在《功利主义》中密尔试图对功利原则予以辩护。不论功利原则是第一原则还是由其他原则派生的,密尔试图说明功利原则是自明的,但是一个自明原则是相对于那些不可替代的原则而言是可能的。把功利原则替换为道

---

① 参见:John Stuart Mill. *Utilitarianism*,Filiquarian. 2007. chapter 2。

德第一原则当然是可能的。我们已经看到为最多数人谋取最大快乐的观念是模糊的,它引发了很多问题。如果它不是一个自明的第一原则,那么它一定是派生的。密尔认为只有证明某物是人们真实喜爱的,那它才是为人们所渴望的。因为人们对它表现出快乐、幸福,所以密尔才总结出它是渴望的,但是请注意有异常情况发生。从"人们渴望快乐或幸福"到"人们应该渴望快乐或幸福"密尔增加了"应该"一词,但这一增加并非逻辑地徒劳,他事实上也犯了休谟曾指出的错误,把"是"换成了"应该"。密尔的另外一个问题是他想把比快乐更好的东西包含在他的理论之中,这似乎是要改进边沁的观点,但是我们如何知道哪一个是最好的快乐? 密尔认为最好的快乐是由能胜任的、有能力的法官判断的。如果我知道谁是有能力的法官,那么我就能查出他的选择,就可以获悉什么是最好的快乐,然而我们应如何识别有能力的法官呢? 密尔说他们就是选择最好的快乐的人。这就进入了一个循环,没有给该问题提供答案。因此也就留下一个问题:一个人如何了解什么是好的快乐,他们如何可以酌情地处理?

从边沁到密尔,古典功利主义的原则是以行为的后果判断该行为的道德性,而不注重行为的动机。边沁曾指出:"不论动机的善与恶,只计算行为后果的影响。[①]"这也是我们把功利主义称为后果论理论的原因。然而,也正是这条备受批评的特点,它解决了康德义务论的一个难题:在某一特定的情景下,不同的道德义务发生冲突,这该如何分辨何为善? 功利原则正是用这条简单的道理,通过行为后果予以回答,即:遵循哪个义务、规则能够获得最多数人的最大幸福的总和,那这个规则就是善的。

尽管古典功利主义有这样那样的问题,但古典功利主义仍然不失为一个有价值的伦理学理论,它将复杂的道德问题变得非常简单,它用非道德的价值(行为的后果)来对一个行为的道德属性(善或恶)进行评价,它为我们提供了解决道德问题的另一种途径,并且古典功利主义运用理性定义一个行为的道德,这也正是我们试图找寻的东西。

功利主义的判断是基于快乐的快乐主义。摩尔(Moor G. E.)认为还有其他的善也应进行最大化,如:知识、友谊、健康、审美,这被视为是理想功利主义。他们的计算的方法相同,但强调的重点已经从快乐转移开来。近年来,理想功利主义内部发生了分歧,一派认为功利原则应该应用于特殊行为,这就是后来的行为功利主义学派;另一派则认为道德选择应该通过为获

---

① Jeremy Bentham. *An Introduction to the Principles of Morals and Legislation*. Clarendon Paperbacks. Oxford. University Press. Oxford. England. 1996. p. 21.

得最大快乐所设计的规则做出，这就是后来的规则功利主义学派。

2. 行为功利主义

行为功利主义（act utilitarianism）依据行为本身所产生的后果的善与恶、好与坏来判断道德行为的有效性，行为功利主义者追求的是在每一种环境条件下能产生最大快乐（幸福）的行为。这是与规则功利主义相对的，规则功利主义判断一个道德行为的正当性与否依据的是那个行为所遵循的普遍道德规则，而不是根据一个具体行为所能产生的好的或坏的后果。规则功利主义者追求的是那种对规则的遵从可产生最大功利的行为。古典的功利主义者如边沁、密尔、西奇威克一般被认为是行为功利主义者。行为功利主义也是依据可预测的功利而不是实际功利后果来界定行为的正义性，行为功利主义的难题在于怎样确切地评估行为本身的后果，它也因忽视行为者的整合性或欲求而受到批评。

行为功利主义的优点是：由于将最大幸福原则作为衡量行为是否道德的标准，功利主义潜移默化地将人们生活的目标引向幸福；功利主义者为我们提供了一个直接的计算某个特殊的行为的善恶的方式。通过对某个行为产生的幸福与不幸的列举，行为功利主义似乎比康德主义伦理学强调的绝对命令更有实践意义；行为功利主义允许道德主体计算与某个特殊行为相关的所有元素，回忆一下 B 同学对父亲说实话比说谎会对双方产生的痛苦会更多，因此，使用功利演算就会判断出什么行为是正确的。如果他说实话，他和父亲两个人都会痛苦；反之，他说谎话，父亲会很开心，只有他一个人因说谎而痛苦。

我们再来分析一下行为功利主义的缺点：在进行功利演算时，究竟应当把哪些对象纳入计算的标准并不明确，这会导致计算的后果出现偏差；功利演算需要大量的时间和精力——计算各种行为可能产生的后果、比较不同人的快乐与痛苦、比较同一个人不同质的快乐和痛苦，然后进行换算，再决定能产生最大幸福的行为。事实上，让每个人在遇到道德问题时进行功利演算似乎不太现实。生活中，我们通常是要马上采取道德行为的决策。比如，有个孩子在马路上玩耍，一辆汽车疾驰而过，我们还有时间去计算各种行为的后果吗？所以，行为功利主义在日常道德生活中的使用率通常不高，因为它忽视了我们先天的责任感。日常生活中，"保密"是我们的责任和义务。比如，那个幼儿园管理者承诺替投资方保守秘密。如果他履行"保密"的承诺，他的行为会让幼儿园继续运营一年并产生 100 万元的利润；而如果他食言，说出了秘密，他的行为会为导致投资方亏损 50 万，教师们及时找到合适的教育机构获利 200 万。200－50＝150 万元，大于 100 万元。按照行为功利主义原则进行功利演算，他应该说出秘密，可以多产生 50 万元的利润。然而，现实生活中一部分人都认为他应该采取保密的行为，因为，行为功利主义易于受到道德运气问题的影响。有些时候，行为主体并不能完全计算出预期的后果。比如，如果那个幼儿园管理者保守了秘密，也许在这期间还会有更好的投资商对幼儿园进行投资，幼儿园的老师们工作热情更高，收入更高，孩子们收益更多，甚至还会吸引更多新学生入园学习，从而幼儿园收益更多。这些后果都是不可预知的，容易受到道德运气的影响。当这些后果不完全在道德主体的控制之下时，我们仅仅按照行为的后果判断该行为的道德价值是否是正确的，这就被称为道德运气问题（the problem of moral luck）。

行为功利主义还有两个缺点，我们将在规则功利主义中讨论它们，即使行为功利主义是不完美的，但它仍不失为一个客观的、理性的伦理论。它允许一个人解释为何某个特殊的行为是正确的或错误的，将康德主义和行为功利主义加入到有价值的伦理理论列表中有助于我们评价赛博技术引发的诸多道德问题。

3. 规则功利主义

正是由于发现了行为功利主义的缺陷，一些哲学家开始用效用原则去探究其他伦理理论。后来这个理论被称为规则功利主义（rule utilitarianism）。规则功利主义的观点是我们应该采取那些为众人所沿袭的伦理规则，这些伦理能够实现总量上的最大幸福。规则功利主义者将功利原则应用于道德规则，而行为功利主义者则将功利原则应用于个人的道德行为。

如果某些人信奉的是"按照某一规则进行选择，这一规则已经得到道义原则的充分证明，并且它可以确保最多数人的最大的善"，那么这些人就是规则功利主义者。伦理学中的一系列规则显示了它们的价值，规则功利主义者相信他们可以通过自己的选择找到令大多数人快乐的道德实践。但是，行为功利主义的规则是建立在按照这些规则发生行为的后果的结论上，并且这些后果一定要最大化快乐。

规则功利主义和康德主义都重视规则，并且这两个伦理理论的规则还有很多交叉。两个理论都认为应当遵守规则。然而，这两个伦理理论却把道德规则引入完全不同的路径。规则功利主义者选择按照道德规则，因为普遍适用会产生最大快乐；而康德主义者按照道德规则，是因为道德规则与绝对命令相一致：所有的人都被视为自身目的，而不是作为最终的工具。换句话说，行为功利主义者看重的是行为的后果，而康德主义者看重的是行为的动机。

现在我们来分析一下规则功利主义的利弊之处。

首先我们来看看它的优点。其一,规则功利主义进行功利演算的方法比较简单。当我们对一个行为产生的总快乐进行计算的时候,行为功利主义遇到的困难一方面是很难给定包括在功利演算范围之内的因素的数量,另一方面是很难预测对未来产生的影响。而对规则功利主义来说,假设一条普通的规则在社会中普遍适用后会产生什么样的后果,这种方法比行为功利主义的方法就简便得多了。可见,规则功利主义在执行功利演算时比行为功利主义简单;其二,并不是每一个道德决策都要进行功利演算。按照规则功利主义,一个人不需要花费很多的时间和精力去分析每一个特殊的道德行为,这些分析的目的就是为了定义每个行为是道德的还是不道德的。也就是说,规则功利主义不要求对每一个道德决策进行功利演算;其三,特殊的情景不能推翻道德规则。回忆一下上述行为功利主义中那个幼儿园"保密"的例子。管理者如何在那两个行为中进行选择? 为投资方保守秘密并为他创造 100 万元的利润;还是说出秘密为老师们创造 200 万元的利润? 一个规则主义者的推理是:每个人都保持他们的承诺,这些行为所产生的善的长期后果,比失去承诺特权,获得短期的 200 万元的利润要好得多。因此,在这种情形下,规则功利主义的观点是:为幼儿园保守秘密是正确的行为;其四,规则功利主义解决了道德运气问题。由于规则功利主义关注的是某个行为典型的后果,所以,偶然的非典型的后果不会影响一个行为的善。规则功利主义者会认为保守秘密是善的行为。

我们再来看看功利主义的缺点。功利主义的缺点是功利原则遗留的问题,在行为功利主义和规则功利主义中都存在。第一个缺点是:功利主义迫使我们使用单一的方法对某个行为进行全面的评价是不妥的。我们很难将所有的后果按照同样的计算方法或单位进行累加。比如快乐如何按照金钱的单位进行计量? 第二个缺点是:功利主义忽视了对善的后果公平分配的问题。功利演算仅仅关心所产生的最大幸福总量,但对平均分配问题关注度不高。比如,某项技术如果没有进行技术保护,该技术在一个人口为 200万人的国家中人均受益的幸福量是 1 元,这个总的幸福量就是 200 万元。但是如果对该技术进行技术保护或垄断将产生更多的价值,如该公司 50 个员工能够人均获得奖励 20 万,这个公司中总的幸福量就是 1000 万元。按照功利演算,后者因其善的总量大于前者,所以是胜利者。可是,这对很多人不公平,因为为最大多数人谋取最多的善才是我们的目标。此时,我们可以建议用两条规则引导我们的行为:①我们行为的目标是为了获取最大量的善;②我们应该尽可能宽泛地分配这些善。第一条原则是功利原则,而第二条原则是公平原则。下一个问题我们将重点讨论公平原则。

上述批评的关注点在于情境,在不同的情境中,对某一道德问题的回答似乎都是"错误"。然而,规则功利主义把所有的人都视为平等的,并且功利主义者为回答某一特殊行为的道德性判断提供了理由。因此,我们将思考第三个对评估道德问题有用的理论,该理论连接了康德主义和行为功利主义。

五、社会契约论与正义论

上述所言的那个连接康德主义和行为功利主义的理论就是社会契约论。西方的社会契约论源远流长,可以追溯到古希腊罗马时期。社会契约论是西方政治思想史上影响最为广泛的政治学说之一,它从诞生时就与国家和法的理论紧紧联系着。马克思曾说古希腊的伊壁鸠鲁是最早提出社会契约观点的古代思想家①。伊壁鸠鲁认为人们为了保障自己的安全和利益相互约定产生了国家和法,这个约定就是契约。古罗马后期,西塞罗继承了伊壁鸠鲁的契约论和斯多葛派的自然法思想提出:"法律是植根于自然的,指挥应然行为并禁止相反行为的最高理性……这一理性,当它在人类的意识中牢固确定并完全展开后,就是法律。②"西塞罗认为理性的人们为了互利互惠开始参与制定约定,而约定的核心内容是如何保障人民的安全与幸福,国家的诞生的意义就是为这些约定提供合法性基础。斯多葛派认为自然法是理性的法则,它不仅支配着自然领域同时也支配着社会领域。斯多葛派的自然法理论为近代社会契约论提供了理论基础。之后,到了近代,自然法理论与社会契约理论就紧密地联系在一起了。17、18 世纪是契约论古典时期,这个时期的思想家是把自然法和社会契约论作为他们的讨论焦点的,霍布斯和洛克是这一时期契约论思想的代表人物。

哲学家托马斯·霍布斯(Thomas Hobbes)出生于英国内战时期。"霍布斯处在英国王权与教权、国教与清教、封建旧贵族与新兴贵族矛盾不断激化的年代③"。1642 年英国内战爆发,他感受到无政府社会的可怕后果。霍布斯决定撰写一本书以阐述政治混乱所导致的战争,以及政府的重要性。在霍布斯看来,国家就像一个伟大的怪物——利维坦,它的身体由所有的人民所组成,它的生命则起源于人们对于一个公民政府的需求。每个人因本能地求生而彼此矛盾冲突不断。在他的著作《利维坦》中,霍布斯提出没有法规

---

① 参见:蔡拓,《契约论研究》,天津:南开大学出版社,1987 年版,第 14 页。
② [古罗马]西塞罗,《国家篇法律篇》,沈叔平,苏力译,北京:商务印书馆,1999 年版,第 151 页。
③ 胡景钊、余丽嫱,《十七世纪英国哲学》,北京:商务印书馆,2006 年版,第 14—15 页。

和保障法规的手段,人们就无法投入到任何富有价值的创造性活动中,因为没有人能够确保他们的创造物能够得以保留。反之,人们还要正常消耗他们所需的物资,并保卫自身不受其他人的攻击。"最为糟糕的是人们不断处于暴力死亡的恐惧和危险中,人的生活孤独、贫困、卑污、残忍而短寿"①。霍布斯将这种状态称作是"自然状态"(the state of nature)。自然状态又可以称为"底线"(base line)、"最初状态"(initial situation)、"无契约的点",哥梯尔(David Gauthier)将其称为"无协议状态"(no agreement position)、"最初谈判状态"(initial bargaining position);罗尔斯将其称为"原初状态"(the original position)②。在霍布斯的眼里,和平文明的社会并不是同人类相生相随的,人类最初生活在一种没有政府、没有法律、没有权威的原始的"自然状态"之中。霍布斯认为在自然状态下每个人都只考虑自己。人们要想结束战争、避免生活在这种混乱的自然状态中,理性的人们必须意识到合作的重要性。人们可以通过社会契约这种方式,共同遵守已定的规则,让每个公民自愿地将个人的全部自然权利和平地让渡给某个权威,由这个权威来解决内部的矛盾和外部的侵略。霍布斯认为那些看似简单的规则其实是人们获取社会生活利益的必需品。生活在文明社会的人必须要形成某些协议用于规范人的行为,同时还得建立一个政府来确保这些协议得以有效地执行,这些协议他称之为"社会契约"。

出生于瑞士日内瓦的哲学家卢梭(Jean-Jacques Rousseau)在霍布斯的影响下继续对社会契约论进行探究。他更加重视的是讨论政府应该怎么做的问题,而不是证明现存政府存在的合理性的问题。他在《社会契约论》中写道:"要寻找出一种结合的方式,使它能以全部的力量来卫护和保障每个结合者的人身和财富,并且由于这一结合而使每一个与全体相联合的个人又只不过是在服从自己本人,并且仍然像以往一样地自由。这就是社会契约所要解决的最终问题。③"

面对社会,卢梭认为重要的问题是找到一种联合的形式以确保每个人的安全和财富,并且确保每个人享有自由的权利。卢梭的答案是,要求每个人将其自己本人及其自身的一切权利都转让给由契约产生的共同体。共同体将为它的成员制定规则,并且,共同体的每一个成员有义务遵守这些规则。共同体所制定的规则一定是合理的,因为在共同体之内的人是平等的,

---

① 霍布斯,《利维坦》,黎思复、黎廷弼译,北京:商务印书馆,1985年版,第39页。
② 参见:陈真,《当代西方规范伦理学》,南京:南京师范大学出版社,2006年版,第156页。
③ [法]卢梭,《社会契约论》,何兆武译,北京:商务印书馆,2005年版,第19页。

没有人能够凌驾于规则之上。由于每个人都处于相同的地位,没有谁会试图向他人施加不公平的责任,不合理的规则也是适用于每一个人的①。

除此之外,卢梭认为:"由自然状态步入社会状态,人类便产生了一场最引人注目的变化;在他们的行为中正义代替了本能,而他们的行动也就被赋予了前所未有的道德性。只有当义务的呼声代替了生理的冲动,权利代替了嗜欲的时候,此前只懂得关怀一己的人类才发现自己不得不按照另外的原则行事,并且在听从自己的欲望之前,先得请教自己的理性。②"生活可见,步入社会状态的人类与生活在自然状态下相比,每个人的行动被赋予了道德要求,那就是按规则办事。

美国学者詹姆斯·雷切尔斯(James Rachels)认为:"社会契约是这样解释道德和政府的目的的。道德的目的是使社会生活成为可能;政府的目的是执行重要的道德规则。我们可以将社会契约论概括为:道德是理性人在他人接受的前提下所共同制定的一套规则,这套规则大家普遍接受,并支配着大家的行为,道德是互惠互利的。③"

现在我们来比较一下社会契约论和康德主义。社会契约论者和康德主义者双方的共同之处是双方都认为存在着一些起源于理性方法的普遍的道德规则。不同的是康德主义者认为这些起源于理性方法的普遍的道德规则一旦被普遍化,那么人们就得按照该道德规则采取行动。比如绝对命令的遵守,比如把人当作理性主体来尊重。而社会契约论者认为,如果在理性人假说的前提下,理性的人找到的那些能够对共同体产生利益的道德规则,同时也被理性人所共同接受,那么大家就应该按照这些道德规则采取行动。

霍布斯(Thomas Hobbes)、洛克(John Locke)还有很多其他的17、18世纪的哲学家都认为,所有的道德主体都具有一些既定的权利,如生存权、自由权、财产权。一些当代的哲学家还会加上其他的权利,如隐私权。然而权利与义务间存在着紧密的联系。一个人具有生存权就意味着其他人就有义务或责任不能杀害他。而权利又可以根据对他人的义务被划分为:消极权利(negative right)和积极权利(positive right)。所谓的消极权利就是当某人独自行使某个权利时其他人不能对此进行干涉,比如某人在发表言论时其他人不能干预他自由发言的权利。积极权利就是某人在表达自己的观点时,其他人必须对他做出相应的支持行为。比如某人享有义务教育的权

---

① 参见:[法]卢梭,《社会契约论》,何兆武译,北京:商务印书馆,2005年版,第19—21页。
② [法]卢梭,《社会契约论》,何兆武译,北京:商务印书馆,2005年版,第18页。
③ James Rachels. *The Elements of Moral Philosophy*. McGraw-Hill. New York. NY. fourth edition. 2003, p. 85.

利,而为了他权利的实现,其他人就得缴纳社保确保这个人可以实现自己的义务教育。社会契约论为解决伦理冲突提供了理论资源,为我们的伦理决策和评价提供了参照和思路。

功利主义的弊端之一是功利演算只关注幸福总量。从一个纯功利者的角度来看,对已定数量的功利不进行平均分配,比将其进行平均分配要好得多。社会契约论却认为财富和权利如果没有进行平均分配,一旦集中在一起就会引发矛盾。在卢梭看来,只有当所有的人都占有了某物,并且没人占据更多并非常平均的时候,社会状态对公民而言才是有利的。

20世纪,约翰·博德利·罗尔斯(John Bordley Rawls)对社会契约论研究投入了极大的热情,他的热情与努力引起了社会契约论研究的复兴。罗尔斯提出了两个正义原则,使正义超出了社会契约的定义,延伸到如何解决财富和权利分配不平等的领域。罗尔斯的正义原则:①每个人都可以要求享有一系列完全平等的基本权利和自由,如:思考和言论的自由,集会的自由,逃离危险获得安全的权利,财产权,只要这些自由和权利同其他人所享有的权利和自由相容。(平等自由原则)②任何社会和经济的不平等都必须满足两个条件:a、它们要与社会职位相联系,每个人都要有公平和平等的就业机会;b、它们应该使社会中最少受惠者获得最大的利益(差别原则)(the difference principle)。

罗尔斯的第一正义原则与社会契约论的原始定义十分接近,只不过他的第一原则是以权利和自由为视角,而社会契约论是以道德规则为起点进行论述的。然而,第二正义原则关注的是社会和经济的不平等问题。很难想象社会中每个人都拥有平等的身份。例如,希望每个人都生活在城市是不现实的。还有,很难想象社会中的每个人都拥有平等的财富。如果我们允许人们拥有私人财产,我们就应该允许一些人比其他人获得更多的财富。按照罗尔斯的观点,社会和经济的不平等是可以接受的,只要它们满足这两个条件。第一个条件:社会中的每个人都应该拥有平等的机会去获得较高社会地位的工作,或获得较高收入的工作。第二个条件:我们称其为差别原则,认为社会和经济的不平等必须被证明是正当的。证明社会和经济不平等的唯一路径是,表明为社会最少受惠者提供的最大利益已经超出对最大受惠者提供的利益。

社会契约论的优点首先表现在它是以权利的语言架构起来的。许多现代国家的文化,尤其是西方化的民主,它们提倡个人主义。对于那些国家的公民,个人权利的概念是非常有吸引力的;其次,社会契约论解释了为何理性人会在没有形成共识的时候表现出自利;社会契约论的第三个可取之处在于社会契约论是基于这样的一个理念:道德是理性主体间不明确的协议,理性主体认为在个人利益和共同的善之间存在直觉。共同的善是每个人进行合作时最好的意识,合作行为发生在这些自私行为产生消极后果之时;并且,社会契约论能够清晰地解释政府在特殊情况下剥夺某些人权利的理由。例如,要对某人的犯罪行为进行惩罚时,社会契约论可以提供一个逻辑说明。比如人人都有自由权,但将一个犯了罪的人投入监狱,社会契约论是这样解释的:当每个人按照既定的规则承担责任时他可以受益/获利,那些不遵守规则的人将会受到惩罚,这时将是那些自私的人转为承担责任,人们也会意识到只有社会才能够惩罚那些犯罪的人。

然而,社会契约论也存在缺陷。比如,其一,没有人签署社会契约。社会契约不是一个真实的契约。我们中没有一个人真实地同意履行我们社会中的某些义务,为何应当受此束缚呢? 社会契约论的拥护者指出,社会契约是一个理论概念,它试图通过团体采纳道德规则解释理性的证明。正如罗尔斯指出的,社会契约协议是假设性的和非历史性的;其二,许多行为可以用多种方式进行刻画。这是社会契约论和康德主义共同面对的问题。某些情景是复杂的,可以用多种方式进行描述,对一个情景的刻画可以影响规则和权利;其三,当分析相关的权利冲突时,社会契约论没有解释如何解决冲突的道德问题。这又是一个社会契约论和康德主义共同面对的问题。思考诸如堕胎这些棘手的道德问题,其中是母亲的隐私权同胎儿的生存权发生了冲突;其四,对于那些没有能力支持他们契约的人来说,社会契约论也许是不公平的。社会契约论提供给每一个人既定的权利,作为回报,这些人也要承担相应的义务。当某个人没有履行道德规则所要求的义务时,他/她就会受到惩罚。而对于那些按照自己所理解的道德规则行事的人,他们认为自己没有犯错,这部分人该怎么办? 有些人是故意选择打破道德规则的,有些人是没有能力理解某个道德规则,这两类人是不同的。社会必须在这两类人中进行区分。那些故意打破道德规则的人应当受到惩罚,而那些不能理解某个道德规则的人必须得以照顾。不过,公平地说,在这两类人之间进行区分非常困难。例如,我们如何处理吸毒成性的瘾君子以盗窃维持他们的毒瘾? 有些国家将他们按照罪犯处理,并逮捕入狱,有些国家则将他们视作精神疾病患者对待,送入医院治疗。

上述的这些批评显示出社会契约论还存在着某些不足。不过,这并不能说明社会契约论不是一个有解释力的理论。实际上,它允许人们解释为何某个行为是道德的或不道德的。按照我们的标准,可以将其同康德主义、行为功利主义、规则功利主义一起纳入本书所讨论的伦理学理论。

六、美德伦理

不论是康德义务论还是功利主义理论上都存在着不足,不少道德哲学家批评它们忽视了道德生活的某些重要方面。近几十年复苏的美德伦理学研究针对规范伦理学中的义务论和功利主义发起了挑战,对现实生活中出现的伦理问题的回答也彰显出了自己的特色。正如新西兰著名学者罗莎琳德·赫斯特豪斯所言:"'美德伦理学'是个专有名词,最初用来标识一种强调美德或道德品质的规范伦理学思路,同强调义务或规则的思路(义务论)或强调行为结果的思路(功利主义)构成了对比。[①]""美德伦理学是一种既古老又新鲜的思路,说它古老,是因为它可以追溯到柏拉图以及(尤其是)亚里士多德的作品,说它新鲜,是因为作为古代思路的复兴,它对当代道德理论来说是一种相当晚近的补充。[②]"

美德伦理学的研究可以追溯到古希腊,亚里士多德对美德的研究具有奠基性意义。亚里士多德的伦理学主要在两部著作中呈现,一部是《尼洛马可伦理学》,另一部是《欧德穆伦理学》(The Eudemian Ethics)。《尼洛马可伦理学》被认为是有史以来最重要的伦理著作之一,也是大多数伦理学家思想的来源。亚里士多德认为有两种美德,一种是智性美德或理性美德,这种美德和推理、真理相关;另一种是道德美德,是指通过反复性的道德行为训练可以形成的良好习惯或性情,比如通过习惯性地讲真话办实事来培养一个人诚实的品性,这种美德是可以教的,是一种习惯问题。同时,亚里士多德也强调行为目的的重要性,有道德的行为不可能是偶然的,意识也好思维也罢是非常重要的。人们发出的一个行为要想表现出道德性,行为主体必须首先意识到自己的所作所为是有道德的,进而才可能去选择发出这个行为,人们会思考这个行为是否对自己有益,也会思考这个行为是否是按照一个固定的、不变的原则行事,或者出于一个固定的性格。美德不是靠运气或偶然,行为发出取决于行为者的道德认知,人们只有看到、知道什么是正确的行为,才愿意去做有道德行为。那种因限制、强迫而发生的行为,不是自愿的是不值得赞扬的或指责的,因为行为的发出不是源于内心而是受迫于

---

① [新西兰]罗莎琳德·赫斯特豪斯,《美德伦理学》,李义天译,南京:译林出版社,2016年版,第1页。

② [新西兰]罗莎琳德·赫斯特豪斯,《美德伦理学》,李义天译,南京:译林出版社,2016年版,第1页。

外部。就好像一个强壮的人 A 胁迫或抓着一个瘦弱的人 B 的手,把刀扎进他人的心脏,B 是没有理由被定罪为故意伤人的,因为这个行为不是来自于 B 的内心,而是受迫于外部。然而一个人如果醉驾,就必须为自己的错误行为负责。为什么呢? 因为他喝醉的行为是源自自己的内心,没人胁迫他喝醉酒,所以他必须对醉驾行为后果负责。行为的选择与是否自愿有关,与是否非理性无关,发生行为已经是就某种选择了,而理性是在思考行为的手段、方法。这一点亚里士多德和康德把自由作为伦理的必要前提是观点一致的,不同的是亚里士多德没有像康德那样尝试着为自由意志的存在进行一个合理的证明。我们可能会忘记一个科学知识、数学公式,但不能忘记是非的区别,孰是孰非是经过不断提醒而养成的习惯,美德是习惯加上正确的理性。

可见道德美德表现出的是一种深层的人格魅力,一个人的行为中由内而外地透露着品行。一个诚实的人已经把说实话当作理所当然的事了,他们对自己的要求永远都是不能说谎,当然也不会同意别人对自己有任何不诚实的行为。美德伦理学是以行为者为中心的,它考虑的是行为者自身的意愿、品格,而不是以行为为中心的,它更加关注的是一个人应该成为什么样的人,而不是应该采取什么行动是对的;美德伦理学更加注重探讨德性论的概念,比如“善”“美德”,而不是义务论的概念,比如“责任”“义务”。W 先生和 H 先生是朋友、同事,W 是个诚实的人,工作中得到了 H 的很多帮助,并且 H 从未向他索取过回报。某天 H 失恋,心情很差影响到工作,当上级部门让 H 汇报他的工作进展时,H 把同事们的工作成果当成自己的进行了汇报,在场的 W 望着 H 思绪翻滚。如果 W 是义务论者他可能会觉得自己说出实情是对自己也是对其他同事的义务;如果 W 是行为功利主义者他可能会充分计算自己说出实话对 H,对自己,对同事会产生哪些后果;如果 W 是规则功利主义者他可能会手持“诚实”的规则作出判断。然而,如果 W 是美德伦理主义信奉者,他不是从行为本身或行为后果本身思考问题,而是从行为主体本身思考问题,他首先认为自己必须向上级主管说明事实,因为诚实已经是一种习惯,但他不会仅仅“告状”,而是会向上级主管表示自己作为 H 的朋友、同事,他会承担起自己的责任,自己没在发现 H 因失恋心情低落影响工作时做出回应才导致了 H 的不诚实行为。在这种情况下,我们发现把视角放在美德上比放在责任、义务、规则上更为合理,因为美德伦理学比义务论和功利主义处理问题更温暖更人性化。

小结

在本章中,带着鉴别哪些理论能够对我们思索赛博伦理问题最具价值的目的,我们考察了一些伦理学理论。

首先我们考察的是相对论或相对主义(relativistic theory)的观点。相对主义者认为根本就不存在普遍的道德规则,主观相对主义者认为道德是由个人创造的,文化相对论认为每个社会都有自己的行为规则。如果道德是被创造的,并且没有哪个道德规则会比其他的道德规则更好,那么,也就不存在判断哪个规则比其他规则更好的客观标准。在这种情况下,对伦理学进行研究就比较困难了。正是由于这个原因,我们把相对主义理论留到最后一章讨论。

与此相反,客观主义(objectivism)认为道德是存在于人的意识之外的。人类有责任去发现道德。客观主义者认为,无需考虑所有人的历史及文化背景,一定存在着既定的、普遍的道德规则。

我们思考的第一个客观主义理论是神命论。神命论认为神灵已经为我们提供了道德准则,这些道德准则的目的是敦促我们成为一个好人。人们必须按照这些道德准则行事,因为它们代表了神的旨意,而并非我们对它们的理解。因此,神命论不是从事实中经过理性推导产生的道德准则,并且它也不能被普遍地掌握其价值,所以,从作为分析赛博技术伦理问题的工具而言,本文将神命论这个用处不大的工具理论先放置一旁,但我们不能因此否认神命论理论对西方伦理学的重要作用。

我们思索的第二个客观主义理论是康德主义。康德主义关注的重点是义务。如果我们是有义务的,我们就会感觉是被迫地按照某种既定的规则行事,而非是出于对道德规则的尊重。如果某个道德规则是与绝对命令相一致的,那么该规则就是适合的。康德为我们提供了两条绝对命令。第一条是:要只按照你认为有可能成为普遍规律的准则去行动。第二条是:一个人应当把自己和其他人绝不仅仅作为工具,而必须也作为目的。然而,康德主义和神命论都认为,行动是应当在遵守普遍道德规则这一期望的激发下产生的;不同的是,康德主义认为理性主体可以不依赖神的启发就发现这些规则。康德主义被视为是非后果论理论,因为某一行动的道德与否是按照道德规则的评价而决定的,这些评价是以行动的意识为基础的,而非行动的后果。

我们考察的第三个理论是功利主义。功利主义沿袭的基本原则是功利原则,又称为最大幸福原则。按照该原则,判断一个行为是正确的(或错误的):依据是该行为增加(或减少)受影响者的幸福总量。功利主义被称为是一种后果论理论,因为它的关注点在于行为的后果。行为功利主义理论认为,如果一个行为的净收益(对所有受影响者的计算)是幸福大于不幸福,那么该行为就是善的。规则功利主义理论认为,我们应该采纳这样的道德规则,如果按照该规则,每个人都将实现总量上的最大幸福。换句话说,规则功利主义将功利原则应用于道德规则,而行为功利主义是将功利原则应用于道德行为。这两个理论都认为理性主体可以通过分析需求,去定义某个道德规则或道德行为是善的还是恶的。

我们考察的第四个伦理学理论是社会契约论。社会契约论认为"道德由一系列规则组成,它规定着人们如何对待他人,为了他们的共同利益,理性人会同意接受,在此条件下其他人也会遵守这些规则。①"罗尔斯提出了两条公正原则,该原则提出的目的是使社会成为自由、平等的公民的集合。像康德主义和功利主义的两种形式一样,社会契约论是基于这样一个前提的,即:存在着普遍的、客观的道德规则,并且这些道德规则可以通过理性分析找得到。

我们考察的最后一个理论是美德伦理学。规范伦理学一直被康德的义务论和边沁、密尔的功利主义所支配,直到近三十多年前美德伦理学的复兴。如果说义务论和功利主义都是以行为为中心的伦理学,比如它们更多的是在思考某个行为产生的原因和后果,以及行为者应该采取什么样的行为;而美德伦理学更多的是在思考行为者,行为者应该成为什么样的人,它更加应该看作是一种以行为者为中心的伦理学。美德伦理学似乎不像义务论和功利主义那样能够为人的行为提供指南,但它却可以给出一些道德规则,提供一些道德指令:要诚实、要善良、不能撒谎,等等。

最终,我们找到了五个可应用于分析赛博技术伦理问题的理论:康德主义、行为功利主义、规则功利主义、社会契约论和美德伦理。这五个理论中没有一个是毫无缺点的。用这五个伦理理论中的任何一个,对某个道德问题进行分析都会发现它们作为理论分析工具的优点和缺点。令人失望的是,这五个伦理学理论没有一个可以轻松超越其他理论,没有一个能单独地对某个道德问题予以明确的评论,这五个理论都有各自的缺陷。

康德主义、行为功利主义、规则功利主义、社会契约论和美德伦理都将道德的善和道德规则作为论述的目标。换句话说,道德存在于人类意识之外。因此,这些理论都是客观主义的代表。

---

① James Rachels. *The Elements of Moral Philosophy*. McGraw-Hill. New York. NY. (4th ed.). 2003.

我们可以通过提出以下问题来区分这五个理论：

第一，面对一个道德问题，采取某一特殊行动的动机是什么？我们思考的是权利、责任、义务还是该行为的后果？康德主义和社会契约论显然是从人们应当"做正确的事"为出发点的，美德伦理是从行为者"应当成为什么样的人"为出发点的。康德主义更加重视从义务的角度出发，而社会契约论则更加注重从相关人的权利的角度出发考虑问题。功利主义注重的是从行为的后果看待人应当"行善"。但是请注意，一旦做出了完整的分析，规则功利主义者将采用那些人们有义务遵守的、毫无例外的规则。因此，规则功利主义最终以混合的动机理论结束。

第二，定义某一行为是道德的还是不道德的标准是什么？康德主义、规则功利主义和社会契约论是普遍的道德规则作为它们的尺度。行为功利主义是以计算功利变化的总量来决定该行为是正确的还是错误的。

第三，是以个人为重点，还是以团体为重点？康德主义和社会契约论讨论的重点在于制定行为决策的个人。相反，行为功利主义和规则功利主义必须考虑行为后果所涉及的所有的受影响者。

下面我们用一个表1.1表示：

理论	动机	标准	重点
康德主义	义务	规则	个人
行为功利主义	后果	行为	团体
规则功利主义	后果/义务	规则	团体
社会契约论	权利	规则	个人
美德伦理学	人的品格	规则	个人

我们发现，尽管我们所考察的伦理理论没有任何一个能够完美地解决伦理问题，但每一个观点都有它的可取之处。我们应该从这些观点的动机中综合吸取营养，也许这样的方法才是较为合适的。无论如何，这些伦理学理论带给我们的一个总体启示在于：生活在人类社会中，我们每个人的行动都是经过一番决策过程的结果，而每个人的行为和决策过程都会遵循一些标准。在我们看来，良好的道德决策过程通常会考虑以下因素：

1. 考察相关的所有事实，并考虑到有关各方的利益。

2. 所涉及的道德原则以及它们将如何影响所有其他所涉及的道德原则。

3. 任何道德决定都必须经得起理性推理和公正的评判。

4. 合理计算我们行动的后果将会产生的影响,从而据此评价该行为是善的还是恶的。

5. 利用理性思维来确定现实境遇中应该遵循的最高道德品质和最佳方法。

总之,前述阐释的伦理理论和工具箱类似,一个只装有铁锤的工具箱似乎用处不大,然而一个工具齐全的工具箱,备齐了铁锤、榔头、钉子、螺丝、胶布、尺子,等等,就会成为一个工人的好助手。在下一章中将使用"工具箱",它装有康德主义、行为功利主义、规则功利主义、社会契约论和美德伦理等伦理理论,对具体的赛博伦理问题进行分析。

第二章　赛博空间信息发布的伦理问题

第一章中，我们介绍了分析赛博技术伦理问题所需借鉴的伦理学理论。从第二章开始，我们将从几个方面分别探讨赛博技术引发的几种具有代表性的伦理问题。本章，我们首先来分析赛博空间中发布信息遇到的伦理困惑。

众所周知，孤立的计算机可以做很多事情，我们可以用它来处理文字、给数字相片润色、建立电子表格、制作幻灯片、玩电子游戏，等等；然而，当把计算机和网络连接起来，它的功用将是惊人的。网络连接的计算机还可以分享打印机和外存设备，网络同样还支持交换邮件和文件。正是数以万计的计算机与网络连接起来，它才有如此巨大的价值。如果我们的计算机与互联网连接，我们就可以给世界上任何一个拥有电子邮箱账户的人发送电子邮件（Email），我们也可以在网上冲浪、购物、学习、玩网络游戏、进入虚拟世界聊天交友、缴费、纳税、制作个人博客、网页甚至赌博，等等。

在本章中所讨论的伦理问题都是和赛博空间中的信息发布相关的。我们首先锁定电子邮件，电子邮件是最普遍的一种网络应用方式。与电子邮件联系最密切的伦理问题是那些大量的、不请自到的电子邮件或垃圾邮件（SPAM），它们降低了电子邮件的服务质量。我们将使用第一章提及的四个伦理理论对垃圾邮件及反垃圾邮件的问题进行论述；我们关注的第二个跟网络有关的伦理困惑是网络色情（pornography）。互联网已经被证实是网络中组织信息最普遍的方式，政府和个人都可以在网络中找到自己需要的信息。然而，当人们谈及网络的消极方面时，一致将矛头指向网络色情。因此，本章中还将运用这四个伦理理论来分析制作和使用色情产品的行为的道德问题。正是由于网络中存在着大量对儿童身心健康不利的色情产品，我们还要讨论对儿童上网的争论。然而，通过对网络色情问题的讨论，又将我们引入对网络审查的讨论、对审查的道德性的讨论；接下来我们将用两节来分析讨论网络水军、网络欺凌、微博传播和微信传播的道德反思:计算机和网络加速了某些组织对个人信息的搜集、交换、整合和发布的速度,信息技术的这些功能对人类保护隐私形成了巨大的挑战。在本章的最后,我们还将重点讨论信息发布与个人隐私的道德冲突以及赛博空间中的自由言论问题。

第一节　电子邮件和垃圾邮件

电子邮件指的是嵌入文件的消息,利用通讯系统将其从一台计算机转移到另外一台计算机。电子邮件的地址是赛博空间中的一个虚拟邮箱,这个虚拟邮箱是独一无二的。作为最成功的计算机应用程序发明之一,同时也是最常用的网络应用之一,电子邮件已经成为网络交流与沟通的重要途径。从电子邮件发明开始,到现在每天都有无数的电子邮件在传递。不幸的是,我们的邮箱中也充斥着许多不请自到的垃圾邮件。目前,对于垃圾邮件还没有一个非常严格的定义,一般来说,凡是未经用户许可就强行发送到用户电子邮箱中的电子邮件就被称作是垃圾邮件。

一、垃圾邮件的伦理分析

据说,美国一位名为桑福德·华莱士(Sanford Wallace)的人,成立了一个名叫 Cyber Promotions 的公司,专门为其他公司提供广告传真服务。垃圾传真惹怒了接收者,并且它严重地浪费纸张,于是美国立法禁止发送未经同意的传真广告。后来桑福德把广告转到电子邮件,垃圾邮件便出现了。后来,人们给桑福德起了一个绰号"垃圾福"(Stamford),再后来,人们又将这个绰号的名字命名为"垃圾邮件"。在我国,中国电信将垃圾邮件定义为:"向未主动请求的用户发送的电子邮件广告、刊物或其他资料;没有明确的退信方法、发信人、回信地址等的邮件;利用中国电信的网络从事违反其他互联网服务提供商(Internet Service Provider,ISP)的安全策略或服务条款的行为;其他预计会导致投诉的邮件。[①]"中国互联网协会将以下四种电子邮件视为垃圾邮件:1. 收件人事先没有提出要求或者同意接收的广告、电子刊物、各种形式的宣传品等宣传性的电子邮件;2. 收件人无法拒收的电子邮件;3. 隐藏发件人身份、地址、标题等信息的电子邮件;4、含有虚假的

---

① 　http://www.cauce.org.

信息源、发件人、路由等信息的电子邮件①。垃圾邮件一般具有批量发送的特征,其使用目的是进行广告宣传以获得利润。

垃圾邮件可以说是网络带给人类最具争议性的副产品之一,它的泛滥已经使整个网络不堪重负。它占用网络带宽,造成邮件服务器拥挤,进而降低整个网络的运行效率;它侵犯收件人的隐私权,侵占收件人信箱空间,耗费收件人的时间、精力和金钱,有的垃圾邮件还盗用他人的电子邮件地址做发信地址,严重损害了他人的信誉;它还成为黑客利用的工具,例如,在2000 年 2 月,黑客们对雅虎等五大热门网站进行攻击,黑客先是侵入并控制了一些高带宽的网站,集中众多服务器的带宽能力,然后用数以万计的垃圾邮件猛烈袭击目标,造成被攻击网站网络堵塞,最终瘫痪;垃圾邮件还严重影响了互联网服务提供商的服务形象,在国际上,频繁转发垃圾邮件的主机会被上级国际因特网服务提供商列入国际垃圾邮件数据库,从而导致该主机不能访问国外许多网站。而且收到垃圾邮件的用户会因为互联网服务提供商没有建立完善的垃圾邮件过滤机制,而转向其他的互联网服务提供商。互联网产生之初,电子邮箱的使用是非常受用户欢迎的方式,不论是私人信件还是工作邮件,每天都有难以计算的电子邮件在电子邮箱之间往来。然而现在电子邮箱的使用率却逐年下滑。思考其中的原因,不难发现那些妖言惑众,骗人钱财,传播色情等内容的垃圾邮件,已经对现实社会造成了危害,严重影响了用户的体验感。

正如大多数人一样,你我都憎恨垃圾邮件。然而,就是因为你憎恨收到垃圾邮件,那些发送垃圾邮件的行为就是错误的吗? 我们在第二章就已经知道情感的反应和伦理评价是不同的。让我们还是考察一下实际情况,再使用逻辑推理的方法去得出结论吧!

康德主义者的评价

首先,我们从康德主义的角度来评价发送垃圾邮件的问题。假设,我为某个产品或某项服务设计了一个不错的方案。我选择给大量的人发送不请自来的邮件以介绍该产品或服务。如果我的邮件的接受者中有需要该产品或服务的人,他/她就会向我支付费用。由于我是把邮件的接受者作为达到我获得利润目的的工具,而不是将邮件接受者本身对该邮件需求的目的作为内在目的,因此,我发送垃圾邮件的行为是错误的。

行为功利主义者的评价

现在,让我们从行为功利主义者的角度来分析一下发送垃圾邮件的问

---

① http://junkemail.org.

题。假设,我选择向 10000 个人发送垃圾邮件,并且,如果接到邮件的 1％ 的人购买了我的产品或服务,我就会盈利。我的产品质量好、数量充足,而且,确实有 1％ 的人,即 100 个人购买了这些产品和服务。那么后果是什么呢?一个企业家挣了很多钱,很高兴。假设,这些购买了产品和服务的顾客中有 90％ 的顾客感到很高兴,10％ 的顾客很生气。这就是说有 90 个感到幸福的顾客,10 个感到愤怒的顾客。我们还有另外 9000 个感到不开心的顾客,因为他们在这个不请自到的电子邮件上浪费了时间,他们也许还要为垃圾邮件占据磁盘空间而付费,他们也许还会因为邮件的内容而生气。总之,发送 10000 个电子邮件会有 9910 个人不开心,90 个人感到幸福,因此,这个行为是错误的。

规则功利主义者的评价

再从规则功利主义者的角度分析发送垃圾邮件的行为。即使,偶然的是每个收到邮件的人都对这个产品或服务感兴趣,但他们当中仍有很多顾客对此产品和服务是不接受的。通过调查,我们知道只有一小部分的邮件接收者对该邮件进行了回复。然而,现实生活的另一方面却是,即使你对某些垃圾邮件并非深恶痛绝,但当你的邮箱中垃圾邮件的数量剧增时,你很可能会同大多数人那样,选择注销该电子邮箱。如果电子邮箱使用者数量减少,那么电子邮箱系统的有效性就会对每个人都造成不良的影响。因此,我们要以自己使用电子邮箱的兴趣去衡量他人。当所有的这些问题都考虑到了,显然,对于规则功利主义者来说,发送垃圾邮件的行为也是错误的,因为一旦这种发送垃圾邮件的行为形成某个规则,势必将会给电子邮件事业形成不良影响。

社会契约论者的评价

让我们从社会契约论者的角度看看发送垃圾邮件的问题。我们都有自由言论的权利。你也许会认为这就暗示你可以向任何你想发送邮件的人发送邮件。虽然,你有自由表达的权利,但这并不意味着你拥有要求别人必须听你诉说的权利。我们应该把电子邮件看成是对话,当你联系我的时候,你要告诉我你是谁,你的动机是什么。如果我感兴趣的话,我可以跟你对话。日常的对话中,你会关心跟你对话的人是谁,如果你跟 10000 个人对话,他们也在跟你对话,也了解你的身份、目的,这是公平的。然而,这不是垃圾邮件的所作所为。垃圾邮件伪装它们的身份,通常你接到的垃圾邮件的用户名你根本不认识,并且垃圾邮件在消息的主题栏上并未显示发送邮件的目的,掩饰了它们的动机,其目的是获得人们的关注。这种在邮件中不表明来者的身份、来意的方式似乎是不公平的,所以,发送垃圾邮件的行为是错误的。

美德伦理的评价

从美德伦理的角度来分析发送垃圾邮件的问题,美德伦理学家不是从行为本身思考这个问题的对错,而是从行为者来考虑,他们会认为一个发送垃圾邮件的人如果从小被告知把垃圾丢给他人或发送垃圾邮件不是好的品格,那么这个人受到此类教育,应该知道自己"乱丢垃圾"的行为体现的是不好的品格,这个人也许就不会这么做了。

以上,我们从五个不同的角度思考了垃圾邮件的伦理问题,五个理论都认为发送垃圾邮件的行为是错误的。也许你会认为我们对垃圾邮件的伦理探讨有些过度,其实,如果我们再进一步分析的话,我们就可以指出直接邮件(direct email)如何能够被认为是道德上可接受的。因为,直接邮件的发件人、发件意图以及他如何获得你的邮箱地址,这些你都是清楚的,对于收件人和发件人二者而言,这是信息对等的、公平的,因此,直接邮件在道德上是正义的。正是由于垃圾邮件的某些特征,如发送信息的邮箱地址是错误的、信件的主题栏是误导的,导致我们认为它是不道德的,也许消除了这些特征,就会改变我们对垃圾邮件的判断结论。

以上我们是从垃圾邮件的发送者角度出发去思考该行为引发的伦理思考。现在,我们从垃圾邮件的接收者角度看看大家对此行为的态度。我们都知道电子邮箱是通过用户的私人信息注册而形成的私人网络空间。如同购房者对所购房子具有所有权一样,电子邮箱从某种意义上说是具有个人所有权的网络空间领域。我们到亲戚朋友家做客都需要敲门征求主人的同意方可入户,然而这些不请自到的垃圾邮件却没有经过邮箱所有者同意就直接闯入了用户的邮箱,从这个意义上讲,这些垃圾邮件是在侵犯电子邮箱用户的所有权和使用权。其次,电子邮箱的用户每天收到各种无效信息,需要花费时间和精力去处理这些垃圾邮件,干扰了电子邮箱用户正常的生活和工作,如果不及时处理这些垃圾邮件,还会占用更多的电子邮箱空间,这无疑再次侵犯了电子邮箱用户的权利。再次,这些不请自到的垃圾邮件是如何进入到电子邮箱中的呢?对方是如何获得电子邮箱的地址的?不言而喻,这些垃圾邮件的发送者是通过非法收集邮件地址和信息的方式获得了电子邮箱用户信息,从而进行邮件发送的。可见,垃圾邮件的到来不仅侵犯了电子邮件用户的使用权、所有权,还侵犯了用户的隐私权。

二、反垃圾邮件的伦理分析

垃圾邮件带给个人及社会的负面影响是巨大的。因此,技术工作者开发了很多防止垃圾邮件的技术,如邮件滥用防御系统(Mail Abuse

Prevention System，MAPS)就是其中之一，用于防止垃圾邮件入侵。邮件滥用防御系统由加利福尼亚的一个非营利性组织开发，其目的是减少垃圾邮件在网络中流动。邮件滥用防御系统支持实时黑名单列表（Realtime Blackhole List，RBL）。在黑名单列表中列出的垃圾邮件会像病毒文件一样被垃圾邮件过滤器消除，通过及时更新黑名单列表能够保证被过滤的是最新的垃圾邮件。下面我们将从社会契约论、功利主义、康德主义的视角分析 MAPS 使用 RBL 对垃圾邮件进行宣战的伦理问题。

社会契约论者的评价

邮件滥用防御系统理论认为，一封电子邮件应当是可以直接回复的，并且对发件人和收件人是平等互利的。这似乎是一个比较极端的假设。如何使任何一封电子邮件都对发件人和收件人双方具有相同的利益呢？即使是两个朋友或两个家庭成员通过电子邮件交换消息时，他们发出的或收到的利益或快乐也很难等量，他们花费在阅读和书写电子邮件上的时间也很难相等，如果他们再将邮件同其他人交换，双方交换邮件的人数也很难相等，等等。

按照邮件滥用防御系统理论的假设，电子邮件应当让收发邮件的双方在回复邮件时平等互益。然而，在网络使用者中没有人要求拥有电子邮件发送的权利。因为对于发送者来说，允许被发送邮件的利益是高于接受者的利益的。然而，一个传递邮件的管理者有权拒绝接受任何电子邮件，因为每封电子邮件都会占用顾客的网络资源，并且，每个网络管理人员应当能够按照自己的责任决定如何使用网络资源。邮件滥用防御系统理论没有强迫其他的互联网服务提供商使用实时黑名单，它只是认为这些信息能够对互联网服务提供商提供某些帮助。选择使用实时黑名单的互联网服务提供商的目的是使它们的网络资源得以更好的使用。

功利主义者的评价

让我们从功利主义的角度思考一下创造实时黑名单的后果。如果互联网服务提供商使用实时黑名单，互联网服务提供商的使用者会从两方面受益，它们不会接收到垃圾邮件，并且它们的网络运行良好，因为没有垃圾邮件的充斥，网络并不繁忙。然而，它们也不能从使用实时黑名单的清白的使用者那里收到有用的邮件，这就减少了网络邮件系统的功能。由于使用实时黑名单的互联网服务提供商的数量在增加，网络领地被划分得越来越清晰，网络间交流和发送邮件的能力会逐渐减弱，这样，它们双方都会受到实时黑名单的伤害。评价实时黑名单的创造是正确的还是错误的，依赖于对互联网服务提供商使用实时黑名单对顾客的净收益的计算，依赖于使用黑名单的互联网服务提供商所拥有的清白顾客的数量和网络电子邮件使用者的总数量的比较。

康德主义者的评价

从康德主义的视角判断邮件滥用防御系统太困难了。互联网服务提供商使用实时黑名单的目的是改变互联网服务提供商的服务质量,而邮件滥用防御系统却受到互联网服务提供商的用户的抱怨,因为这些用户不能给名单之外的其他领域发送邮件。如果互联网服务提供商不能保证用户及时发送邮件,大概这些用户会改变他们的互联网服务提供商。由于互联网服务提供商不能达到垃圾邮件制造者的欢愉(他们的邮件被绑定),那么这些用户也会与其解除上网合作。邮件滥用防御系统将抗议互联网服务提供商的清白顾客作为实现目的(消除垃圾邮件)的工具,这违反了绝对命令。因此,从康德主义的角度审视创造实时黑名单是不道德的。

从电子邮件诞生直至今日,究竟有多少人注册了电子邮箱,难以统计,其中不乏有人注册了不止一个电子邮箱。电子邮件广告的发展势必与电子邮件的发展同步而行。难道真要达到电子邮箱用户因处理大量的垃圾邮件而恼火,最终放弃对电子邮箱的使用时,垃圾邮件的制造者才会作罢?

第二节　网络色情与网络监管

在过去的二十多年间,网络发展成为了世界上最重要的信息存储和检索技术。通过网络,加入其中的每个人能够在瞬间抵达世界的各个角落,从过去的将一根电话线插入个人电脑,到无线网络的广泛应用,再到现在无线网络连接的智能手机,此时全球的信息就在你的指尖。本节在探讨赛博技术引起的社会问题时,主要聚焦于网络色情引发的伦理问题和儿童上网问题。

一、网络色情的伦理分析

沙特阿拉伯政府试图在他的王国内封锁任何带有色情内容的网站,美国政府也正在研制一个应用于公共图书馆的网络过滤器,主要针对的是网络中色情内容的非法介入。政府应当对一些或所有的公民严格地执行色情内容过滤吗? 如果色情是不道德的,那么这些政府的行为就是合法的。因此,在这一节中,我们首先要思考的问题是:制作和使用色情产品行为的道德问题。

有些伦理学家认为,任何色情的制作和使用都是错误的。康德写道:

"性爱构成了相爱的人的欲望目标。①"换句话说,性的需求重点在于身体,而非完全的一个人。在这种语境下,很容易就将另一个人只看作是实现目标的工具。按照康德的观点,性伴侣的客体(objectification)只能在婚姻中选择,并且只能发生在两个人的身体之上。任何婚姻之外的性爱满足,包括观看有关色情的书籍、图片、音像制品等,都是错误的,进一步来说,在色情作品中那些模特所表现出来的行为,同样是被视作为一种利用,因为,他/她们仅仅被当作性的目标,而不是完整的人。

一些功利主义者同样认为制作和使用色情产品是错误的,这是基于它对社会产生了四个有害的后果:①色情降低了人的尊严,因此它对每个人都是有害的;②某些人会模仿那些他们曾经在色情作品中看到的内容,甚至被判刑为强奸罪;③色情冒犯了大部分人,它同"污染环境"没什么区别;④色情产业的存在是一种资源转移,他们的活动本应可以挽回更多的社会价值。

有些伦理学家认为所有形式的色情都是错误的,而有些伦理学家却并不这样认为。有些功利主义者认为,对于成年人而言,观看色情并向其他成年人进行描述是道德的。他们引用了三个色情的有益后果:①那些涉及生产色情的人(模特、摄影师、经营者)挣到了钱;②顾客从观看色情中得到身体的愉悦;③色情为顾客提供了一个释放性幻想的无害的方式。

我们来看这样一个例子,A是一个色情产品的模特,除了从事该行业的工作,她没有任何收入来源,她必须以此来抚养她未成年的孩子。B患有性方面的疾病,为了自己家庭的和睦他需要色情产品的刺激。于是,B在网上观看A上传的有关A的色情视频,并支付相关费用。请分析,二者的行为是道德的吗?

对于A来说,让她在个人尊严和抚养孩子之间进行选择,这实在是一个矛盾。康德主义者告诫她不能把自己或他人仅仅作为工具,否则这是不道德的行为。然而,A的确仅仅将自己作为挣取生活费的工具,故而康德主义者认为A的行为是不道德的。经过功利演算之后,她之所以选择制作色情视频,是因为她发现她爱自己的孩子胜于爱她自己,她认为完成抚养孩子的义务和责任所带来的幸福感,远远大于作为色情视频模特所带来的痛苦。所以从行为功利主义者的分析看来,A的行为并不为错;然而,如果按照A的功利演算的分析结果发生行为的话,势必在社会中形成一种规则,制作色情产品以维持生存的方法并不为错,长此以往,社会将会陷入不良影响之中,可见,规则功利主义者对此行为持反对态度;A制作的色情视频在网络

---

① Immanuel Kant. *Lectures on Ethics*. Cambridge University Press,2001.

上进行销售并非那种不明确的、非请自到的垃圾视频,是消费者自由选择的结果,因此从社会契约论的角度看 A 并没有向消费者隐瞒实情,故此社会契约论者对 A 的观点并非表示批评的态度。

对于 B 而言,他观看 A 的色情视频的确是将 A 作为达到满足自己目的的工具,因此,从康德主义者的视角来看,B 的行为是不道德的;然而,在康德主义者的批评和自己家庭幸福的二者之间进行功利演算,B 发现试图获得家庭和睦带来的幸福感,比达到康德主义者的道德要求所带来的幸福感要强烈得多,于是 B 选择了观看色情视频以维持家庭幸福;事实上社会中有不少人同 B 的遭遇相同,他们最终都选择了以色情产品维持自己家庭的幸福,这些具有相同经历的人最终是使得社会总体幸福感数量维持或保持增长,对社会而言并无害,所以从行为功利主义者和规则功利主义者的评判标准而言,B 的行为也并非不道德的;因为 B 是在网络中知晓 A 的视频是有关色情内容而需付费观看的,所以,B 的行为从社会契约论的角度看来并未违反某些契约的要求,B 按规定支付 A 费用,对二者都是平等的,同样不应受到批评。

有关网络色情的争论提供了一个实际的说明,功利演算的实施是十分困难的。首先,色情反对者提出的害处和其辩护者提出的益处发生了矛盾。例如,观看色情是为他/她提供了理性幻想的无害的方式,还是使他/她有可能犯强奸罪? 第二,即使当事实已经既定,许多的利益和害处还是难以被定义。总之,有些伦理学家认为任何有关色情的制作和使用都是错误的,而另外的伦理学家则认为成年人观看由成年人表演示范的色情并非不道德的。

二、网络审查的伦理分析

历史上大多数审查是由政府和宗教机构开展的,比如中世纪宗教法庭就是实施审查的机构,宗教法庭负责审查出版的书籍。审查制度建立的目的就是对公众能接触到的出版物或言论进行检查,防止政府或宗教受到不良攻击。印刷机的发明、无线电台和电视台的应运而生,把审查工作变得更加复杂。到了网络时代,审查工作就更加有挑战性了。在互联网上发帖,通过计算机网络、智能手机瞬间就能将消息实现多对多传播。每天都有成千上万的计算机和网络进行连接,要对数目庞大的计算机网络用户进行追踪审查,其工作难度是显而易见的。仅靠从事审查工作的人员跟踪网络上每一条信息进行审查是徒劳的,即使可以使用自动的工具,但这些自动的工具却是易于出错的,不论从数量上还是从物理空间范围上,现在的信息传播都比以往的传播更多更广,不像传统的"一对多"的传播媒体,网络支持的是"多对多"的交流。过去,政府很容易就关闭一家报纸或电台,现在,对于政府来说去阻止一个观念在网络中发表是多么的困难,在网络中任何人都可以设置个人主页、发送电子邮件、开放博客,并且网民的真实身份很难核查,网络中的匿名问题使得网络审查变得异常困难。我们常常无法分辨那个正在跟你聊天的人究竟是男性还是女性,成年人还是未成年人。网络把全世界联系在一起,国家与国家之间的界限已经不仅仅是地理坐标的问题,网络安全审查不仅是一个国家的问题,还是地区与国家间的问题。

进入信息时代,随着赛博空间的建立和不断加强,网络安全形势日益严峻,利用网络进行监控、窃密、干涉他国内政的活动已经严重危害到国家政治安全和用户信息安全;攻击破坏关键信息基础设施将会严重危害国家经济安全和公共利益;在网络上散播谣言、颓废文化和淫秽、暴力、迷信等有害信息也在侵蚀文化安全和青少年身心健康;网络恐怖和违法犯罪会威胁人民生命财产安全、社会秩序。网络空间机遇和挑战并存,如何积极利用网络空间的发展潜力,更好惠及人民大众、造福全人类的问题已经摆在世界各国的面前。

1997年由中国互联网络信息中心(CNNIC)牵头组织开展中国互联网络发展状况统计调查,每年在年初和年中发布《中国互联网络发展状况统计报告》。截至2020年3月,我国网民规模达9.04亿,互联网普及率达64.5%;我国手机网民规模达8.97亿。56.4%的网民表示过去上半年在上网过程中未遭遇过网络安全问题。遭遇过网络诈骗的网民52.6%是被虚拟中奖信息诈骗,41.2%是被冒充好友诈骗,33.5%是被网络兼职诈骗。关于网络安全和漏洞问题,截至2019年12月,国家计算机网络应急技术处理协调中心(CNCERT)监测发现我国境内被篡改网站(指恶意破坏或更改网页内容,使网站无法工作或出现黑客插入的非正常网页内容)达185573个①。数据显示我国已经迈入网络大国之列,网络安全总体形势不容乐观。国家互联网信息办公室2016年12月27日发布《国家网络空间安全战略》。在此阐明了中国关于网络空间发展和安全的重大立场和主张,明确了战略方针和主要任务。《战略》要求,要以总体国家安全观为指导,贯彻落实创新、协调、绿色、开放、共享的发展理念,增强风险意识和危机意识,统筹国内国际两个大局,统筹发展安全两件大事,积极防御、有效应对,推进网络空间

---

① 数据来源:中华人民共和国国家互联网信息办官网 http://www.cac.gov.cn/2020-04/27/c_1589535470378587.htm。

和平、安全、开放、合作、有序,维护国家主权、安全、发展利益,实现建设网络强国的战略目标。《战略》强调,一个安全稳定繁荣的网络空间,对各国乃至世界都具有重大意义。中国愿与各国一道,坚持尊重维护网络空间主权、和平利用网络空间、依法治理网络空间、统筹网络安全与发展,加强沟通、扩大共识、深化合作,积极推进全球互联网治理体系变革,共同维护网络空间和平安全。《战略》明确,当前和今后一个时期国家网络空间安全工作的战略任务是坚定捍卫网络空间主权、坚决维护国家安全、保护关键信息基础设施、加强网络文化建设、打击网络恐怖和违法犯罪、完善网络治理体系、夯实网络安全基础、提升网络空间防护能力、强化网络空间国际合作等 9 个方面[①]。

很大程度上网络安全审查已经成为各国实施网络国家安全最主要的手段。"一般而言,网络安全审查是指为维护一国政府机构和关键信息基础设施的网络安全,在政府和关键信息基础设施的计算机软硬件设备、系统、网络、应用和服务的采购、运营和管理过程中进行的,运用特定网络安全测试、采购商资质考察等方式进行调查、评估和审核的过程。[②]"各国对互联网内容的审查方式有很多,比如古巴和朝鲜政府就是采取完全限制互联网访问的方式,普通公民很难通过互联网和其他国家的人们进行交流。有些国家虽然允许人们上网,但进行着小心的控制,比如沙特阿拉伯在利雅得安装集控中心,使得所有流量都要经过这个中心进行控制,这样一些色情、赌博、基督教、妇女问题、中东政治等网站就被限制了访问。德国是禁止访问新纳粹网站的。美国的互联网访问相对宽松很多,政治讽刺、色情类的内容很猖獗,所以美国国会在 1996 年通过《儿童在线保护法案》《儿童互联网保护法》和《通信内容端正法案》限制未成年人在网络上浏览色情网页。这些法案的颁布引起了美国民众和社会学家的讨论,有人认为这些法案严重侵犯了人的某些权益。

我们一起来看看关于各国政府对于互联网审查制度和方式都有哪些不同的声音。一些学者认为西方自启蒙运动以来,所倡导的就是摆脱宗教和贵族的思想控制,人有权按照自己的意愿进行选择,网络审查制度无疑是一种限制人权的倒退。还有些倡导言论自由的人认为网络审查制度限制了人的言论自由和思想自由,虽然会有人选择了所谓"错误"的网络信息进行阅

---

① 内容来源:中华人民共和国国家互联网信息办官网 http://www.cac.gov.cn/2016-12/27/c_1120195878.htm。

② 张孟媛、袁钟怡,《美国网络安全审查制度发展、特点及启示》,网络与信息安全学报,2019,第五期。

读或言论表达,但如果政府通过技术手段限制这种行为,这无疑是阻止一个人自由地表达言论和压制真理,尽管这些言论从政府角度观察是"错误"的,但也许潜藏着"真理"产生的机会。然而,还有一些民众认为如果这些行为不加以控制将会对青少年和一些人的隐私产生影响。

三、关于限制不适合儿童内容的技术手段的伦理分析

各个国家的家长或监护人都认为自己应当保护自己的孩子,使孩子远离色情和网络暴力。不论是网络上的色情、暴力内容,还是游戏软件中充斥的大量不良信息。很多软件开发商已经在此找到商机——开发网页过滤器(Web filter)防止某些网页显示于浏览器上,以极力迎合这类父母的需求。这种软件,好像是在后台对每一个试图进入、并加载于浏览器的网页进行检查。如果过滤器认为某个网页是令其"反感的",它就禁止浏览器显示这个网页,这种过滤器通常使用两个方法进行判断和拦截,一个是根据不良网站的黑名单记录,一个是根据不良网站包含的不良内容,比如字词、字母。当然这种方法起到了一定的作用,但家长们发现通过拦截浏览器的不良图片已经意义越来越小了,一方面是某些字词的限制还会导致有益的内容被限制,比如"乳房"的查找还可以是从医学方面进行解释,所以这类双关性词汇就被过滤器放行了。还有就是智能手机、平板电脑的普及把这些不良内容传播得更快更广,网络已经不是唯一传播不良内容的中介。

我们一起来看看不同的伦理理论关于限制不适合儿童内容的技术手段的评价。

康德主义者的评价

康德主义者强调人的自由意志、理性的重要性。使用网络过滤器是一种外部的强制,不利于少年儿童自我意志和理性的培养。所以从这点看来康德主义者对这类有限制性的技术手段持否定态度。

行为功利主义者的评价

看看通过使用技术手段限制不良内容影响青少年会出现什么后果:

(1)如果所有的未成年人都因为网页过滤器这类技术可以屏蔽掉不良内容,这无疑是完美的,因而行为功利主义者会认为这个方案就是正确的。

(2)如果网络过滤器这类技术设计不完善,比如如果将"乳房"一词视作色情内容,它不仅封锁了色情网页也封锁了医学领域中"乳房癌"的相关信息,因此青少年在求知这个角度而言就是受损失的,这类过滤器技术无疑产生了有害的后果。

（3）如果是成年人想了解诸"乳房癌"的知识，是不是会被贴上"搜索色情信息"的标签，这对成年人是不是个不良的后果。可见从行为功利主义者的角度分析这类技术限制手段会有不同的回答。

社会契约论者的评价

在社会契约论中，有道德约束力的规则是人们为了社会生活制定的互惠互利的规则和约定。自由的思想和自由言论是受人尊重的，然而观看色情图片或音像制品，不仅是对表演者的贬低，也是将其看作不平等的人，即使网络过滤软件这些限制手段并不完美，也阻碍了未成年人获得进入网络的自由机会，他们未被视为是自由、平等的公民，但一旦将这些控制技术或手段打开，这些孩子的生活将发生重大变化。可见从社会契约论的角度分析这个问题，产生了支持和反对两个意见。

美德伦理学的评价

美德伦理学注重从人格塑造上探讨问题。无疑对色情、暴力等不利于未成年人成长和人格塑造的内容，美德伦理学者一定是坚决反对的，他们一定非常支持各种技术手段限制此类不良信息进入到未成年者的视域中去。

可见，关于网络色情、暴力等不良信息和网络安全的监管，不论是面对成年人还是未成年人，不论是对于国家安全还是对于公民安全都已经成为一个为社会和政府所热衷思考的问题。康德主义者从自由意志、理性的角度进行分析，功利主义者、契约论者从后果进行分析，美德伦理学者从人格塑造角度进行分析的不同视域都给政府和公民以不同的启示。

第三节　网络水军和网络欺凌的伦理问题分析

我们的世界因互联网而改变。互联网的产生导致了传播方式上的革命，同时互联网深刻影响着人们的生活，也带来了若干新的问题。我们在这一节主要讨论网络水军和网络欺凌的伦理问题。

首先我们来看网络水军问题。这些年来，在互联网搭建的信息传输、交流沟通平台基础上，一些网络公关公司在互联网平台上以发帖回帖为主要手段、为雇主进行网络造势，网上投票、集体炒作等，操纵舆论走向进行盈利，而网络公关公司中所雇佣的网络人员群体被人们称为"水军"，这些网络人员个体称为"水兵"，这个名词来源于网络论坛中"灌水"一词。

一、网络水军的道德反思

我国的"网络水军"是伴随着中国互联网在中国的普及而发展起来的。在2000年以前,互联网对大部分中国人来说还很陌生,当时的互联网技术也比较有局限性,部分网民也只是浏览网页和收发电子邮件等。进入21世纪互联网平稳快速发展。宽带、无线移动通信等技术发展,为互联网应用范围的拓展创造了条件,网络规模和用户数量持续增加,互联网开始向更深层次的应用领域扩张。以论坛、博客等为代表的第二代万维网(Web 2.0)使每个普通网民都可以加入到网络的互动中来,激发了公众参与热情,网络传播内容日益丰富多彩。

然而,2009年12月23日,中央电视台关于"网络黑社会"的报道一石激起千层浪。这个报道把网络营销和网络公关行业披露出来,让老百姓认识到了那些深藏各大论坛,从事着有组织的特色工作的一些人——"网络水军"。2010年3月15日晚,央视财经频道《经济半小时》节目组报道,从2005年至当日,网络水军参与了几乎所有和商业有关的事件。比如他们成功炒作了"芙蓉姐姐""凤姐""天仙妹妹"等。这些网络水军在网络公关公司的组织下有偿为客户进行网络发帖,一篇帖子的价格在0.3—0.5元左右。他们可以为企业炒作品牌、维护口碑、营销产品、公关危机等。2010年11月7日的《焦点访谈》节目继续报道网络水军现象,并且《人民日报》也对网络水军进行了密集的报道,由此中国公众越来越关注网络水军这个社会现象及其背后的道德反思。

网络水军在公司有组织地运营下有条不紊地在网上操作民意,不仅引起了相关部门和公众的注意,而且也引发了学者和公众的思考,其中主要有以下几个方面的伦理问题:

网络水军引发的问题之一是绑架民意。由于水军的表达的匿名性、便捷性、互动性,所产生网络话语被出卖,导致网络环境被恶化,民意被操纵,造成信息泛滥。网络水军的组织、策划十分严密。在商业操作中,网络水军仿佛一座受命于主人的机器,只要有机构或个人对主人付费,主人就会向网络水军发布命令,接着这些网络水军就会随时随地地、有计划有策略地在网上发布消息,或捧人/事、或毁人/事。"网络水军"甚至受命于社会热点或者政治敏感问题的推手工作。他们将话题和网民情绪有效结合,通过"借势"、"造势"调动、利用网民情绪,让网民充当他们的"推手"和"打手",一时间舆论的洪流就会席卷网络。《南方周末》报曾经以《水淹互联网》为题,报道了网络水军的"代表"民意的操作行为。

网络水军引发的问题之二是导致网络诚信危机。线下交往中,人们对诚信非常看重,带着这样的思维惯性步入网络空间。然而在网络水军的操纵下,网民逐渐发现自己被诱导,甚至感到受骗,就会造成网民彼此之间的不信任。即使是网络社会,也应该遵守诚信这条基本原则,不能发布虚假信息欺骗他人,更不能利用网民情绪造势,这种利用他人的目的都不是善良的,都没把网民当作有独立意识的主体来尊重。

网络水军引发的问题之三是危害公共安全和社会稳定。当网络中出现某些比较敏感的社会问题时,比如当事人是富商、公务员、教师、医生等身份时,网络水军往往诱导网民对这些当事人的身份发起谴责、抨击。有时网络水军会从当事人彼此的物质财富、社会地位等的悬殊中找到话题引导网络舆论,在隐瞒事实情况下引导舆论同情弱者或激发网民仇恨情绪,其实在现场这不过是个小纠纷,但网络中网民已经被网络水军诱导,情绪高涨失去理性判断。网络水军的行为已经涉及阻碍网络文明健康发展和危害了社会安定,甚至从国家安全高度上来思考的话,网络水军利用民意引发的民粹主义、狭隘的民族主义风险不可小觑,一旦为国外分裂势力所利用可能会造成重大的政治问题。

网络水军引发的问题之四是网络言论"自由"受到的挑战。网络水军利用、操纵民意肆意发言,在维护网络言论自由的同时,也释放了人性的丑恶,导致自由过度泛滥,对国家的网络信息监管的力度和新闻自由限度发出挑战。

案例分析:扬州警方破获"网络水军"案件

2019 年 10 月 14 日,在中国新闻网上刊登了一则新闻:《扬州警方破获一起"网络水军"案:发虚假文章 1197 篇获利 59 万余元》。新闻内容大体如下:江苏扬州邗江警方通报该局破获一起"网络水军"案。2019 年 4 月,一个账号,频频在微信、微博以及各大网络媒体中出现,发布不实信息,干扰法院审理案件,影响行政执法,破坏新闻单位的正常工作,然而,其并未在工商部门注册,在网络地址备案中也找不到他的身影。扬州市公安局网安支队会同邗江区警方成立专案组开展侦查,通过大量工作,一举查清了藏在账号背后的犯罪网络,并将两名涉案嫌疑人刘某某和黄某某抓获。据警方通报,自 2014 年以来,刘某某伙同黄某某单独或者合伙在视频网站《腾讯视频》和《优酷》注册用户"阳光微视",在新浪微博注册"楚天今报",在微信注册"楚天今报"公众号等信息发布平台,先后发布虚假负面文章及视频 1197 篇,炒作内容涉及安徽、湖南、浙江等 10 多个省市,文章阅读总量达 2.8 万余次,视频播放总量达 85 万余次。先后针对全国 158 件社会负面敏感(案)事件进行爆料炒作,并对其中 38 件(案)事件的当事人提供有偿编稿、制片,并利用网络发布虚假信息进行恶意炒作,非法经营数额 59 万余元。同时,刘某某这一"网络大 V"与客户联系的介绍人、为客户发稿的"稿贩子"、支持赞助其发布负面虚假信息的委托人等"网络水军"的真实身份被逐一起底。

现在我们一起来分析一下网络水军的道德性。

我们先从康德的善良意志入手,刘某某和黄某某利用网络发布虚假信息进行恶意炒作的行为是在善良意志的指导下支配行为的吗?显然不是,他们显然是在利益的驱动下,故意发布虚假信息的。他们既没有以善良意志作为内心的出发点,也没有收到善的后果,反而让公众失去了对网络的信任。从康德的绝对命令出发,这种肆意发布虚假信息的行为一旦能够成为普遍的行为准则,那么网络中还有真实可信的内容吗?刘某某和黄某某在发布这些虚假信息的时候是把网民当作平等的人来尊重的,还是把网民当作自己挣钱的工具手段来利用?刘某某和黄某某是有理性的、有意志的行为主体吗?他们在发布虚假信息时候有没有理性判断?显然从刚才的提问中,我们都会得出刘某某和黄某某发布虚假信息不仅对自己而且对网民都是不具道德合理性的。我们再帮刘某某和黄某某计算一下他们的得与失吧!按照边沁的功利演算方法,刘某某黄某某发布虚假信息对当事人造成伤害远远超过了他们的金钱收入,这种痛苦是无法用金钱进行衡量的。而且如果长期存在网络中发布虚假信息的行为,网民将会对网络失去信任,对网络商家来说更加损失惨重。同时规则功利主义者会告诉他们,说谎、发布虚假广告是不道德的,善良、诚实才是基本的行为规则。刘某某和黄某某发布网络虚假消息的行为违反了网络道德的基本规范——真实性,更加违背了社会契约精神,是不道德的,有失正义的。可见,不论从哪个角度思考网络水军的虚假信息发布行为,我们都会得出相同的结论——这些愚弄网民,欺骗网民的行为是不道德的。

二、网络欺凌的道德反思

在网络时代,人们的社交网络自然包含了在线社交网络,经过几个阶段的发展,到目前为止,在线社交网络中有一个非常值得我们关注的伦理现象:网络欺凌。在线社交网络中,每个个体都是一个节点,虽然其可以独立生成、捕获和传播信息,但各个节点必须协作才能真正发挥在网络中传播信息的作用。这样一来,节点之间的链接就形成了个人之间的关系,进而形成社会关系。一个不争的事实是:网络世界中,通过使用数字设备,人们之间的关系会像滚雪球般迅速变成一个社会关系网,这个网连接着许多个人或团体。有很多已经建立起来的在线社交网络群和家喻户晓的名字比如Facebook、Myspace、Friendster、YouTube,还有我国用户常常使用的微信、QQ、知乎等等,这些在线社交平台看起来都像是一个个令人兴奋的具有无限空间的虚拟环境。在线社交网络形成了巨大的力量,这增加了现实社会中个体的自信,这样的力量使得人们可能会有意或无意地变得鲁莽,这就促成了网络欺凌现象的出现。

那么,如何来界定网络欺凌呢?从字面而言,这一概念明显具有负面的含义。网络欺凌,是指一种在网上生活发生的欺凌事件,是网络时代的新现象,指的是人们利用互联网做出针对个人或群体的恶意、重复、敌意的伤害行为,以使其他人受到伤害。这一现象主要发生在青少年、未成年以及成年人中,危害性较大。随着社交网站的盛行,"网络欺凌"开始演变成全球的浪潮,成为越来越严重的社会问题。这种现象对人们会造成巨大的心理伤害,严重影响人的健康发展和成长。

网络欺凌现象是随着虚拟网络世界的兴起而出现的一种新的网络现象。网络虚拟世界具有的特性吸引了一些成年和青少年,使其逐渐取代实体校园成为欺凌其他人的空间,尤其是他们在网上互相威吓、羞辱和折磨对方的行为。网络欺凌表现出骚扰(在网上不断辱骂受害人)、起底(在网上公开受害人的个人资料)、诋毁(在网上公开散播有关受害人的谣言)、改图(在网上公开散播受害人的改图,或在相旁加上诽谤文字)、骂战(在网上社群针对受害人的冲突和骂战)、色情信息(对受害人发送色情或性暗示图像或视频)、开心掌掴(对受害者进行人身攻击并拍摄过程,然后通过互联网传播)、假冒(以受害人名义或账户,发送令人尴尬的信息)、缠扰(在网上不断威吓受害人,使其担心人身安全)、抵制(在网上不断以抵制、排斥等方式孤立受害人)等种种现象。新闻媒体曾经报道过多起儿童因在网上受到羞辱而患上抑郁甚至自毁生命的案例。网络欺凌虽然发生在网络虚拟世界,但这一现象背后体现的对伦理道德的背离却与现实世界没有实质性的差别。欺凌的形式虽然发生了变化,即欺凌者使用电子邮件、网站、在线游戏、即时消息、博客以及社区站点烦扰和嘲弄别人,形式更加隐蔽、灵活了,但其体现的仍然是对他人的不尊重以及对他人的名誉、隐私的侵犯。

网络欺凌促使我们进一步思考网络道德问题。我们知道,互联网上的道德规范意在规范使用网络的人们的网络行为,需要通过制定规则来指导正确使用网络,网站本身或适当的组织还需要采取具体的监测和控制举措,但是一个严峻的现实在于:仅靠规章制度的监测和控制不能做到全覆盖,总会有一些漏洞的存在,而且执行的力度与广度也是不能尽如人意的。因此,为了规范网络中的行为,道德补充是必须的。网络道德的考量会促使网络使用者在网络行为中做出合理的选择。网络道德中,有几个基本的原则可以作为人们的遵循,第一个原则就是互惠原则,这一原则表明:任何一个网络用户必须认识到,他(她)既是网络信息和网络服务的使用者和享受者,也是网络信息的生产者和提供者,网民们享有网络社会交往的一切权利时,也应承担网络社会对其成员所要求的责任。信息交流和网络服务是双向的,网络主体间的关系是交互式的,用户如果从网络和其他网络用户得到什么利益和便利,也应同时给予网络和对方什么利益和便利。这一原则体现的核心是:网络行为主体的道德权利和道德义务是辩证统一的,也就是说,当人们享受网络主体的权利时,一定不能忘记自身还要履行对社会、集体和他人的道德责任。作为网络社会的成员,想要充分享受自己的权利,就必须承担社会赋予他的责任,这样的责任与其权利是相辅相成的,如果不能很好地遵守网络的各种规范以推动网络社会的稳定有序运行,那么自身的权利最终也会受到限制。网络主体的义务、责任与权利的有机统一表明,网络社交中,网络主体有义务维护网络的风清气正,也有义务杜绝网络欺凌这些类似的不良现象,因为只有这样才能真正保证自己的网络权利。第二个普遍的原则是平等原则。网络应该为一切愿意参与网络社会交往的成员提供平等交往的机会,网络社会应该为所有成员所拥有并服务于社会全体成员。这一基本道德原则要求:每个网络用户和网络社会成员享有平等的社会权利和义务,从网络社会结构上讲,他们都被给予某个特定的网络身份,即用户名、网址和口令,网络所提供的一切服务和便利他都应该得到,而网络共同体的所有规范他都应该遵守并履行一个网络行为主体所应该履行的义务。另外,这一原则自身也蕴含了公正的导向,即网络对每一个用户都应该做到一视同仁,它不应该为某些人制订特别的规则并给予某些用户特殊的权利。

总之,通过网络道德的构建和实行,会促使网络主体提升自己在网络虚拟空间中的道德水平,加强网络行为的自律性。无论是真实现实,还是虚拟现实,都没有完全无限制的"自由时空""自主社会",只要是人类发挥作用、作为行为主体的地方,就一定会有他律的存在。通过网络道德发挥作用,我们将努力促成网络行为主体的权利、责任与义务相统一、其自律意识也充分觉醒的社会,在这样的社会中,才有可能真正确立网络主体的道德主体地位。

案例分析：刘翔、孙杨遭受网络欺凌

大家一定都还记得刘翔因 2008 年奥运会退赛一事遭到的网络暴力。这位曾经为国家奋战夺得荣誉的奥运英雄因这件事，被辱骂为"懦夫"和"戏子"，网民对他的谩骂导致他关闭微博。并且这场网络暴力事件直接影响了刘翔本人的生活。2019 年，孙杨因为"抗检"（还未有最终定论）和被禁赛的事件发酵，网友对孙杨的态度发生大反转，不断质疑他的人品，称这位曾经的游泳健将为"药王孙"，说他是中国人的耻辱，并否认他这些年为中国游泳事业所做的贡献。这件事也让孙杨背负了重大的精神压力，对他和家人的生活造成了很多不良影响。现在我们就一起来分析一下网络暴力的伦理问题。

那些辱骂刘翔和孙杨的网民，他们的初衷是什么？他们是怀揣善意地进行语言表达吗？抑或是他们认为按照这种辱骂他人的准则可以使得对方或自己变好吗？辱骂他人能成为一种大家都接受的行为方式吗？在辱骂刘翔和孙杨的同时，是从尊重他们的角度出发还是从他们不能继续拿奖牌的角度出发？是把他们当作人来尊重还是把他们当作拿奖牌的工具？这种网络暴力的行为者具有理性意志吗？可见，从康德主义的角度分析，网络暴力者的行为完全站不住脚。网络暴力者所使用的语言一定对刘翔和孙杨造成了巨大的伤害和痛苦，何谈快乐？如果每个人都按照这样的行为规则在网上行走，网络社会将会是一个什么样的未来？网络社会中何谈正义？在网络中使用不负责任的语言本身就不是美的行为，这和当面指责、破口大骂他人的行为有何区别？因此，网络暴力行为必须得到有效制止和治理，网络社会需要的是一个平等和谐的生态环境。

第四节　微博和微信的伦理问题分析

随着移动通信设备的推陈出新，智能手机、平板电脑等广泛使用，通过微博、微信、知乎、抖音等形式发布信息变得更加便捷了，这些信息的发布对当事人产生了很大影响，这一节我们选取微博和微信两个载体在信息发布的过程中产生的伦理问题进行分析。

一、微博传播的道德思考

微博作为一种新型传播媒体，在传播模式上也表现出与传统媒体，例如报纸、电视的不同之处。微博的传播信息的模式具有如下特征：

其一，微博的"核裂变式"传播方式——传播速度快。微博的几何级裂变式传播形态依赖其特有的转发、链接功能。在微博中,用户可以通过网络终端(包括手机和电脑)即时发送实时信息到微博平台,其他聚集在微博平台上的网络用户假如对此条博文具有相同关注度,认为信息具有传播价值,则只需在微博网页上点击"转发"即可将微博转发到自己的微博空间中,并与自己的"关注"用户共同分享信息。同样,下设的关注者可以按此方式继续转发下去,层层转发,突破信息的地域性限制,缩短时空传递成本,这就形成一种类似于几何级核裂变形态的"核裂变式"传播。

其二,微博的资料库功能——可筛选的信息面广。微博平台聚集了引擎搜索功能,在已有的 web2.0 平台上融合了两种流行的应用软件的功能优势,可谓是信息汇聚的强强联合。因此,任何一个微博网站的信息资源都是巨大的。以新浪微博为例,页面添加了搜索引擎工具,这样,微博用户就可以利用该搜索引擎,以用户的信息需求为标杆,寻找目标信息。

其三,微博的"超链接"特征——易于激发受众者的创新意识。微博的"超链接"特征是建立在现代网络技术,以及平台内强大的信息库功能基础之上的。网站平台根据用户所关注的信息内容和"关注"的微博社区,在所浏览的页面上发布相关的资料库链接或者其他相类似的信息链接,免去用户自己去主动查询网站和资料库地址的麻烦。此外,微博网站门户可根据作者键入到搜索引擎中的关键词把用户可能使用到的科技信息推荐到个人主页上来,这样可以为微博用户在寻找和浏览科技信息时提供一个目标式的参考价值,使用户的主动搜寻与微博信息平台的推介二者结合起来。这样的方式便于传者用户在进行科技传播时激发新的行为和传播意识,也利于受众者在接受信息时高效率地获得信息,最大程度上增加信息浏览量。

其四,微博具有人性化和针对性——提高信息的获取效率。所谓微博与传统媒体而言更具有人性化和针对性是指:微博相比有封闭性、媒体中心化的单向维度的信息传播来说,新兴的微博更具有开放聚合、用户中心化、传者与受者互动的特点。微博平台在这样一个"互动"的平台上应运而生,把科技传播的传者和受者调动起来,人人织"围脖",通过每个用户的浏览求知的力量,把知识有机地组织起来,获取自己想要的信息,进而提高科技信息的获取效率。

此外,微博在语言表达上的特色是:

第一,博文短小、内容精练。与博客相比,微博的博文短小。中国微博网站完全复制 2007 年自美国新兴起来的著名微博网站 Twitter 的模式,在博文内容上根据英文字符的限制规定,被要求每条博文内容必须在 140 字以内。当然,这样的规定也涉及起初没有考虑到中英文字符数存在换算不一致的问题(2个英文字符等于1个汉字字符),但无论如何,微博之所以称之为"微型博客",其题中要义最重要的一点就是字数要少,博文要短小,呈现出"微型(micro)"的形态。这样,在客观上就要求在科学传播过程中避免传统科技文章的长篇大论。从这个意义上讲,微博更方便、更适应现代人们快节奏的生活方式。类比移动传媒中所说的"无聊经济",我们可以把此比喻为"无聊效应",即大众在零碎的空余时间利用多种网络终端,特别是手机终端浏览微博信息,达到科学普及的效应。这也是适应现代生活理念的必然性要求。

第二,实效、新意、实用、有感染力。微博具有即时性特征,即每天发生的科技动态、科技新闻、科技知识等都可以结合生活中的点滴进行及时传播,再加上微博的刷新、更新速度快、受众人数巨大,这就使微博呈现出实效、新意、实用、有感染力的表现特征。从微博的实效、实用上来说,微博中可以通过搜索引擎搜索并添加关注社区的形式,在微博用户库内寻找到自己感兴趣的科学小组和科学板块,使具有共同旨趣的用户组成一个个信息量大、针对性强的个性化网络社区。通过使用这种方式,使传者与受者的空间距离消短,使用户在担当传者角色的同时也是受者,传者与受者逐渐融合,科学传播方式呈现为"平面化"趋向,这样与传统传播媒体相比,就节约了信息传播的费用成本,使微博平台的科学传播活动几乎是零费用、无成本的,科学传播变得更加简单、方便、快捷。从微博的新意和感染力来说,用户能够利用网络特有的表情、符号、网络语言的隐喻来沟通科学语言与日常语言的隔阂,在其两者之间架起一座桥梁,沟通两个世界,使公众理解科学更为简单易行,让科学渗透到"我们"的日常生活变得实在可行。通过微博这一新型信息传播媒介让公众更好地理解科学,走进科学、深入科学。

第三,传者与受者的"平民性"。据新浪发布的《中国微博元年市场白皮书》中披露,截至2010年底,中国互联网微博累计活跃注册账户数突破6500万个,2013年国内微博市场将进入成熟期。从这个调查报告可以看出微博用户逐年以爆发式数量增加。微博已经成为人们离不开的一种网络平台,信息的传者和受者趋向于一种大众化、平民化、草根化特征,这也是呈现与传统媒体不一样的话语权体系,成为异军突起的一种网络力量。

微博用户在赛博空间中建立起来的社区,不论是语言还是整体社区氛围都带有浓厚的时代性特征。从微博的语言使用来看,网络语言具有群体局限性。借用库恩的术语讲,在网络语言和科学语言两者之间具有一定的"不可通约"性,具体而言,网络语言在突出其感染力、有新意、贴近大众的同时,又表现出群体性、自由随意的特点,这都是网友们追求交流的即时性和简洁性的结果,但对不熟悉网络语言的人来说,这种简单便捷的"网语"则如同黑话。总之,网络语言在语音、语法、词汇、句式、表达方式与语气等方面都与现实语言有巨大差异。

从微博传播的网络社区活动来看,每个社区成员都有自由发表言论的权利。在这个平台上没有绝对的权威观念、没有森严的等级制度、没有传者和受者的二元分立。每个人在这个虚拟的世界里都可以用网络空间里的语言,即网络语言进行随心所欲地参与微博的各项活动。人们以一种游世的态度遨游于虚拟空间,但这也不可避免地在微博平台上会以娱乐、狂欢式的姿态对待科技传播。这种网络社区行为是基于虚拟空间的特点所促成的,也成为隔断微博平台上科技传播过程中不可逾越的一道鸿沟。

微博社区中的博文往往缺乏实证性、科学性。科学的本质就是追求真理,追求真理是科学精神的基本内涵,科学传播对信源的可信度,即信源本身的专业权威度和值得信赖度要求非常高,这就要求科学微博比其他大众博客具有更强烈的责任感,科学微博的博主有义务对自己写作的博文内容负责。因此,这映射在现实中,就要求我们应该在网络的"自由化"国度中保持一种强烈的责任意识。

然而,事实并非如此。由于网络身份的匿名性和虚拟性以及自身科学素养的原因,微博用户有时在发布博文时并不去考量内容的实证性和科学性,更有甚者则是恶意编写和转发一些伪科学的信息,进而迷惑和欺骗其他微博用户。这样,微博一方面在传播科学时表现出即时性和成本低的优势,另一方面,在传播那些未经考证的伪科学信息内容时又表现出巨大的破坏性。因此,如何在微博的科学传播中保持博文的实证性和科学性,这将是影响微博在科学传播中所扮演角色成功与否的关键。

微博传播引发的道德思考主要有四个方面:

第一,会引发网络信任危机。微博具有大众性、便捷操作性的特征。在微博平台上,一百多字的内容限制要求把平民和莎士比亚拉到了同一个平台上,为广大公众营造了一个自由言论的平台,无论是公众人物还是平时"沉默的大多数"在抛弃以往传统"被动型"博客以后纷纷在微博客平台上找到了展示自己的舞台,也正是微博媒体的新特点的备受热捧,造成信息数量的激增,其中信息内容的真实性、合法性难以辨别。另外,在网络钩织的虚拟空间中,由于没有现实生活角色的束缚,网络主体感受不到直接的道德舆论监督,从而导致其道德责任感下降,容易放纵自我发布一些违背道德和法律的谣言、虚假信息以及恶意信息,造成一定范围内网络社区的秩序混乱,从而引发人们对博客传媒,乃至对网络的信任危机。引起人们对网络信任危机的原因主要有以下两个方面：

其一，微博信息内容背后受经济利益的驱使。一些道德自律意识稍差的网民受到经济利益的驱使，通常是接受某些公关公司的委托，完成一定的发帖量可以拿到相关的经济报偿。他们通过夸大、放大以及虚构等手段，利用微博媒体中介推动所发信息内容的影响力，并使自己的"关注"者无意识地参与到其营造的话题中去，借以达到混淆人们视听的目的，造成民众对微博传媒的质疑，乃至造成人们对网络信任感的丧失。

其二，"螺旋效应"造成人们娱乐狂欢心理的驱使。参与微博使用的用户个体基于文化层次和素质的差异，易于陷入盲目参与和社会失范行为的泥潭。加之现阶段社会规制的相对滞后性和在微博管理方面缺乏法律规范的管制，这也易于造成广大参与者盲目从众和狂欢恶搞。所有这些，使人们步入"集体无意识"和"沉默的螺旋"规制，使一件事通过"无意识"支配下的正反馈作用一步步进行扩大。

第二，个人隐私权的侵犯。在隐私权的概念界定上，主要有三种观点。第一种观点认为，隐私权是独处而不受干扰的权利，是关于私人的生活不受侵犯或不得将私人的生活非法公开的权利；第二种观点认为，隐私权是主体对自己所有的信息的控制权；第三种观点认为，隐私是个人决定何时何地与外界沟通的权利。微博客作为一种新型工具软件被各大知名网站争先相继开设，抛除其中的客观积极作用不讲，其目的性是获取经济和商业价值。微博不注重保护用户的隐私，也是其作为一种信息传递媒体的必然所在。纵观世界各大著名微博媒体，它们板块和页面设置一般比较简单，其目的是达到新闻的公开性，进而吸引公众眼球、引起别人对该网站的关注，使博客扩展到自己的最大化流量，进而转化为自己的商业收益。

第三，侵犯公共利益。微博是全国性的跨地域、跨阶层交流平台，以极低的门槛为公众创造了一个表达诉求的渠道，而微博用户立于网络社群中易于忽视其网络公共性的意识，错误地认为自己微博中的信息仅仅只与自己有关。微博社群作为互联网平台的一个组成部分，每一个用户的信息都是互联网一份子，在网络空间的规制范围内，网络的无限连接性可以使人们自由获取自己想要的信息，因此，在这个层面上，在微博上的信息发布可能引发侵犯公共利益的伦理问题。例如，公职人员通过微博平台上的发布信息也许会涉及国家利益和社会利益的国家机密；还有人利用微博的即时性、便捷性、受众面广的特点兜售宣传假发票、办理假冒证件等不法行为；通过微博散布谣言造成社会秩序混乱和人们心理恐慌；借助微博传播色情信息、传授犯罪方法等行为，这些都是侵犯公共利益，损害公共利益的行为。

二、微信传播的道德思考

微信无疑已经是中国用户量最大的 APP。微信无论是在用户规模上还是在商业化能力方面都有着很大的优势,然而备受国民宠爱的微信也渐渐暴露出一些问题。我们现在一起来探讨一下。

2011 年 1 月 21 日腾讯公司推出的一款面向智能终端的即时通讯软件,这个软件被称为微信(WeChat)。在微信中用户可以聊天、浏览朋友圈消息、通过微信支付交易费用、在公众平台获得信息,以及获得其他微信小程序功能的使用,同时微信还为用户提供了众多城市服务,如缴纳生活费用等;微信同时具有拦截系统等服务。这里我们主要从微信的聊天和朋友圈两个功能在使用过程中出现的问题进行伦理分析。

大家都有使用微信的经历,它作为网络社交平台因方便人们之间的沟通和交流而备受宠爱。微信是通过实名认证添加好友的,可以通过手机通讯录、QQ 号码、陌生人、"摇一摇""附近的人""漂流瓶"等形式添加好友。但更多的是使用手机通讯录添加好友,也就是说这种添加好友的过程是使用者有意识地,认为是"朋友"才添加的。正因为是朋友所以在微信朋友圈中彼此的互动是建立在朋友的基础上的,现在让我们来看看朋友圈在互动中产生了哪些不良影响。

我们经常在微信及朋友圈中看到缺乏理性思考和查证的谣言,面对亲朋好友的谣言传播现象,有人选择跟传谣言,有人选择无视谣言,有人选择屏蔽经常传播此类消息的亲朋好友。如果我们从传播这些缺乏理性和调查的谣言是善意的,是为了提醒朋友的角度思考问题,还是可以理解包容这部分人的行为,但如果每天被此类谣言包围,势必会对某些亲朋好友设置权限,比如仅聊天,不让他看我,不看他,甚至拉黑此类朋友,这会造成彼此情感的伤害。从康德的善良意志出发进行分析,这类所谓的善意的提醒,需要一个前提——理性主体,所以还是请每位微信用户在传递信息时,要保持客观、严谨的理性态度,同时谨记在微信世界也要按照现实世界的普遍准则去发生行为;通过边沁的演算方法加以计算,如果这类谣言降低了微信用户的体验感,就会造成微信用户对微信使用的不积极态度,所以微信运营平台也在主动对这类谣言进行管理;从正义论抑或是微信社区的契约精神出发思考这类问题,同样会希望微信中不要传播谣言,希望每个微信用户都是理性主体,都会秉承着诚实守信的原则进行交往。

除了在微信中看到谣言的现象,在微信中还有一个重要的现象,即微信筹款救人。有的是微信中的直系亲朋好友生病遇难,有的是转发朋友的亲朋好友生病遇难,在朋友圈中发起筹款救人的行为。一种情况是这类筹款救人是真实的,那么该行为的发起还是从善良的角度出发,然而我们也发现某些真实的筹款救人在某些机构的推动下成为了盈利途径,欺骗了捐赠人,这类行为不仅遭人鄙视还伤害了微信中朋友的情感。再有,即使是这类筹款救人是真实的事件,在微信社区发送给朋友们就一定是正确的吗? 把自己的痛苦通过朋友圈"分享"给朋友是在善良意志的指引下吗? 用一个人或一家人的痛苦分解给朋友们的计算合理吗? 在朋友圈公开筹款救人,如果朋友没有伸出救助之手是不是被"道德绑架"了呢? 如果每个人生病了都到朋友圈发起筹款救助的消息,这能被大家普遍接受吗? 微信筹款救人能成为微信社区人人遵守的"契约"吗? 通过对上述问题的思考和回答,我们会发现在微信中进行筹款救人的行为还是值得商榷的。

在微信社区中还有一种非常积极活跃的队伍:微商。微商是一种新兴的基于微信的网络分销模式,是一种将社交与分销结合在一起的新型电商模式。微商主要包括 B2C 微商和 C2C 微商两大类。B2C 微商由货物供应商在微信上搭建一个移动商城直接向消费者开放,由货物供应商负责商品的管理、销售、售后等一系列事务。C2C 是微信个人用户通过在朋友圈发布商品的信息,从而与微信好友达成交易的模式。微商是以个人为中心,向自己的朋友圈和社交圈辐射,与传统的电商相比,微商具有进入门槛低、基于个人信用的信用经济、管理简单等一系列特点[①]。我们现在讨论一下 C2C微商的伦理问题。

C2C 微商的进入门槛很低,只需要拥有一个微信账号就能进行商品交易,不需要提供营业执照和缴纳保证金,不需要进行任何实名认证,法律部门对其的监管存在严重漏洞。我们知道传统的实体销售和传统电商都是以商品为中心,消费者可以通过货架或者网上商城看到商品,而微商则是通过在朋友圈发布商品的图片、文字、视频向朋友圈进行广告宣传和销售,不仅消费者看不到实质的商品,并且大部分微商对产品和生产厂家也并无实质性求证,从而无法保障商品的质量。那么,微商在本人并未证实商品各种信息的情况下通过微信向亲朋好友发送广告的行为是否有悖于朋友之间的信任? 微商出售商品时是出于对亲朋好友的善的目的还是当作致富的工具? 微商在每天快乐发放广告的时候是否考虑过、计算过亲朋好友面对不需要商品时的痛苦感受? 这种把自己的快乐建立在别人痛苦之上的行为是否具有道德性? 微商是否遵守了微信社区中亲朋好友之间基本的诚信、友爱原则?

[①]　参见:王玉杨,关于微商的发展现状与趋势研究,《商场现代化》,2016 年第 21 期,第 39 页。

上述讨论中,不论是讨论微信传播还是微商传播中需要思考的伦理问题,都是从微信的使用者角度思考问题的,现在我们从微信平台角度思考这些问题。对于上述影响微信用户体验的问题微信平台应该持怎样的态度是有深厚的伦理依据的。如果微信平台把每位微信用户体验者的感受当作提供优质服务的目的来尊重,而非当作微信平台盈利的工具来对待,从而进行各方面的改进和约束,从康德的角度来看,这无疑是具有善良意志的行为,并且微信平台也是具有理性、自我意识的主体。因为微信平台不论是从用户的快乐验算上进行计算,还是从规则功利主义角度对微信用户进行规则规范,都会给微信社区提供良好的生态环境,从而维护健康、持久的产品使用环境,从这点上看,微信平台是为用户着想,尊重用户,也是为自己着想,是理性的行为,正义论者更加支持微信平台维护微信社区的诚信、友善、正义的行为,这也是确定无疑的。

第五节　个人隐私与言论自由

计算机和网络加速了某些组织对个人信息的搜集、交换、整合和发布的速度。信息技术的这些能力对人类保护隐私形成了巨大的挑战。

你熟悉 Google 的电话本服务吗? 如果你访问 Google 网页并在询问处键入你的电话号码,这时会跳到另一个网页,这个新网页中记载了你的姓名和地址。点击这个记录,屏幕会显示出你的住宅在地图上的位置。Google之所以可以提供这个电话本服务,是因为对计算机来说,从多种资源中收集、整合信息简直太简单了,它们只需分享同一个密码。在这个例子中,共同的密码(the common key)是你的家庭住址,键入你的电话号码,号码本会进入电话目录记录,记住你的地址,然后咨询另一个地理信息系统,从它的记录中定位你的住宅位置①。

隐私是非常重要的伦理问题。随着赛博技术的惊人发展,隐私权的内涵也有了新的内容。赛博技术不仅从内容、范围上拓展了传统隐私的包含内容,它对人们隐私的侵犯以及造成的危害更加令人难以忍受。随着赛博技术进入到人类的工作、学习、商务、娱乐等方面,人们的隐私也暴露得更加广泛。

---

① Amy Harmon. *Some search results hit too close to home*. The New York Time, April 13, 2003.

　　西方国家率先投入到赛博技术及其相关领域的隐私问题研究中,哲学家、伦理学家、社会学家、科学和技术专家及社会公众越来越关心个人隐私问题。有些国家的专门研究机构还制定了一些简明的道德戒律。如著名的美国计算机伦理协会制定的"计算机伦理十戒"的第三条就规定:你不应当偷窥别人的文件。还有像美国计算机协会于 1992 年 10 月通过并采用的《伦理与职业行为准则》中,基本的道德规则就包括:尊重其他人的隐私。随着计算机和互联网在我国的普及,与赛博技术相关的隐私问题也越来越引起我国学者们的注意与思考。

　　因此,在这一节中,我们讨论的重点一方面在于赛博技术引发的相关隐私问题,另一方面在于讨论赛博空间中的自由言论问题。我们先从哲学的视角分析隐私。隐私究竟是什么? 隐私权和财产权、劳动权一样是一种自然权利吗? 隐私权的重要性何在? 以及我们如何处理隐私权和自由言论权的冲突?

一、隐私权

　　赛博技术对人类的隐私形成了新的挑战,我们口口声声提倡保护个人隐私,隐私究竟是什么? 隐私是人类具有的一种权利吗? 赛博社会中的信息隐私权又是什么呢? 我们时常会听到这种说法:某某人"失去"了隐私,某某人的隐私受到"侵犯"。但隐私是一个既不容易清楚地理解又不容易定义的概念。

　　哲学家正在努力地对隐私进行定义。他们把隐私围绕着进入(access)的概念进行讨论。这里的"进入"意味着对一个人身体的亲近,或对一个人的认识,这就好像是在拔河的两个人 X 和 Y, X 希望限制 Y 进入 X,Y 希望获得进入 X,双方在进行较量,双方较量的焦点是愿望、权利和责任。

　　埃德蒙·拜恩(Edmund Byrne)的观点是,将隐私比作一个空间,一个区域(zone),这个区域拒绝个人和组织机构的涉足。那些寻求限制"进入"的人,将隐私视为环绕着他们的一个"不易接近的地带"人的观点来审视隐私的时候,问题就围绕在什么是隐私的,什么是公众的二者中进行了划分。正如爱德华·布斯坦(Edward Bloustein)指出的,越过这条线,触犯某人的隐私就是对他尊严的冒犯[①]。比如,你的朋友 A 邀请你在网上看一个电影,

---

[①]　Edward J. Bloustein. Privacy as an aspect of human dignity:An answer to Dean Prosser. In Ferdinand David Schoeman, (ed.). *Philosophical Dimensions of Privacy:An Anthology*,Cambridge University Press. Cambridge,England,1984,pp. 156-202.

你跟着 A 坐在他电脑的面前。他开始输入自己的注册名和密码。这时，A 保护他的注册名和密码是他的责任，一个常规是，你应该在他人键入密码的时候转移你的视线。有时，他人的密码是你不应该知道的。① 隐私可以是你的某个生活习惯，但你不希望别人知道，比如你喜欢闻闻自己袜子的味道；隐私也可以是你的一些账户、秘密、数字符号；隐私还可以是一种关系，同事关系、恋人关系、笔友关系，等等。

詹姆士·摩尔(James Moor)曾经对隐私进行过大量的介绍，他从信息的观点把隐私看作是许多非常重要的不得入侵、不得干涉的因素的组合。按照摩尔的说法，"当某人处于一种情境时他具有隐私，这种情境是一种特殊的情境，是某人保护自己不被他人闯入、不被他人干涉，并且不得以信息的方式进入。②"在这个定义里，摩尔强调了一个重要的元素：情境，它可以应用于一类语境或区域。例如，情境可以是一个活动、一种关系，或者可以是计算机中"信息的存储和进入"。摩尔理论的中心是，在自然隐私和规范隐私中做出区分，以确保我们能在"有隐私"和"有隐私权"中进行区分。相反，这一区别也可以使我们区分出"失去隐私"和"侵犯隐私"的区别。在自然隐私语境中，个人被保护以免受到他人以自然方式的进入和打扰，例如，身体的界限，某人在树林中独自散步。这时隐私可以是"失去"而不是"侵犯"，因为不存在标准，如惯例、法律或伦理规则按照人所拥有的权利，或一个愿望去进行保护。相反，在一个标准化的隐私语境中，个人是受到惯例的保护，他们涉入了某种区域或语境，这种区域或语境是被规定为需要我们采取某些惯例进行保护的。下面两个例子可以帮助我们区分自然隐私和规范隐私。

假设，你在大学的计算机房上网，你的周围没有人注意你。因此，在这种语境中你拥有的是自然隐私，因为没有人监视你。过了一会，有人走进计算机房注视你，那么你就失去了自然隐私。然而，你的隐私并未受到侵犯，因为计算机房是一个公开的、标准化的非隐私地带，所以你没有被规定要受到保护，因为人与人之间可以互相观看。下个例子，假设你在你的宿舍或公寓上网，某人从锁眼偷窥你，发现你坐在电脑前。这时，你失去的就不仅是自然隐私，还失去了规范隐私，因为宿舍或公寓，不同于社会，它是我们非公开的、规范隐私地带。

---

① Edmund F. Byrne. Privacy. *In Encyclopedia of Applied Ethics*. volume 3. Academic Press. 1998. pp. 649－659.
② Herman T. Tavani. *Ethics & Technology：Ethical Issues in an Age of Information and Communication Technology*. Hoboken，NJ：John Wiley & Sons. 2007. p. 132.

隐私权的概念起源于 19 世纪末期的美国。1890 年,美国两位著名的法学家萨缪尔·D. 沃伦(Samuel D. Warren)和路易斯·D. 布兰迪斯(Louis D. Brandis)教授在《哈佛法学评论》第 4 期上发表了一篇名为《隐私权》(The Right to Privacy)的论文,正式提出"隐私权"的概念并加以阐述。这标志着隐私权理论的诞生,该文也成为被后世最广泛、最经常引用的经典作品之一。该文提到的隐私利益是指关于控制与自己生活密切相关的事项的权利,即个人在家里的私语具有不受公开宣扬的权利,这是个人的自由和私生活,具有不受干扰的权利,也即"Right to be let alone"中文译为"孤独之权利",这一意义上的隐私权被称为传统隐私权。传统隐私权的内容一般包括:①安宁居住不受他人侵扰的隐私;②个人的财产、内心世界、社会关系、性生活、过去和现在的其他情况不受外界知悉、传播或公开的隐私。

隐私权是法律赋予每个公民的基本权利。尊重他人的隐私,是每个人的道德义务。正如美国学者斯皮内洛所言:"尊重他人隐私的义务是一个自明的义务,在一般情况下,隐私必须受到尊重,因为它是保护我们自由和自决的一张重要的盾牌"①。

隐私权是一个历史的、动态的概念,随着历史的发展而不断被赋予新的内容。"信息隐私权"就是随着信息技术的发展、隐私权概念的拓展而产生的一个新事物。信息隐私权是指计算机用户、网络用户在使用计算机和网络中其个人隐私信息不被侵犯的权利。美国联邦贸易委员会(FTC)向国会提交的一份关于网络隐私权问题的报告中指出,信息隐私权应包括:①知情权——清楚明白地告知用户收集了哪些信息,这些信息的用途是什么。②选择权——让消费者拥有对个人资料使用用途的选择权。③合理的访问权限——消费者应该能够通过合理的途径访问个人资料并修改错误信息或删除数据。④足够的安全性——网络公司应该保证用户信息的安全性,阻止未被授权的非法访问。

隐私具有普遍价值吗? 还是它只在西方社会有价值? 隐私是不是相对于它的拥有者才有价值? 它有内在价值吗? 隐私是工具还是目的? 在什么情况下它只具有工具的价值? 有些非西方的国家和文化似乎不像西方国家那样重视个人隐私的价值。艾伦·威斯汀(Alan Westin)认为,具有强烈的民主政治机构的国家,比民主性差的国家会更加重视隐私的重要性。像新加坡、中国这样的国家通常比较重视社会价值、国家的集体目标,而忽视个

---

① 理查德·A. 斯皮内洛,《世纪道德:信息技术的伦理方面》,刘钢译,北京:中央编译出版社,1999 年版,p. 168。

人隐私的重要性。而在伊斯兰国家,他们的民主意识很强,但他们强调的是国家的民主与安全,而个人隐私仍然没有受到像西方国家那样的重视。即使有很多国家、民族、文化都在呼吁隐私,然而,至今在所有的国家和文化中,仍未对隐私的价值形成统一的标准。因此,在赛博空间中、在信息时代很难就隐私的法规和政策达成普遍的共识①。

我们说幸福具有内在价值,因为它是对自身爱好的渴望。相反,金钱具有工具价值,因为它是渴望达到某种目的、或进一步目的的工具。为数不多的人认为隐私是渴望自身爱好的内在价值;因此我们也许会推断隐私只具有工具价值。然而,查尔斯·弗雷德(Charles Fried)认为,尽管隐私是一个工具,但它不仅仅是一个工具。弗雷德认为,不像大部分的工具价值那样,只对他物具有工具作用。隐私和信任、友谊一样,对于人类实现目标是非常重要的和必要的。弗雷德向我们证明,尽管隐私对于实现人类的目的来说是一个工具,我们仍然试图将内在价值、必要条件、工具价值同暂时的、不必要的条件进行联合,从而证明隐私也是达到其他目的的必要条件②。

也许加入人类生物学的分析可以有助于解释弗雷德论述的中心问题:人类的心脏和器官都有工具价值,但二者都不是价值的内在表现。尽管器官表现的仅仅是辅助性工具价值,即使将它们移除也不会对一个人的生命存活造成严重的后果;而一个心脏,不论是某人自己的自然心脏,还是人工心脏、或移植心脏,对于一个人生命的存活就非常必要和重要了。这里要注意,我们不仅仅是因为心脏是某些目的的工具而进行评价,也基于没有心脏我们作为生物的生存将是难以想象的来评价。同样,弗雷德认为我们评价隐私,不仅仅是因为它为了实现人类的目的有工具一样的价值,如信任和友谊,而且是因为它同心脏一样还有人类生存的目的,没有隐私的生活是无法想象的③。

尽管同意弗雷德的观点,隐私不仅是具有工具价值,摩尔对这一观点还是从其他路径进行了说明,和弗雷德一样,摩尔认为隐私本身不是一个内在价值。摩尔的观点是:隐私是安全的"核心价值",一个人感觉是否安全,一

---

① 参见:Herman T. Tavani. *Ethics & Technology: Ethical Issues in an Age of Information and Communication Technology.* Hoboken, NJ: John Wiley & Sons. 2007. p. 133.

② 参见:Herman T. Tavani. Ethics & Technology: Ethical Issues in an Age of Information and Communication Technology. Hoboken, NJ: John Wiley & Sons. 2007. p. 133.

③ Fried. Charles. "*Privacy: A Rational Context.*" In M. D. Ermann. M. B. Williams. and C. Gutierrez. eds. *Computers. Ethics, and Society.* New York: Oxford: Oxford University Press. pp. 52 – 67.

定是同他对个人隐私的保护度息息相关的①。同弗雷德一样,摩尔指出隐私对实现目标是必要的原因。摩尔还进一步论证了由于赛博技术越来越进入到我们的日常生活领域,因此,隐私也日益成为安全核心价值的表达。

还有其他的学者认为隐私是有价值的,是因为它对于个人自治非常重要。雷切尔斯认为拥有隐私可以确保我们控制有多少个人信息是我们希望公开的,有多少我们是选择保护的。因此,隐私保证的是个人间的关系,它依赖于自己希望跟大家分享多少信息②。

朱迪·黛丝(Judith DeCew)认为因为隐私表现得像“一面盾”,它以各种形式对我们进行保护,它的价值表现在为我们提供“自由和独立”。黛丝认为失去隐私就会使我们陷入威胁和攻击,我们也会因此而恭维他人,毫无个性③。

从上述的观点可以推理出,隐私只是对个人有利的价值。然而,很多学者指出隐私还提供了社会价值。例如,威斯汀认为隐私对民主非常重要。普里西拉·里根(Priscilla Regan)指出,通常我们对隐私的争论仅仅局限在如何平衡隐私对个人与社会的利益上,并且论证的结论也往往是对社会利益的关注要高于对个人利益的关注。但是,如果隐私被理解为不仅只关注个人的利益,并且也拓宽了社会利益,那么在上述的论战中,也许个人隐私会受到更多平等关注的机会④。

大多数人都认为每个人都有既定的自然权利,如生命权、劳动权、财产权,也有许多人在讨论隐私权也是一种自然权利吗? 洛克曾经指出,任何威胁你的(私人)财产并对你的生活构成潜在威胁的人,你都可以公平地使用同样的方式回敬他/她,甚至包括杀了他/她以保护你的生活。对于洛克而言,人类最基本的权利莫过于生活、自由和财产。洛克认为对个人财产的保护和人拥有自己身体的权利同等重要,这是人通过自我劳动的自然延伸。

如果上述成立的话,人的权利还应该包括他的思想和行为。因此,他有

① James H. Moor. "*Reason, Relativity, and Responsibility in Computer Ethics*". In Richard A. Spinello. Herman T. Tavani. *Readings in CyberEthics* (2nd ed.). Sudbury, Mass.：Jones and Bartlett Publishers. 2004. pp. 40 – 54.
② Rachels, James. "*Why Privacy Is Important?*" In Deborah G. Johnson. Helen Nissenbaum. *Computers, Ethics and Social Values*. NJ：Prentice Hall. 1995. pp. 351 – 357.
③ DeCew. Judith. "*Privacy and Policy for Genetic Reaseach*."In H. Tavani, (ed.). *Ethics, Computing, and Genomics*. Sudbury. MA：Jones and Bartlett. pp. 121 – 135.
④ Regan. Priscilla. M. *Legislating Privacy：Technology, Social Values, and Public Policy*. Chapel Hill：The University of North Carloina Press. pp. 2 – 3.

权对他的思想和行为进行保护。同样,任何人都不应该侵犯他人的身体(如强奸、谋杀)。对此进行逻辑的解释就是,如果某人的行为侵犯了他人的权利,那么他就要受到控制。每个人都有他的个人空间,在这个空间中,自己知道什么是可以接受的,什么是不容侵犯的。然而,现代的监视技术和设备会在我们不知道,甚至不允许的情况下,侵犯我们的个人空间,对我们进行监视。

斯多葛主义者认为,在一些黑暗的时代里,即使某人的身体可以被囚禁、控制,但他的思想仍然是自由的,那么在这个前提下,就会有人转向对他人自由思想的控制。如果人的精神活动也受到威胁,那么生活还有什么意义?

为了全力地发展人类,我们必须进行自由选择。康德认为,有德行的人必须是理性的、自主的,如果有外力引导我的决策,我就不可能是自主的。我的选择必须是真正的自我选择。最高的善中,意志活动就是其一,它体现出勇气和刚毅,这些意志活动不是群体活动,某人的勇气、知识甚至快乐都是个人的、私人的,没有隐私就没有它们的存在。你的勇气也许可以帮助他人,你也可以分享你的知识,但这些知识是在你自己的世界里缘起和发展的,因此,隐私并不是其自身本质上有价值。

康德也强调了一个人作为自身目的的价值,并且人永远也不应该被作为工具使用。持续的监视会降低你的人格,世界变得不如你的想象,而是变成了显微镜下的微小世界,你变成了他人的工具,政府的权利或公司利益,即使你从未察觉你被监视,你也融入了冰冷的统计数据。如果你意识到正在被监视,那么这就会影响你的行为,并且你再也不会自主了。弗雷德认为隐私对友谊非常重要。友谊蕴含着爱、信任、互相尊重,这些都只能发生在隐私的理性环境之下。信任假设的是某事是秘密的或机密的,并且不能被揭露,恋爱的关系仅限于两个人范围之内的秘密,如果他们的所有行为、对话、特殊的礼物变成公共的,那些价值也就随之消失。

隐私对于精神的存在也是必要的,就好像身体需要睡觉一样。我们有很多时间都处于公共环境,在课堂、在工作单位、作为一个雇员工作、或在某个话剧中的表演。这些都要求我们精神集中、有效率,我们努力工作为的是比他人表现出色。如果可能的话,让我们所有的时间都保持这种状态将非常困难。我们需要某些私人空间得以休息,踢掉鞋子放松放松脚趾,私下想点令我们开心的事。可见,隐私与尊重人的自主、自由和理性密切相关,如果某人被视为是理性的、自主的、受人尊重的,这就意味着人们应当尊重他或她的隐私,因为这是自主的必要条件。因此,同生命权、劳动权、财产权一样，隐私也是一种天赋的、自然的权利。

二、赛博技术加剧隐私问题凸显

对于个人隐私的探讨在赛博技术产生之前就并不陌生了。在赛博技术之前，照相机、电话机都对个人隐私发起过挑战，所以我们会提问："关于隐私，在赛博技术时代还有什么特殊的问题吗？"

我们先来对比几个问题：从个人信息被收集的数量上进行对比；从个人信息被传播的速度上进行对比；从个人信息被保留的时间上进行对比；从信息被传递的种类上进行对比。

通过对上述四个问题的对比，我们发现：

（1）赛博技术比之前的任何技术在进行信息的收集、存储时都有数量上的巨大优势。以前，人们收集信息要受到物理空间的限制，并且花费的时间多、耗费的精力大。如今，将信息进行数字化处理之后，我们可以随时随地对信息进行收集，避免了时空的限制，并且这些数字信息储存在电脑中占据的空间也很小。

（2）过去，信息的传递要借助交通工具进行，如火车、汽车、飞机。现在，信息是以千分之一秒的速度，在高速电缆或电话线中进行交换。

（3）过去，是采用人工方式，在纸质文件中对信息进行收集、记录、整理。为了防止纸质记录中的字迹随时代变迁而模糊，要进行定期的人工整理工作。那时信息的存储时间远不如现在久远。现在，对信息的收集、记录、整理都使用赛博技术。记录在计算机中的信息是不会随时间的推移而变模糊的。

（4）在赛博技术出现之前，人们获得他人的信息多为口述形式的、书信形式的或图片形式的。现在，在同一个时间你可以获得某人的音像信息。

可见，赛博技术对信息的收集、存储、交换，从速度、时间到内容上都产生了巨大的变化。然而，赛博技术并未引发某种新型的隐私问题，值得注意的是，赛博技术的特点激发了隐私问题的爆发。比尔·盖茨曾讲道："虽然我很乐观，但并不意味着我不为某些事情忧虑，这些事将降临到大家的头上……数字技术的能力高、应用广，但它的这些特点将引起新的关于个人隐私、商业秘密及国家安全的忧虑。[①]"著名的计算机伦理学家 D. G. 约翰逊（Deborah G. Johnson）在她的著作中也曾指出"信息社会的隐私权问题根

[①] ［美］比尔·盖茨，《未来之路》，辜正坤译，北京：北京大学出版社，1996 年版，p. 27。

源在于信息交换的便利程度"①。

三、侵犯消费者隐私权的道德反思

由赛博技术引起的对于隐私权的侵犯主要有:侵犯消费者的隐私权、侵犯员工的隐私权和政府部门对公民隐私权的侵犯等形式。

在消费场所,一些消费者在购买某些产品和服务(如贷款、看病、申请免费邮箱、加入某个社团等)时,往往需要提供一些个人资料,这些资料常常被用来收集、出售,从而造成对消费者隐私权的侵犯。

案例分析:②**分众传媒收集、出售公众手机号码**

使用手机的用户大都有收到手机垃圾短信的经历,这些手机垃圾短消息不分时间、不分场合地塞入你的手机,从售楼、售票、售文凭、售汽车甚至售枪支器械、毒品等等。大家都很疑惑,自己的手机号码是如何被这些广告公司掌握的呢?

2008年3月15日,是一个特殊的日子,因为在这一天,中国的中央电视台曝出了令人瞠目结舌的手机垃圾短信制造内幕。这些垃圾信息的背后,是一个巨大的产业链,而被肆意贩卖的正是手机用户的个人隐私。

我们先来认识一下这则新闻的主人公:手机垃圾广告运营商——分众无线传媒技术有限公司(本文中将其简称为"分众")。

分众通过各种渠道获得了两亿多个手机号码资源,掌握了几乎中国一半手机用户的信息。他们将其区分为九类:小区业主、工商企业主、职业经理人、新购房业主、车主、手机大客户、公务员、保险以及银行贵宾、房地产投资者。分众还对手机机主的信息进行精确分类,如:性别、地域、年龄、消费水平等。并且他们还开发了无线身份识别系统和用户属性挖掘系统,进一步收集用户信息。

分众之所以对此项工作乐此不疲,是因为他们以收集、出售公众个人信息来实现商业获利的目的。其财务报告显示:2007年第一季度手机广告盈利为600万美元,2007年第二季度为1090万美元,2007年第三季度为1400万美元,同比增长298.9%。这意味着,所有用户的手机都将成为短消息的垃圾桶。

---

① Deborah G. Johnson. *Computer Ethics*. NJ: prentice Hall. Englewood. Cliffs. 1985. p.59.

② 案例来自新华网:http://news.xinhuanet.com。

下面我们从康德主义、行为功利主义、规则功利主义和社会契约论四个角度分析手机垃圾广告运营商出售个人信息行为的道德性。

康德主义者的分析

首先,我们从康德主义的角度来评价手机垃圾广告运营商的行为。在上述案例中,信息的被采集者,同时又是垃圾短信的接收者,都是作为手机垃圾广告运营商达到获得利润目的的工具。手机垃圾广告运营商没有将信息的被采集者/接收者视为本身内在的目的,而仅仅作为其盈利的工具,所以,手机垃圾广告运营商收集、出售公众个人信息的行为在康德主义者眼中是不道德的。

行为功利主义者的分析

按照古典功利主义的最大幸福原则进行功利演算,在本案例中,作为信息的被采集者,无一不在担心个人隐私的安全性,此时他们还有何幸福所言?因此,在作为被采集者的过程中,幸福感几乎为零,不幸福感总量远远大于幸福总量。所以,手机垃圾广告运营商的信息收集行为对信息被采集者来说是绝对错误的。假如,这些信息被采集者中有一部分人对所收到的短消息广告感兴趣,并且从中满足了个人需求,那么手机垃圾广告运营商出售被采集者个人信息的行为对这部分个人而言是正确的。然而,手机垃圾短消息的所有接收者中,只有部分人对其内容感兴趣,当感兴趣的人数大于不感兴趣的人数时(假定感兴趣和不感兴趣的强度相同),手机垃圾广告运营商出售信息的行为是正确的,反之亦然。

规则功利主义者的分析

在从规则功利主义者的角度分析手机垃圾广告运营商的行为之前,我们需要假设一个规则:所有的广告运营商都采用手机短消息的营销方案。一旦这个规则成为普遍规则,人们的手机将成为广告的载体,故此失去了手机作为通讯手段的属性,人们最终将会放弃使用手机,这样的后果从经济总量上进行长期的衡量,无疑是一个重大的损失。并且,当人们得知自己的个人信息是通过什么渠道被手机垃圾广告运营商收集到时,都会在下次暴露自己的个人信息时采取防护手段,比如尽量不提供个人信息,或提供虚假信息,这无疑将我们陷入了是否坚持"诚实"道德规则的二难境地。如果公众最终选择放弃"诚实"以保护个人隐私,那么当这种行为最终形成一个社会信仰时,它对社会造成的负面影响将是深远的、难以估计的。因此,手机垃圾广告运营商收集和出售公众个人信息的行为不论从经济效益总量上,还是从社会环境稳定方面都是错误的,该行为对树立诚实的个人品格和建立诚信的社会无疑是一种阻碍。

社会契约论者的分析

最后，让我们从社会契约论者的角度分析手机垃圾广告运营商的行为。在收集个人信息的行为中，信息的被采集者并未收到任何通知，也没有对该行为表示同意，因此，手机垃圾广告运营商未经当事人允许就收集当事人个人信息的行为是不公正的，是一种欺骗行为，因此是错误的。通常，手机垃圾广告运营商发送的手机垃圾短信中，一部分发布广告的商家因其宣传的内容是非法的，故其常常留下的联系方式也是"虚假"的。比如，某假文凭的广告商在垃圾短消息中提供了自己的电话联系方式，当垃圾短信的接收者按照广告商提供的电话号码拨通电话时（不论是出于对广告的内容兴趣还是出于愤怒），通常对方都会告知"您打错了"（事实上并未打错号码）。过不了多久，这个假文凭的广告商会以另外不同的电话号码再次联系垃圾短信的接收者。因此，假文凭的广告商伪装自己的身份，欺骗公众，这也是不公平的。再者，在某些已经将"未经当事人允许就收集、销售个人信息的行为"视为违法行为的国家，手机垃圾广告运营商的行为已经触犯了法律、社会约定。所以，他的行为更加清晰地被视为是违法的、不道德的行为。

从上述的案例中，可以看到我们在进行消费的过程中，有无数双贪婪的眼睛正在盯着我们的个人信息。在利益的驱使下，我们的个人隐私被当作商品进行销售，这无疑对我们的隐私、安全形成了威胁。

案例分析：Facebook"泄密"丑闻

美国时间 2018 年 3 月 17 日，据美国《纽约时报》、英国《观察者报》共同发布报道称，英国数据分析公司"剑桥分析（Cambridge Analytica）"共同创办人 Christopher Wylie 向媒体爆料指出，数据机构剑桥分析在 2014 年至 2015 年期间曾邀请 Facebook 用户参加性格测试，获取包括 Facebook 用户的身份、朋友关系网和"赞"过的内容在内的广大用户个人信息。剑桥分析通过一款心理测验 APP，获得了总共有 27 万 Facebook 用户的下载参与，并在过程中提供了相关用户数据资料，而通过这款小测验所延伸连接的社交关系高达 5000 万名用户。2015 年之前，除非用户设定为不公开，否则这些第三方 App 可以取得用户的朋友清单。爆料人称，这整起事件最可怕之处，不只在于数据资料外泄的风险问题，而在于 Facebook 在很多年前就意识到了将自身用户数据用于研究目的的第三方应用的存在。这一消息使拥有 20 亿用户的 Facebook 卷入史上最大个人信息外泄风波。而 Facebook 于媒体报道的前一天，即 3 月 16 日已提前披露了相关内容，坚称其数据并没有被盗用窃取，而只是被"误用"，并表示已聘请专业公司对剑桥分析的所作所为展开调查，同时禁止剑桥分析及其母公司使用 Facebook 的任何数据。Facebook 在媒体报道之前主动披露消息的行为不仅没有起到息事宁人的作用，反而引发了公众对 Facebook 的愤怒。数据泄露为何会发生？有报道称，长期以来，Facebook 开放 API 接口让外部第三方公司在 Facebook 平台上提供心理测验或者是小游戏，此举丰富了 Facebook 此类社交平台的内容丰富度，也通过用户参与分享进一步强化了用户之间的社交关系的黏着度。身处舆论风暴中的 Facebook 不仅要吞下"百亿市值蒸发"的苦果，更重要的是，公众对 Facebook 的职责还指向了其盈利模式的核心：数据挖掘[①]。

从康德主义者的视角分析 Facebook 泄露用户数据的行为，首先要思考的第一问题是 Facebook 究竟是否把用户及其个人信息当作一个应该被予以尊重的人及其权利来对待。如果如 Facebook 对媒体的所言——其数据并没有被盗用窃取，而只是被"误用"，那就是 Facebook 对用户及其个人信息的管理保障的态度和方法出了问题。这里是不是可以把 Facebook 的行为看作没有认真对待或尊重用户及其个人隐私？想必聪明的 Facebook 一定不会承认是自己把用户的数据卖给了"剑桥分析（Cambridge Analytica）"，否则他一方面要面对将用户信息当作盈利手段的质疑，一方面又会把"剑桥分析（Cambridge Analytica）"推入窃取信息的嫌疑之中。但无论如何 Facebook 没有把用户及其个人隐私信息有效保护好，给用户造成不必要麻烦，是对用户的不尊重。而 Facebook 开放 API 接口让外部第三方公司在 Facebook 平台上提供心理测验或者是小游戏，其实就是主动将用户信息透漏给第三方公司，第三方公司又会在进入心理测试和小游戏前让用户选择是否愿意把手机上的个人信息用于第三方的阅读（获取）。可见 Facebook 真正的目的是将用户及其个人隐私当作冰冷数据进行挖掘和盈利，在康德主义者眼里不把人当作人来尊重是极其不道德的。

如果从古典功利主义的角度来分析，即使 Facebook 没有向"剑桥分析（Cambridge Analytica）"出售数据获得利润，那么这个事件的最大受益者"剑桥分析（Cambridge Analytica）"获得的快乐最多，Facebook 和用户都毫无快乐可言，那么 Facebook 完全没必要继续泄露用户个人隐私数据。而 Facebook 开放 API 接口让外部第三方公司在 Facebook 平台上提供心理测验或者是小游戏从而双方获得幸福的总量一定是少于 5000 万 Facebook 用户的悲伤总量的。所以 Facebook 的行为从快乐验算的结果上来看也是不

---

① 案例材料参见：http://www.dsj365.cn/front/article/5992.html。

可取的。如果从规则功利主义者的角度来看的话就更简单了,Facebook 等公司应该将保护好用户的个人信息作为行业规则来执行,出售或向三方公司开放 API 接口都应视为是违反了行业规则的,这是毫无疑问的。

社会契约论者一定会毫不犹豫地说双方彼此保守秘密是网络社区和现实生活中应该共同遵守的契约,用户将信息告诉 Facebook 体现了对他们的充分信任,Facebook 辜负了信任,就会造成信任危机,所以不论是从康德主义、功利主义还是社会契约论角度看,Facebook 泄露用户个人信息和向第三方开放 API 接口的行为都是不道德的。长此以往 Facebook 将会对用户造成伤害,自己公司的利益也将受损。

同时我们也看到了在"泄密"丑闻影响下,Facebook 在一周开盘的前两个交易日中,Facebook 股价已经暴跌 11.4%,市值更是在两天之间蒸发 500亿美元。同时,5000 万用户的数据被泄露将使 Facebook 面临 2 万亿美元的罚款。除了监管机构的压力,Facebook 还面临股东的集体诉讼,当地时间 3月 20 日,美国科技媒体《商业内幕》(Business Insider)报道称,一位投资者代表 Facebook 股东向公司提起集体诉讼。记者在诉状中看到,原告方声称,由于 Facebook 在过去的两年内都知道这个问题,并且没有公开发表任何言论,它的过错在于没有向投资者提供足够的信息,因此,Facebook 要承担损害赔偿责任。

四、侵犯员工隐私的道德反思

消费者并不是唯一具有隐私权的群体。在工作场所中出现的个人隐私问题主要体现在,一些公司或组织利用电脑网络对员工进行监视,以了解员工的工作习惯和工作效率,或利用公司的网络管理部门查看员工的电子邮件,这就构成了对员工隐私权的侵犯。例如,一种叫作"网络神探"的监工软件,可以对员工的日常工作进行监管。此软件的主要功能包括:监视并记录员工常用的网络活动,包括访问网站、收发邮件、上传命令等。员工中抱怨最多的是对电子邮件的监视问题。许多公司使用了类似"网络神探"的软件,打开员工的电子邮件,就如同查看自己收发的邮件一样。于是,大家都在论证电子邮件是否应当受到普通信件的同等待遇,是否应当将电子邮件也视为个人隐私予以保护。

许多公司都坚持认为工作期间(受聘于企业的时期内)公司有保护自己资源的权利,他们对员工的电子邮件进行监视,是为了防止员工盗窃公司机密;另一方面,公司认为雇主对工作场所的所有资源具有所有权,有权决定这些资源如何被利用。因此,公司方认为电子邮件是公有的,公司可以随时进行检查。并且，公司方还认为，在员工入职的第一天培训中，公司已经向员工告知了公司的监控行为，并规定了电子邮件的正确使用方法，因此公司对电子邮件的监视行为没有侵犯员工的个人隐私权。

工作场所中另一个对隐私权形成威胁的问题是，对员工的电子监控。我们通常可以看到在银行、酒店中对职员设置了很多监控仪器。比如，在银行，"电子排号"的功能就是监督银行职员的工作效率，它可以计算员工花在每个顾客、每笔业务上的时间。银行通过电子监控对员工的工作进行信息的采集、存储，然后再将这些信息跟工作规定系统中的数据进行比较、分析，最后得出报告。电子监控系统的好处在于，它有助于提高员工的工作效率、工作质量，但监视、监听，造成了员工在工作中的紧张，对员工形成了压力，对员工的身心健康是有害的，并且，这些监控设备对员工的言论自由和个人隐私都造成了严重的侵害。诚然，从雇主的角度来看，为了提高工作效率和工作质量，在工作场所中设置电子监控是无可厚非的。然而，在康德主义的倡导者看来，将员工作为雇主实现提高利润的工具，而忽视员工作为人的目的而存在的行为是不道德的。

五、公共信息与记录的泄露对公民隐私的侵犯

进入信息时代，任何人都逃脱不了电子追踪。甚至是未出生的婴儿都无法逃脱，当母亲在孕育他/她的时候，就开始被"跟踪"——在医院留下了定期的孕期检查记录。在新华网上曾报道，某位孕妇在医院进行了第一次孕检后，她的手机、家里的邮箱中就充满了各种婴儿奶粉的广告单、育婴机构的宣传资料。孕妇很惊诧，她只在医院体检表的联系方式一栏中留下了自己的手机号码和家庭住址，难道医院也将这些信息当作商品卖了出去？还有一则新闻，北京某公务员在大学期间曾参加过一次司法考试，但未通过，此后就放弃考试转而工作。但每年的司法考试报名期间他的手机和住宅总会收到各种司法考试辅导班的广告单。他回忆他只在司法考试的考务中心报名时填写过自己的个人信息，难道作为政府机构的考务中心也会将个人信息当作商品进行销售？另有某农民开办了养猪场，他到工商局进行了注册。不久，他的手机充斥了大量的饲料广告。据他讲，他是为了方便联系业务，刚刚购买的手机，除了自己的家人知道号码，就是在工商局留下过，岂不是工商局也将他的个人信息作为商品出卖了？看来，除了在商业场所、公共场所我们的个人隐私会受到侵犯，就连政府部门的信息填写我们也应慎重。

可见，我们非常有必要在公共信息、公共记录和私人信息中进行区分。公共记录中所包含的信息是上报政府部门的关于事件或行为的报告，其目

的是让公众获悉此报告。如，人口出生证明、婚姻登记、汽车牌照登记、犯罪记录，等等。公共信息是你提供给某个组织的信息，该组织有权同其他组织分享你的信息，如电话通讯名单。我们大都允许我们的姓名、电话号码和地址在电话通讯中出现，这样一来我们的朋友和熟人就能很方便地给我们打电话，或登门做客。私人信息是在公共信息和公共记录中都不出现的信息，比如你的个人收入情况，你对任何组织都没有透露该信息，因此其他组织也无权分享它。如果你将这个信息透露给某个组织，那么它就变成了公共信息，其他组织也有权享有它，但通过自愿的、无心的披露或法律揭发的方式都可以将私人信息变成公共信息和公共记录。

通常，人们是自愿将私人信息呈现给公众的。比如，超市人员在采访时，我们通常会暴露自己喜欢什么品牌的洗发水、护肤品、哪种口味的咖啡、饮料，甚至我们的年龄、工作领域、个人爱好，等等。只要我们回答了这些问题，这些信息都会变成公共性质的信息。而有些时候，人们为了获取某些自己想要的东西必须泄露信息。比如，你为了乘坐飞机，就必须接受安检人员对行李和身体检查，你无法拒绝，否则你就上不了飞机。再比如，为了获得信用卡，你必须如实提供你的姓名、身份证号码、收入状况、社会身份。还有在未经本人同意的情况下其个人信息就变成了公共记录。比如，某个犯罪人员的信息会被法院、公安局记录。总之，在经意与不经意间，自愿与被迫间，个人信息的私密性就丧失了。

在本节中，我们除了对隐私的理论问题进行了探讨，还对消费场所和工作场所中侵犯隐私的问题进行了分析。对隐私的理论探讨是我们进行问题分析的理论基础和出发点。通过上面的论述，我们发现功利主义者认为对隐私的侵犯弊大于利。将人类受到失去隐私的痛苦和广告商的受益进行功利演算，会发现对前者造成的伤害是难以描述的，并且存在着潜在的危害。康德主义者认为对人的隐私权侵犯的一个很重要的弊端在于：将人类仅仅作为实现目标的工具。也就是说，我们被剥夺了作为一个具体的人的权利，而被当作一个社保号码、一个号码牌、一个信用记录或一个保险记录来对待。我们将被作为数字进行收集、整理、分类、比较、交换、更新和买卖。我们将会被视为是不需要睡觉、不怕麻烦、不会生气、不犯错的数据。我们还有什么人格可言？还有什么特殊性可以为之自豪？斯皮内洛指出"我们正生活在一个透明的社会里"，"社会中每个人所拥有的隐私正在消失"[①]。就

---

① ［美］理查德·A.斯皮内洛，《世纪道德：信息技术的伦理方面》，刘钢译，北京：中央编译出版社，1999 年版，第 163—164 页。

目前的情形来讲,切实保护好每个人的隐私是摆在我们面前的一个重大社会伦理问题。

六、言论自由的负面影响

纵观自由言论思想的发展轨迹,人们对言论自由精神的追逐道路历经坎坷。从单纯地诉求言论的话语权,到密尔建议以理智、冷静、诚实的方式发表个人言论。人们显然已经意识到对言论自由无限追求带来的负面影响。在当代,赛博技术使我们的交流方式更为便利,手段更为多样化。各种主题的电子公告板、在线论坛、电子邮件、个人网页、个人博客等交流信息的新手段,使我们的交流更及时,互动性更强,甚至可以说新型的交流技术与工具为我们提供了前所未有的自由言论的平台。在网络的支持下,言论自由可谓是如鱼得水。目前,网络用户在自由地发表个人言论的同时,暴露出某人的个人信息,对当事人的隐私权形成侵犯,这无疑是网络时代一个亟待解决的问题。

言论自由(freedom of expression)又称表达自由,其理念可追溯到古希腊。崇尚理性和自由论辩的雅典城邦可谓是滋养言论自由理念的第一滴乳汁。希腊文化中关于自由辩论、公民独立的理性能力及其参与政治生活的权利、政府与公民关系等方面的政治学说,为以后的文艺复兴、启蒙运动、资产阶级革命等时期争取言论自由、出版和新闻自由的斗争提供了丰富的思想资源。

在宗教改革和启蒙运动时期,马丁·路德反对蔑视民众理性和道德能力的思想,他认为普通民众可以凭借自己的真诚与上帝进行沟通,从而达到对神学的批判。马丁·路德的思想萌发了人们对言论自由的思索。此后,在宗教中逐渐形成一股言论自由的风尚,但这仅仅局限于宗教内部。

近代意义上的"言论自由"理念是在十七世纪末、十八世纪初发展起来的。那时的言论自由理念深深地根植于这一时期的古典自由主义传统之中。言论自由、天赋人权、社会契约论等思想共同构建了古典自由主义的宏大体系,为近代自由主义民主政治的发展奠定了基础。1644 年,英国著名的政论家、诗人约翰·密尔顿(John Milton)因出版书籍引起纠纷,他为自己进行了辩护,其辩护讲演稿《论出版自由》,后来被译成几十种文字,成为西方言论自由的奠基性著作。弥尔顿之后,英国天才的思想家和哲学家洛克于 1687 年出版了《人类理解论》,他从人类知识的起源、可靠性和范围,引申论证了思想言论自由的合理性。与洛克同时,荷兰著名的哲学家、伦理学家和政治思想家斯宾诺莎(Spinoza)从完全现实和自然主义的角度出发,提出把思想和言论自由看作是人的天赋权利,而不仅仅是实现其他目的的手段。19 世纪中叶,英国思想家约翰·斯图尔特·密尔(John Stuart Mill)于 1859 年发表了《论自由》一书,他集欧洲启蒙思想之精华,全面论述了言论思想自由与个性解放对于人类社会文明发展的巨大功绩,以及宗教和封建专制制度的严重危害,将言论自由主义的理论推到了一个前所未有的高峰。但密尔并不认为言论自由是绝对的、无条件的,密尔认为应当允许公民自由发表其言论,但在方式上需要节制,不要越出公开讨论的界限。密尔强调辩论方式上的公正性,在情绪上不应带有恶意、执迷和不宽容,而应冷静、诚实地看待对方的意见。

从 17 世纪开始,西方言论自由主义思想从理论斗争逐步进入实践范畴。1689 年,英国的《权利法案》(第九条)和 1789 年法国的《人权与公民权利宣言》(第十一条)中关于言论自由的规定影响比较大,为世人所共知。1791 年美国宪法第一修正案的通过是言论自由主义历史上具有里程碑意义的事件。该修正案拉开了世界范围内将言论自由作为基本人权宪法化、法制化的大幕,为言论自由真正进入实践领域夯实了基础。二战后,基于对战争的反思,区域化和世界范围内的人权公约不断涌现。这时,言论自由作为一项基本人权已深入人心。各国开始在法律中涉入对自由言论的规定。

网络空间已经成为现代人的另一个活动场所,它是虚拟的,独立于现实的物理空间。继承了交流媒介、报纸、书籍、广播、电视这些传统媒介的特点,网络同时又具有自身独特的特点:

(1)全球性:网络为世界各地的信息提供了一种直接进入的手段。一封简单的电子邮件,可以发到另一个国家的友人那里,也可以发到隔壁邻居那里。通过网络,世界各地的新闻、信息资源相互传递。即使世界上还有一部分人仍然不能利用进入技术,但在弱发达国家中,网络仍以最快的速度发展着。

(2)分散性:网络涉及的初衷目的就是分散性,以达到无人看管的工作状态,并且供应多样化,形成竞争性进入的节点。无人看管的形式在广播、有线电视或卫星传输中都存在。应用了无数的集合点(hosting sites)和地理定位节点(irrelevance of geographic location)意味着,信息几乎可以在不受政府、垄断者和网络警察的控制下自由发表。

(3)开放性:网络的进入防护比较低,服务费用并不昂贵,创建和发布文件的费用也极少。因为有网络,任何拥有计算机和调制解调器的人都可以成为一个信息的发布者。

(4)交互性:网络中,信息的流动是双向的,所有的网络用户既是信息的发送者又是信息的接收者。人们可以通过论坛、电子邮件、聊天室、个人网站进行信息交换。网络允许一对一、一对多、多对多形式的交流,这同出版社、广播电台和电视台的信息传播方式不同,它们的信息传播是单向的,接受信息者被称为"受众",大多数人只能被动地接受信息,如果想要把自己的信息通过这几种传统媒体发布出去是比较困难的。

（5）信息量超大:信息的数字化,以及通过电话网络,并结合网络的分散性特征,使得网络中承载着惊人的信息量。用户通过复制、粘贴、连接等形式迅速地、大量地从网络中交换、存储信息。

（6）用户是控制者:网络允许网络用户自己实践,这是区别于有线电视和短波收音机的,用户可以自由地选择与谁交流。

正是由于网络与生俱来的这些特点,它为人们发表自己的个人观点提供了很多的便利之处。人们可以通过 BBS、个人网页、博客发表自己的见解、交流意见。网络成为自由言论者的新宠,但网络作为言论自由新技术支持的同时也存在着一些消极面,主要表现为:信息可验证性差,真假难辨;语言不规范,一些网友发表意见采取偏激的语言,甚至采取谩骂等手段,这些行为极大地损害了当事人的隐私权、名誉权。

案例分析:中国网络暴力第一案

当事人:

（1）姜岩（死者）

（2）王菲（死者丈夫）

（3）张乐奕（死者大学同学）

案情回顾:

姜岩与王菲结婚一年半后,姜岩跳楼自杀身亡。姜岩生前在网络上注册了名为"北飞的候鸟"的个人博客,并进行写作。在自杀前 2 个月,姜岩在博客中以日记形式记载了丈夫王菲与案外女性东某的不正当两性关系,这是导致她自杀的主要原因。姜岩博客中还记载了丈夫王菲的姓名、工作单位地址等信息。姜岩在自杀前将自己博客的密码告诉一名网友,并委托该网友在 12 小时后打开博客。姜岩跳楼自杀身亡后,姜岩的网友将博客密码告诉了姜岩的姐姐姜红,姜红打开了姜岩的博客。

张乐奕系姜岩的大学同学。得知姜岩死讯后,张乐奕注册了非经营性网站"北飞的候鸟",名称与姜岩博客名称相同。在该网站首页,张乐奕介绍该网站是"祭奠姜岩和为姜岩讨回公道的地方"。张乐奕、姜岩的亲属及朋友先后在该网站上发表纪念姜岩的文章。张乐奕还将该网站与天涯网、新浪网进行了链接。姜岩的博客日记被一名网民阅读后转发在天涯网的社区论坛中,后又不断被其他网民转发至不同网站。姜岩的死亡原因、王菲的"婚外情"行为等情节引发众多网民长时间、持续性的关注和评论。许多网民认为王菲的"婚外情"行为是促使姜岩自杀的原因之一。一些网民在参与评论的同时,在天涯网等网站上发起对王菲的"人肉搜索",使王菲的姓名、工作单位、家庭住址等详细个人信息逐渐被披露。一些网民还在网络上对王菲进行指名道姓的谩骂;更有部分网民到王菲和其父母住处进行骚扰。后来,王菲不堪忍受,将张乐奕、大旗网和天涯社区诉至朝阳法院。

现在,我们从康德主义、行为功利主义、规则功利主义和社会契约论的角度,分别对张乐奕、大旗网和天涯社区的行为进行分析。

首先,我们来分析张乐奕行为的道德性:

从康德主义者的角度来看,张乐奕注册非经营性网站——"北飞的候鸟"的目的是建立一个"祭奠姜岩和为姜岩讨回公道的地方",如果从案件的一开始来看,祭奠死者,或为死者讨回公道,这都是一种善良意志。康德认为,善良意志不是由于它发生了实际效用或达到了预期目的就是善的,而是因为它的内在价值。在任何文化范围内,尤其在中国的语境下分析该网站的创办目的,我们都应该认为它是善良的。不论祭奠死者或为死者讨回公道的后果是什么,张乐奕的行为是在责任感的指导下产生的,因此,祭奠死者、为死者讨回公道的行为是善的。通过功利演算,以网站的方式对死者进行哀悼也是非常可取的,因为网络的自身特点:及时性、开放性、全球性、交互性都可以对死者进行范围最广、速度最快、得到消息人最多的宣传。因此,通过网络祭奠亡者也许将成为信息时代新的祭奠形式。并且,在我国的互联网管理法案中并未出现禁止在网络中发布祭奠消息的规定。张乐奕在"北飞的候鸟"网站的首页上清晰地标示出该网站的创办宗旨和内容,没有对任何网络用户隐瞒真相,所以,从社会契约的角度分析,张乐奕注册"北飞的候鸟"网站以祭奠姜岩和为姜岩讨回公道的行为是道德的。

然而,当张乐奕的行为进一步发展的时候,在网上披露王菲的婚外情详细细节、真实姓名、工作单位等信息,并将"北飞的候鸟"网站同天涯网、新浪网进行链接,其目的已经发生了转移:报复王菲。

此时,张乐奕的意志还是善良的吗?她明知披露对象已超出了相对特定人的范围,而且应当能够预知这种披露行为在网络中可能产生的后果。因此,张乐奕在网络中披露王菲"婚外情",及其人信息的行为,应属预知后果的有意为之,是缺乏责任感的,并且张乐奕此时将王菲及其婚外情行为作为祭奠亡者的工具、将公众作为讨伐王菲的工具,以达到对王菲的声讨、造成对王菲进行人身攻击的目的,所以,在康德主义者看来,张乐奕的此番行为是不道德的。

经过功利演算,张乐奕在该行为中,对王菲造成了巨大的伤害、痛苦,利用了公众的愤怒,并且也对公众造成了痛苦,而其中有幸福感的除了她本人及其亡者家属之外别无他人。不论从感到痛苦和感到幸福的人数量上(量的比较)、还是从其中的痛苦感和幸福感的感觉程度上(质的比较),对王菲、公众造成的痛苦感总量远远大于张乐奕和王菲家属的幸福感总量。因此,张乐奕的行为从行为功利主义者角度进行分析,其结论是错误的。

从规则功利主义者的角度分析,如果我们将张乐奕以网络为工具对王菲进行人身攻击的方式视为合理的,并使之普遍化。那么,网络将最终成为一个暴露隐私和进行人身攻击的场所,这对于形成健康的网络环境无疑是一种背离,对于社会的精神文明建设无疑是一种破坏。

张乐奕在网络中未经当事人王菲的允许,就将王菲婚外情行为的细节、真实身份、姓名、工作单位进行公布,对王菲的隐私权构成侵权。因此,张乐奕的行为在社会契约论的检验下也是错误的。

综上所述,张乐奕在祭奠姜岩,甚至是为姜岩讨回公道的行为中,不论从康德主义、行为功利主义、规则功利主义还是从社会契约论的角度,都认为是正确的;然而,张乐奕将王菲的个人信息未经本人同意就发布在网络上,并激发公众对王菲进行声讨的行为,就形成了对王菲的个人侵权行为,其用意、造成的社会影响以及对法律法规的触犯都是不正确的。

其次,对大旗网、天涯社区的行为进行分析:

张乐奕在其注册的网站"北飞的候鸟"上刊登了一系列文章,随后大旗网也刊登了《从 24 楼跳下自杀的 MM 最后的日记》专题,天涯网上在发布了《大家好,我是姜岩的姐姐》一帖之后,引发了众多网友长时间的跟帖、持续性的关注和评论。一些网民在参与评论的同时,在天涯网等网站上发起对王菲的"人肉搜索",使王菲的详细个人信息逐渐被披露,从而打乱了王菲正常的生活。

康德主义者认为,只有人在责任感的指导下产生的行为才是善的,大旗网、天涯社区在张乐奕发表文章之后,未经核实内容就立即采取了转帖、跟帖的方式,这种行为是缺乏责任感的、未履行网络监管的义务。并且,双方网站为了实现其点击率的目的(点击率高的网站广告收益就高)而将王菲和公众作为实现其获得经济利润目的的手段,这也是错误的。大旗网和天涯社区的盲目跟帖行为恶化了王菲的社会形象,对王菲造成了更大的伤害、痛苦;并且如果其盲目跟帖的行为一旦形成网络中的普遍规则,其后果将是极其恶劣的,因此,根据功利主义的理论判断得出,大旗网和天涯社区的行为是错误的;大旗网和天涯社区在未经王菲本人同意的情况下就公布王菲的详细个人信息的行为侵犯了王菲的隐私权,因此,就社会契约论者进行评判,其行为也是错误的。

也许,张乐奕、大旗网和天涯社区都认为他们在网络中发表自己的个人言论、或在网络上发表、转载相关主题的文章,都是在行使言论自由的权利。可是当言论自由的权利同隐私权发生冲突的时候,应当如何判断?我们在论述隐私权的时候,将隐私权界定为同生命权、劳动权、财产权一样是一种天赋的、自然的权利。在康德主义者看来,我们发生行为时秉承着某种责任感,那么该行为才是善的。在我们的日常规范中,我们有替他人保守秘密的义务和责任,因此,即便是维护个人的言论自由权也要履行保护他人隐私的义务。使用功利演算进行分析,在个人言论中暴露他人个人信息,会对发表言论者产生有益的后果,对当事人产生有害的后果;如果在发表个人言论的同时保护了他人的隐私,对发表者不会产生有害的后果,却对当事人产生有益的后果,因此,不侵犯他人隐私权产生的善的后果总量,大于暴露他人隐私的产生的后果总量。因此,当自由言论和隐私发生冲突时,应选择保护隐私的行为。

法律赋予每个公民有基本权利隐私权,因此,每个人都有义务尊重他人的隐私。正如斯皮内洛所说的,隐私权是保护我们自由和自觉的一张重要的盾牌。赛博空间中侵犯隐私权的问题已经成为赛博时代最具争议性的问题之一。不论是将个人信息进行商业性的盈利行为,在工作场所中设置监控设备以提高工作效率的手段,还是在网络中泄露个人信息的行为,这些侵犯个人隐私权的行为令人们感到惶恐不安。通过康德主义、行为功利主义、规则功利主义和社会契约论的伦理分析,应当保护个人隐私权,这项天赋的、自然的权利。当维护言论自由和暴露隐私发生矛盾时,应该以责任感、义务感指导行为。替他人保守秘密是我们的义务,应当在承担义务的前提下维护个人权益。站在美德伦理学者的角度,泄密、窥探他人隐私都是不道德的行为,是不被称赞的。

七、"湿件搜索"行为及其伦理分析

所谓"湿件搜索",作为"人肉搜索"的代名词,是近年来在网络上兴起的一种全新型的搜索方式,是基于传统型搜索网页数据库平台来获得信息模式的一种搜索方式变革。"湿件搜索"的概念溯源、时代性特征以及这种新型搜索方式所带来的社会效应和应对策略需要我们给予关注,以利于跳出社会的舆论喧嚣，让"湿件搜索"回归理性的时代。

湿件（wetware）作为一个全新型词汇，单就其词汇起源来说尚待考察。但在 20 世纪 50 年代中期它就被用来指称人的脑力，直到"网络朋克"流行之后该词才获得广泛的传播。一般认为，它出现于 1988 年鲁迪·卢克（Rudy Rucker）三卷本系列科幻小说（《软件》《湿件》《自由件》）第二卷《湿件》之中。在该《湿件》小说中，讲述了由人类创造出来的肉身机器通过各种过程反过来控制和改变人类的故事。其大胆的想象隐喻了对"人类脑力（湿件）与带有编码知识（软件）及机器人（硬件）三者的结合，最终可能摆脱人类控制并影响人类进化的前景。" 20 世纪 90 年代"湿件"一词从"硬件"和"软件"中引申而来。应用于新经济增长理论的知识分类类型中，并开始把"湿件"与"硬件"和"软件"并列起来，指储存于人脑之中，无法与拥有它的人相分离的知识，包括能力、才干、信念等，也称"技能"或"只可意会的知识"（tacit knowledge）。

在这里，我们可以看出"湿件"中的"湿"是作为"干"（封闭、干硬、固化状态）的对立意义，代表着互助、自由、创新和创造能力的一种状态。

"湿件搜索"建立在"湿件"概念的意义之上，突破了传统的软件搜索模式，将搜索引擎从"人机结构"变成"人人结构"，从自然关系变成人与人的关系，将互联网从技术网络变成具有技术网和社会网相结合的网络。它一改传统单向信息流动的 Web 1.0 形态，成为人机互动、逆向信息传导 Web 2.0 的新生代搜索引擎。一般地，"湿件搜索"指在信息检索时，利用信息检索技术，凭借网络平台并加入人机互动方式对所需问题信息进行搜索的一种新型网络社区活动。"湿件搜索是一种全新的搜索模式，它基于现代网络平台和已建数据库，源于搜索引擎，其典型的推进模式是由一人锁定某一事件或提出问题，把该问题当作搜索目的，通过网络社区内人与人之间的互动查询和交流拷问，并以人工参与方式对所得出的多个答案进行分析综合，最后获得事前所设定问题标靶的解答。这种搜索模式是传统上单纯依靠数据库搜索（即"一问一答"模式）的逆向变革，在搜索模式和机制上称为"多问一答"式。

湿件搜索具有技术网络和社会网络的双面性。一方面，从"湿件搜索"所依赖的舆论平台 Web 1.0 和数据库基础看，其具有技术网的特性。Web 2.0 是以 Flickr、43 Thing.com 等网站为代表，以 Blog、TG、SNS、wiki 等社会软件的应用为核心，依据六度分割、xml、ajax 等新理论和技术实现的互联网新一代模式，与具有封闭性、大而全、一对一、网站中心化特点的 Web 1.0 相比，Web 2.0 更具有开放联合、社会性网络、个人中心化的特点。"湿件搜索"引擎在这样一个"互动"的平台上应运而生,把人调动起来,进行人人织网,通过每个用户的浏览求知的力量,协作计算机上缺失的数据库工作,把知识有机地组织起来,获取自己想要的信息。另一方面,从"湿件搜索"流程的中心环节看,其具有鲜明的社会特性。当问题标靶提出后,在网络社区、论坛或交流群中就会出现网民之间的互动、交流和反馈。但在这个中心环节中,我们得到的只是第一手的待加工的资料,只有通过人工方式介入对单个问题的筛选、整理和积累的过程才能得到一个相对充实的答案。由此可见,无论是问题解答的前阶段还是整合阶段都离不开人际交流互动的过程,所以,"湿件搜索"具有鲜明的社会性特征。

在步入 Web 2.0 时代以后,网络交流平台的发展日新月异,诸如聚合新闻(RSS)、维基(wiki)、即时通讯群,以及现在基于 Internet 和手机网络之间的虚拟互动空间等,这些在"人机""人际"互动方面提供了强大的网络平台。人们基于同一问题的不同解答中得到了传统软件所达不到的知识汇聚和创新能力,在知识碰撞的内容互补过程中更有利于迸发出智慧的火花,给人以启迪性思维的开拓。除此之外,在人工智能方面,这种"湿件搜索"方式长于解决非决定论的偶发事件("黑天鹅"事件),也克服了传统的软件搜索中无视语义网、语用网技术的缺陷,这一切都是"湿件搜索"中所渗透出来的创新精神和创新意识的体现。

新技术的发展往往带来相应社会管理规则的滞后性问题。"湿件搜索"作为一种全新的搜索引擎同样也被社会所诟病。我们要以实事求是的态度对待这样一个新时代的矛盾体,进行辩证的分析。

"湿件搜索"模式渗透了人的因素,使之更具有主观能动性色彩,这在解决计算机所固有缺陷方面无疑起到了弥补作用。第一,信息获得渠道广博,解决问题速度迅速。在这方面的典型案例是"辽宁女"和"追讨欠付款"事件。其中"辽宁女"事件从网友在 Youtobe 上发现其视频到搜索到该女的信息只用了短短数小时,而"追讨欠付款"事件更是让警方的反应速度黯然失色。网络的力量和"湿件搜索"引擎的强大显示出新型搜索形式的迅速高效,这也在无形中对社会成员的行为起到了约束作用。第二,信息聚合能力强大,可在短时间内搭建信息平台。"湿件搜索"可以通过特定的网络特区或其他形式的网络平台在极短的时间内有针对性地就某一事件进行聚合信息,并加入人际关系的无限联接形式形成一个强大的网络整合平台,并详细、精准地解决问题标靶。如汶川地震后,通过 Google 搭建的专门用于寻找亲人的"湿件搜索"引擎,在整个参与地震营救和联络方面发挥了重大而积极的意义。第三,促使信息的公开性和透明性,发挥出对社会民主监督和舆论监督的作用。"在网上没人知道你是一条狗",这是很多年前在网络上广为流传的一句话。然而在 Web 2.0 时代情景就发生了改变,只要人们愿意,就能够透过"湿件搜索"引擎查到屏幕前坐的到底是不是"一只狗"。因此,"湿件搜索"以其强大的人际传播联接、群体传播联结和大众传播联结的融合,使人们怵于"湿件搜索"的功能,在信息公开和社会透明度的加强起到了积极作用。更具有意义的是,这在对社会机构的监督问题上更是开辟了新的渠道,特别是政府部门,"有利于引导国家机关公务人员自觉地把自己的行为纳入规范化、法制化渠道,防止权力滥用"。

同样,湿件搜索也具有负效应。第一,如果我们对湿件搜索缺乏理性规制,没有把握好搜索尺度,就易于造成网络暴力。新型"湿件搜索"模式越出网络上的数据库资源,延伸到网络之外的社会中。而每个参与"湿件搜索"的个体基于文化层次和素质的差异,易于陷入盲目参与和社会失范行为的泥潭,加之现阶段社会规制的相对滞后性和在网络搜索方面缺乏法律规范的管制,这也易于造成广大参与者盲目从众和狂欢恶搞。所有这些,使人们步入"集体无意识"和"沉默的螺旋"规制,使一件事通过"无意识"支配下的正反馈作用一步步扩大,使一些原本可以简化解决的小事造成无限制扩大,以至于超出问题范围,越出人们理性的掌控,造成对被搜索对象的无辜伤害。例如,踩猫事件等。第二,游走于法律和道德的边缘,造成社会道德标杆的示范。以河南科技学院周春梅案为例,"湿件搜索"褪去了其积极意义而扮演了杀人凶手的角色。人们囿于对事实真相的了解,被犯罪人员所利用,加之网友的鲁莽相助、推波助澜,最后酿成一位妙龄少女成为"异乡冤魂"的悲剧。无出其右,"姜岩案"更是作为我国第一例网络暴力诉讼案引发人们对"湿件搜索"所带来的社会和法律规范的深思。这些现实和虚拟世界的价值冲突和碰撞不可避免地造成在现实社会中道德标杆的失范。第三,"湿件搜索"的介入引发社会舆论压力,从而影响司法的公正性。司法独立是指司法权由司法机关排他性行使,司法机构和司法人员在行使职权时只服从法律,不受任何机关、团体和个人的干涉,而以"湿件搜索"引擎为中介工具通常会引发强大的网络舆论氛围,这在不同程度上对司法公正产生一定的干扰。结合"杭州飙车案"(即胡斌交通肇事案)来说,网友通过"湿件搜索"把当事人的家庭背景、个人资料公布出来,使事件越出网络社区的范围在社会上形成巨大的舆论氛围,但从法理上看,在案件事实认定上除了法官以外,其他人都没有话语权。事实上,在司法裁决时,法官会受到舆论压力的影响,改变法官与双方当事人之间的"等腰三角形"关系。

小结

网络为人与人之间的互动提供了一个新型的方式。在本章中,我们探讨了两个重要的网络应用:电子邮件和网络。这两个技术都有积极的和消极的两方面影响。二十年前,很少有人使用电子邮箱,更是几乎没有人使用电子邮箱进行广告宣传。那时候,电子邮箱的使用者不用处理那些不请自到的垃圾电子邮件。相反,那时的电子邮箱除了工作也别无他用,因为大多数的人都没有申请它。

今天,无数的人都拥有了电子邮箱的地址。似乎大家都喜欢通过电子邮箱进行交流。然而,大量的电子邮箱的使用者吸引了商业公司的注意。不久,大量的垃圾邮件迅速攀升。很多人都认为垃圾邮件损害了他们的邮箱系统,并且对他们的生活造成了影响。于是,反垃圾邮箱的战役打响了。本章在第一节首先分析了垃圾邮件和反垃圾邮件引发的伦理思考。在垃圾邮件的问题中,康德主义者、行为功利主义者、规则功利主义者和社会契约论者均认为该行为是错误的。在反垃圾邮件的问题上,社会契约论者认为实现发件人和收件人利益平等的理想是难以实现的;功利主义者则认为是否有必要实施反垃圾邮件的方案,关键在于它是否会减少电子邮件使用者的数量;而康德主义者认为将清白的电子邮件的顾客作为实现消除垃圾邮件目的的工具是错误的,是违犯绝对命令的。在本章第二节中,我们讨论的是网络空间中的色情问题。网络中有数以万计的网页,这些网页承载的信息内容丰富,有些信息被认为是有益的,有些被认为是有害的。色情图片和影像被普遍认为是不道德的。因此,有不少人支持对网络色情施行监管,对未成年人到公共图书馆上网进行监管。关于网络检查的伦理问题,康德提倡人类应以理性自觉地管理网络,而非使用强制的形式。密尔也反对对网络施行监管,因为这妨碍了人们自由思想的表达。关于在公共图书馆设置过滤器,以减少未成年人受到色情内容的影响的提案,康德主义者的回答如同对网络监管的回答是一样的:反对!功利主义者建议政府全面进行功利演算后,从影响的后果上决定采取的行动。而社会契约论的支持者则认为这种方法侵犯了公众的平等权,妨碍了公众自由思想的表达。接下来我们还讨论了网络水军、网络欺凌在信息发布时遇到的伦理问题;微博和微信两个重要社交平台在信息发布时遇到的伦理问题。可见,不论是发送电子邮件、网络色情消息,还是在微博、微信平台等出现网络水军和网络欺凌现象,都是赛博空间中在信息发布中遇到的个人隐私和言论自由的矛盾。

暴露他人隐私和自由言论难道真的是一对不能调解的矛盾吗?虽然不

同的文化背景下对隐私价值的重要性有不同的回答,但隐私对于实现人类的目的来说是非常重要的一个工具,并且它是安全的"核心价值"。在赛博技术逐步进入我们日常生活的时候,隐私越发成为安全核心价值的表达。通过对隐私的"保护",人们才能享受"自由和独立"。隐私不仅只关注个人的利益,也拓宽了社会利益。失去隐私,意味着失去自由、自主,它是一种自然的、天赋的权利,任何人都不能将个人隐私当作实现获利的目的,作为工具来使用。即使言论自由是法律赋予人们的一项权利,我们也不能为了享受个人言论自由的幸福,就牺牲他人的隐私权。

综上,用四种伦理理论来分析赛博技术应用中的伦理问题,丰富了标准伦理学的理论,然而,尽管每一种理论都有某些方面的合理性,都有一定的解释力,但是它们都难以得出令人满意的公认答案。

第三章　网络知识产权与数字鸿沟

　　步入信息社会，随着赛博技术的不断发展，我们生活中越来越多的知识产品都被数字化了，不论是阅读的书籍刊物、聆听的音乐歌曲、观赏的影视图片还是查阅的地图数据，甚至大中小学生的课程，都在以往的载体形式基础上添加了新的数字化形式。数字化的知识产品不再局限于某个学校、地区、国家，它们仿佛抹了润滑油，变成了"抹油数据"（greased date）。[①] 在赛博技术的支持下，从电脑、手机、平板电脑经过网络再到其他的电脑、手机、平板电脑，这些数据复制简单、成本低廉、传播速度快范围广，给它们的所有者造成了巨大的财产损失。就软件而言，我们知道创造第一个正版软件的开销非常昂贵，但之后的软件复制品的花销就少得多了。然而在人们并没有取得版权的情况下进行无休止地复制时，创作这些知识产品的人却还没有收回法律所授权的所有投资。

　　赛博空间中关于知识产权的争论已经成为网络时代伦理问题争论的焦点之一。因为如果判定某人拥有数字信息的所有权，他或她就能以此控制谁可以、谁不可以获得信息方式。在赛博空间中，对于产权的各种形式的争论，都可以看作是观点截然相反的双方的利益之战：一方认为要尽可能多地控制信息财产，另一方则认为不应当限制电子信息的进入，后者认为这才是真正意义上的赛博技术全球应用，这才是填补数字鸿沟的有效途径之一。

　　当双方争得面红耳赤的时候，法律已经悄悄介入到赛博空间中的知识产权问题中来。不论知识产权法中的四种传统的形式：专利权、版权、商标和商业秘密是否适合于解决软件盗版问题，我们都要运用理性分析的方法，分析知识产权法应用于软件盗版的依据何在？如果知识产权法不能解决软件盗版的问题，我们就要借助哲学的力量来思考和解决了。

---

① 　参考：Terrell Ward Bynum. Simon Rogerson. *Computer Ethics and Professional Responsibility*. Blackwell Publishing Ltd. 2004. p. 276。

第一节　网络知识版权及其道德合理性辩护

知识产权的问题由来已久，为了考察相关利益主体所制定的知识产权保护方法在信息时代是否适用，让我们一起进入下面的讨论。

一、关于知识产权保护的争论

1996 年 12 月在日内瓦召开的一个高级会议旨在起草一个综合性的国际版权约定，但令人失望的是在主要问题上没有达成共识。版权最高纲领派主张唱片公司、书刊出版商、影视制片厂和软件销售商这类内容的创作者应该拥有更强的所有权，并且他们对其数字产品的复制应当具有永久的控制权，而主张知识产权自由的版权最低纲领派反对限制网络信息自由流动的知识产权法。艾斯特·迪森（Esther Dyson）认为网络时代还奉行网络版权是时代的错误，作者们在网络时代更多的是在网上发表著作，通过诸如演讲之类的活动赚钱。约翰·佩里·巴娄（John Perry Barlow）反对网络版权保护的哲学理由是，他在开放的环境中信息所有权妨碍了思想的自由交流，这是反民主的。数字时代所有的信息都被数字化了，书籍、影像、音乐可以反复被复制分发，版权所有者担心自己的数字化的作品被复制而失去控制权，遭受经济损失，进而无法进行新的创作。然而如果我们对数字作品加以版权管理和保护，虽然能够封锁住信息，但这种做法会破坏公共利益和个人利益之间的平衡，而这种平衡是知识产权法经历 200 多年斗争发展而来的，实属不易。

二、财产权、所有权、知识产权及道德合理性论证

要想充分地了解知识产权的问题，我们首先要理解财产的概念。财产是一个含糊而复杂的概念，它既不容易被定义也不容易被理解。然而，法律学者和哲学家们都指出，财产法规在塑造社会和推行社会的法律、法规中扮演了最基本的角色，它是大多数法律体系的基础。财产权中涉及的法律、法规建立了个人之间和个人与国家之间的关系。当我们讨论财产问题的时候，我们要考虑相关的因素。原始的财产指的是土地，然而，现在它也包括那些个人可以拥有的物体，如汽车、房子、著作等。一般来说，我们将洛克和休谟的财产理论视为现代财产和财产权概念界定的理论渊源。

英国哲学家洛克发展了一个关于财产权的理论，并使其颇具影响力。

在《政府论两篇》(The Second Treatise of Government)中,洛克将财产视为是与生俱来的自然权利(natural right),其理由在于:第一,人自身的身体是自己的财产;第二,人拥有自身劳动的权利;第三,人拥有通过自身劳动从自然中转移物品的权利①。例如,在一个树木丛生的村子里,这些树本是大家共有的。但某天某人走进树林,把树劈成段,由于这个人将自己的劳动混合入这棵树,因此这棵树就是他的财产了。在砍这棵树之前,这棵树是为大家共有的,然而此时这棵树的所有权就转换为这个人的了,他可以决定如何处置这些木头,或烧掉或卖掉都随他所意。同样的方法洛克用于推理解释一个人如何获得一块土地的权利,将劳动融入土地,比如耕种,那么这个人就拥有了这块土地的所有权。洛克在此强调的是财产权的本质是自然状态下人与自然物品之间的关系,一个人通过劳动改变了物品的自然状态,从而将改造过的物品从无主或共主状态转变为具有排他性的私人所有状态②。

大卫·休谟(David Hume)是将财产看作是"人与人之间关于物质的关系"的代表人物。比如张三拥有一个笔记本电脑,那么他就可以控制谁可以使用他的笔记本电脑以及如何使用这个笔记本电脑。休谟在《道德和政治论说文集》第三卷中提到,自然赋予人类无比的贪欲,却没有其他动物雄壮的体魄,人类只有通过相互合作弥补自身的缺陷,增大实力,从而减少人类遇到的各种危险,从而获得更多的需求。问题是相互合作之后谁拥有物品的所有权和控制权? 休谟认为财产权存在的前提是人与人彼此达成的共识或公共利益,不能如洛克所说参加劳动就可以拥有财产。在社会中财产权是属于政府的,个人即使参加了劳动也不能拥有财产权。人类有权享受自己的劳动果实,这也是社会安全、稳定的基础。休谟认为财产权实质上是人与人之间的关系,人们彼此相互承认财产所有权的正当性。休谟与洛克的观点有不同之处,洛克认为某人把劳动加入到一棵树上,这棵树为其所有,别人就无法占有。但休谟认为,劳动从本质上并未改变这棵树,只是改变了这个人和他人的关系,其他人不和这个人争夺这棵树,认可了这个人对这棵树的财产权,所以财产权是人们出于各自利益的考虑而形成的一种社会性规则。关于所有权最经典的解释是:拥有一系列支配自己财产的权利,包括使用权以及决定其他人是否能使用和如何使用的权利。例如某人拥有一辆汽车,他可以决定自己如何使用这辆车,家庭自用还是租赁,还可以决定其

---

① John Locke. *The Second Treatise of Government*. Cambridge University Press. Cambridge. England. 1988.

② Stephen Buckle. Natural Law and the Theory of Property: Grotius to Hume. Oxford: Clarendon Press. 1991.

他人是否有权使用这辆汽车以及其他人如何使用这辆汽车。

知识财产是由智力成果组成的,比如原创的发明、诗歌、音乐、软件、程序等,它不是实物的,它们是观念的表现或表达,被认为是知识型的创作成果或发明。知识产权所保护的内容不同于物理财产,知识物质的组成不是实物的,物理财产具有排他性,知识财产不具有,即使某人拥有了创作者的知识、理念,但创作者并不会失去它。物质财产和知识财产的两个重要区别:第一,每个知识财富都是属于一类人中的某一个人的。第二,复制一个知识财富的行为是区别于盗窃一个物质物体的行为的。目前有四种形式对知识产权予以保护:版权、专利权、商业秘密和商标保护。

那么我们究竟是否要对知识产权进行保护呢?哲学家给出了该问题的道德和理性论证。上面我们提到了洛克提出的"所有权劳动理论",洛克认为人们对自己的劳动拥有天然的权利或资格,所以一个人将自己的劳动注入某物并创造出一个新的物品,比如原始的树木和砍伐后的木材的不同,因而获得了这个砍伐木材的所有权。洛克认为劳动是艰辛繁重的活动,人们之所以付出如此辛苦的活动就是为了获得利益,所以不让付出劳动的人获得利益是不公平的,用财产权作为对劳动者的回报是必要的。把洛克的理论引申到无形产品,如知识财产,创作者为了创作作品付出了辛勤的汗水,所以应当予以保护。

德国哲学家黑格尔认为财产对于个体自由的实现是非常必要的,因为个体通过生产物品把自己的人格转化到外部世界。黑格尔提出的"所有权人格理论"认为诗歌、乐曲、绘画或其他人类创造性的作品都可以看作是创作者人格的一种表达或延伸,通过作品可以让人认识自我,体现人格。所以创作者有权支配它、使用它,决定他人是否可以使用及如何使用。

"所有权功利理论"认为为了达到社会幸福最大化,痛苦最小化,我们应该支持和保护所有权。所有权受到保护可以刺激创作者不断创作出新成果为更多的人享受,有助于实现最大多数人的最大幸福。"所有权社会契约论"把所有权看作是复杂的社会契约,人们同意制定有益于财产所有权的法律,大家共同履行协议、承诺,形成契约,这客观上也有益于形成最大多数人的最大幸福。

第二节 软件保护和软件盗版

下面,我们来认识一下软件,通过了解软件的性质、功用,进而了解软件盗版的几种不同的形式,然后再对软件盗版和软件保护现象进行伦理分析。

一、软件和盗版

软件(software)是一系列按照特定顺序组织的计算机数据和指令的集合。软件总体分为系统软件和应用软件两大类,其中系统软件包括操作系统和支撑软件。系统软件为计算机使用提供最基本的功能,其中操作系统是最基本的软件。操作系统是管理电脑硬件与软件资源的一种程序,同时也是计算机系统的内核与基石,视窗系统(Windows)是我们使用最多的操作系统。支撑软件是支撑各种软件的开发与维护的软件,又称为软件开发环境(IDE),它主要包括环境数据库、各种接口软件和工具组。系统软件不针对某一特定应用领域,而应用软件则是为了某种特定的用途进行开发的软件,它可以根据用户和所服务的领域来提供不同功能。我们学习、工作、生活中较常见的应用软件有:Office、WPS 等文字处理软件,Assces、数据库管理软件,暴风影音、豪杰超级解霸、Windows Media Player、RealPlayer 等媒体播放软件,瑞星、金山毒霸、卡巴斯基、江民等杀毒软件,还有行业管理软件、辅助设计软件、系统优化软件、实时控制软件、游戏软件、图形图像软件、数学软件等等,并且,这些应用软件还可以根据用户要求继续进行开发,以迎合用户的使用。

在计算机产业发展的早些年间,并不存在对软件的知识财产进行保护的强烈呼声。大部分的商业软件是在生产计算机硬件的厂家中生产的,这些厂家对顾客销售全部的系统。20 世纪 60 年代,软件版权的呼声随着独立软件业的浮出而产生。

在软件开发过程中,其最大的变化是由于受到了 20 世纪 80 年代初个人电脑发明的刺激。这种小巧而不乏惊人力量的桌面电脑越来越受到大众的追捧。然而,大多数人并不是程序员,很难在电脑上实现自己的愿望,一些想把他们的微型电脑销售给大众的人由此受到启发,他们可以为广大的用户提供软件包以适合用户们各种工作的需求,如文字处理、电子表格、游戏等等。有些程序是在销售电脑时绑定销售的,而有些程序则稍后可以买到。因此,很多人,不仅仅是那些个人电脑的发明者,纷纷加入到各种软件包的商业活动中。请注意,计算机操作系统也是程序,是最基本的软件、是计算机系统的内核与基石,这些程序与机器进行交流,并且保证机器的运行。

这些软件包产生了数百万的商业活动。今天,某人开发了一个软件包,这个软件包能够帮人们解决某些问题，之后这个人通过广告宣传让公众感到"我们真的非常需要这款软件包！"。于是，这些开发人员就可以从公众购买该软件包的复制品中获得大量利润。然而我们需要考虑的问题并不是那些通过开发软件 A 并从中获利的问题，而是要对软件盗版猖獗所引发的社会问题的伦理思考。

通常，我们可以把某人不支付任何费用就复制某一程序，并进行销售以获取利润的行为称为软件盗版。我们都遇到过这些情况，某人买了个软件包，他的某位朋友，或熟人向他借用它，并复制了一份，然后归还于他；再有比如某人到软件租赁公司租用了某个软件包，回家后他也复制了一份，然后再交还给租赁公司软件包的同时支付了一定的费用；还比如，某个学生向学校图书馆借了某个软件包以完成某项功课，在他将软件包返还给馆图书之前，他也复制了一份软件。虽然这些都是小规模的个人案例，然而却有很多人都有这样的经历，并且也未意识到什么。"他们有负罪感吗？"这是个心理学问题；"他们应该有负罪感吗？"这就是个伦理学问题了。还有些中等规模的案例：某人购买了一套价格昂贵的软件包，然后他为他认识的每个人复制了一份，每个复制品的成本为 2 元，然后向每人收取费用 20 元，他也影印了该软件包说明书中的重要部分送给这些人。请注意，一个小型的盗版发行商就是这样起家的。这个人非常开心，因为他获得了不少利润；他的朋友们也很开心，因为他们只花了 20 元就享受到了价格昂贵的软件包带来的便捷，然而，只有软件公司不开心，因为他们只获得了一套软件的利润，却有那么多使用者。最后一类是大规模盗版，与上述两种类型相比它有两个不同方面：第一，它是大型公司进行的大量非法复制，其目的是供给其员工作使用。第二，是那些从事盗版的人变成了商人。

二、对软件进行知识产权保护的道德分析

当一个软件获得版权保护的时候，它被保护的到底是什么呢？首先，版权保护的是某一思想的表达，而并非思想本身。例如，你开发了一个相关的数据库管理系统的程序，你可以对执行该相关的数据库管理系统进行版权注册，但你不能对使用相关的数据库存储信息的观念进行版权注册。第二，版权通常保护的是执行程序（object program），而非源程序（source program）。对于一个程序来说，源代码（the source code）是机密的，它是一个企业发展的商业秘密。

对私人软件许可（license）通常是指，禁止制作该软件的复本并将其赠与或销售给其他人。这些许可是法律协议，如果违反了许可就是违反了法

律。在本节中,不讨论违反法律的道德问题,而是思考:作为一个社会,我们是否应该给予软件制作者以权利,从而避免其他人对软件进行复制。换句话说,我们应当对软件进行版权或专利的保护吗?

基于权利观念的人和后果论主义者同意对那些创作软件的人进行知识产权保护。让我们来观察并检验这些论证。为了使讨论简单化,我们假设一个软件是由一个人创作的。现实中,大部分的软件是由团队集体创作的,雇佣该团队的公司对团队创作的软件拥有所属权。然而,不论软件的创作者是个人还是团队合作,其逻辑都是一样的。

基于权利的分析:

计算机程序设计与制作是个艰苦的工作。程序员应当拥有他们所编写的程序的使用权,因为这些程序是他们的成果。程序员一旦拥有了自己设计的程序的所有权也就意味着控制权,他有权决定谁可以使用这个软件,怎么用这个软件。因为每个人都应当尊重知识产权。

按照洛克的观点,只要将劳动混入某些物质,劳动者就应当对它具有所有权。然而洛克此时面临两个诘难:其一,为何混合了某人的劳动的物品就意味着某人拥有它? 程序员因为投入了程序设计的劳动就拥有了该程序的所有权利,那么请问二进制是这个程序员发明创造的吗? 既然不是,为什么在二进制基础之上设计出来的程序就仅仅归于了该程序员一个人? 因为程序员付出了劳动,所以他可以获得这个程序的所有权才是公平的吗? 然而,我们都生活在一个对财产所有权有意识的社会。如果我们不能赋予一个程序员以软件所有权,这又是不公平的。其二,洛克的自然权利的讨论是否适用于知识产权领域的讨论。在知识产品和实体物质财富之间存在着明显的差别,每一个知识财富都是独一无二的,复制一份知识财富同盗窃一个物质物品是不同的,复制一个知识产品自己还拥有这个知识产品,而实体物质送给他人自己就没有了。

基于功利主义的分析:

我们从后果论角度对这个问题进行分析。不对软件进行保护,软件被无条件复制,会减少正版软件的购买,进而影响软件程序员的收入,减少新软件程序员的创作热情,减少软件程序员行业的入职数量,进而最终会影响软件行业的发展,所以根据行为功利主义者的角度分析不保护软件的行为是错误的。

然而有人会说复制软件将导致正版软件销售的减少这个结论是不严谨的。因为并不是每一个人在获取了正版软件之后都会进行免费复制,并进行廉价销售。相反,复制的软件似乎还是在为该软件进行宣传,促进销售,毕竟盗版软件和正版软件还是有差别,在使用盗版软件之后还是有不少用户去购买正版软件的,客观地说,盗版的软件的确会影响正版软件的销售,但并不是绝对的。再有,正版软件未经保护会导致整个软件行业的衰退这个结论也是不严谨的。微软的视窗系统在全球很多国家都有盗版流行,但微软并没有倒下,反而视窗系统名声大噪,因此把软件的开发和销售用因果关系密切联系在一起非常牵强。软件的销售量是同软件的有用性紧密联系的,没用的软件也不会受到盗版的追捧。可见,如果从权利的角度思考,对软件进行知识产权的保护感觉是将对实物的自然所有权延伸到了知识财富之上,这显得有些牵强。如果从功利主义的角度基于后果考虑这个问题,如果不对软件进行知识产权保护,那些被盗版的复制软件将会导致正版的收入减少,收入减少导致软件生产减少,软件生产减少导致对社会有害。这根条链上的每一个环节都存在疑问,因此,总体看来,这个观点似乎说服性不够强。最后,我们的结论是:将软件进行知识产权保护的观点其说服力是不够的。

三、软件复制的道德分析

我们已经对"软件是否应给予知识产权的保护?"的问题进行了分析,最终形成的结论是:将软件进行知识产权保护的观点不具有很强的说服力。然而,我们的社会中已经形成了一种共识,需要对计算机程序的创作者进行版权保护。复制软件是正确的吗? 如果你违反了一个许可(licensing),复制了一个 CD,并将其赠送给友人,你就触犯了法律。所以,现在真正的问题是:违反法律是道德的吗?

社会契约论者的分析:

社会契约论是基于这样一个假设的:社会中的每个人应当承受应当的责任,其目的是获得应当的利益。逻辑系统是保证人民的权利得以保护,保证人们不能进行超越普遍善的、自私的选择。正是这个原因,我们的第一义务是遵守法律。这意味着每一个主体都是公平的,我们应该遵守法律。反过来,我们所拥有的法律权利将会被尊重。我们遵守法律的义务只有当我们被迫按照一个更高级别的义务行事时才能打破。于是,从社会契约论者的角度看来,复制计算机程序是错误的,因为这个行为违反了法定的权利。

康德主义者的分析:

按照绝对命令,"要只按照你同时认为也能成为普遍规律的准则去行动。"假设,我认为目前的版权法是不公平的,因为这些法案支持知识财富创造者,而不支持顾客,这是不公平的。我的意见是:"我可以忽视那个我认为不公平的法律。"

当这个规则普遍化时会发生什么？如果每个人都按照这个规则行动，忽视那些你认为不公平的法律，那么，国家的法律将会受到致命的破坏，而国家制定法律是为了确保我们生活在一个公平的社会。因此，这里就存在了一个逻辑矛盾，因为我不能使两者都公平（通过忽视一个不公平的法律），并且将存在不公平（以否定国家的权威去创造一个公平的社会）。

按照绝对命令的第二种表述："你的行动，要把你自己的人格中的人性和其他人格中的人性，在任何时候都同样看作是目的，永远不能仅仅看作是手段。"这会得到相同的结论。如果我复制了一个受到版权保护的 CD，我就违反了拥有版权者的法律权利。不论我使用复制 CD 的动机多么善良，如果我复制 CD 未经版权所有者的同意，我就是在利用这个版权所有者。因此，复制 CD 是错误的行为。

规则功利主义者的分析：

那些感觉自己受到不公平待遇而忽视法律的人将会带来什么后果？一个有益的后果是：那些做他们自己喜欢的事的人产生的快乐大于被法律约束的人产生的快乐。然而，还有更多的有害后果：第一，那些被非法行为直接影响的人将受到伤害。第二，人们会对法律产生一些不尊重的情绪。第三，假设那些增加的非法行为将会给刑事司法系统（the criminal justice system）增加负担，社会作为一个整体将不得不为增加的警察局、法院、检察院和监狱投入附加的费用。因此，从规则功利主义的角度分析，触犯法律的行为是错的。

行为功利主义者的分析：

我们将进行一个行为功利主义的分析，以显示会形成这样的一个情况：触犯法律的有益之处大于触犯法律的有害之处。假设，我购买了一个将以 CD 形式出版的计算机游戏的许可，我在我的电脑上安装了该游戏，我觉得它很棒。我的一个朋友发生了可怕的交通事故，他在康复期间，需要静养一个月。我知道他没钱用于玩电脑游戏了。事实上，大家都在对他进行捐赠，以帮助他支付医疗费用，我没有钱捐赠给他，但我有另外一个方法可以帮助他，我送给他一份复制在 CD 上的电脑游戏，并将其安装在他的手提电脑上。他非常高兴，我的礼物帮他度过了难熬的病房时间。

我的行为的后果是什么？我敢说，我的行为没有引起销售量的减少。因为，即使我不把我的电脑游戏复本送给我的朋友，他也不会买它。事实上，送给我朋友游戏的复本也许真的会增加游戏的销量，如果我的朋友喜欢它，也许会将其介绍给其他有钱购买这个软件的人，这样销量不就增加了吗？我也不可能因此受到起诉。因此，这不会对法律系统有什么影响。也不会因我的行为去雇佣额外的警察、检察官、法官和监狱。其有害之处在于我的行为违反了法律,有利之处在于我的那位受伤的朋友在医院里有事可做,并且我也很高兴,我能在他需要别人帮助之时为他做些什么。可见,所显示出来的有利之处大于有害之处。

显然,"什么是道德的?"和"什么是合法的?"是两个不同的问题。盗窃本不属于自己的物品是不道德的,所以窃取硬件和软件的机密并进行大规模生产以获得利润,这也是个有争议的问题。窃取他人的理念去生产竞争性的产品是错误的,但如果这一理念也许是基于某些众所周知的数学真理,那么这个问题就不那么清晰了。尽管我们的社会已经选择实施知识产权法,对那些从事创造工作的人员而言,进行 CD 复制不存在内在的不道德。从康德主义、规则功利主义和社会契约论的观点来看,违反法律是错误的,除非有一个更高的道德义务规定我们的行为。为了省钱复制 CD,或为了帮助朋友复制 CD 都没有违反绝对命令。因此,我们的结论是:复制受版权保护的软件的行为是不道德的,因为它是非法的。

无论社会是否选择有束缚性的法律,束缚人都是错误的。其实,洛克讨论的是一个道德问题,他呼吁拥有人的身体的自然权利,但是正如我们所讨论过的,正确不是基础,善才是基础。一个人对自身具有自然权利是因为自由的善的基础。出于自身的要求,自由应该得以保护,一个人应当自由地使用自己的身体和意志。如果某人的身体和意志被剥夺了,那么他的自由也就同时被剥夺了,但我们需要指出的是知识(智慧"财产")是并不像身体和意志那样,即使某人拥有了你的知识,可是你并不会失去它,这并不像某人夺走了你的土地,而你就真的失去了土地。也许有人会问所有权是否是可以延伸到身体和意识的产物,也许这些产物应该被分享,这就需要我们弄清楚所有权的概念,尤其是它和知识财产的关系。我们需要检验洛克对个人财产的观点是如何可行的,尤其是是否该观点能同样延伸到脑力劳动。我们也需要仔细考察功利主义的观点,很多人都认为如果没有了奖金的刺激,软件生产将会退化,但这也未必,也许大家还认为不存在软件所有权会更好些。未来的后果总是很难判断,但我们必须尝试着去判断。我们必须要对目的和手段进行清楚地区分。利益、金钱就其自身而言并不是善,它只是一个工具。因此我们应当仔细观察高层次的善,高层次的善应该是我们的目的,然后找到最符合它们的手段。如果我们的目标是让人们生活在一个充满快乐的社会,那么如何才能实现这个目标? 作为一个工具,软件应该在此扮演什么角色呢? 这些都需要我们进行深入的思考。

第三节 数字鸿沟

"数字鸿沟"问题引起了全球的关注。诺里斯（Pippa Norris）认为一些人获得了现代信息技术，而一些人却还没有获得信息技术，这种情况就是数字鸿沟现象。这种现象不仅存在于发达的工业国家和欠发达的非工业国家之间，还存在于一个社会中不同地区间、穷人与富人间、男性与女性间[①]。不少政治家、学者、公众认为有必要消除信息富有国家和信息缺乏国家之间的差异，很多的公共机构和私人捐助机构也制定了试图"填平数字鸿沟"的计划。然而，"填平数字鸿沟"究竟是否是合理的呢？

一、数字鸿沟及其争论

数字鸿沟这一概念一经提出，便引起了各方的讨论，对它的概念界定也是众说纷纭。我们先来看看关于它的几种界定。

数字鸿沟（the digital divided）的思想是在 20 世纪 90 年代中期随着互联网的兴起开始流行的。1990 年，著名的美国学者阿尔温·托夫勒在《权利的转移》一书中，就提出了"信息富人"（info-rich）、"信息穷人"（info-poor）、"信息沟壑"和"电子鸿沟"的概念，认为"电子鸿沟"是"信息和电子技术方面的鸿沟"。托夫勒认为，信息和电子技术造成了发达国家与欠发达国家之间新的分化。但他认为，在信息和电子技术发展中，电子鸿沟不仅存在于发达国家与发展中国家之间，也存在于发展缓慢与发展迅速的国家之间[②]。

1999 年，"数字鸿沟"问题引起了全球的关注。同年 5 月出版的《数字的革命》一书中，霍夫曼和纳瓦科提出的数字鸿沟问题引起了人们极大的关注。1999 年 5 月 25 日，美国总统克林顿指令召开的"理解数字经济"研讨会上，瓦德尔在《增长中的数字鸿沟》一文描绘了美国的信息化发展的现状，这也是"数字鸿沟"这一概念首次在官方文件中出现。时隔一个月，美国官方起草的一份文件——"填平数字鸿沟：界定数字鸿沟"掀起了研究"数字鸿沟"的热潮。1999 年 7 月 21 日至 23 日在日本召开了八国首脑会议，会议发

---

① 参见：Pippa Norris. *Digital Divide：Civic Engageme. Information Poverty. and the Internet Worldwide*. Cambridge University Press. Cambridge. England. 2001. p. 22。

② 参见：[美]阿尔温·托夫勒，《权利的转移》，刘江等译，北京：中共中央党校出版社，1991 年版，第 8 页。

表了《全球信息社会宪章》,宪章指出发达国家和发展中国家在信息发展中存在巨大的数字鸿沟,并讨论了如何填平数字鸿沟等问题。这是数字鸿沟问题第一次在国际组织的正式文件中出现①。

二、数字鸿沟问题的表现形式

皮帕·诺里斯(Pippa Norris)认为数字鸿沟指的是有些人获得了现代信息技术,而有些人却还没有获得信息技术的一种情况。那些使用电话、计算机和网络的人就有机会进入信息技术,反之亦然②。按照诺里斯的说法,数字鸿沟有两种基本不同的维度:全球分割(the global divide)指的是发达的工业国家和欠发达的非工业国家之间的网络进入不平等。社会分割(the social divide)指的是在一个社会中穷人和富人在信息进入上的不平等③。

我国学者李伦认为"数字鸿沟是指在全球数字化进程中,不同国家、地区、行业、企业和社区之间,由于对信息、网络技术的拥有程度、应用程度以及创新能力的差别而造成的'信息落差'和'贫富分化'的问题。这不仅表现在发达国家和发展中国家贫富差距的进一步拉大,也表现在不同地区和国家之间新的贫富差距的形成;不仅表现在国与国之间的差距,也表现在一个国家不同地区之间的差距;不仅表现在行业、企业之间的差距,也表现在不同社区之间的差距;不仅表现在对信息、网络技术软硬件拥有的程度中,也表现在对信息和网络技术应用的深度、广度尤其表现在对信息和网络技术的创新能力的高低上。一句话,数字鸿沟不仅是一个国家内部不同人群对信息、技术拥有程度、应用程度、创新能力差异造成的社会分化问题,而且更为尖锐地表现为全球数字化进程中不同国家因信息产业、信息经济发展程度不同所造成的信息时代的南北问题。④"

其实,在信息技术资源的分配和使用中,人们关注的另一个核心话题就是妇女的地位问题。信息技术的使用依赖于人们的文化水平,一个基本的事实是:在世界人口中,大多数未受教育的人被排斥在知识社会之外。这一点对妇女而言更为明显,因为妇女未接受教育的比例要高于男性。在1999年,联合国儿童基金会(UNICEF)的调查表明:世界人口中有10亿文盲,其

---

① 参见:李伦,《鼠标下的德性》,南昌:江西人民出版社,2002年版,第176页。

② Michael J. Quinn. *Ehics for the Information Age*. (2nd ed.). Boston:Pearson/Addison-Wesley. 2005. p. 346.

③ Pippa Norris. *Digital Divide:Civic Engagement. Information Poverty. and the Internet Worldwide*. Cambridge University Press. Cambridge. England. 2001. p. 22.

④ 李伦,《鼠标下的德性》,南昌:江西人民出版社,2002年版,第177页。

中1亿3千万是儿童,在发展中国家,每三个中就有2个女孩。在分享信息技术的过程中,妇女也处于劣势,因为她们接受科学和技术教育的整体水平要远低于男性。科学技术的高等教育中存在严重的性别不平等。在1990年非洲女性入学率仅为10％,拉丁美洲为40％,西欧为32％,东欧低于30％,亚太区域为34％。目前的情况是:信息技术的使用进入中还存在大量的性别歧视,需要创立很多的政策用以确保妇女分享信息技术发展带来的利益。在发展中国家,妇女接受信息技术培训、教育时仍处于劣势地位。

三、出现数字鸿沟现象的原因分析

诺里斯认为出现数字鸿沟这种情况的主要原因是新技术通常都非常的昂贵。因此,先采用新技术的人是那些收入较高的人群,随着技术的逐渐成熟,价格也会迅速下降,这样就会有更多的人获得它。最终,技术的价格低至几乎所有的人都可以获得它。

技术乐观主义者认为信息技术的全球采用将按照标准化的模式(the normalization model)进行。标准化模式是指,在社会中具有最高社会经济地位的那部分人先采用新技术,社会经济地位居中的那部分人紧跟其后,最后使用的才是社会经济地位最低的那部分人。技术悲观主义者认为信息技术的采用是按照层化模式(the stratification model)进行的。层化模式是指,社会经济地位的高、中、低三个层次同时采用新技术。但是采用技术的社会经济地位低层的那一类,在数量上要少于高层的那一类人,而中层的那类人采用技术的人数居于前两者之中。因此,这将会导致信息技术在进入上的不平衡。信息技术的进入将会在穷国与富国间形成差距,将会在一个国家内穷人与富人间形成差距[1]。

通常来讲,所有的新技术最终都会成为公共资源。当普通公众习惯掌握了一项新技术时,这一新技术就不再只是为企业家谋取私人利益,它会转变为公共财产,因为它为大众提供了必要的服务,并且成为不断进步的社会必要组成。这样一来,在技术的使用上就不会出现赛博技术引发的数字鸿沟问题。除了技术乐观主义者和技术悲观主义者提出的原因之外,还有一种即赛博技术或许不能完全被理解为公共财产。这是与赛博技术的独特性有关的,这些特征使得生存于赛博世界中的人和现实世界的人之间的理解和沟通存有障碍。

---

[1] 参见:Pippa Norris. *Digital Divide*:*Civic Engagement*. *Information Poverty*. *and the Internet Worldwide*. Cambridge University Press. Cambridge. England. 2001. p.36。

第一，赛博技术具有神秘性。事实上，计算机总是难以预测的，作为用户，你永远不会完全明白它什么时候会崩溃，或当它出现错误时如何准确地进行修复。而且，计算机研发人员会内在地否认技术会产生差错，这就使得当错误真的出现时，用户只能是手足无措。从某种意义上来说计算机使用手册、程序是为专家服务的，而不是为一般用户所准备的。

第二，计算机专家只是通过程序语言来思考的，他们认为计算机可以或不可以做什么的依据仅仅是程序。如果出现了程序以外的后果，就超出了专家们可以理解的范围了。从这一意义上而言，计算机专家和程序员是不允许错误产生的。因此，计算机是难以做出伦理决策的，至少在以人类做出伦理决策的方式上而言是如此。

第三，尽管计算机公司从未提及，不可否认的是诸如你、我这些普通的用户在计算机上浪费了很多时间。我们要想办法修正错误、花时间等待上网等等。虽然计算机带来了很多便捷，但或许我们每一个人都有等待几个小时才能上网的经历，《纽约时代》杂志称其为"世界范围的等待"（world wide wait）。

上述的赛博技术的三个特点是其无法成为公共财产的原因，也是它造成数字鸿沟的原因之一。那么，我们是否对数字鸿沟的问题就没有解决的方式了？

四、"填平数字鸿沟"及其争论

下面我们主要讨论对"数字鸿沟"进行填平的手段及其道德分析。我们先来看看目前填平数字鸿沟的路径。

（1）提供技术

有些政治家曾经指出提供技术将可以弥合这道鸿沟。这种提议能奏效吗？我们来看一个爱尔兰小镇的例子。

当许多工厂在爱尔兰生产通讯产品的时候，在爱尔兰人中很少有人使用信息产品。爱尔兰通讯公司在 1997 年签署了一个合同，打算挑选一个城镇建设成"信息时代城镇"。E 镇最终被选中，它在爱尔兰西部，拥有 15000人口。爱尔兰通讯公司预计为 E 镇人均投入经费 1200 美元，对于一个贫困的国家而言这个数字是巨大的。每个商家都安装了综合服务数字网络（Integrated Services Digital Network，ISDN）线缆。每个家庭都收到了一个智能卡和一台个人电脑。

三年后，只有少数的人使用这些新技术，设备提供商没有向人们介绍使用这些新设备的便利之处。因此，收益并不显著，即使是有些使用过该技术的人,后来也放弃了使用。例如,在安装这些新技术之前,失业人员要每周三次到社会福利办公室签字,并领取失业金。这些造访活动为失业人员提供了重要的社会功能。因为借此机会大家可以碰碰面,互相激励一下。一旦使用了电脑,他们只需在电脑上就可以领到失业金,许多人都不喜欢这种方式。于是,将电脑送入黑市卖掉。失业人员仍到社会福利办公室领取失业金。可见,简单地提供技术是不足以解决数字鸿沟问题的。

(2)普遍进入

其实,在电信网络设计的初始阶段,人们是把普遍进入(universal access)当作根本原则的。普遍进入这一概念是亚历山大·格雷厄姆·贝尔(Alexander Graham Bell)于 1878 年提出的。在贝尔看来,普遍进入意味着最贫穷的人也能使用电话(即:支付得起电话使用费用)。在一个世纪以后,这一概念的含义没有太大变化,普遍进入意味着所有人都能获得电话服务并且能支付得起所需费用。

技术的发展使得进入电子网络和享受信息服务变得越来越重要,因此,普遍进入涉及的内容也不局限于电话服务了。1993 年,欧洲委员会(European Commission)向欧洲议会(European Parliament)建议普遍进入的原则应当从电话的进入扩展到新的信息服务的进入。1996 年,欧洲委员会明确认可了人们应当能够进入业已存在的电信网络的所有服务。欧洲议会考虑的是更为广泛的社会背景中的普遍进入,除了电信之外,它还考虑了能源水的供应,邮政服务及公共交通。欧洲议会认为,一旦市场不能提供这样的普遍服务,那么政府就应当介入,提供这样的服务。之后,很多国家都将普遍进入的内涵进行了拓展,例如,美国的新电信法案(1996)规定:应当在全国的所有地区提供先进的电信和信息服务,电信的发展是异常迅速的,因而使得普遍进入这一概念也变得复杂了,例如,互联网的兴起使得人们必须考虑将这一新兴的电信服务包含在普遍进入的内涵之中。

需要注意的一点是,普遍进入无论在何种意义上都并非意味着免费进入,在欧洲的所有国家中,普遍进入意味着用户要为享受电信服务(基础设备使用)付费。多数欧盟成员国并没有在其相关政策中规定,电信网络服务费用一定能使用户支付得起,比利时、新西兰、卢森堡、英国、芬兰、爱尔兰、意大利、葡萄牙、西班牙及瑞典都没有关于支付得起费用的特殊法律。

普遍进入的最大障碍是费用问题,随着这一概念内涵、外延的变化(进入的范围不断拓展),这一问题将愈来愈复杂了。费用应当如何收取呢?应当由谁来制定标准呢?通过什么途径收取呢?市场发挥什么作用呢?如何理解交叉补贴模式?

从传统上来说,在发达国家中,普遍进入意味着"每一户家庭一部电话",而在发展中国家这一概念转变为在合理的范围内安装配置一部电话。这意味着从强调个体服务转换到了强调社区公共服务上来,这样一来,就本质上来说,普遍进入并不仅仅适用于个体,也适用于机构、组织,即:应当重新思考分析衡量普遍性的单位,过去普遍进入是通过个体进入来定义的,尤其是将用户作为分析的单位。现在应将社区、机构的进入包括进来,因为电信服务要通过社区、机构传输到个体中。

五、填平数字鸿沟的伦理分析

许多的政治家、学者、公众认为消除介于信息富有国和信息穷国之间的差异,对于消除南北之间的经济和政治不平等问题至关重要,也有助于改善全人类的生活。很多的公共机构和私人捐助机构制定了计划,试图"填平数字鸿沟"。例如,世界银行于 1995 年建立了信息发展纲领,以支持发展中国家融入全球信息经济当中,国际电信联盟(ITU)致力于弥合世界范围内的通讯差距(鸿沟),为发展基础设施做出了很大的努力。现在,我们来思考这样一个问题——"填平数字鸿沟"是合理的吗? 我们仔细考虑一下,我们真的想要实现对信息技术的普遍进入吗? 在许多城市的贫穷地区和一些农村地区,进入通讯服务并非他们迫切的需要。在这些地区,人们更喜欢电视,人们一旦有能力支付费用,他们会选择购买电视,而不是在电话和网络上付诸消费。人们更乐于接受被动的娱乐,而不是主动与他人交流。在很多地区,人们似乎不愿被数字技术所联结,他们并不是担心费用,而是觉得这些设备太复杂了,而且他们对于这些服务所提供的信息并非很感兴趣。

我们再来回顾一下爱尔兰的 E 镇被建设成"信息时代城镇"的例子。按照社会契约论的理论,爱尔兰通讯公司是在签署了一个合同之后,开始建设 E 镇的,那么爱尔兰通讯公司和 E 镇的居民,对合同的内容是知晓的,因此,爱尔兰通讯公司的行为是正当的。

根据行为功利主义的理论进行分析。爱尔兰通讯公司投入的设备、经费是一定的。然而,E 镇的居民对其行为有两种反应,其一是欢迎态度,对这部分人而言,他们从中享受到快乐、幸福,并且会继续使用这些信息技术和设备,并且,爱尔兰通讯公司也会从这部分人中获得利润;第二种态度是冷漠或反对的态度,这部分人认为信息技术不能为他们带来更多的快乐,于是选择放弃使用该技术,因此,爱尔兰通讯公司不能从这部分人中获得利润。那些将电脑拿到黑市中销售、而自己仍然去社会福利办公室领取失业金的人数远远大于继续使用该技术的人的数量,可见,大部分的人对爱尔兰通讯公司的行为是反对的。经过功利演算,爱尔兰通讯公司的行为是不可取的。从规则功利主义的角度分析该问题,如果商家都按照爱尔兰通讯公司的行为采取行动的话,社会的数字化倾向就会越来越明显,人们在现实空间接触的机会也就越来越少,如果人们将自我封闭起来,仅仅接触数字服务,这将成为一个更大的社会问题(相对于数字鸿沟问题)。因此,从规则功利主义的角度看爱尔兰通讯公司的行为也是不可取的。康德主义者一贯反对将人仅仅作为达到目的的手段,爱尔兰通讯公司为 E 镇的居民配置通讯器材和设施,是将 E 镇的居民和这些通讯设施都作为实现其获得商业利润的目的的工具,因此,爱尔兰通讯公司的行为是不道德的。可见,当人被动地进入信息技术,或者说被动地接受"填平数字鸿沟"行为的时候,从行为功利主义者、规则功利主义者和康德主义者的视角看来是不道德的。除此之外,我们还应考虑的是我们应该获取什么样的信息? 互联网逐渐发展为世界上最大的商业信息源,互联网上的广告收入竞争也愈演愈烈。这一现象并不奇怪,构造全球信息高速路需要巨额投资,而这样的投资只能通过广告获得补偿,在这一意义上,网络与电视相同。但是,人们会质疑:对于商业信息的普遍进入等同于共同利益的实现吗? 普遍进入意味着每一个人都可以进入娱乐和色情吗?

第四节　数字鸿沟与平等权利

《世界人权宣言》第二条指出,人人有资格享有本宣言所载的一切权利和自由,不分种族、肤色、性别、语言、宗教、政治或其他见解、国籍或社会出身、财产、出身或其他身份等任何区别。对于任意的管理系统而言,其关键的任务就在于对于必需的社会资源进行分配。赛博空间管理的核心任务亦是如此,即:对于社会的信息和通讯资源进行分配。"平等"(equality)这一基本人权标准对于一社会以何种方式分配资源具有直接的影响,这一标准的主旨在于:任何人都不应被排斥于获取资源和从资源中获益之外,这对于人们参与社会生活是至关重要的。因此,国际社会在《世界人权宣言》(the universal Dedaration of Human Rights)第 27 条中明确规定:人人有权自由参加社会的文化生活,享受艺术,并分享科学进步及其产生的福利。《经济、社会和文化权利国际公约》(the International Covenant On Economic, social and cultural rights)要求缔约国赋予每一个人享有科学进步和其运用带来的利益(第 15 条)。1966 年,联合国教科文组织(UNESCO)规定了国际文化合作的原则：使每一个人都能获取知识，能享受艺术和文学，能分享世界各地的科学进步及由之带来的利益，从而对文化生活的丰富作出贡献。（ArticleIV.4)1967 年的《外层空间公约》(the outer Space Treaty)中规定了无歧视的决议：外层空间的开发和使用，应当服务于所有国家的利益，无论其经济和科学发展水平如何。1991 年，经联合国大会决议将这一标准适用于电信卫星的使用之中，即：通过卫星进行的通讯应建立在全球和无歧视的基础之上带来的利益，应由全世界人民分享。在赛博空间中，这样的原则更应被强调，因为赛博空间本身就是高技术、高科技的产物，赛博空间中一旦不遵循这些基本原则，将会引起巨大的差异。

一、数字鸿沟视域下的"平等概念"

当使用"平等"概念时，我们要注意：在传统的人权理论中存有一种偏见歧视，即：司法系统从形式上而言，在解释所有人拥有平等地表达自己的权利时，是建基于自由公民为自己权利辩护的初衷之上的，而这恰恰会有歧视存在，因为这些人权法的自由基础倾向于忽略现实中人们实现自己权利存在的巨大差异。事实上，有权势、有能力的人往往易于通过法律诉讼维护自己的权利，而没有权势的人无法与之相比。

每当我们在使用"平等"这一概念时，人们往往会联想到洛克和康德。洛克明确提出规则法令对穷人和富人是一视同仁的；康德提出了无歧视的原则，认为法律应当平等地对待所有公民。在他们的观念中，法律的平等的概念与不平等相联系，即：不平等是社会差异的一种形式，应当予以纠正，法律应是反歧视的，它通过平等来修复不平等带来的社会不利影响。但是，这并不能彻底改变结构上的不平等权利关系，从某种意义上而言，平等会强化不平等。从一定层面上而言，"平等"意味着社会条件的平等，而社会条件是人们参与社会生活进行自我发展的必要因素。随着信息通讯技术的迅速发展，对于信息的获取被人们视为社会条件的一个重要组成部分，信息通讯技术对于人而言和水、能量以及道路系统一样重要。不过，也有人会质疑：在目前的情形下，赛博空间的获取对于人参与社会生活真的那么重要吗？大多数在没有移动电话及不上互联网的情况下生活得很合理，因为在很多社会中，在没有电视的情况下，人们可以有序生活，人们可以从图书馆、报纸获取信息。人们也可以写信或面对面交谈，而这样的方式是更廉价的，也更为简便，网络世界之外的世界似乎也是正常运转的。但是，我们必须要正视网络的发展带给我们的影响，网络在不断扩展，它将愈来愈多的人联系在一起，如果不能获取、接触到网络资源，将会引起严重的社会分化，会使很多人被边际化。虽然信息通讯技术带来的经济效益是巨大的,但是不能否认的一个事实是:目前的信息通讯技术资源分配是不公平的,主要有以下几个方面的表现:

第一,人们在获取信息通讯技术资源时面临的获取条件、承受花费的能力方面以及对于信息通讯技术相关的技术和技巧的掌握来讲,在发达国家和发展中国家之间存在巨大的差异,在一国内部之中,不同团体、人群之间也存有巨大差异。例如,在美国,不同的地区之间数字分割现象非常明显,东部、西部沿海区域发展明显,快于南部和中西部区域,而这两块区域对于数字信息通讯技术的利用也存有巨大差异。目前存在的这些差异并不是新奇的现象,每当新技术被引入到社会中来时,从新技术获益的机遇总是存有差异,有人从中获益,而有人只能承受其负面影响,这样的现象一再重复。社会中已存在了不平等的权利关系,因此,小部分人群将受益,而绝大多数人与这样的经济利益无缘。那些获取全球网络的人群往往接受过良好的教育而且拥有很好的经济基础,在多数国家中,男性占使用网络的多数,而青年人要比老年人使用网络的机率更大。

第二,在信息通讯技术资源的分配和使用中,还有一个核心话题就是妇女的地位问题。信息通讯技术的使用依赖于人们的文化水平,一个基本的事实是:在世界人口中,大多数未受教育的人被排斥在知识社会之外。这一点对妇女而言更为明显,因为妇女未接受教育的比例要高于男性。信息通讯技术的发展为女性摆脱这种劣势的社会境遇提供了巨大的潜力,这是一种新式的通讯方式,为女性就业提供了新机遇。不过,技术自身不会实现这些目标,除非政策对之予以规定和强化,否则,信息通讯技术不会对女性生活带来上述影响,也就是说,女性要想抓住这样的机遇必须要接受相关的教育和培训,而这些无疑要由政策制定者、国际机构来帮助其实现。女性要在知识社会中占有位置就必须掌握信息通讯技术手段,这是一个关键因素。目前的情况是:信息通讯技术的使用获取中还存在大量的性别歧视,需要创立很多的政策用以确保妇女分享信息通讯技术发展带来的利益。

第三,大量研究证据表明:电信服务获取与收入有极为密切的关联。美国的消费者组织抱怨国家的信息基础设施主要设置于较为富裕的社区,事实上,美国的信息高速路计划主要针对于富裕、繁荣的居住和贸易地区,没有顾及中等收入和低收入区域。有足够的调查证据显示,今天世界各地的收入差距正在快速扩大。贫穷是经济全球化的基本特征之一,它不只是存在于南半球的贫穷国家之中。与这些现象相对的是,一些国家的经济确实发展很快,而且不可否认的是,消除贫困的最有效途径就是发展经济,但是,发展经济并不意味着贫困的减少,这还需要计划完善的政治纲领及公共政策,致力于财富的再分配。经验一再表明,经济增长会有助于消除贫困,但在大多数国家,有钱人总是比穷人从国内生产总值中获益更多,经济利益的不平等分配似乎通过全球化过程得到了加强。

与数字平等相关、值得我们关注的一个现象是:世界上许多大城市的贫穷地区和一些农村地区获取通讯服务不是真正的问题,在这些地区,人们更喜欢电视,人们一旦有能力支付费用,他们会购买娱乐电视而不是交互电话,人们更乐于接受被动的娱乐而不是主动与他人交流。在很多地区,人们似乎不愿被数字技术所联结,他们并不是担心费用,而是觉得这些设备太复杂了,而且他们对于这些服务提供的信息不是都很感兴趣。

总之,社会的数字化倾向越来越明显了,如果人们将自我封闭起来,不接触数字服务,这将成为一个大的社会问题,接受数字教育与接受普通的教育一样,具有重要的作用,人们只有接受了教育才能更好地参与社会生活、社会机构。教育可以丰富人们的思想,增加人们的知识,这样一来,人们就可以解放自身。教育还具有重要的政治和社会意味,一个社会中接受教育的人愈多越易于进行管理,现代社会在缺乏基本教育的情形下是难以运作的,这样的情形同样适用于数字教育,如果一个国家或公司在促进赛博空间技术的普遍获取中不考虑社会中被排斥的人群的话,那么它们的行为是愚蠢的,普遍获取从某种意义上而言与市场的纪律密切相关,政府和工业企业都希望有更多的人被联结起来,如果越来越多的人进入到网络中来,可以使政治和商业目的更易于实现。

二、赛博技术世界中的人权

与前述数字鸿沟中的平等问题密切相关的是人权问题。进入二十一世纪,信息和通讯社会中的人权问题已经引起了人们的高度关注。第一届全球信息社会峰会于 2003 年 12 月在瑞士日内瓦举行,2005 年在突尼斯举办了第二届全球信息峰会(world summit on the Information society)。参与会议的所有政府一致采纳了关于赛博空间的第一个政治文件,在这份政治文件中,正式地明确了通过信息和通讯技术的使用,人类可以获取的潜在利益,并且一致同意要采取切实的措施缩小介于发达国家和发展中国家之间的数字鸿沟。人们意识到,这样的数字鸿沟造成了世界财富分配的不平等,也使得一个国家之内的财富分配存有巨大差异,这是全体人类不能容许和接受的。

在全球信息社会会议上,与会国正式地确认了信息社会发展的前提必须要建立在人权（human rights）的框架（framework）基础之上，要尊重和维护联合国宪章以及世界人权宣言中确立的人权标准。人权是普遍适用、不可分割的，也是相互关联、相互依赖的。这一点在1993年举办的"维也纳人权世界"会议中得到了肯定。因此，信息社会发展要有效地贯彻和维护人权，这些人权包括政治、经济、社会及文化各方面的权利。不过，在信息社会中贯彻落实人权标准就要求各国政府保证信息社会不会导致人权歧视及剥夺人权的情况发生。无歧视原则将信息和通讯的普遍获取作为一个整体目标。所有个体、国家、共同体都要有能力参与到信息社会中来，并且使用自己的语言创造、分享信息与知识，要使得信息与通讯技术在消除贫困、饥饿、疾病中发挥重要作用的话，就必须确保每一个人都能接收到信息，并且接受良好的教育。这一点对于发展中国家的意义尤为重大，因为在发展中国家，几乎有一半人口的生活水平处于贫困线之下。由于在信息社会中，人权维护的内涵及外延都发生了一些变化，这就更加凸显了信息社会中维护人权的重要性。

我们知道，人权的核心是尊严、诚实及个体的易受攻击性。人权关注于普通的人及他们的权利，这些权利包括：舒适的生活标准、享有自由、免于饥饿、贫穷、暴力，有权参与社会、发表言论、观点、不被政府武断地限制等。而在信息社会中，信息的获取对于一个人的自我确立、社会和政治参与及个体发展至关重要。但是，就目前的情况而言，不是很乐观，世界人口中还有很多的人不能获取到信息和通讯技术，这些人口被排斥于信息社会之外。目前，最为急迫的任务是在不考虑经济、社会、文化、地理因素的情况下如何扩大全体人类的信息获取程度，因为信息的获取度对维护信息社会中的人权具有重大影响。

我们知道，信息社会的核心在于通讯，它使得信息和交流变得便捷，可以跨越传统的地理和文化边界，信息通讯技术的这一强大力量推动着传统社会向信息社会的快速转变，这就使得通讯和学习的能力成为了最重要的社会技能之一。生活在信息社会中，要想抓住机遇，就必须有开放的眼界，还要具备容纳、反思不同观点和现实的能力，也就是说，人们要想获得发展，就必须要参与到信息社会中来，只有在全新的信息社会中，人们才可以进行信息的充分交换与分享。

信息社会的实际情形充分说明了一个事实：人权、民主和发展是互相交织的，除非人权得到了尊重，否则世界范围内的和平与安全及经济与社会的发展是难以实现的。只有切实有效地贯彻落实了人权才能从根本上阻止冲突和暴力，才能消除不平等。正是在这个意义上而言，人们应该将人权框架作为国际上一切行动的基础。1948 年通过的《世界人权宣言》(the Universal Declaration of Human Rights)就是联合国维护人权取得的第一个成就。这一宣言直到目前仍然对于生活在世界各地的人们的生活具有重要影响。人类进入信息时代,人权不仅具有巨大的发展潜力,同时也面临巨大的压力。新技术的发展使人类面临巨大的挑战,在应对这样的挑战中,有很多值得反思的地方,例如,新的监视技术的发展对隐私及言论自由造成了影响,同时,新技术也可以阻止人们对信息的获取。这就表明,信息和通讯技术促进多元化和尊重文化的同时也妨碍和限制了多元化。数字分割(digital divide)造成了信息获取的不平等,这就要求我们改善那些被排斥的人群的境遇,从而维护他们的经济、社会、文化权利,使他们能接受平等的教育,也只有这样才能在全世界范围内建立真正的民主文化。

基于上述历史背景,从 20 世纪 90 年代中期开始,"全球信息社会"(global information, society GLS)一词在关于信息、通讯技术政策的讨论中成为了热点。政府、商业界市民社会组织以及学术机构在分析政策时都要引用这一词汇,同时,国际组织在发表宣言和工作计划时通常也要讨论"全球信息社会"问题,这些国际组织主要包括欧盟、经济合作与发展委员会、国际电讯联盟等。目前对于 GLS 没有一个准确的、为人们广泛接受的定义,但是,在全球政策讨论中,人们往往会认为 GLS 的意味是相同的。在使用 GLS 时,人们往往指的是由信息革命引起的全球效应以及政策问题。另外,许多人认为从技术上而言,信息分配、创立、管理及应用成为了全世界社会变迁的重要推动力,GLS 带来的结果从某些方面来说是质的变化,这一特征是鲜明而独特的。

需要说明的是,从原则上讲,概念的建构对于政策描述应是中立的,但是在实践中,诸如 GLS 这样的术语是具有意识形态和政治色彩的。财富、权利分配的不平衡意味着信息社会事实上不是全球的。一些批评者指出,信息的控制与物质资源的控制一样是由政府和大公司操纵的,信息是社会变革的推动力量,因此,这些权利中心在掌握了信息资源之后,通过操纵信息资源来建立有利于他们利益的社会秩序模式。

对于 GLS 的探讨牵涉到许多问题,而很多问题与政策有密切关联,诸如传媒管理、数字转换、电台频率管理、技术的标准化、互联网管理、知识产权、隐私权、言论自由和审查、发展和全球数字分割、赛博犯罪、网络安全、电子政务、电子商务、电子教育这些议题都成为了全球关注的话题。这些问题往往又是互相交织的。因为当我们关注于安全问题时,就要考虑到隐私问题,关注于知识产权问题时,就要考虑到自由言论权利,等等。在处理这些问题时，一项政策的出台要充分考虑到这些因素，否则，就不能有效地解决这些问题。这也是近来人们取得的共识。目前的 GLS 政策领域是变动不定的，一些主要的政府和跨国公司不断地推动国家的、地区的以及全球政策的变化，他们试图通过政策的变化来增加经济领域的私人控制。尤其是9·11之后，国家、政府控制了与安全相关的各方面事务。但是，这样的控制引起了各方面的反对，而改变现有的信息、通讯技术管理模式又是人们最为关心的议题。人们的不同观点和权益往往被置之不理，其中的一类观点将促进发展作为评价政策的基本底线，他们倡导在信息和通讯全球管理中要特别关注发展中国家的利益。另外一类的观点，将公共利益作为评价的底线，要求在政策制定中加强民主参与，要限制政府和公司的权利，要平衡商业与非商业目标。

事实上，人权与信息革命带来的问题有密切关系，人们主要关注的两个焦点是：第一，通过信息和通讯技术的使用增加全球对人权受到侵犯，尤其是公民权和政治权利受到侵犯的现象。第二，政府如何制定法律及规定来限制互联网上的隐私及自由言论。虽然人们主要谈论的是网络的审查，但是，很多政府已逐渐将控制范围拓展到了赛博空间的多个层面。与之相对应，传统的人权在赛博空间中也受到了限制，在这样的情形中，社会团体和组织被注册编目并且公布于众，政府打着社会公共道德、文化诚实和政治控制等旗帜从事限制行为，理由往往是堂而皇之的。从维护信息社会的人权视角来看，这两个问题是非常重要的。国际法律和政策赋予了人类范围广泛的人权，它渗透到了社会生活的多个层面中，这些权利的范围非常广阔，包括言论自由、信息的获取、隐私权、非歧视、公共服务的获得、集会自由、政治参与、教育、工作、妇女权利、发展、和平等等。公共或私人的行为者在使用和管理信息和通讯技术时的方式直接或间接地影响了这些权利的保护和促进。而如果从人权标准这一底线来评价信息和通讯技术的使用和管理时，就要使用目前被禁止的方法来评价现行的政策和实践行为。GLS 政策的变化是快速的，这就迫切要求我们在全球方案之中考虑人权的因素。也就是说，是否与国际认可的人类权标准相协调应当成为政策框架的一个关键标准。但是，非常遗憾的是，目前的信息和通讯技术政策并没有朝着这一方面发展。相反地，人权和信息与通讯技术之间的联系不是很密切。一方面，信息、通讯政策的制定者们没有就人权进行过专门的培训，他们对于如何将人权标准贯彻到诸如网络管理之类的行为、政策中不是很明白，也对于将人权标准贯彻于信息、通讯管理政策中潜在的实践意蕴不是很了解；另一方面，大多数传统人权团体将注意力放在了 GLS 领域的复杂性上面，他们在探讨信息通讯技术问题时,主要强调政府对于自由言论的限制上面,而没有太多涉及更为广泛的政治、经济、社会权利,而这些权利深受信息革命的影响。专业化的公民社会组织(CSOS)在 20 世纪 90 年代倡导维护赛博公民自由权(诸如言论自由、隐私保护),而没有关注于更为广泛的人权问题。另外,这些组织的初衷仅是反对特定的新法律、新政策或新计划而不是出于对国际上认可的人权问题的考量。对于他们而言,跨国组织对于人权的关注仅是以松散的、图式化的方式做出的。简言之,将人权标准融入 GLS 政策的评价和制定中首先要求所有团体的成员克服各种各样的障碍,进行有效、持续的对话。联合国(UN)信息社会全球峰会(WSIS)对于这一发展具有重要的作用。WSIS 于 2003 年 12 月在突尼斯召开了全球会议,并且在会议期内召开了准备精细的地区会议来探讨相关论题。WSIS 的核心主旨在于强化 GIS 的全球对话,采纳认同的原则和行为计划来管理国际信息社会。参与会议的国际组织、国家组织多达 60 多个,这些组织包括来自各大洲的传统人权组织、赛博自由组织(Cyberliberities organization)、商会等。会议迫使各国政府将国际上认可的人权原则作为了 WSIS 框架的核心。不过,会议的结果是复杂的,会议强调了某些国际人权原则的重要性,尤其是言论自由问题,但是忽略了其他有直接关联的原则和问题;另外,就广泛的人权如何适用于多样的 GIS 政策中也没有取得实质性进展,而这些 GIS 政策关系到了电讯管理、网络安全、知识产权、全球数字分割和网络管理等问题,政府间就这些论题进行的谈判没有取得太多成果。WSIS 经验在于它表明将人权与信息社会问题相联系,并且将这样的考虑落实到政策中是非常迫切的工作。

　　WSIS 虽然没有取得预期的结果,但是在 WSIS 过程中,关于人权作用的讨论中有两点是值得注意的:第一,WSIS 促使人们重新思考网络管理的性质和范围。通过 WSIS 的讨论,使得人们对于网络管理的理解不再像过去一样狭义,而更多地考虑到了一些国际上认可的私人和公共的原则、规范、规则、程序,这些因素在塑造网络结构以及通讯和商业作用时发挥了重要作用。与会者全面地探讨了互联网管理的机制,系统化的评价及合作的加强等议题,取得了大量共识。第二,人们对于人权标准和网络管理政策和纲领之间的关系有了新的认识,在关于网络管理的讨论中,人权得到了充分的重视。例如:人们强调了在网管中为了安全和打击犯罪而采取的措施会导致对于基本人权的侵犯,如:自由言论权利。总之,人们关注到了网络管理具有重要的人权维度,应当应用并且强化相关的国际法律保护。

三、赛博技术、信息资本与可持续发展

赛博空间技术为居民获得信息提供了很多的机遇,人们可以通过赛博空间能了解到更多的公共政策,并且可以更多地参与到决策当中来。但是这确实是居民们需要的吗? 还是政府期望这样呢? 虽然政府总是强调对公共信息的一般获取是必要的,但是,政府一般都要对信息的可获取性进行区分,另外的一个问题是:不仅是政府机构应该使信息从物理上是可获取的,更重要的是这样的信息应该以一般民众能理解的制式来表达。

还有一点值得我们关注:一个社会的民主本质不仅仅依赖于信息分配的公平性,它还依赖于公民使用所获得信息的方式。公民自身也可能乐于积极地参与到决策过程中,这样的参与热情在很多社会中都存在,我们不能仅仅指责没有提供信息。另外一个更为基本的问题是:人们对于政治的热情很低且对于政治缺乏信任,人们更多喜欢娱乐节目而不是政治辩论,即使有机会获取可选择的信息源也只有很少一部分人会积极地搜寻这些信息。法国社会学家皮埃尔·布迪厄(Pierre Bourdieu)曾经指出,社会行为者的地位不仅仅是由经济资本决定的,而且还受他们文化的、社会的、符号货币(symbolic Capital)的影响,文化资本是由诸如艺术、音乐和文学以及良好的行为举止、外语的掌握特征和技巧组成,社会资本的基础是社会网络及人们的发展状况,符号资本代表的是社会声望和社会信誉[①]。

资本的这些形式共同决定了一个人的社会地位,但是,在信息社会还应将信息资本作为资本的一个类型,这一概念包含了如下的内涵:使用网络及信息服务的经济潜力、处理网络基础设施的技术能力、过滤和评价信息的知识能力、积极搜寻信息的内在动机以及将信息转化为社会实践的能力,与其他形式的资本一样,信息资本在社会中也是分配不均的。不过,以平均的方式做出分配需要在教育培训及意识训练等方面加强投入,在网络上浏览并不等于就是平等地拥有了信息资本。

数字技术在全世界的快速拓展引起的另外一个非常重要的问题是:信息通讯技术能否以环境可持续的方式被应用。信息通讯技术的运用会促进经济生产力的增加而这同时也意味着消费水平的增长,如果从可持续发展的角度而言,上述的发展是人类可以接受的吗?

---

① 参见:Pierre Bourdieu, Jean Passeron, *Reproduction in Education. Society and Culture Reproduction in Education. Society and Culture.* london. SAGE Publications Ltd. 1990, p. 79。

　　显而易见的是,如果认为信息通讯技术发展使用就意味着社会的可持续发展无疑是幼稚的,信息通讯技术的发展具有积极的与消极的影响:一方面信息以低污染的方式取代了有形的货物生产程序。但是另一方面,经济生产力的提高预示着工业也增加了,与之相对应,消费水平也相应提高了,而这最终又将导致更多污染,例如,数字技术可以提高汽车工业的生产力,这样一来,即使汽车以低污染的方式生产出来,而总体上汽车购买量的增加很可能导致污染水平的提高。因此,核心的问题在于:信息通讯技术的全球平均获取会将发展中国家的能源使用水平提高到发达国家能源使用的水平。信息通讯技术的全球使用会增加二氧化碳的排放,而这是生态系统难以承受的,接触信息通讯技术越多就意味着生产出更多的计算机,一般三到四年就有一次替换。因此电子垃圾堆积如山,其中有很多是有害物质,严重影响着环境。另外,世界人口快速增长,到 21 世纪中期将达到 80 到 100 亿。政策制定者必须要考虑下面的问题:全球数字化的发展能与经济可持续发展相协调吗?

　　需要关注的是:可持续发展的考虑不仅仅关涉到环境方面,而且在经济、机构组织及技术方面也有重要关联。比如:外国投资促进了国内网络的成长,那么在未来,能通过独立的货币促进其更新变革吗? 在一些经济实力较弱的国家,虽然在短期通过信息通讯技术的使用可以增加出口、增加生产能力,但从长远来看,在全世界范围激烈的竞争中能够持续发展吗? 有足够充足的财经资源用于管理技巧和技术掌握的培训吗? 这些问题无疑是重要和值得考量的,它促使我们在信息技术时代,要将短期利益和长远利益相结合,要尽力摆脱盲目乐观,要充分考虑持续发展的问题。

小结

　　这一章我们讨论的是软件盗版及其数字鸿沟的问题。其实,从某种意义上而言,关于这二者的讨论是围绕着个人与公众的问题展开的。不论是对软件采取保护的态度,对盗版采取惩罚的态度;还是信息富人掌握信息资源,信息穷人触摸不到信息资源,这些都是因为个人与公众发生了矛盾。知识型产品是一类特殊的产品,它不具有物质型产品的排他性,用财产理论对软件进行知识产权保护从某些方面来讲是说不通的。然而,这并非是对软件盗版的支持。专利权、版权、商标和商业秘密是知识产权法中的四种传统的形式,我们没有深入地讨论每一种形式是否适用于软件保护,但我们从总体的财产权理论对其进行了分析,由于没有发现知识产权法应用于软件盗版的强有力依据,因此关于软件保护和盗版的问题我们只能借助于哲学、伦理学的资源进行分析阐释。

数字鸿沟问题的出现已经引起了世界各国的普遍关注,通过提供技术和普遍获取的方法是否能真正地填平数字鸿沟是一个值得我们思考的问题;而填平数字鸿沟是否从伦理学上是讲得通的,这又是一个问题。这一章中赛博技术的伦理研究带给我们的启示是:

哲学家要对于赛博世界提出的一系列新问题进行认真探究,这些新问题使得我们的许多传统概念不再适用,赛博技术发展带来的一些隐藏的问题需要我们予以阐明。在这里我们要强调曾经由康德提到过的两点忧虑:神话(迷信)及权利,这两个方面都易于破坏平等和自由。关于迷信、神话,怀特海(Whitehead)在其"简单位置的谬论"中有过讨论,即存在一个假定:信息可以像椅子或星球一样被赋予一个简单位置,根据这样的观点,信息拥有的属性与物理对象拥有的属性相同。这一假定的后果就是信息(知识)的拥有成为"零和问题"(zero-sum matter)。什么是零和问题?如果一个人拥有了它,那么另外的人们就不能再拥有它。这就引出了第二个概念:权利。信息对于行为的影响非常重要,因为可以通过控制信息来控制行为。无论是通过收回信息还是提供信息来控制他人行为都是非常有效的,它可以成为现代世界的权利基础。通过分析我们可以看出,零和博弈类型的权利差异产生的重要原因是对于信息的占用,如果 A 知道相关信息,但 B 不知道,那么 A 就比 B 占有了优势,这样的例子不胜枚举,在军事领域、商业管理领域随处可见。上述论点没有太多新奇之处,值得我们关注的一点是:人们拥有的信息量正在膨胀扩张,这就造成了一种现象:越有权利的人其信息也就越多,拥有权利的机构和个人占有了普通民众难以接触到的信息,从而破坏了平等性,而普通民众对此无能为力。从伦理角度而言,人们对于信息、知识拥有平等的权利,不应存在差别。这些问题应该是哲学家关注的话题,值得进行深入探究,这无疑也是赛博伦理学的重要论题。

另外,平等权利的道德标准体现了一个思想:在一个平均社会中,所有人都应获取参与社会必须的一些基本服务。这一标准要求赛博空间的获取和使用对于每一个人而言都应是没有歧视的,每一个都能获取并且也能支付得起费用,在目前的世界环境中,这样的要求远远不能被满足,目前通行的全球信息通讯技术管理对于实现这样的目标造成了障碍。现有的赛博资源发展的商业环境,注定与平等权利的标准相悖,市场分配资源时考虑的是人们能够买什么而不是人们需要什么,市场商家的经营行为不会考虑全球的平均主义以及社会的平等发展,社会平等不再被视为是一结构性问题,而是被视为一种边际化现象了。公众对于数字分割的关注以及提倡普遍获取和普遍服务对于这样的现象是于事无补的，因为民众的关注往往忽略了现象背后存在的真实问题。很少有批判的社会分析能指明：为什么技术不是如期望的那样改变不平等的权利关系，相反，它反而强化了这一不平等关系呢？即使消除数字鸿沟的努力是成功的，但这也并不能表明可以产生出一个理想的平等的社会，事实上，在现有的政治经济秩序中，不平等的信息通讯技术获取，越有可能强化现存的不平等。

　　这样的事实促使我们再次重新审视互联网的伦理关照。我们究竟应该如何从互联网的伦理视角对诸如"数字鸿沟"这样的问题做出评价和判断。更具体地说，如果从地缘政治透视的话，我们称之为"数字鸿沟"，而如果从社会视角来看，这背后体现的是"文化鸿沟"。的确，互联网大大增加了获得信息和交流知识的机会，但这些机会并不是以同样的方式向每个人保证的，这就是"数字鸿沟"。它不是一种静态现象，而是动态发展的。"数字鸿沟"与"文化鸿沟"都涉及网络伦理的正义问题，作为全球社会的成员，年轻人和老年人、受过教育的和没受过教育的、富有的和贫穷的，都被卷入了日新月异的技术发展中，每个人都需要不断适应并更新自身技能。"数字鸿沟"与"文化鸿沟"相互交织无疑加剧了全球不平等现象的出现。因此，我们需要追问：互联网的道德规范对此究竟能做些什么？不可否认的一点是：赛博技术的哲学伦理反思是非常必要的，但是，在应用这些理论于赛博技术领域时，我们又会陷入困惑：不同的理论从不同的视角考虑问题似乎都有一定的解释力。但是，对同一个问题或案例我们会得出各不相同，甚至截然相反的分析结论。看起来，赛博技术的实践将催生新的伦理理论，也许这种新的伦理学将是传统理论的整合或者超越。

第四章　计算机病毒、黑客及其监管

　　计算机和网络已经走入我们生活、工作的方方面面,我们使用它们的方式越来越多。我们用它们来发送、接收电子邮件、上网、购物、管理日志等等,因此,也就有人试图并已经通过威胁计算机、网络来威胁我们的生活。本章就是要探讨计算机安全的威胁问题。让我们首先讨论一些计算机病毒,如:蠕虫和特洛伊木马。这些程序通过进入我们的计算机,进而盗窃个人信息,破坏数据。然后,我们将重点转入那些使用这些病毒的人,我们将其称之为"黑客"。

　　1946 年,世界上第一台计算机在美国的宾夕法尼亚大学莫尔学院问世。从此,计算机技术就开始逐步运用于军事、科学、金融等领域。也就是从计算机技术开始应用到各个领域,计算机犯罪行为就产生了。1958 年,美国对计算机滥用事件进行了记录,1966 年首次对一起篡改银行数据的计算机犯罪案件提出起诉,到了 70 年代中期,发案率迅速上升,1971 年正式开始研究如何防止计算机犯罪和计算机滥用,1973 年美国召开了首届计算机安全与制止犯罪的会议,有关方面提交了专题报告,许多报刊刊登了种种与计算机有关的犯罪报道,这方面的专著也陆续出现。1978 年,美国佛罗里达州制定了第一个计算机犯罪法规,到目前为止,美国已有 47 个州制定了相关法律,联邦政府也颁布了《计算机诈骗与滥用法》和《联邦计算机安全法》,其他国家也在法律制度、政策和技术方面采取了相应的措施,把计算机安全问题纳入政府的重要议事日程。1983 年,国际信息处理联合会设立了计算机技术安全委员会,负责计算机安全与犯罪研究。在计算机犯罪专家唐·帕克看来,将来,计算机犯罪作为一种特定的犯罪类型可能会不复存在,所有的经济犯罪都将是计算机犯罪,因为各种工商活动都离不开计算机。

　　为了应对赛博技术带来的众多伦理问题,我们要对于业已存在的政策进行修改,甚至还要创立新的社会政策以填补政策真空。不过,如弗洛里迪(Luciano Floridi)指出的那样,我们要为修改及制定新的社会政策以及新制定的社会政策提供辩护,哲学家们为了完成这一任务就必须借助于标准伦理理论。哲学家们一般非常关注基于后果或责任这两个标准的伦理理论。因此,本章将从伦理理论和计算机监管两方面展开论述。一方面分析涉及计算机病毒、黑客的伦理问题,另一方面提出有关监管原则并为这些原则做出辩护。下面的这一理论问题是我们关注的重点:道德判断如何获得令其成立的合法理由? 我们如何对计算机病毒、黑客进行道德判断,我们又如何为解决问题提出的政策和方法进行辩护呢?

第一节　计算机病毒及其伦理分析

在第一节中,我们首先对计算机病毒的概念、特性及其发展历程进行介绍,然后分析一个制造、发布计算机病毒行为的道德性问题。

一、计算机病毒及其特性

首先,需要说明的一点是"计算机病毒"(Computer Virus)与生物学、医学领域所谓的"病毒"是不同的。计算机病毒并非天然存在的,而是某些人利用计算机软、硬件所固有的脆弱性,编制出来具有特殊功能的程序。然而,由于"计算机病毒"与生物学、医学领域中的"病毒"同样具有传染性和破坏特性,因此这一名词是由生物学、医学领域上的"病毒"概念引申而来。就国内而言,关于"计算机病毒"的概念的界定还未形成统一的认识。一般情况下,我们把凡是引起计算机故障,对计算机数据进行破坏的程序统称为计算机病毒。1994 年 2 月 18 日,我国正式颁布实施了《中华人民共和国计算机信息系统安全保护条例》,在《条例》第二十八条中明确指出:"计算机病毒,是指编制或者在计算机程序中插入的破坏计算机功能或者毁坏数据,影响计算机使用,并能自我复制的一组计算机指令或者程序代码。"

计算机病毒的特性是:

(1) 程序性。计算机病毒是一段可执行程序,但它不是一个完整的程序,而是寄生在其他可执行程序上,因此它享有一切程序所能得到的权利。病毒运行时,与合法程序争夺系统的控制权。

(2) 传染性。计算机病毒不但本身具有破坏性,更有害的是具有传染性,传染性是病毒的基本特征。在生物界,病毒通过传染从一个生物体扩散到另一个生物体。在适当的条件下,它可得到大量繁殖,并使被感染的生物体表现出病症甚至死亡。同样,计算机病毒也会通过各种渠道从已被感染的计算机扩散到未被感染的计算机,在某些情况下甚至造成被感染的计算机工作失常甚至瘫痪。

(3) 寄生性。计算机病毒寄生在其他程序之中,依赖于宿主程序的执行而生存,当病毒程序在侵入到宿主程序中后,一般会对宿主程序进行一定的修改,宿主程序一旦执行病毒程序就被激活,从而可以进行自我复制和繁衍,病毒就起破坏作用,而在未启动这个程序之前,它是不易被人发觉的。

(4) 隐蔽性。计算机病毒具有很强的隐蔽性,有的可以通过病毒软件检查出来,有的根本就查不出来,有的时隐时现、变化无常,这类病毒处理起来通常很困难。

(5) 破坏性。计算机中毒后,可能会导致正常的程序无法运行,把计算机内的文件删除或使其受到不同程度的损坏。

(6) 可触发性。病毒因某个事件或数值的出现,诱使病毒实施感染或进行攻击的特性称为可触发性。病毒具有预定的触发条件,这些条件可能是时间、日期、文件类型或某些特定数据等。

(7) 潜伏性。有些病毒像定时炸弹一样,让它什么时间发作是预先设计好的。病毒程序可以静静地躲在磁盘或磁带里几天,甚至几年,触发条件一旦得到满足,就会四处繁殖、扩散,破坏系统或软件。

(8) 变种性(衍生性)。分析计算机病毒的结构可知,传染的破坏部分反映了设计者的设计思想和设计目的。但是,这可以被其他掌握原理的人以其个人的企图进行任意改动,从而又衍生出一种不同于原版本的新的计算机病毒(又称为变种),这就是计算机病毒的衍生性。这种变种病毒造成的后果可能比原版病毒严重得多。

计算机病毒的形成有着悠久的历史,并还在不断地发展。从计算机诞生之日起就有了计算机病毒的概念。1949 年,计算机之父冯·诺依曼(John Von Neumann)在《复杂自动机组织论》中便对计算机病毒进行了定义——即一种"能够实现复制自身的自动机"。但是当时绝大部分的电脑专家都无法想象这种会自我繁殖的程序的可能性。20 世纪五十年代末六十年代初,著名的美国电话电报公司(AT&T)下设的贝尔实验室里,三个年轻的程序员:道格拉斯·麦基尔罗伊(H. Douglas McIlroy)、维克多·维索特斯克(V 信息通讯技术 or Vysottsky)以及罗伯特·T·莫里斯(Robert T. Morris)(后来蠕虫病毒制造者罗特·莫里斯(Robert Morris)的父亲)受到冯·诺依曼理论的启发,在工作之余编写了病毒的第一个雏形电子游戏"核心大战(core war)"(又称"磁芯大战")。其基本的玩法就是想办法通过复制自身来摆脱对方的控制并取得最终的胜利,这种有趣的游戏很快就传播到其他计算机中心。1970 年,英国剑桥大学数学家约翰·何顿·康威(J. H. Conway)编写了"生命游戏"程序,该程序首先实现了程序自我复制技术。这些早期的游戏程序就是后来横扫计算机和互联网的病毒雏形。

　　1983 年,肯·汤普逊(Ken Thompson)在一次计算机奖项的颁奖典礼上公开证实了计算机病毒的存在,并且他还告诉大家如何编写病毒程序。1983 年 11 月 3 日,弗雷德·科恩(Fred Cohen)研制出一种在运行中可以复制自身的破坏性程序,首次正式发表论文《计算机病毒:原理和实验》,并公开提出了计算机病毒的概念。伦·艾德勒曼(Len Adleman)把它命名为计算机病毒(Computer Virus)。后来,随着计算机技术的发展产生了大麻、IBM 圣诞树、黑色星期五,等等计算机病毒。但是计算机病毒大肆流行是在蠕虫病毒被研制出来之后,1988 年 11 月 2 日,美国康奈尔大学 23 岁的研究生罗特·莫里斯制作了一个蠕虫病毒,并将其投放到美国互联网上,致使计算机网络中的 6000 多台计算机受到感染,许多联网计算机被迫停机,直接经济损失达 9600 万美元。

二、超级工厂病毒事件伦理分析

　　"英国《每日邮报》报道,未来战争将包括对敌方的工业和经济发动网络攻击,潜在袭击目标包括发电站、输油管道和空中交通控制系统。曾成功轰击伊朗核电站的'超级工厂病毒'Stuxnet,是第一个真正可以被称为'网络武器'的病毒。这个可能由美国中央情报局(CIA)幕后推动设计的病毒,对世界安全构成威胁。据报道,2010 年推出的 Stuxnet,标志网络病毒成功向战争武器转化。而该病毒的设计,是为了袭击伊朗的布什尔核电站,通过侵占和控制该核电站里的电路,以造成实质性的破坏。全球受 Stuxnet 病毒感染的电脑,有 60% 位于伊朗境内。虽然伊朗声称,Stuxnet 对布什尔核电站的攻击,并未造成实质性破坏。但这个旨在攻击工业控制系统的病毒成功入侵核电站的电脑系统,可使很多工业工厂的系统容易受到攻击。[①]"

　　下面让我们一起来对投放超级病毒行为进行伦理分析。从一个康德主义者的角度对投放超级病毒行为进行分析的话,他首先要关注投放者的意志。病毒投放者具备善良的意志吗? 他们的目的是对世界安全形成威胁,可见从康德主义的观点看,他们的行为不是在善良意志引导下进行的,进而是错误的。

---

① 艾和平,《"超级工厂病毒"祸害全球》,决策与信息,2012 年,第五期。

从社会契约论的角度来看，投放超级病毒也是错误的。他们侵犯了那些计算机受到感染的电站、输油管道和空中交通控制系统所属机构的财产权。这些超级病毒突破计算机系统的密码防护未经允许地进入，显然和不请自来的小偷没什么区别，因此，这个行为是错误的。

从规则功利主义者的角度分析的话，如果投放超级病毒的行为逐渐演变为一种普遍适用的规则，那么，各国的网络系统将终日受到病毒的袭扰，计算机和网络的使用价值也将减弱，最终用户们将放弃对网络和计算机的使用。那时，赛博时代将走向终点。所以，规则功利主义者也反对投放超级病毒的行为。

从美德伦理学角度来看，侵害他人的行为俨然不是优秀人格塑造的对象，所以美德伦理学家也不会认为投放超级病毒的行为是可取的。

总之，分别从四个理论的出发点来分析，病毒投放者不该采取这种自私的、后果严重的行为。

第二节　黑客

在第二节中，我们首先了解"黑客"的缘起及其定义，接下来重点分析两类黑客行为的道德问题。

一、黑客及其起源

"黑客"（Hacker）一词其实在莎士比亚时代就已经存在了，但是第一次将它与计算机联系在一起，并首次在报纸杂志上出现是在 1976 年，它被用来指称"技术通常十分高超的强有力的计算机程序员。"但是根据《牛津英语词典》"Hacker"一词最初的字面意思是"劈、砍"，这似乎很容易让人联想到非法侵入他人的计算机。《牛津英语词典》把"Hacker"解释为"利用自己在计算机方面的技术，设法在未经授权的情况下访问计算机文件或程序的人。"

黑客最早始于 20 世纪 50 年代，最早的计算机于 1946 年在宾夕法尼亚大学出现，而最早的黑客出现于麻省理工学院，当时一个学生组织的成员因不满当局对使用某个电脑系统采取的限制措施，就闯入该系统，自由自在地"闲逛"。他们认为任何信息都是自由平等的、任何人都可以平等地进入。这些带有褒义色彩的、喜欢做恶作剧的计算机精英们在 60、70 年代云集在麻省理工学院和斯坦福大学。这些最初的黑客都是一些高级的技术人员，他们对于操作系统和编程语言有着深刻的认识,他们热衷于用智力通过创造性方法来挑战脑力极限、乐于探索操作系统的奥秘且善于通过探索了解系统中的漏洞及其原因所在,然而他们恪守这样一条准则:"Never damage any system"(永不破坏任何系统)。他们近乎疯狂地钻研更深入的电脑系统知识并乐于与他人共享成果,他们一度是电脑发展史上的英雄,为推动计算机的发展起了重要的作用。那时候,从事黑客活动,就意味着对计算机的潜力进行智力上最大限度的发掘。国际上著名的黑客均强烈地支持信息共享论,他们认为信息、技术和知识都应当被所有人共享,而不能为少数人所垄断。然而,后来,少数怀着不良企图,利用非法手段获得系统访问权而闯入远程机器系统、破坏重要数据的人,或为了自己的私利而制造麻烦的具有恶意的人慢慢玷污了"黑客"的名声,"黑客"逐渐演变成入侵者、破坏者的代名词。

黑客通常采取的技术包括"借道"(piggybacking),即尾随一位合法使用者通过密码进入程序;"清理垃圾"(scavenging),即从零碎和垃圾信息中找到破解系统的途径;"快速击杀"(zapping),即破解程序密码后潜入计算机,通过激活其自身的紧急程序来摧毁它;释放蠕虫病毒,即通过释放蠕虫病毒程序或病毒删掉计算机的记忆部分;制造时间炸弹(time bombs)和逻辑炸弹(logic bombs),即插入一个程序,将来随着计算机时钟或某个事件被启动,当炸弹爆发后可能价值数百万元的整个系数将瘫痪。

典型的黑客行为主要有以下几种:①攻击网站,造成网路堵塞。即黑客在一定时间内向被攻击的计算机系统发出大量垃圾信息,使其因过载或网络堵塞而瘫痪或崩溃;②破解密码,即采用一些工具软件,对被攻击的计算机系统之密码加以解密,所用方法包括穷举法、字典法、文件破解法以及著名的特洛伊木马法;③网络监听,盗窃资料。即黑客通过取得某一主机之管理用户权限,而对该主机所在网络的其他主机进行登录、监听,从而获得从其他渠道难以取得的信息,但该种方法对黑客而言有一定风险;④拒绝服务攻击,即黑客通过对共享资源的占用,对域名服务器、路由器以及其他网络服务进行攻击,使被攻击者无法向其他用户提供正常的服务,严重的情形可以使被攻击的系统陷于瘫痪;⑤DDos 攻击,即分布式拒绝服务攻击(Distributed Denial Of Service Attacks),是拒绝服务攻击的一种特殊形式。

目前黑客已经形成一个特殊的社会群体,在欧美等国还有不少完全合法的黑客组织,他们经常召开黑客技术交流会,在互联网上出版介绍黑客技术的杂志,这使得普通人也很容易下载并学会使用一些简单的黑客手段或工具,从而对网络进行某种程度的攻击,这样一来就更加恶化了网络安全环境。现在对黑客的准确定义仍有不同的意见,但是,从信息安全角度来说,"黑客"的普遍含义是特指那些电脑系统的非法侵入者,他们凭借自己在计算机方面过人的天赋,毫无顾忌地非法闯入某些敏感的信息禁区或者重要网站,以窃取重要的信息资源、篡改网址信息或者删除该网址的全部内容,他们认为自己的恶作剧行为是一种智力挑战,并陶醉其中。

二、尼尔森的黑客行为伦理分析

1956 年,麻省理工学院林肯实验室研制出全世界第一台晶体管小型计算机——TX-0。它有着三大特点:用晶体管取代电子管,占用空间小;将键盘、打印机、磁带阅读机和打孔机集成在一起,操作员可以通过键盘编程,生成印好的磁带后直接输入机器;配有一台可编程显示器。TX-0 的这三大特点使程序员可以安心地坐在电脑前,编写属于自己的程序。TX-0 是第一台可程控的通用计算机,它不使用电子管而使用晶体管,并且首次测试了大型磁芯存储器的使用情况。更重要的是,它是第一台用途广泛、完全可以进行交互操作的计算机,它激发出科研人员极大的创造力,从而引发了本世纪最重要的一些技术进步,如计算机图形处理、面向对象的编程环境、Internet 等,这些技术的发展都可以追溯到 TX-0。TX-0 的用户还为更有意义的开发工作奠定了基础,比如数字录音和编辑、语音识别、手写文字识别、神经网络等技术的开发。正是通过这台 TX-0,我们的第一批程序员和设计师被培养了起来。然而,TX-0 的笨重身躯显然不适合游戏的产生。从用户的观点来看,TX-0 的特别之处还在于它配置了由克拉克(Wes Clark)自己发明的光笔和显示器,能够实时输入数据,并且可以直接看到输出后果。从 1958 年至 60 年代中期,学生可以在 TX-0 机上工作 1 至 2 小时。TX-0 与以前的计算机相比,存在很大的差异。以往的计算机配有一台读卡机,机房噪声很大,用户从读卡机中取出卡片,然后离开机房,与机器无法进行交互操作。学生要在实验室里等待,等候轮流上控制台。每个人都能观看其他人的操作情况,谈论正在运行的操作。

直到 1961 年夏,全世界第一台 PDP-1(程控数据处理机)被安装在 TX-0 的隔壁,一切才发生了实质性的变化。PDP-1 是数字设备公司(Digital Equipment Corporation,DEC)向麻省理工大学捐赠的。PDP-1 的体积只有冰箱那么大,它和显示屏一起被组装在一个落地框架里,这在当时的计算机业中是前所未有的。尽管 PDP-1 只有 9K 字节的内存,每秒只能进行 10 万次加法运算,无法匹敌大型计算机,但它那 12 万美元的价格与动辄数百万美元的庞然大物相比还是具有相当的优势。更重要的是,PDP-

1 真正把自己交到了用户手中，编程者可以很方便地通过键盘、显示器同它对话。为了修缮 PDP-1 的某些不足，六个黑客总共花费了 250 个小时，在一周内将麻省理工大学的 TX-0 计算机转变为 PDP-1 机器语言集合。这六个黑客用一周的时间就完成了一个商业公司数月来生产的一个程序。

史蒂夫·拉塞尔(Steve Russell)提议为 PDP-1 编写一个游戏，这个游戏将利用它的程序图演示。他为此投入了半年的研究工作，还求助于麻省理工大学其他的黑客们。1962 年 2 月，他将空间大战(SPACEWAR)公布于众，这是第一个真正运行在电脑上的第一款交互式、视频游戏。太空大战是一个简单的游戏，它通过示波镜产生图像，在上面 2 个玩家可以互相用激光击毁对方的太空船。该游戏顿时在麻省理工大学火爆起来，但它并非商业盈利的，麻省理工大学的黑客们向同学们免费复制了该游戏的程序。

尼尔森(Stewart Nelson)认为为 PDP-1 添加一个新的硬件可以改善它。学生们已经被禁止在计算机上继续工作，但他们知道获准去修改硬件需要好几个月。尼尔森决定放弃对允许的等待。一天晚上，他和几个同学打开了 PDP-1 的盒子，并进行了改进。他们测试了计算机，认为他们未影响 PDP-1 的其他功能，并改进了它。然而，他们的测试并不完全，第二天一早，一个 PDP-1 的使用者发现他的一个程序——一个不太重要的天气分析代码——不运行了。而添加一个新的指令就会引起其他指令发生故障。

现在，让我们来分析尼尔森的行为的道德性。他错在没有经过允许就修改 PDP-1 吗？

一个康德主义者的分析是看重行为背后的意志，而非行为的后果。我们可以说尼尔森的意志是为了改进 PDP-1，但康德还是会建议我们不要以期望的后果为行为提供动机。如果我们忽视了期望的后果，我们还失去了什么？他看似是在这样的座右铭下指导自己的行为的：利用每一个机会去证明你的技术。在他展示自己技术威力的愿望中，尼尔森未经允许就修改了 PDP-1。他忽视了一个重要的问题，具有法律权利的人可以控制机器的进入。他还忽视了 PDP-1 的法定使用者的需求，该使用者的工作是依赖于使用计算机。因此，尼尔森是将他人作为实现自己目的的工具，他的行为是错误的。

从社会契约论的角度看来，尼尔森的道德问题同小莫里斯很相似。通过修改一个不属于自己的系统，尼尔森侵犯了计算机的法律拥有者和使用者的权利。因此，他的行为是错误的。

一个规则功利主义者考虑的是如果每个人都按照这个规则发生行为将

会发生什么。假设,都有一个改进系统的理念,然后都未经允许就进行了修改。也许大部分的改变会使系统运行得更好,但不可避免地,还有一部分人将系统修改得更糟糕了。也许还会有几个修改导致系统崩溃。还可以想象对同一个系统进行了两种不同修改后的情景。假设,两个中有任何一个发生变化,都会改进系统,但是当两个都发生改变,他们将会互为影响,系统将不能使用。如果改变没有系统记录,错误命令将会使系统更难运作。可见,从长期的后果上来看,这一行为将会降低生产。因此,尼尔森的行为是错误的。

最后,从行为功利主义者的角度分析尼尔森的行为。受影响的人是尼尔森本人、PDP-1的管理者和计算机的使用者。通过修改PDP-1,尼尔森习得了计算机工程的更多知识,是一个益处。我们知道至少有一个计算机的使用者是尼尔森修改失败的受害者。受害者要花费大量的时间处理问题,他也不能继续工作,直到机器被修好。为了修好机器,需要制作一个可用的程序。安装机器也需要花费金钱。这些花费都是消极影响。尼尔森的目的似乎就是为了花费PDP-1的管理者的时间,引起管理者的不悦。因此,弊大于利,尼尔森的行为是错误的。

值得我们思考的是,如果尼尔森的改进成功了,比原来的系统运行得更好,我们的分析将会如何改变。康德主义者、规则功利论者和社会契约论者没有考虑尼尔森的行为的实际后果,所以,如果尼尔森的黑客行为成功了,康德主义者、规则功利主义者和社会契约论者仍将认为,尼尔森的行为是错误的。

然而,行为功利主义者的分析是完全不同的。尼尔森也许会从学习计算机工程知识中受益。计算机程序也许也会受益。如果没有人被打断正常地使用计算机的工作,就没有人受到伤害。从行为功利主义者的角度分析,如果尼尔森的改进系统运行了,你也许会认为他的行为是善的。

三、中国"红客"行为伦理分析

2001年4月,美国一架海军EP-3侦察机在中国海南岛东南海域上空活动,我国两架军用飞机对其进行跟踪监视。后来,美机突然向中方飞机转向,致使中方飞机坠毁,飞行员失踪。我国飞行员王伟,以自己的青春和生命,捍卫了国家的主权和民族的尊严。中美撞机事件发生后,中美黑客之间发生的网络大战愈演愈烈。美国黑客组织PoizonBox不断袭击中国网站。对此,我国的网络安全人员积极防备美方黑客的攻击,并打响了"黑客反击战"!中国黑客在攻击美国网站的时候,采取了极其克制的态度,只修改页面,不破坏文件和系统,多个美国政府和商业网站遭到了中国黑客的攻击。一张贴在被黑网站首页上的帖子写着:"黑倒美国! 为我们的飞行员王伟! 为了我们的祖国!"。美国白宫网站在人海战术的攻击之下,被迫关闭了两个多小时。七天的反攻之后,中国黑客组织宣布停止反攻。

首先,我们从康德主义者的视角分析中国黑客的行为。中国黑客是因美国对中国领空和网络的侵犯义愤填膺,而对美国网络发起反击的,其目的是维护国家主权的完整。因此,就康德主义者看来,每个公民都有维护祖国利益的义务和责任,故而,中国黑客维护我国主权和尊严的行为是正确的、正义的,因此,中国人称他们为中国"红客"。

规则功利主义者对某个行为进行分析关注的重点是:如果每个人都按照某个规则发生行为将会发生什么。如果,某国无视其他国家尊严,对入侵别国的行为没有罪恶感,这种侵略行为一旦为众国家所效仿,其后果将是严重的。反之,如果被入侵的国家懦弱地接受,这也将产生深远的负面影响,不仅对自己国民,还包括对其他国家。假设,中国空军在美国空军入侵我国领土、领空时,或中国黑客在美国黑客入侵我国网站时,未产生任何自卫、反击行为,势必对中国国民的民族气节造成极坏的影响。从长期的影响看来,对美国黑客给予反击的行为并非错误的。并且,这一行为还会对其他国家造成影响,对鼓舞各个民族的士气都是正面的教科书。

从行为功利主义者的角度分析中国黑客的反击行为,双方的黑客势必对对方国家造成损失,这些损失是可以通过数字估算的。双方黑客从相互的反击中习得了更多的计算机科学知识,这不失为一个益处,然而这种获得知识后的喜悦感是难以用数字统计的。并且,中国黑客的集体行为使国民的凝聚力、爱国热情大大增强,这种情感也是难以用数字统计的。我们无法在经济损失和情感收获上做出精确的数字比较,因此,从行为功利主义者的角度分析中国黑客的反击行为的道德性是模糊的、不确定的。

从社会契约论的理论进行分析,中国黑客在攻击美国网站时,明确了其目的——"黑倒美国! 为我们的飞行员王伟! 为了我们的中国!"这并非隐瞒自己的目的、身份,从信息公平性而言,是对等的。并且,中国黑客的反击行为是为了维护自己国家的主权和利益,这也符合相关法律、法规的要求,因此是正义的。

目前,已经有很多黑客受雇于各种政治团体,他们肩负着国家和民族的政治使命,帮助某些政治势力从战略上实现扩张。黑客已经逐渐进入某些政治核心地带,甚至成为国家权利意志的一种重要砝码和工具。黑客的这种政治意识,将在未来的国家战争格局中表现得更为突出。

四、赛博技术的风险及不确定性

千年虫问题证实了一个现象：人类越来越依赖于电子系统。大多数人都认为技术不会对人类形成威胁，数字系统是不会失败的，但我们应当从这种密切的依赖性中看到风险，并要准备应对"最坏情况"的方案，这才是一种负责任的态度。我们应当意识到：赛博技术已经渗透到了人类生活的每一个领域，但实践表明，赛博技术具有不可靠性及可错性，因此，人类在充分享受这一技术的同时，也要注意不要盲目地崇拜技术，应注意其风险性，我们并不是要反对技术，而是要做充分的准备。随着社会使用的电子系统愈来愈多，更多的人要从事控制维护这些系统的工作，即：从安全角度而言，自动化并不意味着需要工作的人员减少了。如果社会想让技术如人们期望的那样工作的话，这就需要投入很多的时间、金钱、能量来对其进行监控。从社会角度而言，负责任的数字化要求雇佣大量经过数字培训的人员，在高技术时代，社会要进行大量的投入以应对从未发生过的事件。

还需要指出的是：所有常规的维护、修理都包含了新的错误风险，在软件操作系统中，解决了一个问题可能会产生出新的错误，因为新加入的功能可能在未来某个时刻与已存在的系统功能相冲突。这就使得赛博技术的应用充满了不确定性。21世纪的一个重大发现在于：知识与确定性是不相等的，知识越多意味着人类将面对更多的不确定性。今天的很多知识在明天要被修改，在科学探究中，虽然其为我们提供了关于这个世界的最为可靠的信息，但同时也在处处提醒我们：任何事物都是不确定的。知识并不等于确定性，这一点在社会科学中尤为明显，那些关于社会行为的知识往往会改变社会行为，另外，无论我们收集到多少知识，我们永远不能知晓社会行为的全部可能后果，即使这一后果的范围是有限的，我们在猜测、思考未来时，其有效性依赖于推理的工具，虽然社会科学研究中存在这样的工具，但不幸的是，这些工具中有很多都是有严重错误的。

因此，为应对技术的不确定性，人类面临的一个非常急迫的任务是：对技术影响进行前景评估，这被称为"技术评估"（technology assessment）。"技术评估"的主要思想在于：不应该在引入技术之后再发现其负面结果。技术评估中使用的特殊技术有：方案制定技术、交叉效果分析（cross-impact）、趋势研发。不过有人也质疑前景预测（prospective evaluation），因为它很可能产生技术偏见，因为它视技术为既定的，试图控制技术的负面影响，另外，前景预测依赖于专家的观点，因此，专家的预测极有可能是错误的。因为实践已经证明很多的关于技术发展的预测都是错误的。在1878

年,英国数学家 Lord keivin 曾预言收音机不会有很好的前景,1880 年,Thomas Edison 预言录音机没有商业重要性,并且于 1889 年他又指出录音机是无用且危险的,1932 年人们没有理由在家里使用计算,20 世纪 70 年代,未来学家曾告诉我们,到 2000 年,所有好的公民都会转到外层空间里工作等等。

　　前景分析评估最受人批评的地方在于:技术预测的基础假定不是很可靠的,技术评估或预测基于归纳,这就是说,对于未来所做出的断言建基于过去的有限观察,休谟于 18 世纪对于这一方法已经提出了疑问,即不能通过逻辑来论证将来的现象会与目前我们知晓的一致。归纳主义者假定了历史进程的内在连续性,而且在他们看来在历史发展中有不可改变的规律存在。不过,持有相反论点的人认为:这样的规律在物理科学中存在,但在社会环境中这样的规律不能得到有效证明。我们知道,对于人类社会历史规律进行观察是必要的,但这些规律无疑会与自然规律不同,因此,不能依据自然规律来预测人类社会的未来。人类社会的特殊性在于:其历史发展趋势与历史条件密切相关,但历史条件是模糊的,不能精确地确定,因此,根据二者之间的关系做出的预言不是确定有效的,之所以出现这样的情形,是由于技术预测社会历史过程中缺乏社会科学理论强有力的支撑。当我们审视社会科学理论时就会发现:社会科学理论的特征在某种程度上就是不确定,即往往可以从几个理论视角来进行社会现实的观察,而经验观察又并不能对几个理论做出唯一的仲裁,社会科学理论解释力的贫乏使得技术预测易于失败,因为其不具备技术预测的基础,即:缺乏对模型的有效解释来说明技术和社会之间的超级互动,也就是说,就技术和社会而言,不存在——理论能提供预测二者之间互相作用的机理。这样一来,对技术的未来效果进行有效预测是很困难的,IBM 的创始人约翰·J·沃森(Thomas·J·Watson)于 1953 年曾说过世界上对于计算机的需求量不超过 5—6 台,他做出这一断言是基于他所处的时代所拥有的技术,因为在那个时期,计算机体积巨大、速度缓慢、价格昂贵,人们对它的兴趣当然不会很大。计算机开始成功的时期是随着新技术的诞生开始的,主要是集成电路和晶体管技术的发展。这表明一项技术有时必须与其他技术结合才能成为真正有用的技术,例如激光技术,激光技术存在了很长时期,可是只有在光导纤维技术出现时它才有了施展才能的舞台。另外,在社会与技术之间不存在简单的因果模型,即当用户以特定方式使用技术时,技术就产生一定的社会效应。事实上,人们使用技术的方式是很难预测的,有时技术的使用是非理性的,这样就会导致技术变革或许会以与设计者截然相反的意图而被使用。

正如前面所述,推理工具在预测信息通讯技术的未来结果和效应时其能力是有限的,这一缺陷导致了技术预测信息的不完善,事实上,不完善信息(imperfect information)这一概念是很宽泛的。我们面对的一个基本事实是:你只有当技术出错时才知道它错了,但为时已晚。这也是一个自然的过程,因为在技术研发的早期,不太可能提出支持或反对它的有效论证。

总之,信息通讯技术的广泛应用也具有严重的社会风险,因此,很有必要对技术给人类安全带来的风险进行考虑并采取措施进行有效的防护,技术选择往往对警告信号不太敏感,充满了盲目乐观。到目前为止,还没有充分恰当的规则以及相关机构来对这些问题进行处理。目前的政府和商业机构在很大程度上其行为是非理性的和不负责任的。全球范围内对于数字风险没有合作应对的措施,而且也看不到有任何迹象会朝这方面来发展。就数字技术的本质而言,我们不期望它带来最坏的风险,人类要有勇气在警报钟敲响时积极改变其方向,而不仅仅是抱有消极的态度,在技术发展不确定性面前一筹莫展。目前的赛博技术发展日新月异,人类确实已经到了必须进行国际社会团结合作、共同应对数字安全问题的时刻了。

第三节　赛博技术专业人员的监管

从前面的论述可知,具备相当水平的计算机专业知识是制作计算机病毒及发动计算机黑客攻击行为的基础。所谓赛博技术专业人员指的是那一类具有赛博技术专业知识的人员。那么,我们是否需要对赛博技术专业人员加以监管和治理呢?关于这一问题的回答有两种不同声音,一些赛博空间无政府主义者当然认为无需对赛博技术专业人员进行监管、管理,因为他们认为没有管理就是最好的管理;还有一些人反对赛博空间无政府主义,这些人希望不仅在赛博空间中建立严格的监管制度,并且对那些掌握赛博技术的专业人员同样需要进行职业规则的约束与监管,而某些网民和赛博技术专业人员认为他们可以自己管理好自己,他们会进行自我约束。

一、赛博技术职业的特殊要求

以下我们依次讨论赛博技术职业的定义、赛博技术职业的特殊要求、ACM、IEEE 和 SECEPP 的职业规范要求等问题。

何为职业(profession)?哈里斯(Harris),普里查德(Pritchard)和罗宾斯(Rabins)共同指出"职业"这一词汇的意义已经从指代某种宗教或修道院的生活发展为现代更现实的意义。他们认为"职业"在过去是用于刻画那样一种人的词汇，他们对公众承诺自己怀揣着某种"高尚的道德理念"忠诚地进入一种"特殊的生活"。后来，这一词汇指代任何"声明自己会成为适当合格"的人。现在，"职业"这个词汇的意思是某人掌握某种行业的技术或遵循某行业的要求①。

艾伦·菲尔马杰（Allan Firmage）认为，"职业"可以被理解为某种专业实践的属性或要求。他指出美国土木工程师协会（The American Society of Civil Engineers，ASCE）将"职业"定义为"用于服务于人类的特殊的知识与技能的要求"。所以，职业要求具备特殊知识和技能，并且提供的服务要区别于其他普通行业的重要标示②。

欧内斯特·格林伍德（Ernest Greenwood）认为"职业"可以定义为某种行业，它有五个重要的特征：①系统的理论；②权威性；③共同体规范；④伦理规范；⑤职业文化③。这五个特点几乎都可以应用于赛博技术职业。我们可以看到，赛博技术是这样一个领域，有系统的赛博知识；有具有伦理规范的专业科学家；并且具有赛博文化。在美国，赛博职业是区别于医药职业和法律职业的，它是由一群自治的人组织而成的。美国的医生和律师是私人职业，而大部分的赛博专业人员不是个体经营的，即使某些工作是独立的，但大部分工作是被雇佣的或合作进行的。

按照美国工程师职业发展理事会（Engineer's Council for Professional Development，ECPD）的定义，专业人员是指"认识到自身对社会义务的、接受行为规范的人"。

宏观地来讲，赛博技术专业人员指的是那些从事计算机技术、信息技术或通讯技术领域工作的软件和硬件工程师，如技术支持人员、网络管理员、计算机维修师，它还包括那些在大学、学院从事计算机科学、信息管理专业的专职老师和指导员。赛博技术专业人员还可以从微观上来定义，它仅仅包括那些软件工程师。

在本书中，赛博技术专业人员指的是：软件工程师和软件工程师团队，大学或学院中的计算机科学专职教师，还有那些从事软件教育、培训产业链

①　Harris. Charles E.. Michael S. Pritchard. and Michael J. Rabins(2004). *Engineering Ethics: Concepts and Cases*. (3rd ed.)Belmont. CA: Wadsworth. p. 14.

②　Firmage. D. Allan(1991). "The Definition of a Profession". In D. G. Johnson. (ed.). *Ethical Issues in Englewood Cliffs*. NJ: Prentic Hall. pp. 63 – 66.

③　Greenwood. Ernest(1991). "Attributes of a Profession". In D. G. Johnson. (ed.). *Ethical Issues in Englewood Cliffs*. NJ: Prentic Hall. pp. 67 – 77.

上的培训师，以及那些网络管理员、维修人员。但它不包括那些在赛博技术公司工作的律师、会计、内勤等人员。

那么这些赛博技术专业人员与其他人员相比有什么特殊的道德义务吗？戈特巴恩（Gotterbarn）认为，由于软件工程师及其团队要对开发安全关键系统（safety-critical systems）负责，他们必须进行选择：①做好的还是引起伤害的工作；②确保他人做好的或引起伤害的工作；③影响他人做好的或引起伤害的工作。因此，戈特巴恩指出在开发安全关键系统的时候，后果和责任（responsibility）是最重要的因素。

许多行业都设定了自己的行业规范，赛博技术行业也不例外。最著名的计算机行业规范是由美国计算机伦理协会（Association of Computing Machinery，简称 ACM）和美国电气电子工程师协会计算机分会（Institute of Electrical and Electronics Engineers-Computer Society，简称 IEEE - CS）制定的三个职业规范。

（1）ACM 伦理和职业规范（Code of Ethics and Professional Conduct）规定[1]：

① 你不应用计算机去伤害别人；

② 你不应干扰别人的计算机工作；

③ 你不应窥探别人的文件；

④ 你不应用计算机进行偷窃；

⑤ 你不应用计算机作伪证；

⑥ 你不应使用或拷贝你没有付钱的软件；

⑦ 你不应未经许可而使用别人的计算机资源；

⑧ 你不应盗用别人的智力成果；

⑨ 你应该考虑你所编的程序的社会后果；

⑩ 你应该以深思熟虑和慎重的方式来使用计算机。

（2）IEEE 伦理规范（Code of Ethics）规定：[2]

① 秉持着符合大众安全、健康即福祉的原则接受做工程决策的责任，并立即揭露危害大众及环境的因素；

② 避免任何真实的或已察觉的利益冲突（不论何时可能存在的利益冲突），并且当利益冲突确实存在时，告知受影响的团体；

③ 根据已有的资料，诚实与确实地陈述声明或评估；

---

① 参见：http://courses.cs.vt.edu/~cs3604/lib/WorldCodes/ACM.Code.1992.html。

② 参见：http://www.ee.nthu.edu.tw/cychi/ieee_code_of_ethics.htm。

④ 拒绝任何形式的贿赂；

⑤ 改进对于科技的了解、其适当的应用及潜在的后果；

⑥ 只有当具备经由训练即经验获得的资格，或完全揭露相关限制之后，方能维持及改进我们的技术能力及为他人承揽技术性工作；

⑦ 寻求、接受及提供对于专业工作诚实的批评，感谢及更正错误，并且适当地提出他人的贡献以确认其信用；

⑧ 公平对待所有的人，不分种族、宗教、性别、残障、年龄与国别；

⑨ 避免由错误或恶意的做法伤害他人，其财产、声誉或职业；

⑩ 协助同事及工作的伙伴们于专业上的发展，以及遵守本伦理规范。

(3) SECEPP 有关道德的和专业实践的软件工程守则(Software Engineering Code of Ethics and Professional Practices)[①]：

① 公共——软件工程师的行为应符合公共利益；

② 用户和雇主——软件工程师应采取的行为是满足用户和雇主的最大利益，并且要符合公共利益；

③ 产品——软件工程师应确保他们的产品及相关的修改尽可能地符合最高的专业标准；

④ 判断——软件工程师应保持完整和独立的专业判断；

⑤ 管理——软件工程管理人员和领导者应制定道德规则以促进软件开发的管理和维护；

⑥ 专业——软件工程师应通过保护公共利益以提高行业的诚信和声誉；

⑦ 同事——软件工程师应公平地支持他们的同事；

⑧ 自我——软件工程师应进行终身学习，并且应对他们专业实践提出伦理方法。

ACM 和 IEEE 的这两个规定都包含了这样一个意蕴：作为一个成员应该遵守的是那些希望达到的、被要求达到的规则。IEEE 伦理规定提出的是 10 个指示，而 ACM 则恰好相反，它似乎更复杂，它提出的是 10 个类似个人义务声明的规定。而 SECEPP 似乎是将前两者进行了适当的融合。

通常，职业伦理规范是以激励成员为目的的，它的形式大致有：鼓舞型、引导型、教育型和规范型，它们要提供的是某些正面刺激，它们对那些处于道德复杂境地的个人提供些有帮助的引导，教育型的规则旨在告诉专业人员他们的伦理义务是什么。当有人越过雷池时，这些伦理规则也有纪律和

---

① 参见：http://seeri. etsu. edu/se_code_adopter/page. asp? Name＝Code。

惩罚的作用。另外,这些伦理规范还有两个功能:它们可以警示那些专业人员什么是他们可以做的,什么是不可以做的。并且,通过警示那些专业人员会对他们的行业规范高度敏感,这样也可以提高该行业在公众中的社会形象。

为了更加有效,职业规范就必须拓宽。布鲁斯克·帕尔曼(Bruce Perlman)和罗利·瓦尔玛(Roli Varma)指出,一个职业规范必须能够涵盖所有在该行业领域将会发生的伦理冲突和顾虑,但是,与此同时,一个职业规范也不能够触及那些与自己不相干的事件,它必须在处理现实的赛博领域问题时是充分有效的。为了实现第一个目标,帕尔曼和瓦尔玛认为,职业规则需要包括引导专业人员的一般的和特殊的伦理规范,为了实现第二个目的,赛博职业规则也要受到赛博专业人员的监督。帕尔曼和瓦尔玛还意识到了在赛博领域中职业规范所面对的特殊挑战,那就是实践工程要求绝对的保密,而职业规则要求透明度和开放性。

二、赛博技术职业监管的争论

赛博技术职业是否需要监管是一个有争议的问题,我们从支持者和反对者的两个方面予以讨论,并对"自律"和"他律"进行了伦理分析。

起初,如果有人对 ACM 和 IEEE 两个职业规范提出批评那是非常令人吃惊的。然而,现在对它们批评的人纷纷指出在赛博专业领域根本不可能实施这样的规范。例如,那些违反 ACM 和 IEEE 规定的人不会像从事医药和法律行业的人那样受到惩罚,赛博技术专业人员不会面临解雇。并且,赛博专业人员通常不会受到其所在公司必须执行 ACM 和 IEEE 的处理。

迈克尔·戴维斯(Michael Davis)曾经指出,由于这些职业规范太含糊、为自我服务(self-serving)、内容要求不一致、不现实和不必要,它们常常被忽视[1]。当然,我们还应在戴维斯所列条目中再加上一条——不完整。本·费尔韦瑟(Ben Fairweather)认为,赛博职业技术行为规范受到了计算机伦理学和信息伦理学的影响,计算机伦理学和信息伦理学仅限于对四个传统的领域关注:隐私、安全、产权和易得性(accessibility)。他认为,职业规则建立在这样一个视域狭窄的基础之上,一定会产生必然的漏洞。一个不完整的规则会毫无意识地给行业提供一个困难的路径。当它面对一些特殊的伦

---

[1] Davis. Michael (1995). "Thinking Like an Engineer" In D. G. Johnson and H. Nissenbaum. (eds.). *Computing Ethics and Social Values*. Englewood Cliffs. NJ. pp. 586-597.

理争论时,这些争论却不在上述四个领域之中。费尔韦瑟还担心那些制定不完整职业规则的作者,由于缺乏某些特殊的美德,他们也应当对裁定专业人员行为是否规范而负有责任[①]。

约翰·拉德(John Ladd)对职业规范的批评角度略有不同,他认为这些规则处于某种知识和道德混乱之中。他的详细论证可以主要归结为三点:第一,拉德认为伦理学是基于一个"开放的、反思的和批判性思维"的活动。由于伦理学是由某些被检验的、被开发的、被讨论的、被争论的问题所组成的研究领域,所以它要求的是一个审议、讨论的过程。直接列出职业规范会带给专业人员错误的提示——他们只需按照这些既定的规则盲目地遵守就可以了。然而,拉德意识到更重要的是应当让专业人员认识到,当某个职业规则中的某两条,或多条规范发生冲突时,他们应该如何自发地判断和采取行为。第二,拉德对这些职业规范进行批评是因为它们混淆了微观伦理学和宏观伦理学关于责任的问题。例如,混淆了哪个责任适用于专业人员,哪个责任适用于专业本身。在专业伦理学这个语境中,微观的问题适用于专业人员与非专业人员之间的个人关系,如:专业人员与客户。相反,宏观的问题适用于社会问题,面对的是一个职业集体、团队。例如,微观伦理学的问题涉及的是普通的道德概念:诚实、民主这些概念在非专业语境中也经常被用于处理个人的问题。然而,宏观伦理学的问题就更加复杂了,因为它涉及社会组织层面的政策规范。拉德认为我们需要在这两个问题中进行区分:"作为一个赛博专业人员我对哪些负责?"和"作为一个专业,赛博专业有哪些责任?"拉德总结道,职业伦理规范不能帮助我们在此做出重要的区分。第三,拉德认为,为这些职业规则附加上某些严格的程序和制裁手段,将其有效地转化为某些法律规则或权威规则会比伦理规则更有效。他认为,伦理的一般作用就是对某些规则进行表扬、批评或抵制,但从不进行发号施令或惩罚。并且,当个人被迫去遵守某些指令时,这就是对他们自主(autonomy)的剥夺,他们可以自己选择在道德讨论中哪个是重要的。所以,拉德认为职业规则混淆了道德的本质和目的,这将最终导致一系列的混乱[②]。

还有一些学者对我们上述关于职业规范的批评观点持反对意见。事实

①　Fairweather. N. Ben(2004). "No PAPA: Why Incomplete Code of Ethics are Worse Than None at All." In Terrell Ward Bynum. Simon Rogerson. (eds.). *Computer ethics and professional responsibility*. Malden. MA: Blackwell. pp. 142 – 156.

②　Ladd. John(1995). "The Quest for a Code of Professional Ethics: An Intellectual and Moral Confusion." In D. G. Johnson and H. Nissenbaum. (eds.). *Computing Ethics and Social Values*. Englewood Cliffs. NJ. pp. 580 – 585.

上，即使是职业规范有再多的缺点，也还是有人会支持它的。例如，戴维斯即使对职业规范有很多批评，但他还是认为这些规范对工程专业人员非常重要，因为这些规范的重点是建议这些专业人员如何把握自我。戴维斯认为专业人员常常按照自己的良心进行道德决策，因此，这些职业规范在此起到了重要的作用。他还认为这些职业规范还可以帮助他们以一个专业人员的身份更好地理解自己的专业。

亨氏（Heinz Luegenbiehl）认为，如果我们把这些职业规范真正地作为"指南"（guide）来认识，那么我们就能更多地领略到伦理规范的重要性。亨氏指出我们是将"伦理的决策指南"替换为"伦理规范"，亨氏认为职业规范中的要素应该引起实践工程师的关注，而不是用于制定现实的道德行为规范①。

戈特巴恩（Gotterbarn）认为如果我们把职业规范看作三个重要的、非公用的、相互联系的因素——伦理规范（codes of ethics）、行为规范（codes of conduct）和实践规范（codes of practice），也许会消除对它们的批评。他将"伦理规范"描述成"期望"（aspirational），因为它们通常为专业人员提供命令陈述（mission statement），并且提供前景和目标；相反，"行为规范"强调专业人员的态度和行为；最后，"实践规范"与专业范围内的业务活动相关。戈特巴恩指出，这三种形式的规范等级是与专业人员所拥有的责任平行的。第一级包括一系列伦理价值，如：廉政和公正，这些是专业人员与其他人通过人性的美德分享的。第二级责任是为所有的专业人员分享的，不论他们的专业领域有何不同。第三级（深层的）包括集中义务，这些义务是直接从各个元素中派生出来的，成为一个特殊的职业实践，如，软件工程。这三层区分在"有关道德的和专业实践的软件工程守则"（SECEPP）中得到了融合。

三、"他律"还是"自律"：对职业规范的辩护

上述，我们关于 ACM、IEEE 和 SECEPP 职业规范要求的讨论，不外乎是在讨论"自律"（Autonomy）与"他律"（Heteronomy）的问题。

（一）康德的自律观与他律观

"自律"与"他律"是首先由康德提出的一对概念，后来把它确立为伦理学的基础。"自律"一词源自希腊语，由 au-tos（自己）和 nomcos（规则）二词

---

① Luegenbiehl. Heinz C(1991). "Code of Ethics and the Moral Education of Engineer." In D. G. Johnson and H. Nissenbaum. （eds.）. *Computing Ethics and Social Values*. Englewood Cliffs. NJ. pp. 137 – 154.

合成，其原始涵义为："法则由自己制定。"

康德认为，"自律"是道德主体在排除了任何外在因素的影响下，自主地为自己的意志"立法"——规定道德法则。康德的所谓的"外在因素"，指的是他人的意志、上帝的意志、人类追求功利的自然本性以及社会历史条件。在康德看来，自律与他律的区别在于意志是否受到外在因素的影响。不受外界因素影响的、以自己的善良意志为基础的意志是自律的，而受到外界因素影响的、服从于、约束于自身以外权威与规则的意志就是他律的。

康德的"绝对命令"中"不论做什么，总应该做到使你的意志所遵循的准则永远同时能够成为一条普遍的立法原理"①。康德把这一"绝对命令"，作为意志自律的总法则。在康德眼中，意志自律意味着意志只接受先天的、无条件的"绝对命令"，即只接受来自纯粹实践理性的这种纯形式的规定；对人的行为进行判断的道德标准不看重意志的对象或行为结果，而仅取决于人的行为的动机是否出自纯形式的"绝对命令"。

康德认为道德法则的主体是人，人是有理性的存在物，"在他立法时是不服从异己意志的"②。在此，康德强调的是道德标准是人的内在尺度，是发自内心的、自觉自愿遵循的原则。康德认为可以用道德责任和规则约束自己，这是一种道德自律；但人绝非要受某些强制力的支配，这是他律的。康德曾经指出："任何外部立法，无法使得任何人去接受一种特定的意图，或者，能够决定他去追求某种宗旨，因为这种决定或追求取决于一种内在的条件或者他心灵自身的活动"③。"人们必定愿意我们的行为准则能够变成普遍规律，一般说来，这是对行为的道德评价的标准"④。也就是说任何外在的制度安排与非制度设施必须经过内在的"意志自律"的升华转化为内在的意志自律才能够成为既是人们的道德行为标准，又是社会价值判断标准（包括道德评价标准）。"事实上，康德的自律意指通过强调人的理性（'意志自律'）服从那种'对意志具有强制性'的作为道德法则的'绝对命令'，而使人生无愧于所获得的幸福。因此，在康德那里，道德是自律与他律的统一。显然，这种道德自律性是从个体道德层面来考虑的，强调的是道德意识的自主性、主体性，'社会伦理生活层面的现代转化实质上也就是社会伦理生活的

①　〔德〕康德，《实践理性批判》，关文运译，北京：商务印书馆，1960 年版，第 30 页。
②　〔德〕康德，《道德形而上学原理》，苗力田译，上海：上海人民出版社，1986 年版，第 86 页。
③　〔德〕康德，《法的形而上学原理——权利的科学》，沈叔平译，北京：商务印书馆，1991 年版，第 34 页。
④　〔德〕康德，《道德形而上学原理》，苗力田译，上海：上海人民出版社，1986 年版，第 76 页。

理性化'①。"而"自由意志"的存在恰恰表明道德在本质上是自律与他律的统一。

（二）马克思的自律观与他律观

"康德的自律道德论,在消解外在意志影响的同时,也拒斥了影响主体道德的另一个外在因素——以功利、利益为内容的行为结果等感性经验的影响。②"在康德看来,如果将行为结果作为法则的基础,那么,这样的法则"永远只不过是意志的他律性"③。康德将道德主体视为"有理性的存在物",是与任何现实社会关系都不相干的,并且理性主体的自律也是与任何社会历史条件无关的。后来,马克思主义批判地吸收了康德的自律概念,建立了一种新型的自律观。

马克思反对康德把自律原则的运用限制在知性世界,将其与感性世界的功利、利益截然划分开来。马克思的自律观,不仅不排斥功利、利益等因素,恰恰还要调节人们的利益关系。马克思认为对现实利益关系的排斥,无疑使道德丧失了自己存在的基础,显得空洞乏味。康德在道德的基础上坚决地否定利益的作用,是因为他把利益仅仅理解为"个别的、私人的利益"。而马克思倾向于把利益作为道德的基础,他首先把利益区分为"个别人的私人利益"和"全人类的利益",然后再以"全人类的利益"作为道德的基础。马克思认为利益并不是划分道德与否的标准,个别人的私人利益在与全人类的利益相符合时才是道德的。马克思视道德的社会功能为协调社会的利益关系,因此,自律本身并不是目的,服务于一定的社会存在,协调人们的利益关系才是目的所在,它才有价值。马克思主张的是动机与效果相统一的自律观,而康德的自律观,仅关注于行为的道德动机,忽视了动机应产生的或产生的效果。

不论是康德还是马克思,他们都告诫我们自律和他律是遵守道德规范的两种境界,自律是一种至高的境界。自律要求我们在实践中不断提高自身的道德觉悟、逐步培养道德情感、锻炼道德意志。然而,单方面地追求自律也并不可取,自律与他律紧密联系、不可分割,二者共同实现道德调控社会的作用。只强调自律否认他律,会导致道德上的唯意志论;只强调他律否认自律,会导致道德上的机械论和宿命论。我们必须强调道德自律与他律

---

① 万俊人,《现代性的伦理话语》,哈尔滨:黑龙江人民出版社,2002年版,第259页。
② 吕耀怀,《两种自律观的歧义》,道德与文明,1996,第3期。
③ ［德］康德,《道德形而上学原理》,上海:上海人民出版社,1986年版,第98页。

的整合，将二者辩证地统一起来，以他律为动力有效地将其转化为自律，这样才能切实地提高人的道德修养。

小结

本章首先讨论了计算机病毒、黑客涉及的伦理问题，然后讨论了赛博技术专业人员行为规范问题，并对这种规范是否必要进行了阐述。这一章讨论的问题总的来说与前两章有所不同，前两章的问题是围绕着赛博技术非专业人员在使用赛博技术时引发的社会伦理问题，而本章涉及的病毒制造者和黑客均属于赛博技术专业人员。

进入新世纪，方兴未艾的赛博技术开始与人们的生活息息相关，它深刻地改变着人类的物质、精神领域，给我们的生活带来便捷的同时也带来了很多的不确定性与风险。在未来的赛博空间中，不能否认黑客还将继续扮演着举足轻重的角色。黑客既有它积极的一面，也有消极的一面。只有辩证地、全面地看待黑客文化，才能够创造平等、开放、共同进步的赛博空间。

美国计算机伦理协会和美国电气电子工程师协会计算机分会拟定的ACM、IEEE 和 SECEPP 职业规范，从内容上更多地体现的是一种自律与他律的双重并举的精神。赛博技术专业人员在今后的赛博社会中的作用是显而易见的。但是，一方面赛博社会需要的是一个和平、民主、开放的赛博空间环境，另一方面，需要对专业技术人员的行为进行必要的约束。

赛博技术给我们带来了很多重要的启示，这些启示中包含了人们对赛博技术进行反思的知识结晶，这种反思的范式无疑体现了技术的反思转向（reflective turn），这也是道德哲学领域实践转向的一种体现。道德哲学家从对元伦理学和方法论的研究中，逐渐转向到规范伦理学及其在公共事务中的应用问题研究。但这并非意味着传统的元伦理学和方法论问题彻底地退出了历史舞台，我们不仅需要规范伦理学，还需要其他的伦理学理论和方法，只有将它们整合才能有效地解决伦理理论实践中的问题。

第五章　人工智能与算法伦理

在有神论的文化传统中，人类的生命是被神或造物主创造出来的。有些神创论还表明如果人类不服从造物主那将是最大的罪过，而那种想成为造物主去创造新物种的想法一定就会显得更加狂妄自大了。然而，人类现在正在步入创造者的角色，正在从事着建构一种人工生命智能体的活动。本章节我们将探讨人工智能的哲学基础及其伦理问题。前几章我们讨论责任问题都是从人的角度谈责任，然而一旦进入人工智能环境，责任的问题就重点落在了创建者身上。

第一节　人工智能及其逻辑学渊源

在了解人工智能所引发的伦理问题之前，我们首先大致了解一下人工智能的基本内涵和研究进展。

一、人工智能

如何定义"人工智能"这是人工智能领域一个最基本的问题。然而纵观人工智能的相关领域的书籍，该领域的专家学者也仍未对这个问题进行明确的回答，大致上是从人工智能的研究目标和任务的角度或层面进行了笼统的解释[①]。"像所有开放的和影响深远的人类活动一样，人工智能的不断发展和加速进步使人们很难明确界定其内涵。综观各种人工智能的定义，早期大多以'智能'定义人工智能，晚近则倾向以'智能体'（agents，又译代理、智能主体、智能代理等）概观之。从人工智能的缘起上讲，以'智能'定义人工智能是很自然的。就智能科学而言，计算机出现以前，对智能的研究一直限于人的智能。有

---

① 参见：成素梅，《人工智能的哲学问题》，上海：上海人民出版社，2020 年版，第 1 页。

了计算机的概念之后,人们自然想到用它所表现出的智能来模仿人的智能。[①]"

1950 年人工智能先驱之一阿兰·图灵(Alan Turing)做了一个机器智能实验。图灵的实验目的是证明机器(指的是计算机或数字计算机)能够思考。1956 年,在美国达特茅斯学院召开了"人工智能夏季研讨会"。会议发起人麦卡锡(John MoCarthy)、明斯基(Marvin Lee Minsky)、香农(Claude Elwood Shannon)及罗切斯特(Nathaniel Rochester)等学者从学习与智能可以得到精确描述这一假定出发,认为人工智能的研究是可以制造出模仿人类的机器的,这类机器人能够读懂语言,创建抽象概念,解决目前人们的各种问题,并自我完善。然而,当人们开始真正的人工智能研究后,人们发现目前研究出来的人工智能与通常意义上的人和动物的智能有很大差别。迄今为止也没能开发出图灵和麦卡锡等人所期望的可以模拟人脑思维和实现人类所有认知功能的广义(强人工智能)或狭义人工智能(弱人工智能)。罗素(Stuart J. Russell)与诺维格(Peter Norvig)在《人工智能——一种现代方法》(第一版)(1995)的导言中指出,人工智能的定义可以分为四类:像人一样行动的系统(图灵测试方法);像人一样思考的系统(认知模型方法);理性地思考的系统(思维法则方法)和理性地行动的系统(理性智能体方法)[②]。

二、人工智能的逻辑学渊源

追溯计算机发展的历史,从古至今很多伟大的哲学家为其研究、发展做出了不可磨灭的贡献。

古希腊时期,毕达哥拉斯主义坚持认为,世间万物都是由数构成的,人的灵魂也不例外,人的灵魂是一种可以循环的实体。毕达哥拉斯主义把数的概念赋予了全部生命体和灵魂,数既是实体也是这个世界的本原,每一个生命体都是由一个灵魂,也即是一个数串主宰着。虽然数不是实体,然而毕达哥拉斯主义的这个论点却影响了整个人类的认识史。后来的柏拉图主义摒弃了数是实体的思想,发展了数学实在论,这个论点在近代与直觉主义、逻辑主义、形式主义共同构成了近代数学的思想基础。柏拉图主义的数学实在论指明这个世界的确是遵循数学规律的,并且人类是在"回忆"这些规律而不是在创造这些规律,从而认为数学与物理学同样是认识这个世界的

---

① 段伟文,《信息文明的伦理基础》,上海:上海人民出版社,2020 年版,第 210 页。

② 参见:段伟文,《信息文明的伦理基础》,上海:上海人民出版社,2020 年版,第 210—211 页。

一个工具。数学上升到实在的地位,但同时又不是实体,影响这个世界一切实体的性质的并不是组成这个实体的物理构造,而是物理构造背后遵循的数学组织形式。后来,伟大的思想家亚里士多德采用符号组合的方法进行逻辑推演,奠定了形式逻辑的基础。

到了 12 世纪末 13 世纪初,西班牙神学家和逻辑学家赖蒙德·卢里(Raymond Lull)设计出历史上第一台把基本概念组合成各种命题的以机械方式来模拟和表达人类思维的原始逻辑机。赖蒙德·卢里的创意暗示了思维和计算同一性。17 世纪,法国哲学家、几何学家笛卡尔提出把几何学、代数学和逻辑学三门学科的优点进行统一,形成一种普遍数学方法的逻辑。1642 年,年仅 19 岁的法国物理学家、数学家帕斯卡尔(Blaise Pascal)利用纯粹机械的装置研制了一台能做加法和减法的计算器来代替我们的思考和记忆。英国哲学家霍布斯提出思维可以解释为一些特殊的数学推演的总和。1673 年,莱布尼茨在伦敦展示了他的手摇计算机。这台手摇计算机是在帕斯卡尔的加法数字计算器的基础上进行了改进,可以进行乘除运算。莱布尼兹继承了思维可计算的思想,提出用"通用代数"建立理性演算的设想,将一切推理的正确性归于计算。这些只是用计算机模拟人类思维过程的前奏,但它们深刻地揭示了逻辑与计算机的内在联系,拉开了逻辑与计算机科学相结合的序幕。

1854 年,英国数学家 C. 布尔(C. Boole)发表了一部重要著作——《思维规律研究》。在这部专著中,布尔成功地将形式逻辑归结为一种代数演算,亦即今天所谓的布尔代数。布尔建立了一套符号系统,并从一组逻辑公理出发,像推导代数公式那样来推导逻辑定律。在布尔代数的基础上,经过许多人的发展,形成了一门新的数学分支——数理逻辑。布尔本人并没有把逻辑代数与计算机联系起来,但他创造的逻辑代数却对现代计算机的发展产生了深刻的影响。布尔的二值逻辑思想使得布尔代数特别适合于对具有开断与接通两种状态的电路系统进行分析和综合。计算机硬件中的运算器、控制器等都运用了布尔代数中的逻辑运算。一个明显的事实是:没有布尔代数就不可能设计出硬件逻辑门,布尔的工作有助于现代逻辑的建立。

后来的逻辑学工作,尤其是弗雷格(Gottlob Frege)开发的谓词演算,已经被微软工程研究人员周密地起草,他们要设计出一种关于计算机语义程序的形式语言。谓词演算也是一种形式样式,它广泛地应用于用机械定理证明自助推理的系统。这些定理证明技术已经形成了所谓的"逻辑程序"的通用计算机程序的格式基础。此时,"计算"这一概念不仅仅是加、减、乘、除的意义了,它还包括逻辑运算。

对"计算"概念进行形式化研究使得第一个计算机模型——图灵机诞生。英国数学家图灵(Alan Turing)在不考虑硬件的情况下,严格描述了计算机的逻辑构造,制造出了现代通用数字计算机的数学模型。图灵机把程序和数据都以数码的形式存储在纸带上,这种程序能把高级语言写的程序译成机器语言写的程序。它为建立专家系统、知识工程、知识的表现形式扫除了障碍。

到了后来,逻辑学和计算机科学的发展就更为密切了。演算系统为第一个人工智能语言 LISP 奠定了逻辑基础、第五代计算机程序设计语言的 PROLOG 就是一个典型的符号逻辑形式系统、非标准逻辑被引入计算机科学的许多领域,特别是程序说明和检验有关方面,多值逻辑和模糊逻辑已经被引入到人工智能中来处理模糊性和不完全性信息的推理、时间逻辑也被引入事件、行为和计划的形式化处理等等。可见,逻辑学的判断、推理为计算机进行问题求解奠定了坚实的基础。

通过上述分析可以看出计算机和逻辑学的关系十分亲密。哲学可以帮助我们处理与人工智能相关的一些问题,哲学关心人类知识和推理的问题,人工智能关心人类知识和推理的模型,哲学仿佛是个监视器,对人工智能进行监控、评价。

三、人工智能的突破与发展

斯坦福大学人工智能与伦理学教授卡普兰(Jerry Kaplan)在其著作《人工智能时代》中指出目前的人工智能所创造的机器智能在合成智能(synthetic intellects)和人造劳动者(forge la-bors)两个方向出现了突破,并正向自主智能体(autonomous agents)发展。合成智能和人造劳动者都属于应用人工智能(applied AI),它们是由数据驱动的,可以被称作是数据驱动的智能。目前,应用人工智能中的数据主要有三个来源,一个是被量化了的现实物理空间的事实数据,这些数据通过可穿戴设备、移动通信定位系统等传感器来记录现实生活中人们的运动、生理、位置、空气质量、交通流量等实时数据;一个是人类在网络当中留下的数字痕迹,这些数据是通过计算机程序对人们在网络空间中的行为进行跟踪得到的,比如人们在网络搜索、社交媒体、电子交易记录等行为中产生的数据;第三个来源是来自多媒体的原始记录,比如通过跟踪人们的视频、音频、图片等浏览记录得到的原始事实的数据[1]。

---

① 参见:段伟文,《信息文明的伦理基础》,上海:上海人民出版社,2020 年版,第 216 页。

目前常见的合成智能是基于大数据这个平台，在数据挖掘、深度学习、机器学习、认知计算等方法下所形成能够进行智能辨识、洞察和预测的自动认知和决策系统。合成智能的优势是可以弥补人类在复杂经验事实数据上无法及时准确给出答案或结论的短板。合成智能可以通过智能算法自动处理和分析各种类型的复杂数据，从而快速形成决策。如在很多地图应用APP上，合成智能可以迅速捕捉到实时的交通数据，根据用户需求给出多种解决方案供用户选择。再比如在网络购物时，合成智能可以根据消费者的个人信息和需求，从强大的数据库资源中通过分析、挖掘迅速找到符合消费者的信息，并迅速呈现在其面前。

人造劳动者同样也是基于大数据这个平台，通过对数据的采集、处理、加工和控制这些方法，进而和自动传感器和执行器相结合而形成的自动执行系统。人造劳动者的优势是可以弥补人类在特殊环境下无法作业的短板。人造劳动者可以模仿人，甚至代替人进入到特殊工作环境作业，比如矿山开发、消防救火、部队作战等。一个工业机械手可以帮人们把某个狭小空间中的小螺丝栓按照系统设计精准地拧好圈数，一个扫地机器人可以按照设计好的程序根据用户需要把房间地板擦拭干净，一个精巧的无人机可以携带精巧的摄像头在条件恶劣的无人区进行拍摄。这些都是人造劳动者在当代人类生活中留下的影子。

第二节　智能体的伦理分析

人工智能是一个令人兴奋的技术前沿，"智能体"（agents）在现实生活中模仿人类智能解决了很多现实问题，表现出无限的潜力。然而，智能体在使用过程中也暴露了许多问题，引发了伦理学家的思考。

一、智能体

上面我就谈到过智能体（agents）是人工智能延期后期出现的概念。"智能体一词源于拉丁文 agere，意为'去做'，在日常生活中有施动者或能动者的意思。[①]"人工智能体是理解人工智能的核心概念，亦应是人工智能时代的价值审度与伦理调适的关键。在人机交互行为中，人工智能体作为一种介

---

① 段伟文，《信息文明的伦理基础》，上海：上海人民出版社，2020 年版，第 212 页。

于人类主体与一般事物之间的实体,通过自动认知、决策来执行任务,在某种程度上表现出某种"主体性"①。

二、智能体"卡什梅诺特"的伦理分析

弗洛伦斯·约泽夫(Florence Yozefu)是一位研究人工智能问题的杰出科学家,她一直在开发一种可穿戴智能设备——当驾驶员佩戴这种设备时,它可以从人类驾驶员手中接管车辆的驾驶功能。在实验室测试中,只要弗洛伦斯和她的助手佩戴了这个名为"卡什梅诺特(catchmenot)"的智能设备,它就能成功地完成任务。然而,实验从未在实验室之外的现实生活中进行过。弗洛伦斯一直想在某一天进行这个实验,但目前还没有机会。

新年前夜,弗洛伦斯去看望她 100 英里外的母亲和妹妹。她决定带上卡什梅诺特向她母亲和妹妹展示她最近几个月的成果。她佩戴着卡什梅诺特驱车赶往母亲家里,比平时少花了很多时间。晚上,她按约定去姐姐家里,在那里她遇到了几个孩提伙伴,然后他们开启了聚会的模式。他们一起喝酒跳舞,谈天说地,以至于忘记了时间。直到凌晨 1 点左右,喝得酩酊大醉的她不顾朋友的劝告——不要酒后开车,毅然决定开车回她的公寓。她再次佩戴上了卡什梅诺特出发了。30 分钟后,她正以每小时 70 英里的速度向前行驶,但此时她已经睡着了。凌晨 5 点左右,她被一只在她的车上跑来跑去的松鼠惊醒。她发现自己安全到家,并把车停在了公寓楼前的路边。她不知道自己什么时候、在哪里睡着,也不知道一路上发生了什么事,这可能永远都是一个秘密。她感到非常的惊讶、困惑和内疚,但她很开心卡什梅诺特完成得这么出色,所以她决定把它推向市场。如果回家的路上出了什么问题,应该是卡什梅诺特还是弗洛伦斯负责?为什么②?

我们一起来思考这个问题:如果回家的路上出了什么问题,应该是卡什梅诺特还是弗洛伦斯负责?首先我们看看卡什梅诺特能不能负责。虽然人工智能的研究者试图设计出一个智能体,希望它能够在遵循合理性的前提下正确的行动。但是,"目前人工智能所呈现出的'主体性'是功能性的模仿,而非基于有意识的能动性(agency)、自我意识与自由意志,故应称之为拟主体性。③"这也就是说,智能体并非真正意义上的"主体"。"更确切地说,智能体的'拟主体性'是指通过人的设计与操作,使其在某些方面表现得像

---

① 参见:段伟文,《信息文明的伦理基础》,上海:上海人民出版社,2020 年版,第 212 页。
② 案例来源:J. M. Kizza. *Ethical and Social Issues in the Information* Age, Texts in Computer Science. Springer-Verlag London 2013. pp. 211–212。
③ 段伟文,《信息文明的伦理基础》,上海:上海人民出版社,2020 年版,第 212 页。

人一样。而'拟'会表现出两种悖逆性：一方面，它们可能实际上并不知道自己做了什么、有何价值与意义；另一方面，至少在结果上，人可以理解它们的所作所为的功能，并赋予其价值意义。①"既然智能体是"拟主体性"的，不是真正意义的主体，更不具有自由意志，所以不知道自己的行为及其后果意义何在，跟它谈"责任"简直是对牛弹琴。现在我们再来看看弗洛伦斯行为的伦理分析。如果从普通的智能体使用者角度进行分析的话不免陷入了前面章节的分析结论，在这里有个特殊的前提，那就是弗洛伦斯是该智能体的设计者。如果智能体在使用过程中出现了事故，该智能体的设计者、生产者都无法逃脱"责任"，他们应该主动地考量智能体对整个社会甚至全人类的责任，在设计和生产环节设计责任机制，确保普通使用者的权利。

从康德主义者视角看待这个问题，智能体的设计者和生产者都是有自由意志的理性主体，即使他们设计、生产这些智能体的初衷是善的，是为了解决现实生活生产的实际困难，然而一旦智能体出现故障造成伤害，承担责任的主体不可能推给无意识的智能体，而只能找其研发者和生产者担负责任；从规则功利主义者的角度分析，如果不建立对智能体故障的担负责任的规则，那么使用者和消费者日后或因安全或因经济问题而变得不敢使用和购买智能体，智能体的研发和生产方将会因为智能体销售受阻而受到损失；行为功利主义者自然会从幸福快乐总量进行快乐验算，毕竟智能体的研发和生产方的人数是远远小于使用者和消费者的数量的，一旦造成不良后果，使用者及其家属的受伤害程度俨然是超过研发人员和生产者的。所以通过快乐验算还是得智能体的研发和生产方对使用的不良后果承担责任。从社会契约论角度而言，为了维护社会成员的彼此和谐，应对此类问题形成彼此约束的共识，既要对智能体的研发和生产方又要对普通用户负责。从美德主义者角度看这个问题，他们一定觉得有责任感的品质是值得称赞的。

我们再来接着思考下面的问题，弗洛伦斯很开心卡什梅诺特出色地完成了任务，并打算把它推向市场，请问弗洛伦斯的想法应该被实现吗？要想回答这个问题我们首先需要考虑的是人工智能当前发展的实际情况是什么样的。我们来看看人工智能目前还存在哪些局限性。首先，目前的人工智能技术还达不到与人类智能相匹配的程度，在功能上还没实现与人类智能相当的强人工智能，更谈不上超越人类智能的超级人工智能。其次，目前神经科学和认知科学的基础性研究还无法对人类智能进行充分的了解，所以基于此项研究的人工智能技术及其产品开发还非常有限，这也是我们应该

---

① 段伟文，《信息文明的伦理基础》，上海：上海人民出版社，2020 年版，第 213 页。

清楚地认识到的问题。再次,基于数据驱动的人工智能所使用方法仅仅是对数据进行分类、归纳、试错、反馈等方法,这些方法还不具备完善性,而方法的多样性会对数据分析有基础性意义。最后,人工智能根据大数据进行的分析与预测过分依赖于经验的相对稳定性,对不断变化的环境的干扰性和变化性还缺乏更充分的灵活性。所以当卡什梅诺特一旦遇到数据库中未记载过的情况或难以识别的新事物时将束手无策,极容易发生事故[①]。因此,根据目前人工智能存在的局限性,建议类似于卡什梅诺特的人工智能体不要急于大规模投入生产和应用于人类生活。

第三节 人工智能鸿沟及算法伦理

近些年来,人工智能技术迅猛发展,人工智能体在人类生活中被广泛应用。2017 年 11 月麦肯锡全球研究所(Mc Kinsey Global Institute,MGI)的一份报告显示:"近年来,人工智能领域的投资增长迅猛,主要来自谷歌、百度等数字巨头。据估算,2016 年全球科技巨头在人工智能领域的投资高达 200 亿~300 亿美元,其中 90% 的资金用于研发和部署,10% 用于收购人工智能相关企业。该领域吸引的风投(VC)、私募(PE)、拨款和种子投资也如雨后春笋般增长,虽然投资者并不多,但投资总量达到了 60 亿~90 亿美元。其中,机器学习作为促进人工智能发展的关键赋能技术,获得的内外部投资最多。[②]"通过这些数据,我们一方面慨叹人工智能技术给人们生活带来的前所未有的变化,一方面不禁想到了那些人工智能技术不能惠及的社会群体——人工智能应用程度不同所造成的"人工智能鸿沟"问题。

一、人工智能鸿沟

2018 年,在美国人工智能协会(Association for the Advancement of Artificial Intelligence,AAAI)年会的春季研讨会上,美国堪萨斯大学仿人工程与智能机器人实验室的研究人员威廉姆斯(Williams)发表了一篇文章《人工智能鸿沟的潜在社会影响》。(The Potential Social Impact of the Artificial Intelligence Divide)文中威廉姆斯正式提出人工智能鸿沟问题。

---

① 参见:段伟文,《信息文明的伦理基础》,上海:上海人民出版社,2020 年版,第 217 页。

② Jacques Bughin. Eric Hazan. Sree Ramaswamy. Michael Chui,《人工智能:数字化的下一个前沿?》https://www.mckinsey.com.cn/.

威廉姆斯将人工智能鸿沟界定为："边缘社区与资源充足社区之间，对于人工智能有关的数据、算法和硬件存在不平等接入（access）现象，而当前人工智能设计的主旨在于提升特权阶层的健康、成功与安全；也就是说，只有特权阶层才能识别并获取人工智能技术所带来的收益，负担得起人工智能技术，并能购买相应支持硬件。①"

我们都知道人工智能技术的兴起是随着现代计算机科学、统计学、数据科学、自动传感技术、机器人学等学科长期积累与相互融合，是随着大数据驱动、计算能力的提升、深度学习算法等带来的数据智能和感知智能上的不断突破而形成的。然而正是由于人工智能是基于上述科学技术和科学方法，所以在科学技术落后的国家、地区，甚至某个产业已经面临数字鸿沟问题的同时，又必须面对人工智能鸿沟。当然也许又会有人将科技落后的原因归于经济的问题，但这确实是一个老生常谈的问题。经济对科技发展确确实实发挥着不容忽视的作用，但不能把科技的落后、技术鸿沟和人工智能鸿沟的问题全然归于经济的问题，当然经济的因素是一个不容小觑的因素，在此就不再赘述了。

美国佐治亚理工学院（Georgia Institute of Technology）的一项新研究显示，在美国自动驾驶汽车撞击人类的概率的计算结果中显示，深色皮肤的人比白种人被自动驾驶汽车撞到的概率更高。为什么会有如此的计算结果？据研究者分析，造成上述差异的主要原因在于，美国在进行自动驾驶技术的目标检测模型实验过程中，主要是将白种人纳入到了实验过程，从而对深色肤色的人种的数据并未给予足够的重视，进而造成了自动驾驶技术更擅长识别肤色较浅的白种人②。可见，存在着这样的一种情况就是有相当一部分人工智能算法在开发过程中，因数据的不全面性，造成了对某些群体的歧视，进而对这类群体存在着潜在的风险。所以，谷歌人工智能副总裁曾说，对人类的直接威胁不是杀手机器人，而是有偏见的算法③。人工智能鸿沟是基于大数据这个最基本的平台的，数据的全面性、数据分析的客观性，最终会影响到算法和智能分析结果。

在麦肯锡全球研究院的产业数字化指数（IDI）中名列前茅的行业同时也是人工智能应用的领军行业，这些行业有高科技、电信、金融服务等行业。那些重视在人工智能技术上投资的先行企业紧跟时代脉搏，把企业战略和

---

① 转引自方伟，《人工智能鸿沟：问题现状与治理思路》，今日科苑，2020 年，第三期。
② 参见：方伟，《人工智能鸿沟：问题现状与治理思路》，今日科苑，2020 年，第三期。
③ 参见：方伟，《人工智能鸿沟：问题现状与治理思路》，今日科苑，2020 年，第三期。

人工智能技术紧密结合获得了更高的收益，同时也进一步拉大了与其他企业的业绩差距，逐渐形成竞争优势。一个企业、行业的所谓"特权"阶层是如此产生的，一个地区、国家的人工智能特权阶层也毫无例外是在科学技术、经济投入等基层上形成的，就这样人工智能的鸿沟逐步形成。

二、算法伦理

基于算法的人工智能系统每天为人们提供新闻、天气、交通、美食、购物、理财、健身等各种信息服务。当下的人们时时刻刻都在和算法打交道，算法已经植入信息社会，植入人们的生活，引导和支配着人们思维和行为。近十年，语音图像识别、机器翻译、医疗诊断、自动驾驶等技术的迅猛发展让人们一方面对人工智能大为惊叹，一方面人工智能的伦理问题，尤其是其基础性问题算法伦理、算法公平问题也跃入我们的眼帘。

算法广泛应用于人工智能、机器人、大数据等领域，然而想给算法做个全面清晰的界定还是非常困难的。托马斯 H. ·科尔曼（Thomas H. Cormen）认为算法一般指为解决某一特定问题而采取的有限且明确的操作步骤[①]。我们可以把算法看作是计算机解决某个问题所给出一系列解决步骤。

牛津互联网研究院数据伦理学家伦特·米特尔施泰特（Brent Mittelstadt）认为算法的伦理问题至少有三个来源：数学结构、实现（技术、程序）和配置（应用程序）。但目前对算法的伦理考察主要集中于后两者。按照米特尔施泰特等人的看法，为了获得某个既定的结果，首先，算法要将数据转化为证据；其次，这个结果将以（半）自动方式触发一个可能并非道德中立的行动；最后，考察由算法驱动的行动造成影响的责任分配问题[②]。

按照以往的传统程序员手动编写代码来定义简易算法的决策规则和权重分配。如今，在人工智能背景下机器学习算法能够从数据中推断自己编写代码。这样程序员就无需手动编写详细代码，只需给出一个合适的算法，然后给足训练数据即可。接下来机器学习可以利用足量的数据产生新的模式和知识，并生成有效预测的模型。这种学习能力赋予了算法某种程度的自主性，但也将不确定性和不透明性引入了决策过程。产生不确定性和不透明性的原因有两方面：一方面是算法本身的复杂性不断增加；另一方面是算法与决策过程除了机器学习本身还有其他参与者[③]。通常算法进行自主

---

① 参见：[美]科尔曼等，《算法导论》，殷建平等译，北京：机械工业出版社，2013 年版，第 3 页。
② 参见：孙保学，《人工智能算法伦理及其风险》，哲学动态，2019 年，第十期。
③ 参见：孙保学，《人工智能算法伦理及其风险》，哲学动态，2019 年，第十期。

决策依赖四个主要过程:排序、分类、关联和过滤。排序又称为划分优先级,它的目标是突出强调部分事物淡化其他项;分类的过程是通过检验某个事物的部分特征,将其划分到一个特定的组别中;关联过程是标注不同事物之间的关系;过滤是根据不同的法则或标准包含或排除特定信息①。这些过程看似是一种计算机程式,但每个环节都有多种人为因素参与其中。2016 年 Facebook 深陷的"新闻偏见门"事件就将上述问题呈现在公众面前。Facebook 严重依赖一个小型编辑团队人为操作干预信息算法的自主过程,"创造"热点新闻,从而引发公众思考 Facebook 的政治偏见对美国大选的影响。

还有,我们在上述的智能体的伦理分析中认为智能体卡什梅诺不应当承担事故责任,而其研发人员弗洛伦才是事故的承担者。之所以有这样的结论除了从义务论、功利主义和社会契约论那里得到支持,还可以从下面分析中找到答案。智能体本身还远未达到"人"的智能更加不具有人的"主体性"。它们没有自由意志,所有智能体表达出来的行为都不是它自己"意愿",那是程序设计者通过算法表达出来的,所以智能体还不具备"人格",也更加不能成为道德的载体。智能体背后的数据本身其实是价值中立的,然而一方面人工智能与智能自动系统在选取数据、设计算法和进行认知决策过程中,与设计者和执行者相关的利益和价值因素一定会渗透进来;另一方面合成智能和人造劳动者智能体在人机协同过程中,相关主体的价值选择势必渗透到该过程之中。

智能体是否是道德的载体的讨论令我们不禁又想到这个问题——智能体能否成为"现实的人"? 马克思反对仅仅使用费尔巴哈类本质的概念去界定"人",因为类本质的概念可以区分人与动物,但无法区分人与人;马克思的人的概念不是抽象的形而上学的概念,人既是自然存在物有着自然属性,可以和其他动物相区别,但是也具有社会属性,这个社会属性是由具体的社会关系决定的,每个人所经历的社会现实都是与众不同的,这种社会属性才是人的本质属性,这也就是所谓的"现实的人"。然而智能体首先不具备一般意义上的人的自然属性,同时智能体也缺乏和人类社会的交互,即使是不同时代的智能体各有其时代特色,但这些都不是马克思意义上的"生产关系的总和"。

智能体的认知与决策是基于数据和算法的。生活中我们常见的产品推荐、广告推送、信用评价、政治选举都会用到算法决策——基于数据和算法

---

① 参见:方师师,《算法机制背后的新闻价值观——围绕"Facebook 偏见门"事件的研究》,新闻记者,2016 年,第九期。

的智能化认知与决策,而算法决策也正在日益发展为算法权力。被冠以高效、精准、客观和科学的算法决策也是负载价值的,所以我们必须关注和防范由算法权力的滥用所导致的决策失误和社会不公,应对数据和算法施以"伦理审计"。

第四节　人工智能的伦理考量

前面我们从某些哲学视角重点探究了与人工智能相关的一些问题,这些哲学视角的分析在我们看来异常重要,因为现当下与人工智能相关的很多伦理问题事实上都需要从深层次的哲学视角来研究、考察才能有真正清晰的认识,否则一些伦理的考察只能停留在表面,难以具有充足的说服力。

一、人工智能的伦理思考

近十多年来,人工智能发展日新月异,人们已经开始享受这项技术为我们带来的自动化便捷,其主要的优势在于:第一,它将推进工业自动化的发展,促使社会劳动生产率得以有效提升,最终将促进经济发展;第二,人工智能将在公共服务方面大显身手,它将极大促进公共服务有效升级,从信息通讯技术领域延伸到医疗、教育、政府工作等领域,这样一来,我们的工作服务将变得更加高效、快捷;第三,人工智能还会在环境保护、濒危物种保护等方面发挥重要作用,而且我们可以预期,人工智能将在构建绿色可持续发展生态方面发挥越来越大的作用。

但我们非常明白,科学技术是一把"双刃剑",人工智能亦是如此,当人们在享受这项技术为我们带来自动化便捷的同时,也越来越意识到人工智能的潜在威胁,一些重要的伦理问题亦随之而来。虽然目前人工智能仍处于起步阶段,要发展到高级阶段,即像人一样思考、行动还需要很长时间。但我们已经开始面临其发展带来的挑战,2018 年,《麻省理工学院技术评论》(《MIT Technology Review》)发表了一篇题为《如果人工智能最终杀死了一个人,该谁负责?》的文章,这篇文章提出了一个问题:如果自动驾驶汽车撞击并杀死了一个人,应该适用什么样的法律呢? 在这篇文章发表仅一周之后,一辆自动驾驶的 Uber 汽车在亚利桑那州撞死了一名女子。这就表明,我们必须要对人工智能发展带来的挑战进行认真思考[1]。

---

[1]　参见:《人工智能发展的六大困境》http://www.elecfans.com/d/662065.html。

整体而言,从哲学伦理学视角来看,我们目前需要重点关注以下几个方面与人工智能相关的问题:

第一,与人类智能相比较,人工智能的感知能力很弱。人类的视觉感知是高度背景场景化的,但人工智能对图像感知的能力却非常的狭窄。在这一点上,人工智能虽然是由人类开发的,但它根本不像人类。

第二,我们必须考虑在何种程度上我们可以信任机器。我们知道,人工智能依赖于算法,但算法却具有不透明性和不可预见性,增加了人工智能监管失控的发生概率,从而产生一系列安全问题。我们如何将人工智能带来的安全隐患降到最低? 一旦智能体发生不良事件,如何明确责任?

第三,随着人工智能的快速发展,人工智能的客体主体化,或者是人工智能的异化问题必将成为我们重点考虑的问题,其实这个问题的实质涉及了智能机器的控制问题。

第四,人工智能快速发展,我们的商业模式、资本流向、生产方式、社会交往、生活方式、支付方式等方面已经进入到信息文明时代,并朝着智能文明时代挺进。但我们在概念框架、制度安排、教育设置、社会结构等领域还处于工业文明时代,生产方式的超前与概念框架落后之间的矛盾是当前我们面临的新挑战[1]。

第五,人工智能是有大数据驱动的,大数据具有体量大、类型多、结构杂、变化快等基本特征。在庞杂的数据库中我们运用统计学概念处理信息,凭借算法挖掘数据。此时我们把获取信息的工作交给搜索引擎,在搜索算法的引导下,我们的思维方式就从之前重视寻找数据背后的原因,转到如何运用数据本身,从传统的因果性思维方式接纳了相关性思维方式,从牛顿力学体系下的决定论的确定性思维方式转向量子力学体系下统计决定论的不确定性思维方式。这种思维方式的变革与挑战也是我们应该思考的[2]。

上述列举的几个方面的问题,需要引起我们的高度关注。从哲学伦理学的视角来看,上述问题的核心在于:对于人工智能这个影响至深的科学技术,我们如何智慧地发挥其优势,克服其弊端,从而真正使用好这把"双刃剑",如何真正通过人工智能充分促进人类自身的全面发展。科学技术的发展历程表明,科学技术作为人类自身的感官、思维的延伸,在人类社会发展中充分发挥了其革命性的变革力量,深深影响了人类的生活方式、生产方式、思维方式,正如任何事物都是矛盾体一样,人工智能这个高科技也是一

---

① 参见:成素梅,《人工智能的哲学问题》,上海:上海人民出版社,2020年版,第2页。

② 参见:成素梅,《人工智能的哲学问题》,上海:上海人民出版社,2020年版,第3页。

个矛盾体。对于这个矛盾体,我们认为,人类在思考人工智能带来的挑战的同时,其实也没有必要太过于惊慌。从某种程度上而言,我们人类应该有足够的自信,因为人类的智能除了计算能力、常识能力、下棋的能力,还有很多特殊的能力是人工智能无法超越或找不到超越的科学路径。在可预见的未来,人工智能本质上依然是人类的工具。虽然人工智能在不断进化,但其实是把那些比较低端的领域替换掉,而人类那些更为核心、隐秘,真正蕴含生命意义的智力功能,目前依旧无法被替代。比如阿尔法狗,虽然很强大,但因目标设定是人类完成的,如果人类改变围棋的胜负规则,而没有程序员帮助它调整,阿尔法狗会永远失败下去。

但是,必须指出的是,对于人工智能已经或者将来要产生的一些伦理问题,我们应该及早在伦理建设的标准和规范方面进行探索和考虑,即:做到有备无患。我们知道,伦理规范就是用来处理人与人、人与社会相互关系时应遵循的道理和准则,但对于伦理的认识事实上并不简单,它与智能、意识、生命和宇宙一样,在对这些概念进行界定时往往与具体的文化、宗教、地域、价值观、世界观有关,因而很难有统一的定义。在人类数千年的文明发展过程中,至今我们也没有一个统一的、标准的、明确的伦理体系,仅有一些大部分人承认的大体的原则。但无论如何,伦理规范总体上而言是指一系列指导行为的观念,是从概念角度上对道德现象的哲学思考,它不仅包含着对人与人、人与社会和人与自然之间关系处理中的行为规范,而且也深刻地蕴涵着依照一定原则来规范行为的深刻道理。这些伦理规范,如我们前面探究的伦理工具箱中出现的伦理学理论和规范对于我们处理、分析由于人工智能带来的伦理问题同样具有重要的指导意义。实践也表明,借助目前人类已有的较为规范的伦理理论、伦理思想对人工智能的相关伦理问题进行认真的研究和探讨,可以有效帮助我们规范人工智能的活动,可以极大促进预防、避免、控制人工智能的弊端,从而有助于我们人类制定科学合理的法规制度来管理控制人工智能的科学发展。

二、机器文化视域下的人工智能

人工智能从一定意义上而言可以被视为是整体机器的有机组成部分。在人类历史的大部分时间里,人类使用的工具和器皿是对人类自身组织的拓展,它们并不是独立存在的。作为工人的有机组成部分,工具拓展了他们的能力,使其眼力尖锐,技术精湛,而且教会了工人要尊重他们接触的物质的本质。工具使人类与其生存的环境和谐共存,不再一味强调人类对环境的重塑,也使人类认识到了自身能力的局限所在。或许在梦境中,人类无所不能，但在现实中，人类必须要确认石头的重量，在运输石头时不能超出其负荷。也就是说，人类要想控制自然就必须首先认识自然运行的规律，而不能完全凭自己的意愿行事，这就表明，技术的历史是经验的，它倾向于描述客观现实的图景。

机器具有独立的动力源，即使在初始阶段，它也可以半自动化操作。因此，机器看起来具有自己独立的存在。手工技术的价值蕴藏于过程之中，而机器的价值则蕴藏于开始的设计中，其运作过程只有对设计运行负责的机械师和技术员可以理解。随着生产的机械化，工厂越来越显示出非人性的一面，工作似乎不再拥有过去崇高的地位，在社会交往中，人们的关注点放在了产品上面，人们通过外在成就来评价机器，机器被视为是改造征服环境的外部工具，产品的实际形式、创造产品中体现的合作和智慧以及生产过程中的非人化没有被重视。过去我们尊崇一种精神：产品不仅仅是机器的产物，它应具有自身的价值。在 19 世纪，我们可以从技术或科学中发现高标准的道德，可以找寻新的美以及伦理。而现在，我们似乎陷入了一种困境，我们仅仅关注机器的实践成就。发明者和工业家们将机器局限于工厂和市场，在他们看来，机器与人类生活的其他部门没有太多关联，机器仅是手段而已。事实上，机器是创造力量的一个源泉，它可以创立新的环境类型，在人类艺术和自然之间搭起桥梁，同时，机器还可能会塑造新的生活类型，这些都体现了机器的文化性质。机器的这些方面被工业家和工程师忽略，他们不是以浪漫的方式来理解机器的本质的，即：不从生活的视角来看待机器，浪漫式理解会追寻机器的文化价值。事实上，机器产生的长久结果不是在于工具自身之中，因为工具很快就会过时，也不在于生产的物品之中，因为它们被很快地消费掉了，这样的长期影响存在于机器塑造的生活之中，机器可以创造出新的屈从人性，也可以成为人性解放的推动者，它对于旧有的思想和形式提出挑战，因为机器向我们展示了系统及智能对于事物原初本质具有的绝对优势。机器的永久贡献在于它孕育了合作行为的技巧、机器形式的美学效果、物质和力量的精致逻辑，它充实了艺术的内容，最为重要的是，与这些新式的工具接触，可以塑造更为客观的人性。

总之，机器的发展历程可以给予我们很多启示，通过将人类人性投射到具体的机器形式之中，我们创立了体现人性每一方面的独立环境。从另一方面而言，机器赋予了人类可以运用的更多的力量，机器具有自制、严谨的特性，人类在利用机器力量的同时也被机器重塑了人性的价值维度，人类的价值逐渐趋向于机器的机制，或许在机器看来，人类孩童式的恐惧、猜想以及肯定都是不值一提的。人类借助于机器这一工具使自己的愿望具有了具体、外在和非人性的形式，在潜移默化之中，人类重塑了自己的生活标准，态度也显得更为机械化了，除非人类可以超越机器，否则人类只能以被动的、无选择的方式来应对世界，这就充分体现了哲学主体客体化与客体主体化的辩证逻辑。

从另外的视角来看，虽然工业主义的某些成就只是一堆垃圾而已，机器制造的某些产品也充满了欺骗性、迷惑性，但我们必须要承认：机器的逻辑、技术及美学效应是永久的贡献，暗藏在机器背后的方法与其生产的直接后果相比较更具有永久重要性。第一，机器将一整套艺术效果增加到了由简单工具制造的产品以及手工制造的产品之中，它使得人类工作、感觉以及思维的环境增添了新的元素。第二，它扩展了人类器官的能力和范围，发现了新的美学视域，甚至是新的世界。第三，借助于机器产生的精致艺术拥有适当的标准，使人类的精神具有了独特的满足效应，人类通过机器获取进一步的知识增长并且使自身不断成熟，从而使人类获得不断的发展。第四，机器孕育的精致艺术是对于经验做出的有序的结晶，对于思维而言也具有重要的促进作用，因而，机器摒弃了西方文明中的堕落和片面性，丰富了文化自身。在我们看来，上述关于机器文化的分析是我们透视人工智能功能及地位的重要参考因素，这些因素对于人工智能而言，都是完全适用的。

当我们生活在"智能环境"中时，一方面物质环境本身具有了社会能力，成为一种环境力量，能够起到规范人的行为和重塑公共空间的作用，甚至还会起到社会治理作用。在智能环境的社会中，技术善恶的天平究竟会偏向哪个方向，不再仅仅取决于使用者，更加取决于设计者。当代人已经生活在人造物的世界之中，无法离开技术而生存，我们或许应该采取现实、理性的行动策略，即在设计过程中，应该把人类的核心价值植入，同时，还应该树立一种嵌入伦理责任的技术观。

小结

在本章中，我们重点探究了与当下赛博技术中的"娇子"——人工智能相关的伦理问题。我们的一个基本的认识是：探究人工智能的伦理问题不能浮于表面，要深入到人工智能的深层次哲学机理中进行考察，我们才能对伦理问题有深刻的认识。我们通过对人工智能和逻辑学的关系进行梳理，发现人类知识和推理是人工智能重要的理论基础，厘清这些问题有助于对人工智能的伦理问题进行分析。接下来我们通过分析智能体的伦理问题进而引出人工智能的算法伦理问题。通过对算法伦理问题的分析揭示出，责任承载着从科技产品使用者转换到智能体创建者身上的原因。最后从宏观上对人工智能的发展及其未来会遇到的伦理问题进行了展望,希望哲学家、伦理学家们从机器文化视角探究、认识作为人的创造物的人工智能。呼吁我们要充分发挥人工智能作为机器解放人性的重大作用,同时要对人工智能带来的诸多问题进行前瞻式的探究。

第六章　关于机器人伦理学的考察

1956 年夏天,约翰·麦卡锡(John McCarthy)在美国达特茅斯学院组织了一个有关机器模拟智能的学术研讨会,会上首次提出"人工智能"这一术语,由此,人工智能研究正式诞生。与会者中的麦卡锡、艾伦·纽威尔(Allen Newell)、赫尔伯特·西蒙(Herbert Simon)和马文·明斯基(Marvin Minsky)是人工智能的奠基者。五十多年来,人工智能研究人员已经将这个领域推到了一个又一个新台阶。人工智能研究的动机是梦想着通过研究能让机器或机器人能够像人类一样"思考"并拥有更高智力和专业技能,包括从自己的错误中解脱出来的矫正能力。计算机科学界现在仍然有两个学派的不同声音。第一个学派相信人工智能的研究能够很快实现机器或机器人的智能接近人类智能;甚至超过人类智能。第二派不认为能够创造出接近人类智能的智能化的计算机或机器。艾伦·图灵、约翰·麦卡锡、赫尔伯特·西蒙和艾伦·纽威尔都属于为人工智能辩护的学派,他们认为能够实现机器或机器人的人类智能化。这一章,我们思考的问题是人们借助"人工智能"在创造强人工智能语境中的机器人时应当对人与机器之间的关系进行深层次的哲学思考。

第一节　机器人及机器人伦理学研究方法

计算机技术、人工智能技术、仿生材料、人工知觉技术不断更新推动了机器人技术的发展。弱人工智能语境下的机器人已逐渐走进人类的生产生活,并且对人类社会产生了令人瞩目的影响,同时机器人的应用与发展也引发了很多社会问题。如何有效规避和预防这些问题,同时又能充分发挥机器人的优势,已经是人类必须面对的问题了。尽管强人工智能语境下的机器人诞生尚待时日,但人们已经开始关心智能机器人在设计中是否是反社会的,是否会伤害人类。因此,对智能机器人的伦理问题的研究和智能机器人的研究的同步性,甚至前瞻性就显得尤为重要。

一、机器人

机器人一词源于捷克作家恰佩克(Karel Capek)的科幻小说《罗素姆全能机器人》(Rossum's Universal Robots,1921),恰佩克小说中率先创造了机器人的形象和机器人一词"robot"。"robot"这个捷克词汇源于斯拉夫语,意思是工人与工作。从小说的语境看,"robot"意指非自愿或受到强制的劳工或苦力。从这个字面意义上说,中国的计里鼓车、指南车、文艺复兴时期达·芬奇机器人、自鸣钟、八音盒、发条玩具、机械人偶等等,这些似乎都可以看作是机器人的前身。据此,中国的计里鼓车、指南车和文艺复兴时期的达·芬奇机器人都可以算作早期自动机器的典范。从自鸣钟、八音盒到各种能写字、下棋、倒茶的自动人偶,还有每个人可能都玩过的上发条的小青蛙,似乎都可以看作机器人的前身。17世纪出现的自动人偶剧院可能与神道教传统的"万物有灵(Animism)"观念以及重视万物存在价值的思想有关。近年来在日本风靡一时的"尼尔:自动人形"(NieR:Automata)游戏,都体现出了人类对自动机器人的理想。从词源上讲,自动机器(automaton)一词源于希腊文(αντοματον),意为"按照自己的自由意志行事",可见其本意是"自主";荷马用这个词来描述可以自动打开的门,后来它一般指可以像人和动物一样运动的自动机械。可见人类制造自动机器的初衷可能是使它们按照自己的意愿自主行动,或者在想象中这么看待它们,但人们所制造出来的自动机器所能实现的"自动",并没有内在自我意识,而只是外在行为上的自动——它们只能通过人直接或间接地输入能量和行为模式实现自行运转。迄今为止,虽然人工智能不仅能"自动",还拥有感知环境并与之互动的"智能",但实际上,包括机器人在内的各种智能体依旧没有摆脱这种没有自由意志和自我意识的"无心"的宿命——机器人并不知道它们做了什么,或者更确切地讲,机器人并不理解其行为的意义[①]。尽管机器人时代已经拉开了序幕,"但在其智能与综合能力突破'奇点'之前,它依然在很大程度上是一种概念性的创造物,故关于机器人的认识始终存在着现实与想象的鸿沟。[②]"

二、机器人伦理学的研究方法

我们知道,应用伦理学是伦理学的一个分支,它通常以道德理论开始,

[①] 参见:段伟文,《信息文明的伦理基础》,上海:上海人民出版社,2020年版,第221页。

[②] 段伟文,《机器人伦理的进路及其内涵》,科学与社会,2015年,第六期。

然后将它应用于人类生活和社会的特定领域,以求解决其中出现的特殊道德难题。随着机器人的发展,关于机器人的伦理问题引起了人们的关注,机器人伦理学作为应用伦理学的一个分支逐渐发展起来。整体上而言,机器人伦理学主要探究以下一些问题:创造和使用机器人的道德规范有哪些?嵌入机器人的道德体系涉及哪些方面?人类怎样对待机器人的道德规范问题?机器人在人类的未来生活中扮演怎样的角色?是否可以将道德准则嵌入机器人,如果可以,编程机器人遵循这样的代码是合乎道德的吗?如果机器人对他人造成伤害,由谁来负责?我们不应该设计哪些类型的机器人?理由是什么呢?人类与机器人建立情感联系是否存在风险[①]?

对于这些伦理问题,机器人学家持有不同的立场。有的学者认为不需要关注这些问题,这些学者认为机器人设计师的行为纯粹是技术性的,在他们的工作中没有道德或社会责任;有的学者认为人类可以对机器人目前出现的道德问题进行探究,这部分学者采用某些已有的用来评价人的道德标准对计算机进行好与坏的道德判断;还有的学者对机器人未来发展所涉及长期道德问题感兴趣,他们更加关注的是涉及全球和机器人未来发展的道德问题的探讨。

在我们看来,不管采取何种态度,我们必须要面对的事实是:计算机技术的进步将继续促进智能机器人的发展,人机共处是一种整体的发展态势。因此,我们必须对机器人伦理学给予高度关注。

1. 自上而下地研究机器人伦理学的方法

自上而下的研究机器人伦理学的方法会涉及义务论和后果论。在义务论中,如康德的"绝对命令"对行为的评价是基于义务、责任的,而不是基于行为产生的后果或效用。关于机器人技术的伦理,我们需要关注的是最早由阿西莫夫(Isaac Asimov)提出的阿西莫夫定律[②]:

第一定律:机器人不会伤害人类,或者通过不作为,使人类受到伤害。

第二定律:机器人必须遵守从人类收到的命令,除非这些命令与第一定律相冲突。

第三定律:机器人必须保护自己的存在,只要这种保护不与第一或第二定律冲突。

后来,阿西莫夫增加了一项定律,他将其命名为"零定律",因为它比定

---

① 参见:Spyros G. Tzafestas. *Roboethics:A Navigating Overview*,Publisher:Springer International Publishing,Year:2016,p. 65。

② 参见:Spyros G. Tzafestas. *Roboethics:A Navigating Overview*,Publisher:Springer International Publishing,Year:2016,p. 69。

律一更加重要和优先。

零定律规定:任何机器人都不得伤害全体人类或通过不作为让全体人类受到伤害。

这些定律的制定都是以人为中心的,也就是阿西莫夫主要考虑的是机器人在人类服务中的作用,并暗示机器人有足够的智慧(觉察力、认识力)以至于其在任何复杂的情况下都会遵循这些规则,并做出道德上的判断。

在某种程度上,这些规则的制定是为了支持逻辑推理,这是使用合适的道德行为分类方案来完成的,它简化了在复杂情况下确定哪种机器人行为最符合道德标准的过程。因此,鉴于目前智能机器人的成熟度,这些法律尽管具有高度的简洁性,但目前还无法为机器人伦理学提供实用的基础。然而,虽然阿西莫夫的定律仍然是不具实质意义的,但它们似乎对当今机器人的活动性以及如何看待和使用机器人的道德、法律和政策的考虑具有重要的启示。

我们知道,一般而言,所有美德伦理体系都可以基于道义规则的系统形式得以实现。义务论体系一般要涵盖如下的内容:充满信仰、充满希望、充满爱心、谨慎行事、坚韧不拔、有节制地行事、公正地行事等。从这个视角出发,要使机器人在道德上正确,必须满足以下条件:机器人只采取受到许可的行动;一切必须由机器人采取的行动实际上由机器人执行;机器人所有可允许的(或强制的或禁止的)行为都是被机器人证实的许可(或强制或禁止)的行为。

基于上述的基础理论,自上而下的伦理方法主要有四种[①]:

方法一:使用道义逻辑在道德理论下直接形式化和实施道德准则。标准道义逻辑(SDL)有两个推理规则和三个原理。SDL 有许多有用的特色,但它并没有使智能体必须(或允许或禁止)的操作概念形成书面的形式。人们提出了一种友好的人工智能语义,它运用研究的公理化,在一个道德敏感的研究案例中使用道义逻辑调节两个机器人的行为。

方法二:机器人伦理的范畴理论方法。这种理论方法是一种非常有用的形式主义,并且已经被应用于许多领域,从关于数学的集合理论依据到实用的编程语言。机器人的设计能够使用一个来自范畴理论视角的不同逻辑系统进行推理,从而做出正确的道德决定。

方法三:原则主义。在这种方法中,道德规范要考虑的三个因素是:自

---

① 参见:Spyros G. Tzafestas. *Roboethics: A Navigating Overview*, Publisher: Springer International Publishing, Year: 2016, pp. 70 - 71.

主权、行善、不伤害。

方法四:交战(参与)规则。这是一种综合架构,用于对具有破坏力的自主机器人进行道德规范。使用义务论的逻辑,并且在该架构的元素中,针对机器人被允许的特定的军事参与规则,一个计算框架被开发出来。这些参与规则被称为"控制致命的机器人的道德准则"。有人认为这种自上而下的道义论规范虽然并不广为人知,但它提供了一种非常严格的道德方法,被称为"神圣的命令伦理"。

在后果论的伦理理论中,行为的道德性由其后果来判断,即:认为当前最好的道德行动是导致未来最好后果的行动。从后果论的视角分析机器人的道德规范,基本要求如下:可以描述世界上的每一种情况,可以产生替代行为,可以预测基于目前情况做出的行动所导致的结果,可以依据一种情况的良好性和实用性来评估它。这些要求并不一定意味着机器人必须具有高级人工智能的特点,但是必须具有高级计算功能。行为的道德正确性取决于为评估情况而选择的"善意"的标准。实际上,多年来提出的许多评估标准是以一种融合的方式对社会上的所有人的痛苦和快乐进行协调与平衡,以一种"聚合"的方式平衡社会中的所有人的痛苦和快乐。具体来说,让mpi 作为衡量 i 这个人的快乐(或者善意),以及将 hi 的重量分配给每个人。基于此,最大化的实用标准公式一般形式就是:

$$J = \sum_i h_i m_{pi}$$

在这里 i 扩展到了所有的人:

1. 在理想的(普遍的)实用主义方法中,所有的权重都是平等的,也就是每个人都进行平等的计算;

2. 在利己主义者的方法中,利己主义者的重量是 1,对于其他的人就是 0;

3. 在利他主义者的方法中,利他主义者的重量是 0,其他人则都是正数。

在反对实用主义的观点看来,普遍性不是必需的,虽然实用主义重视给社会整体带来利益,但并不能保证每个人的基本人权和善意将会被尊重,所以它的可接受性是有限的。解决关于公平这一问题的一个方法是,为那些目前不太幸福或幸福的人分配更高的权重值,也就是不幸的人的福祉应该比幸运的人的福祉更多。在许多统计研究中证实,只有少数人符合实用主义理想(对于所有 i, j 是 $h_i \equiv h_j$)。例如,大多数人认为他们的亲戚或他们很熟悉的人更重要,即他们为亲人或他们很熟悉的人提供更高的 h_i 价值。权重选择的方法取决于智能体的价值原则或价值论。这里的基本问题是："m_{pi} 方法究竟是什么"？在快乐主义者看来，人们认为好的是快乐，坏的是痛苦，而在其他情况下，道德的目标是最大化的幸福[①]。

2. 自下而上的机器人伦理学方法

在自下而上的机器人伦理学方法中，机器人具有计算和人工智能的能力，因为具备了这样的能力，机器人便用某种方式使自己能适应不同的环境，从而能够在复杂的情况下正确地行动。换句话说，机器人变得能够学习，从使用一组传感器来形成对世界的感知开始，进行进一步的基于感官数据的动作规划，然后最终执行动作。通常，机器人不会直接执行已经决定的动作，而要通过中间修正。这个过程类似于孩子从父母那里通过教诲、解释以及加强好的行为来学习道德表现的方式。总的来说，这种道德学习属于尝试错误法的架构。麻省理工学院开发了一个以这种孩子般的方式学习的机器人，名为 Cog。Cog 的学习数据来自周围的人，所使用的学习工具是所谓的神经网络学习，它具有子符号性质，在某种意义上，一个与染色体接合有关的权重矩阵的使用不能被直接的解释，它不是清晰且不同的系统。应该强调的是，当在新情况下实施神经网络学习（权重）时，不可能准确地预测机器人的动作。这意味着在某种程度上机器人制造商不再是机器人行为的唯一责任人。责任应该在机器人制造商（设计和实施学习算法的机器人专家）和不是机器人专家的机器人所有者（用户）之间分配。在这里，在所有情况下（即使是学习机器人）我们都有道德问题，作为人机交互决策者的人类角色必须得到保证，以及责任在机器人所有者和制造商之间分配的法律问题。

一个明显的事实在于，机器人伦理学的自下而上和自上而下方法的区别只具有相对性，在实际的操作中，道德学习机器人需要自上而下和自下而上的方法相结合（即合适的混合方法）。一些道德规则体现在自上而下模式中，而其他规则就以自下而上模式学习。显然，混合方法更强大，因为自上而下的原则可以被用作整体指南，而系统具有自下而上的方法使其具有了灵活性和道德适应性。

还有人指出，机器人的道德是有区别的：可操作的道德、实用的道德与完整的道德。在可操作的道德中，道德意义和责任完全在于参与其设计和使用的人类。设计当今机器人和软件的计算机和机器人科学家、工程师通

---

① 参见：Spyros G. Tzafestas. *Roboethics：A Navigating Overview*，Publisher：Springer International Publishing，Year：2016，p. 72。

常可以预测机器人将面临的所有可能情况。实用的道德是指道德机器人在决定行动过程时做出道德判断的能力，而没有人类直接自上而下的指示，在这种情况下，设计师无法预测机器人的动作及其后果。完整的道德是指一个非常聪明的机器人，它完全自主地选择它的行为，因此它对选择负全部责任。实际上，道德决策可以被看作是一个具有更多智能和自主权的系统，主要考量系统工程安全如何实现自然延伸。因此，在现实的操作中，我们应该合理地将自上而下和自下而上的方法有机结合，通过辩证、系统应用二者，我们可以对机器人伦理学有更加深刻的认识和理解，也有助于我们做出更为科学的决策。

第二节　人机共生和机器人权利

上面我们提到自上而下的研究方法强调的是在一个总的指导思想下建构机器人伦理，它的弊端在于人类无法寻求一个统一的标准，其优点也很明显，也就是可以保证机器人伦理在一个总的指导原则下进行建构。自下而上的研究进路强调的是机器的学习和进化能力，它有助于整合不同阶段、不同环境下的基础理论，这对于机器复杂思维能力的建构是必要的。如果一个系统的组件能够很好地设计并恰当地整合，那么具备一定道德能力的智能体在解决由环境和社会引起的挑战中，其选择宽度也将会扩大。由此，我们认为自上而下的研究进路与自下而上的研究进路的结合可能是机器人伦理问题研究的重要出路。多维的机器人伦理进路探究有助于解决机器人伦理在建构和应用中的诸多问题，也有助于机器人在不同环境的开发。在下文中，我们将从机器人应用的广泛性角度进一步探求机器人伦理问题。

一、人机交互

我们先来看看人机交互发展的过程。1764 年英国纺织工詹姆斯·哈格里夫斯不慎踢倒了妻子的纺织机，继而产生灵感设计出了提升纺纱效率的珍妮纺机。珍妮纺机既是第一次工业革命的开端，又是人机交互研究的开端。第一次工业革命开始之后机器正式登上历史舞台，人类也开始思考机器带来的社会问题。生产流水线就是工业革命中人和机器交互又一成果。20 世纪之后，人与机器的关系越来越紧密，人机交互从工厂走了出来，打字机的出现奠定了现代键盘的基础。克里斯托夫·拉森·肖尔斯（Christopher Latham Sholes）发明的 QWERTY 键盘布局，可以弥补最初按照 ABCD 的顺序排列的键盘,打字速度得到提升,按键组合卡顿的问题得到解决,现代键盘诞生了。但是随着信息技术的发展,仅有键盘还是不够的,鼠标的出现让用户可以随意点击屏幕的任何地方,人们感受到自由交互的魅力。十多年前,触屏技术引领了人机交互的技术变革,鼠标被手指所取代,手持计算设备的出现,把人机交互方式带入新纪元,智能手机、平板电脑、个人 PC 等产品的普及加速了人机交互方式转变。可穿戴设备、智能眼镜、基于语音接口的家居产品等这些人机交互的终端产品逐渐进入寻常百姓的日常生活。

我们再来看看人机交互的概念。1960 年,全球互联网公认的开山领袖之一,麻省理工学院(MIT)的心理学和人工智能专家约瑟夫·利克莱德(Licklider J C R.)教授提出人机共生(man-computer symbiosis)的概念,他认为人和计算机应该进行交互[1]。利克莱德"在论文《人机共生》中提到,人类的大脑和计算机在不久的将来将紧密地结合在一起,由此产生的合作关系使得人类大脑以我们今天不知晓的信息处理机器的方式来思考和处理数据。计算机和人类将变得相互依赖,提供互补能量,以实现共同的目标。[2]"

人机交互(Human-Computer Interaction,HCI),是人与计算机之间为完成某项任务而进行的信息交换过程。人机交互技术是计算机用户界面设计中的重要内容之一,与认知学、人机工程学、心理学等学科领域有密切的联系。

目前关于人机交互的定义主要有三种:

一是 1992 年计算机机械协会(Association for Computing Machinery,ACM)的观点,人机交互是有关交互计算机系统设计、评估、实现以及与之相关现象的学科;

二是伯明翰大学教授阿兰迪克斯(AlanDix)的观点:他认为人机交互是研究人、计算机以及他们之间相互作用方式的学科;

三是宾夕法尼亚州立大学约翰·M·卡罗尔(JohnM. Carroll)的观点:他认为人机交互指的是有关可用性的学习和实践,是关于理解和构建用户乐于使用的软件和技术,并能在使用时发现产品有效性的学科。

无论是哪一种定义方式,人机交互所关注的首要问题都是人与计算机

---

[1] Licklider J C R. Man-computer symbiosis. IRE Trans Human Factor Electron. 1960. HFE‐1. pp. 4‐11.

[2] 戴潘,《大数据时代的认知哲学革命》,上海:上海人民出版社,2020 年版,第 247 页。

之间的关系问题①。

　　人与计算机之间的关系与联系的切入点问题是人与计算机系统的界面的关系问题。我们知道人与计算机系统的界面分为物理和认知界面。物理界面是硬件界面，主要研究计算机硬件设计中的人的因素问题；认知界面是软件界面，主要研究计算机软件设计如何与人的认知特点相协调的问题，认知界面是人机交互技术要研究和解决的主要问题②。

　　我们可以从计算机发展的过程中看到人机交互发展的过程。计算机与人的交互方式从无交互到命令语言交互、再到图形交互，已经具有直接操作的特点。图形用户界面时代人机交互系统的核心技术思想和方法是在20世纪六七十年代提出和发展的。在多媒体、虚拟现实、移动计算和人工智能迅速发展的智能时代，计算机的处理速度和性能仍然在迅猛地提升，但计算机交互能力并没有得到相应的提高，其中一个重要原因就是缺少与新交互需求相适应的、高效自然的人机交互界面和交互技术，所以说人机交互的认知的问题解决了，人机交互就能够登上另一个新台阶。

　　人机交互是一个随着用户的需求和技术革新不断发展变化的领域，用户的体验越来越需要人机交互从图形用户界面过渡到自然用户界面，甚至发展到更人性化的交互界面。自然用户界面是人机交互界面的新兴范式转变，从命令语言交互下的人机交互转换到更加关注人类触摸、视觉、言语、手写、动作的人机交互感受，这无疑是很大的提高。然而，基于现实的交互（reality-based interaction，RBI）可以通过自然用户界面、虚拟现实技术、感知和情感计算、语音交互及多模态界面等让人们有更进一步的人机交互感提升。随着计算机在人们日常生活各个方面的作用展示，随着信息技术在可以应付人们生活、工作的各种复杂过程，人工智能、虚拟技术、计算机技术将会不断相互渗透和相互影响。那时人机共生系统（cyber-human system，CHS）将会大放异彩。

二、人机共生

　　人机共生（Man-Computer Symbiosis），我们上面就提到过利克莱德曾提出这样的想法，人类大脑和计算机未来将是合作的关系，为了共同的目标

---

① 参见：《人工智能发展概况：人机交互技术篇》，https://www. toutiao. com/i6822703104178258435/?　tt_from＝mobile_qq&utm_campaign＝client_share&timestamp＝1600125109&app＝news_article&utm_source＝mobile_qq&utm_medium＝toutiao_android&use_new_style＝1&req_id＝20200915071149010131057077 23A66876&group_id＝6822703104178258435。

② 参见：方志刚，《人机交互技术综述》，人类工效学，1998年，第九期。

它们彼此依赖、互补、紧密结合在一起。而阿什布(R. Ashby)在其著作《控制论导论》中提出人机共生能实现人类智能的放大。安德鲁(E. O Andrew)在其论文《人机共生》中提出,人与计算机的共生关系与人与计算机的互动是相似的,要实现这种互动,需要人与计算机之间存在共生关系。莱什(Nea Lesh)等人在论文《〈人机共生〉重新审视:实现与计算机的自然交流和协作》中系统回顾了利克莱德的观点,并指出人机共生的三个条件:人与机器之间互补而有效的分工;在计算机中明确表征用户的能力、意图和信念;以及使用非语言交流模式。弗朗西斯·海利(Francis Heylighen)在其论文"从人类计算到全球大脑:分布式智能的自组织"中探讨更广泛的人类计算背景,将其看作是分布式人机共生领域中的一种方法,通过人机互补和分布式智能来实现全球大脑①。

斯皮罗斯(Spyros G. Tzafestas)指出人机共生的主要目标是填补全自动和人控机器人之间的空白。机器人系统必须在所有情况下都要考虑人类的需求和偏好。在实践中,必须对人和机器人的工作进行动态细分,以便优化系统的可允许任务的范围、准确性和工作效率。

为此,需要解决几个基本技术问题,这些技术问题有:人与机器人的沟通、人与机器人的架构、自主机器学习(通过观察和经验)、自主任务计划、自主执行监控。人——机器人系统必须被视为一个多人智能体系统,其中人机交互分为:1.物质部分,指的是人体和机器人的身体的架构。2.感觉部分,指的是人和机器人通过其获取关于彼此之间和世界的信息的渠道。3.认知部分,指的是系统内部功能的问题。对于人类而言,这包括心灵和情感状态。对于机器人来说,它包括推理模式和传达意图的能力②。

斯皮罗斯还指出人工智能体由许多专门智能体人支持。主要智能体应包括以下内容:

1. 监视智能体,就是被动地监视人类特征(例如,身体特征和情绪状态)。这通过许多技术,例如,语音识别,声音定位,运动检测,面部识别等来实现。

2. 交互智能体,具有处理关于许多交互功能的能力,例如通过交互智能体处理通信或通过人与道德、社交智能体来建立交互模型。

3. 社会道德智能体,它包含一系列的道德和社交规则,使机器人能够

---

① 参见:戴潘,《大数据时代的认知哲学革命》,上海:上海人民出版社,2020年版,第247页。

② 参见:Spyros G. Tzafestas. *Roboethics*: *A Navigating Overview*, Publisher: Springer International Publishing, Year: 2016, p. 74。

根据公认的整体道德、社会背景执行道德行为并与人们互动。

整体而言,在一个共生系统中,人类和机器人在复杂动态环境中,在做决策和控制任务中进行合作,以实现一个共同的目标。这样的系统拥有很长的历史。例如,人机共生的愿景被表述为:"人类将设定目标、制定假设、确定标准并进行评估。计算机将完成必须完成的日常工作,为技术和科学思维中的见解和决策做好准备①"。初步分析表明,共生伙伴关系将比单独的人能够更有效地执行智力操作。

除此之外,我们还要关注机器人人机共生的许多其他重要问题,如:今天的信息技术设备只是由计算机科学家和工程师开发,这样做的后果是什么? 关于机器人的主从关系是什么意思? 机器人在不同设置中作为伙伴的含义是什么? 如何建立社交机器人来塑造我们的自我理解,以及这些机器人如何影响我们的社会? 多年来,这些问题和其他问题受到了广泛的关注,并且许多不同的答案已经存在,而且许多新问题将会出现。

三、机器人的权利

目前的西方立法认为,机器人是一种没有职责或权利的无生命的智能体。机器人和计算机不是法人,在司法体系中没有立足点。因此,机器人和计算机可能不是犯罪活动的加害者,死于机器人手臂的人并未被谋杀。但是,如果机器人具有部分自我意识和自我保护意识,并做出道德决定,会发生什么? 这些道德机器人是否应该拥有人类的权利和义务或其他一些权利和义务? 这个问题在科学家、社会学家和哲学家之间引起了很多讨论和争论。

就目前我们掌握的信息来看,许多机器人科学家做了个设想,即:在几十年后,机器人将会拥有感觉,因此他们需要保护。他们认为必须制定"机器人权利法案"。人类需要对他们创造的智能机器人产生同情心,并且机器人必须被程式化为对人类(他们的创造者)具有同情的感觉。这些人认为,更大的同情心会降低人类和机器人采取暴力行为并造成伤害的倾向。"未来的希望不仅仅是技术,还要有我们所有人,包含了人类和机器人生存和繁荣所必需的同情心。②"这里值得关注的一个问题是:识别具有道德地位和兴趣、同人一样具有意识的而不是作为财产目标的机器人会存在如下的难题:

---

① 参见:Spyros G. Tzafestas. *Roboethics*:*A Navigating Overview*,Publisher:Springer International Publishing,Year:2016,p. 75。

② 参见:Spyros G. Tzafestas. *Roboethics*:*A Navigating Overview*,Publisher:Springer International Publishing,Year:2016,p. 75。

我们怎么能够识别出机器人是真正有意识的,而不是通过它的编程方式在纯粹模拟意识？如果机器人只是模仿意识,就没有理由去承认它的道德或法律权利。但是,也有人认为,如果一个机器人在未来建造出具有像人一样能力的机器人,可能包括意识,那就没有理由认为这个机器人没有真正的意识,这可能被看作是为机器人分配合法权利的起点。

针对上述问题,有学者指出,可以通过探索人类社会机器人人格化的趋势来讨论机器人权利问题。有人认为,自从社交机器人被专门设计了拟人的特征和能力,并且在实践中人类与社交机器人的交互方式与其他人工制品的交互方式不同,那么,对它们的某些类型的保护将可以适用我们当前的立法。另一个讨论的论点认为可以应用社会契约论的方法,通过这一方法扩展合法保护机器人伙伴、社交机器人的可能性,也就是说,法律被设计和用于控制行为以促进社会的更大利益,法律必须被用来影响人们的偏好,而不是相反。这表明,整个社会的成本和收益必须用一种实用的方式进行评估。如果法律的目的是反映社会规范和偏好,那么社会对机器人权利的愿望应该被考虑并转化为法律。在这部分人看来,根据康德的哲学论点,将这种保护扩展到社交机器人在逻辑上也是合理的。但实现这一点的实际困难是以合法的方式定义"社交机器人"的概念。总的来说,社交机器人、机器人伙伴应该受到合法保护的问题非常复杂。

与上面观点相反,许多机器人研究人员和其他科学家强烈反对给予机器人道德或法律责任或法律权利。他们声称机器人完全归我们所有,机器人学习的潜力应该被解释为有可能扩展我们的能力并实现我们的目标。这样的论点认为机器人应该被合法地被视为奴隶,而不是同伴,即机器人应该是奴隶并不意味着机器人应该是你拥有的人,而是机器人应该是你拥有的仆人,机器人可以是一个仆人而不是一个人,人拥有机器人是正常和自然的。这样的观点认为,机器人完全由我们负责任,因为我们是它们的设计者、制造者、所有者和使用者。他们的目标和行为由我们直接(通过明确他们的智能)或间接(通过指定他们如何获得他们的智能)确定。机器人的拥有者不应该对机器人有任何道德义务,机器人是他们唯一的超越社会的常识和体面的财产,这一原则适用于任何人工制品。总而言之,他们认为,机器人是工具,就像道德领域中的任何其他人工制品一样。一个自动机器人会结合自己的动机结构和决策机制,但我们选择、设计了决策系统。他们的所有目标都来自我们,因此,我们不是对机器人有责任,而是对社会负责。

通过前面的阐释,我们讨论了机器人作为社会技术智能体人的机器人伦理学的基本问题。机器人伦理学与机器人自治密切相关。这些伦理问题的产生来自机器人的更多自主性或更多认知特征的进步和实现。阿西莫夫的定律是以人类为中心的，并假设机器人可以获得足够的智力，例如能够在所有条件下做出正确的道德决定。一些学者使用这些法则作为制定和提出更现实的道义性质的法则的基础，这些法则以及后果主义性质的规则以自上而下的方式体现在机器人的电脑中。当然，我们也要积极关注另一个可选择的方式，即：自下而上的道德学习方法。

与此同时，我们需要高度关注人机共生的道德问题。人机整合超越了单个人的水平，自然地，这就包括人和机器人权利的各个方面。当然，机器人权利问题是一个激烈辩论的问题。日本和韩国已经开始制定政策和法律来指导和管理人机交互。在阿西莫夫定律的推动下，日本政府发布了一系列官方条款，规定"在中央数据库中记录和传播机器人造成的伤害"。韩国制定了人机交互伦理规范，该规范定义了被编入机器人的道德标准，并限制了一些人类对机器人的潜在滥用。实际上，正如我们在本书中一直强调的那样，没有一种普遍接受的绝对的道德理论存在，对我们而言，最佳的策略是认可少数普遍接受的道德规范存在。另一方面，尽管存在对案件的多重法律解释，并且法官有不同的意见，但立法制度似乎提供了一个更安全的框架，并且在解决民法和刑法责任问题方面往往做得相当不错。因此，从法律责任的视角开始思考，更有可能得出正确的实际答案。

第三节　机器人伦理的几个具体问题分析

在前面两节中，我们围绕机器人伦理学的基础理论进行了阐释，在本节中，我们将主要探究当下几个机器人应用领域中，即医学、社交、军事领域中存在的现实的、具体的伦理问题，从而使我们对这一问题有更为直观的感受与理解。

一、医学机器人的伦理问题

机器人手术伦理学是医学伦理学的一个分支。一个基本的常识是：医学的治疗方法（手术或者其他）首先应该是合法的。但是一个合法的治疗方案可能并不道德。伤害法的基本规范认为，所有个人对他人有合理关怀的责任，如果一个人因为不理智的行为对另一个造成伤害，则法律对这个不理智的人规定相应的责任。当这个被告是一个外科医生时，法律就会将医学道德规范作为指导，也就是说，在手术医疗事故诉讼中，原告会试图证明外科医生的行为与医疗界所接受的标准不一致,以证明他违反了照顾病人的责任,因此,在诉讼中,原告必须证明,如果不是被告的行为,他就不会受到伤害,或者在某些情况下被告的行为是带来伤害的"实质性因素",原告必须证明被告应该合理地预见到他的行为会导致被告遭受的那种伤害。

机器人的制造商有责任关心购买者以及预测可能将与机器人接触的任何其他人。因此,制造商有责任设计一个安全的机器人,并保证机器人与他的正常目的相适应,这意味着制造商对机器人故障造成的伤害负有责任。如果一个医生使用机器人产生故障并伤害了患者(第三方),患者将会起诉作为故障机器人的操作员的医生。为了公平公正,法律允许医生向故障机器人的机器人制造商提出赔偿,也就是根据机器人制造商的过错转移他必须支付的部分费用,如果医生完全没有过错,那么他将要求制造商赔偿全部损坏。事实上,这里就涉及一个与机器人手术相关的主要的道德问题,即:社会正义。我们知道,手术机器人旨在提高患者的生活质量和尊严(减少患者的疼痛和恢复时间等),但使用手术机器人的过程中不应该存在歧视,应该具有普遍性。不幸的是,高科技医疗手段通常意味着高成本,这主要是由于专利权(也就是患者必须向持有者支付费用)[①]。

接下来让我们具体考察分析一个机器人手术场景,这个案例所包括的问题超出了当前人身伤害法的范围。这个案例是:有一位胰腺肿瘤的患者找到了外科医生 A,医生正在向他解释外科手术的情况。患者已经提供了微创(腹腔镜)手术的知情同意书,在手术机器人的帮助下(尽管机器人手术涉及许多风险)进行开腹手术。外科医生开始腹腔镜手术,发现传统的腹腔镜手术无法切除肿瘤。但根据他的经验,他认为具有更高灵活性和准确性的机器人可以安全地移除肿瘤。当使用机器人进行手术时,机器人发生了故障并且对患者造成了伤害,外科医生 A 开始设置并校准机器人移除肿瘤的手术。患者最终做完了手术,但很快就死于癌症。在这种情况下,如果患者的家属要求因恢复手术造成的伤害,则会出现以下道德问题:

外科医生提供机器人手术作为患者的选择是否合乎道德,医生是否知道内在风险? 对于美国取得执照的外科医生和医院,美国医学协会关于医疗道德知情同意的意见规定:医生的义务是准确地向患者或负责患者护理的个人提供医疗事实并根据医疗事实提出建议进行管理。医生有道德义务帮助患者从符合良好医疗实践的治疗方案中做出选择。然而,外科医生没

---

① 参见:Spyros G. Tzafestas. *Roboethics*: *A Navigating Overview*, Publisher: Springer International Publishing, Year: 2016, p. 86。

有义务询问患者是否更喜欢医生使用某种或者其他的手术器械。但是在手术公认的标准下,外科医生不告诉患者机器人的使用与常规有很大不同,这并不是不道德的。另外的问题是:外科医生决定使用机器人是否合乎道德?这个问题与其他医疗事故案件中相同的问题没有什么不同。要回答这个问题,我们必须看一位通情达理的外科医生在同样的情况下会做些什么。但必须要解决的法律问题是:谁应该对患者的伤害承担法律责任? 因为患者死于癌症,所以这种情况很复杂。

假设患者的家属可能因手术期间患者受伤而起诉,外科医生和医院可能会向机器人制造商寻求赔偿,并坚持认为机器人的错误行为是造成伤害的原因。然后,制造商可能会坚持认为外科医生在这种情况下不应该选择使用机器人,这样,外科医生就会承担伤害患者的风险。

如果我们进一步深入思考,就会发现与上述情节相关的其他法律和道德问题还有:制造商有责任确保机器人的操作者得到充分的培训;医院有责任让拥有合格资质的外科医生使用机器人。另外还要考虑机器人手术中的一些具体问题,例如通过机器人进行心脏手术的好处在于,使用机器人微小的机械臂可以实现更准确、更少痛苦的手术进程,并减少几天患者在医院住院时间。但是这一过程的最大的缺点是你没有任何感觉,机器人没有给你触觉的反馈,医生基本上是通过视觉来看对组织做了什么。另外,很多医生并不认为机器人技术已经到了使患者可以安全使用的地步,因为使用机器人技术意味着你必须做其他事情以保护心脏。

二、社交机器人的伦理问题

社交机器人指的是被用于各种环境,包括医院、私人住宅、学校和老年人中心的机器人。因此,这些机器人显然针对的是有特殊需求的用户,但它们必须在包括家庭成员、护理人员和医学治疗师在内的实际环境中运作。通常,社交机器人被设计成不对用户施加任何物理力量,仅仅是治疗的一个组成部分。虽然使用社交机器人的两个主要群体是儿童和老年人,但仍然需要制定统一的道德准则来控制和利用机器人照顾儿童和老人。使用社交机器人时必须解决的基本社会和情感问题包括:

1. 当用户被连接在机器人上时可能产生道德问题,例如,当由于操作降级或故障而移除机器人时,机器人的缺席可能会产生痛苦或丧失治疗效果。例如,已经发现患有痴呆症的人在移除机器人时会想念机器人。这是因为用户感觉机器人是人。

2. 机器人通常被设计成在扮演角色时物理地模仿像人一样行动,当机器人模仿宠物的行为时,可能发生欺骗现象。这里应该注意的是,与较小的机器人相比,尺寸类似于用户的机器人可能是可怕的。机器人欺骗(例如,当患者将其视为医生或护士时发生)可能是有害的,因为患者可能认为机器人可以像人一样帮助他,但这不是真的。

3. 使用者和护理人员都需要准确地了解机器人使用的相关风险和危害。机器人使用规定中要尽可能多地描述机器人对患者和护理人员的能力和局限,要说明不良影响的警告以及对用户的有益护理的责任。

4. 被设计用于扮演治疗师角色的机器人有权对患者施加影响。因此,出现了一个道德问题,机器人的权威如何界定,谁实际上控制了交互的类型、级别和持续时间。例如,如果一个患者由于压力或疼痛想要停止运动,人类治疗师会根据他对患者身体状况的一般人性化评估来接受这种情况。这种特征在技术上嵌入到机器人中是合乎需要的,以便在道德上平衡患者的自主权和机器人的权威。

5. 在人——机器人交互过程中保护隐私至关重要。寻求医疗和康复护理的患者希望可以尊重他们的隐私。机器人可能没有能力充分区分可以分享的信息和不可以分享的信息。机器人可能也没有能力区分授权人员和未授权人员获取关于患者的信息。因此,患者具有道德和合法权利,可以通过安装在机器人上的摄像机以及将获取的图像传输给其他智能体,从而适当地了解机器人的能力。因此,患者(或对他/她的治疗负有责任的人)应该充分和确实地了解要使用的社交机器人的能力,护理人员对此负有道德责任。

6. 人与人之间的关系是在使用辅助社交机器人时必须考虑的一个非常重要的道德问题。通常,机器人被用作增加或增强护理人员治疗的手段,而不是他们的替代品。因此,不得干扰患者-护理提供者的关系和相互作用。但是,如果机器人被用作人类治疗师的替代品或智能体人,则机器人可能导致人与人接触量的减少。如果机器人被当作患者生命的唯一治疗手段,那么这是一个严重的道德问题。在这种情况下,在患有孤独症的脆弱人群(患有发育障碍的儿童、患有痴呆的老年人等)中,隔离综合征可能会更糟。

7. 使用机器人还要考虑公正问题。主要涉及稀缺资源的公平分配和责任分配这些标准的道德问题。精密的辅助机器人通常很昂贵,因此总是存在一个问题:辅助机器人的好处是否值得付出代价? 为了回答这个问题,可以使用传统的医疗成本、收益评估方法。责任问题涉及的难题是:谁在受到伤害时负责? 如果是机器人故障造成危害或伤害,问题可能出在机器人的设计、硬件或软件上。在这种情况下,责任属于设计师,制造商,如果造成伤害的原因是使用者，则可能由于使用者不合格的训练或对机器人的期望过高而发生这种情况①。

三、战争中的机器人伦理问题

在当代战争中，机器人使用的范围越来越广泛。在战争中使用军用机器人，需要特别考虑的问题主要有：作战决定、辨别力、可信赖性、均衡性。目前，使用机器人武器杀人的决定仍然由人类操作员决定。但是，如果人类士兵必须监视每个机器人发生的动作，这可能会限制机器人被设计的有效性。机器人可能更加准确和高效，因为它们更快，并且可以比人类更好地处理信息。预计随着在战场中投入使用的机器人数量不断增加，机器人的数量最终可能会超过人类士兵。这就需要关注机器人的辨别力问题。人们普遍认为，机器人区分合法目标与非法目标的能力在不同系统之间会有很大差异。一些传感器、算法或分析方法可能表现良好，而有些会很糟糕。目前的机器人距拥有可以真实地区分合法和非法目标的视觉能力还有很大距离，即使在密切接触中也是如此②。

值得注意的是，区分合法和非法目标并不是一个纯粹的技术问题，但由于缺乏明确的关于平民的定义，这一问题相当复杂，当然，目标之间的区分对于人类士兵来说也是一项困难的容易出错的任务。因此，这里的道德问题是：至少在不久的将来，我们应该把机器人系统保持在比我们目前没有达到的标准更高的标准吗？有人认为，在完全证明机器人系统可以在所有情况下精确区分士兵和平民之前，不应使用自动的可致命的机器人。但相反观点认为，虽然自主（无人）机器人武器有时可能会出错，但总体上它们的行为比人类士兵更具有道德性，也有人认为，即使受到道德训练人类士兵也会在战争中表现出更高的错误倾向。人们也认同人类士兵的可靠性较低，并提供证据证明人类士兵在恐惧或压力下可能会非理性地行动。因此，可以得出的结论是，由于战斗机器人既不受恐惧或压力的影响，也可能独立于环境而比人类士兵表现出更符合道德规范的行为。在某种程度上，军事机器人可以大大减少战场上的不道德行为，也可以大大减少人力和政治成本，因此有充分理由继续发展并研究其道德的行动的能力。另外，战争机器人为了拯救一些人而杀掉其他一些人，谁应该受到指责和惩罚。也许一系列责

---

① 参见：Spyros G. Tzafestas. *Roboethics：A Navigating Overview*，Publisher：Springer International Publishing，Year：2016，p. 118。

② 参见：Spyros G. Tzafestas. *Roboethics：A Navigating Overview*，Publisher：Springer International Publishing，Year：2016，p. 147。

任将是一个简单的解决方案,即最终由指挥官负责。在机器人被给予更高程度的自主权时,这个情况更为复杂,需要更深入地讨论。

在战争中使用机器人还有可能遇到的一个重要的问题是:机器人会拒绝命令,如果一个机器人拒绝一个指挥官攻击一个众所周知的叛乱分子的房子的命令,因为它的传感器透过墙壁看到里面有很多孩子并且它按照交战编程要最大限度地减少平民伤亡,这样就会形成冲突:我们应该遵从可能更准确地感知周围环境的机器人,还是应该遵从发出合法命令的指挥官? 另一方面,如果由于机器人拒绝服从指挥而产生出了更多伤害,在这种情况下由谁来负责? 对于这些问题的探讨到目前为止可能不会有一个标准的答案,但是这些问题又是我们必须要认真考虑的伦理道德问题。在我们看来,对于这些问题的讨论分析仍然要借助于我们的传统伦理工具箱,人类社会的实践活动是不断发展的,我们的伦理理论也在新的实践中焕发出新的生命力,只不过在应用这些伦理理论对这些新产生的高科技伦理问题进行分析和解决时,可能情况要比我们想象的更为复杂,对于这一点,我们要有充分的心理准备。

小结

在本章中,我们从分析机器人伦理学的一般理论开始,探究了人机共生中的伦理问题,并挑选了几个当下最为前沿的机器人伦理具体案例进行了分析。通过阐释,我们试图引起大家重点关注的方面是:在信息赛博技术时代,人机共生已经或将成为不争的事实,人机共生是个新情况,必将会带来新的道德问题。我们需要前瞻式思考这个时代中人和机器人的各自权利,需要认真考量人类究竟该如何对待机器人,机器人是我们的朋友抑或仅仅是我们的仆人吗? 当然,最为根本的一个需要我们认知的问题仍然是如何识别人与计算机或机器人智能之间的根本差异,人类智能的优越性究竟是什么? 在我们看来,对于这些问题要给予高度关注,因为这些问题的重要性将越来越凸显,对我们的生活将产生重要的影响。

第七章　物联网与虚拟现实的伦理学考量

通过前面几章的探究,我们已经发现了一个非常重要的现象:在赛博技术发展的大背景下,伦理学研究发生了重要的转变。一方面,技术发展推动了伦理反思,另一方面,应用伦理学家们试图确定某些明确的规范,以便我们在使用某些具体技术时,可以有标准来选择如何做是善的,如何做是恶的。我们知道,道德不仅仅要关照一般人类活动,还要特别对人类技术进步带来的活动进行分析,通过道德规范来指导人类与诸如信息技术、人工智能技术等新技术之间的相互作用。从道德伦理视角衡量新技术,我们会发现新技术很难做到价值中立,因为当我们在使用技术时,在我们的行动中已经暗含了价值的考量,从这个角度来看,技术人工制品使用的过程中能够促进价值的实现,作为当下高科技产品代表的物联网、虚拟现实技术也具有类似的特征,在这一章中,我们将对与物联网和虚拟现实相关的伦理问题进行考察。

第一节　物联网的理论概述

物联网非常形象地描述出了人与人、人与物之间的联系、关系,我们下面开始分析大数据背景下物联网的伦理思考。

一、物联网概念的起源

物联网(Internet of Things,IoT)的概念最早在1995年由美国微软的创始人比尔·盖茨在《未来之路》中提到。盖茨设想的"物—物互联"是类似用一根别在衣服上的电子别针和家庭电子设备相连。这个电子别针可以控制家用电器。受当时计算机、网络、通讯技术的限制,盖茨的想法还无法实现。过了四年,1999年,美国麻省理工学院自动识别中心(Auto——ID)实验室的研究人员提出用射频标签(Radio Frequency Identification,RFID)、无线网络、互联网来构建物联网的想法，从而实现智能化地识别、定位、跟踪、监控和管理物品。2005 年 11 月 7 日，在突尼斯召开的信息社会世界峰会（WSIS）上，国际电信联盟在《ITU 互联网报告 2005：物联网》的年度报告中对"物联网"的涵义进行了扩展，报告认为，无所不在的"物联网"通信时代即将来临，世界上所有的物体都可以通过因特网（Internet）主动进行信息交换，射频识别技术、传感器技术、纳米技术、智能嵌入技术将得到更加广泛的应用，信息与通信技术的目标已经从任何时间、任何地点连接任何人，发展到连接任何物品的阶段，而万物的连接就形成了物联网，它是对物体具有全面感知能力，对信息具有可靠传送和智能处理能力的连接物体与物体的信息网络，具有全面感知、可靠传送、智能处理是物联网的特征①。

二、物联网的发展与运用

对于物联网的研究、实践，在国外最早进行物联网研究的国家主要是日本、美国和欧洲地区的国家。

2008 年美国的国际商业机器公司（IBM）董事长兼总经理彭明盛在纽约 11 月初召开的外国关系理事会上发表了《智慧的地球：下一代领导人议程》，并在 2009 年工商业领导者的"圆桌会议"上再次提出建立"智慧地球"，核心是以一种更智慧的方法通过利用新一代信息技术来改变政府、公司和人们相互交互的方式。其主要是先在水和天然气等管道系统、铁轨和桥路等交通系统中嵌入各样的传感器，然后收集信息、利用无线传输、最后使用智能计算机来计算。奥巴马为了使美国尽快走出经济危机，并重建美国在科学技术方面的领先地位，对 IBM 关于"智慧地球"的理念给予了肯定。

欧洲发展物联网技术的优势在于它的通信事业的发达，在 2000 年欧洲理事会提出了"e—EUROPE"行动计划，主要是发挥欧洲的电子科学技术、微处理器和互联网方面的优势，五年后欧盟正式提出了"I2010—欧洲的信息社会"发展框架，重点发展信息通讯技术，来借此推动整个欧盟的经济发展；日本在 2009 年出台了以物联网为主要内容的《I—japan2015》战略，主要包括增强车与车之间以及道路状况的信息控制，确保交通安全；通过动态的环境监测来有效控制污染问题；加强对老人和幼儿的监督和管理，以防止发生紧急情况。可见其对物联网的运用主要集中在基础设施构建、公共交通、社会公共服务等方面。

中国物联网的发展是从 2009 年从温家宝总理提出"感知中国"开始的，

① 姚万华，《关于物联网的概念及基本内涵》，中国信息界，2010 年，第五期。

从那时起,物联网被纳入了国家新兴战略性产业内,并且当时国务院总理温家宝在 2010 年的《政府工作报告》中明确提出要将加快对物联网的研发和运用纳入重点产业振兴,可见其在中国的受重视程度高于欧美等国家。由此可见,我国的物联网从一开始就是向产业化的方向发展的,并且 2018 年在我国的深圳会展中心还召开了"2018 首届全球物联网产业大会"。物联网在中国的应用从北京奥运会的视频监控到现在的智能化交通、食品管理等层面。随着物联网的关键核心技术:射频识别技术(RFID)、无线数据等的发展,目前物联网在我国已经运用于工业(如:家用电器、智能汽车)、医学(如:食品药品溯源管理、智能医院的建设)、国家基础设施建设(如:城市公共管理领域中对路灯、垃圾车、危险品源的监管、控制和处理)服务业等等方面,并且在现在的物联网发展中,很多人的手中也拥有了物联网的终端,比如人们的智能手机、智能牙刷、智能冰箱、宠物定位器等。物联网在上述的公共领域以及私人领域的发展带来了大量的复杂数据以及数据分析技术的发展。

第二节　物联网中的大数据应用及其伦理问题分析

在探索物联网问题时,很明显可以发现,无论物联网在哪一领域的运用,都需要使用大数据分析来运用网络中的数据。随着物联网的快速发展,大数据技术已经被认识为一种关键的数据分析工具,其中,云计算的快速发展就是一个很好的例子。

一、大数据分析概况

为了确定大数据分析在本书中的概念含义,有必要考虑如何定义大数据,以及大数据分析的概念及其运用。大数据这一术语是在全球数据的爆炸式增长下创造出来的,主要用于描述这些庞大的数据集。与传统数据集相比,大数据通常包含大量需要更多实时分析的非结构化数据。此外,大数据还为发现新价值带来了新机遇,有助于我们深入了解隐藏价值,并引发新挑战,例如,如何有效地组织和管理此类数据。目前,大数据引起了工业界、学术界和政府机构的极大兴趣。国外的权威科学期刊《自然》与《科学》也开设了专栏讨论大数据的重要性和挑战。

目前,虽然大数据的重要性已得到普遍认可,但人们关于它的定义仍然有不同的意见。2010 年,阿帕奇(Apache)基金会将大数据定义为在可接受范围内无法被通用计算机捕获、管理和处理的数据集。根据这一定义,2011年5月,全球咨询机构麦肯锡公司在《大数据:下一个创新、竞争和生产力的前沿》中指出:大数据是指其大小超出了典型数据库软件的采集、存储、管理和分析能力的数据集①。

事实上,早在2001年道格拉斯·兰尼(Douglas Laney)就对大数据的定义提出了三个方面:①体积或数据规模(volume);②速度或数据流分析(velocity);③多种多样或不同形式的数据(variety)。后来在2014年国际商业机器公司(IBM)又添加了另一个要素:真实性低或数据的不确定性(veracity),通常就被描述为四维,称为4"V"。综合以上所述,一个较为普遍的认识是,大数据通常是指在当前时间内传统IT和软件或硬件工具无法感知、获取、管理和处理的数据集。

与大数据不同,传统数据分析是使用适当的统计方法来分析大量的第一手数据和二手数据,将隐藏在一批混乱数据中的有用数据进行集中、提取和改进,并确定研究的主要问题的内在规律,从而最大限度地发挥数据功能,最大化数据价值。而大数据分析可视为对特殊数据的分析,因此,许多传统的数据分析方法仍可用于大数据分析。大数据分析是人们在物联网时代中,对解决如何从大量数据中快速提取关键信息,从而为组织或个人带来价值等问题的主要处理办法。

大数据分析的主要方法包括:

1. 散列,它是一种基本上将数据转换为较短的固定长度数值或索引值的方法。散列具有快速读取,写入和高查询速度等优点,但很难找到合理的散列函数。

2. 索引,索引始终是一种有效的方法,可以减少光盘读写的费用,并提高管理结构化数据的传统关系数据库的插入、删除、修改和查询速度,以及管理半结构化和非结构化数据的技术。但是,索引的缺点是它具有存储索引文件的额外成本,并且应该根据数据更新动态地维护索引文件。

3. 三叉,也称为三叉树,一种哈希树的变种,它主要应用于快速检索和词频统计,主要思想是利用字符串的公共前缀来最大限度地减少字符串的比较,从而提高查询效率。

4. 并行计算,与传统的串行计算相比,并行计算是指利用多个计算资源来完成计算任务。它的基本思想是分解问题并将它们分配给几个独立的过程,以便独立完成,从而实现协同处理。

---

① 戴潘,《大数据时代的认知哲学革命》,上海:上海人民出版社,2020年版,第5页。

大数据分析主要由传统数据和上述的大数据分析方法构成，其目的是提取对使用者有用的信息，以提供建议或决策，通过分析不同领域的数据集、生成不同级别的潜在价值，可以说大数据分析就是通过对大量数据的研究来将这些数据转化为可操作的价值的过程。当代社会是一个数字化、信息化、网络化的时代，随着互联网技术的发展、数据库技术的完备和推广、高性能数据存储器的开发，使得社会各个行业中所产生的数据量呈指数形式上升，大数据分析的运用也十分广泛，涉及金融的风险评估、社会资源的合理分配、企业财务等等各个方面。

二、关于物联网中的大数据分析相关研究

综合上述可见，物联网将是一个包含数十亿甚至数万亿设备的互联网，包括小型机器和大型设备，可以是单机与单机之间的网络连接（如智能手机与智能牙刷的连接），也可以将网络嵌入其他设备（如车辆）。思考网络的一种方式是，这些网络化的事物和对象之间的交互和合作的主要目标是能够将不同的组件视为一个组合实体。在使用大数据分析时，可以看到数据量将是显著的，因为数据的更新频率（通常是实时的）、存在的设备数量和数据的速度都会很大。对于未来物联网中的大数据的分析、运用，一些人已经开始在这一环境中进行探索，这些研究可以大致从公共与个人两大类来看，首先，从公共领域来看，一些专家分析了物联网和智能城市应用的综合大数据分析框架，并指出主要的挑战是如何解决数据生成的速度和数据的数量；有些学者在可穿戴医疗设备的背景下探索了物联网环境，这个不断产生大量数据的环境，在结合大数据的条件下，为个性化电子卫生保健创造了大量应用；其次，从私人的领域来看还有一些人专注于利用未来的互联组件和工业信息大数据网络，旨在实现基于知识的工厂自动化、改进的制造流程和制造系统等等，可以了解到关于在物联网中大数据分析的运用研究蒸蒸日上。

然而，从上述关于在物联网中使用大数据分析的相关研究可以看出，虽然大数据开始在目前的物联网环境中使用，但在大数据分析和我们生活的物联网世界不断丰富的背景下，对于这一分析手段运用的相关道德层面的研究很少。这就需要我们对物联网的发展中，科学家在运用大数据分析所面临的隐私、公平、正义等伦理问题进行考量。

三、在物联网中使用大数据时的道德挑战

随着物联网的发展，大数据已经成为其关键的数据分析工具，而科学的进步、技术的发展带来的不仅仅是历史的前进，还有道德的难题。正如马克

思所说:"在我们这个时代,每种事物好像都包含有自己的反面,我们看到,机器具有减少人类劳动和使劳动更为有效的神奇力量;然而却引起了饥饿和过度疲劳。我们新发现的财富源泉,由于某种奇怪的、不可思议的魔力而变成贫困的根源。技术的胜利,似乎是以道德的败坏为代价换来的。随着人类愈益控制自然,个人却似乎愈益成为别人的奴隶或自身的卑劣行为的奴隶。甚至科学的纯洁光辉仿佛也只能在愚昧无知的黑暗背景上闪耀。我们的一切发现和进步,似乎结果是使物质力量具有理智生命,而人的生命则化为愚钝的物质力量。现代工业、科学与现代贫困、衰颓之间的这种对抗、我们时代的生产力和社会关系之间的对抗,是显而易见的、不可避免和毋庸争辩的事实。①"

我们可以看到,在物联网中使用大数据分析时,主要与数据科学家的职业道德伦理和用户的个人公共道德有直接的联系,在这里我们主要探讨的是数据科学家在物联网上使用大数据分析可能遇到的一些潜在的职业道德伦理难题。探索这些道德情况可以帮助该领域在物联网发展的浪潮中充分利用大数据的潜在利益,而不会以损害一部分人的方式进行。而关于这些道德挑战我们主要分为两个方面进行分析:一方面是关于在物联网中使用大数据分析时与大数据相关的道德挑战,另一方面是在物联网中使用大数据分析的分析模型的建立和使用相关的挑战。

众所周知,随着物联网的发展会生出越来越多的流数据(一组有顺序、迅速、量大、连续到达的数据序列),可以对这些数据进行实时分析或存储分析,比如预测分析,并且数据科学家经常整合多个来自不同源的数据产生新的见解。例如:可以使用大众点评网(生活消费点评网站)的数据集,结合物联网汽车的位置数据,来帮助预测一个人可能想要停下来吃的地方。但是,数据的创建、收集和使用会产生许多具有挑战性的道德情境,主要有以下几个方面:

(1)隐私和匿名。随着物联网的发展、数据获取的进步,用户的个人兴趣、习惯和身体特征等可能更容易获得,用户自身可能不知道。Facebook(脸书)被认为是目前拥有最多社交网络服务数据的大数据公司,拥有大数据的组织通常会尝试使用高级算法挖掘数据中的有价值信息。因此,隐私数据保护技术非常重要。根据一份报告②,Skull Security 的研究员 Ron

---

① 《马克思恩格斯选集》第 1 卷,北京:人民出版社,2012 年版,第 776 页。

② Predrag Tasevski. *Password attacks and generation strategies*. Tartu University: Faculty of Mathematics and Computer Sciences, 2011. p. 42.

Bowes 在 Facebook 用户的公共页面中获取数据,这些用户未能使用信息获取工具修改其隐私设置。Ron Bowes 将这些数据打包成一个 2.8GB 的包,并创建了一个 BT 种子供其他人下载。大数据的分析能力可能会导致隐私挖掘看似简单的信息。因此,大数据时代的隐私保护将成为一个新的挑战性问题。

在这一背景下,隐私和匿名关注的是个人选择与他人共享哪些活动和所知事实的权利。在物联网和大数据发展的时代,这包括个人选择发布的内容以及控制与谁共享数据的能力。比如作为这一道德情况的一个例子:在联网汽车中,需要探究哪些 App(应用程序)可以得到授权收集和存储汽车位置数据,哪些还能得到授权与其他人或组织共享该数据? 这种数据共享可能会降低系统或 App(应用程序)的成本,驾驶汽车的人可能会同意服务条款,这可能包括允许收集和共享数据。但有一个问题是,消费者无法阅读和理解这些政策,因此在实际同意方面存在许多问题。

在这里,我们应该注意的是,各个程序和系统之间的数据整合和链接所造成的影响,以及从该信息中产生的伤害的力度与其他领域的区别。在物联网中广泛使用大数据分析的现象引入了"数据的关联性、灵活性、再利用和去语境化"的变化,需要研究新的伦理考虑因素。

(2) 数据滥用。这是数据科学家在物联网中运用大数据分析时必须积极防范的一个方面。在 2018 年 3 月,根据《纽约时报》报道,一家服务特朗普竞选团队的剑桥数据分析公司获得了 Facebook 数千万用户的数据,并进行违规滥用,涉嫌操控了美国大选的结果。随后,欧盟方面声称确认几百万欧洲人的数据被不当共享和使用。

可见,我们需要知道能够访问或收集数据并不意味着使用该数据是合乎道德的。例如在车联网中,可以允许应用程序在跨车辆的程序之间共享数据以避免冲突,但访问用于检测冲突的数据与访问用于广告的数据不同。数据科学家协会在其规范中注明了这样的条例:"如果数据科学家合理地认为用户滥用数据科学,数据科学家应采取合理的补救措施,如果有必要,包括向国家的相关部门披露"并且"数据科学家应采取合理措施说服用户适当使用数据科学"①。但在实际中,这个问题很难判断,因为在启动数据收集时可能无法预期一些数据使用,例如,物联网汽车内的位置和其他传感器数据

---

① Robin Doss. Selwyn Piramuthu, Wei Zhou. *Future Network Systems and Security*. First International Conference, FNSS 2015, Paris, France, June 11 - 13, 2015, Proceedings. pp. 51 - 52.

可用于帮助生成关于已经计划和尚未计划的维修的预测分析,但是关于哪些组织可能有权访问也许有助于此类预测分析的数据,尚未有明确的界定。

(3) 数据准确性和有效性。这一问题是数据科学家在物联网中运用大数据分析时必须考虑的事情,这不仅包括在物联网中的数据的准确性,还包括所使用的数据是否适合所要解决的问题。正如 2017 年拉斯维加斯的全新自动驾驶巴士与一辆卡车发生的剐擦事件。该自动驾驶巴士在卡车倒车时探测到了卡车,便停下来躲避,但是卡车仍然在倒车,与自动驾驶车的前引擎盖发生了剐蹭,如果自动驾驶巴士可以在卡车倒车时注意退让,那么事故就能够得到避免。换句话说,数据科学家需要确保关于数据使用方式的"适用性"。否则,数据可能会脱离上下情境,或者可能不会依照数据提供者的意图使用。比如,数据准备通常需要输入缺失值(属性不完全的数据集)或排除具有缺失值的记录,这可能会产生不准确的结果,或者系统地对一群人造成不利条件,这些人的情况通常会使他们不能记录某些数据属性。例如,在联网车辆的例子中,当进行碰撞检测时,需要理解 GPS(全球定位系统)数据的准确性,结合包括图像处理和传感器的其他数据来识别潜在的障碍物。这就说明,了解数据准确性是数据科学家从业过程中的一个关键方面。

与分析模型相关的挑战主要侧重于在物联网中建立和使用分析模型可能产生的伦理挑战,分析模型是一种数学上的技术,用于根据过去的数据对未来情况进行模拟、解释和预测。换句话说,分析模型是一组数学函数,它是基于过去的信息对特定情况的预测。但是,使用算法(分析模型)可能会引入或扩大一系列道德情境。这方面涉及的主要问题有:

(1) 对个人和群体造成偏见或歧视。这一方面的问题是因为使用模型会产生重大影响,这里存在一个情况是数据科学模型经常使用记录偏差的数据构建,因此可以使用模型造成系统对社会子群体的不利,可能会造成地区的歧视和偏见。这也许是通过使用大数据科学模型在不知不觉中发生的,分析模型可以延续和放大偏见的事实导致需要同样重视考虑模型中的偏差是否可能导致任何一群人处于不利地位。例如,对于物联网中的联网汽车,可能有传感器来识别道路中的坑洼,然而,较新的汽车中的传感器可能在较贫穷的社区中并不常见。如果是这种情况,一个城市可能会错误地认为那些较贫穷社区的道路没有那么多的坑洼。

(2) 据科学家的模型设计具有主观性,会对用户的自主权造成侵犯。因为虽然数据科学可以为决策奠定客观性,但数据科学建模中还是会存在主观性,因此必须决定使用哪种算法、使用哪种数据源,以及如何解释结果。例如,数据科学家在车联网中,假设何时更换汽车轮胎的预测分析取决于行驶里程数和驾驶风格(驾驶过程中突然停止),但是可能会忽略所用轮胎的类型。这可能会导致模型并不准确并产生道德困境,因为更便宜的轮胎可能被认为很快磨损,但实际却没有磨损,并且会导致模型对特定部分人群进行不太准确的预测。此外,所使用的数据中包含的偏差通常在模型的结果中被保留或放大。

(3)对数据分析模型局限性的解释。这是数据科学家的一个重要职责。大多数预测模型本质上是统计而来的,数据科学家们并不提供任何保证;相反,他们告诉我们在这一领域中的结果概率的增加可能指导我们采取不同的行动。模型所需的准确性取决于模型的使用,例如,与基于车联网的车辆位置的营销活动相比,碰撞检测具有不同的对准确的容忍度。数据科学家的道德责任不会随着模型的完成而结束,数据科学家有责任解释他们的模型及其含义。特别是,必须使用非数据科学家(如管理者、用户)能够理解的语言来解释模型。此外,必须定期重新评估已部署的模型的稳健性,并且还必须进行适当的监督和治理。

第三节　物联网的伦理思考

随着科学技术的快速发展,上述物联网使用中产生的伦理问题会越来越凸显出来,这里我选取几个有代表性的物联网伦理问题进行思考。

一、物联网信息与隐私权

在物联网技术环境中,任何物体在任何时间任何地点都能通过网络实现互联,人们生活在一个巨大的网络世界里,个人行踪暴露无遗。过去私人空间和公共场所是两个不同的领域。私人空间通常是私密的、自由的、随意的、自主的,然而当人们的生活空间里充满了在线生活时,随便发一张在家聚会的照片到朋友圈,有心人就可以通过图片进行地图搜索对照片主人的住宅进行定位。远在30多公里之外的你,通过手机远程将家里的洗衣机打开,为的是回到家时衣服已经可以直接晾晒了。然而发送该指令的同时自己的地理坐标也已经通过互联网作为数据发送给洗衣机厂家。在这个全景式的智能化物联网社会里,个人隐私问题再次凸显在我们面前,这不是一个国家需要面对的问题,物联网已经把国家与国家联系在了一起,这已经上升为全球网络治理的问题。

随着物联网技术的发展与大规模的应用,网络中各种联网信息的价值也变得越来越重要,这些信息的价值也越来越明显,特别是许多看似不起眼的信息,在经过信息专家的分析整合后,往往会暴露出许多潜在的重大问题,这些问题不仅仅对个人的隐私造成很大影响,甚至对公共安全带来严峻的挑战。

随着高科技的发展,例如隐形摄像机、远程摄像机、隐形录音设备、微型窃听器、卫星定位技术的出现,对人们的隐私权利提出了严重的挑战。特别是在网络技术极为发达的今天,人们可以利用网络搜集储存他人的信息资料,各种音频视频在网络上飞速传播,这些新型手段的出现,对个人隐私造成了极大的危害,而网络资源滥用所引发的恶劣影响,是以往纸质媒体所难以达到的。与此同时,随着社会的进步,公民的隐私保护意识越来越强,对个人隐私空间的保密性要求也越来越高,在这样的背景下,公民对隐私权利的保护也逐渐上升到一个重要的位置。

美国国家安全局开始实施的绝密电子监听计划,即棱镜计划,一是监视、监听民众电话的通话记录,二是监视民众的网络活动。而一旦物联网技术大规模应用后,这种监视必然会染指物联网,而通过物联网的监控活动,影响力必然会更加广泛,因为物联网不仅仅局限于网络,它还能够通过网络控制具体的物,控制被监控者的汽车,房屋的安全设施,利用户主的物联网实时监控他人,这种权利的滥用必然会引起社会恐慌。一旦缺乏有效的民主监督,物联网将可能沦为政治监控的工具。随着各个国家的智能电网、智能医疗、智能交通等大型国家物联网设施的建立,物联网技术已经应用到许多重大的资源领域,物联网的作用也越来越凸显,这些国家重点资源设施的安全成为政府关注的重点,一旦这些设施受到攻击,对整个国家的影响都是巨大的。如何确保国家物联网的安全运行,是我们必须考虑的问题。

物联网时代每个人的网络数据和信息都是不可删除的,银行流水、购物行踪、出行路线等等都在网络上留下痕迹,这些数据都是不可删除的,并且随时被置于网络监控中。网络时代我们希望实现自己对自己信息的控制权,另一方面希望实现个人对自己信息的删除权。然而数字化时代人们失去了对自己信息控制权的同时也失去了删除自己信息的权利。

大数据时代网络数据被复制、转移、控制不仅是个人的问题,也是国家的问题,希望隐私问题能够得到重视和解决。

二、异化问题

马克思在《1844年经济学手稿中》指出："正如人用脑创造了上帝而受上帝支配一样，在资本主义社会中，工人创造了财富，而财富却为资本家所占有并用来支配和奴役工人，这种财富的占有以至于劳动本身和人的本质都异化为与工人相敌对的异己的力量，劳动所生产的对象，即劳动的产品，作为一种异己的存在物，作为不依赖于生产者的力量，同劳动相对立。[①]"在马克思看来，在资本主义社会中，工人创造了财富，而财富却为资本家所占有并用来支配和奴役工人，这种财富的占有以至于劳动本身和人的本质都异化为与工人相敌对的异己的力量。马克思的异化理论，对于我们洞悉大数据时代的异化现象显得尤为重要。

如前所述，在物联网中人的一切行踪被当作数据进行分析、处理。此时此刻人的本质被异化的问题首先跳了出来。苏格拉底曾提出人要"认识你自己"，泰戈拉曾高呼"人是万物的尺度"。然而在大数据、物联网的技术之下，用户的人的本质的存在被异化了。人已经在对方数据分析的过程中不自觉丧失了主体性，个人的隐私被当作数据俘获、传播；每天电脑、手机上会跳出个人曾经的浏览内容相关的广告，不管你现在是否需要，你的意愿已经被大数据引导、利用。

物联网中的大数据分析加剧人与人之间关系的异化。大数据时代人与人之间的关系已经从数据模型的建立、分析、运用就开始了转换。每个人都被当作数据来看待，人与人之间的关系也被视作数据关系，造成人与技术之间的关系发生转变，作为人的创造物的技术却成为了支配人、压迫人的力量。基于此，对于物联网中的大数据分析模型的建立、使用也应该遵循一定的道德建构原则。物联网技术的发展将人类社会推入了新的阶段，与此同时也给人类社会带来了新的道德问题，在物联网中运用大数据分析需要在实践基础上坚持工具理性与价值理性的统一，即通过实践融通科学主义与人本主义。在物联网技术不断繁荣的当代社会，我们要做的是技术与人之间的融合而不是对立，只有经过马克思所说的具体的、历史的、社会的实践才能够使现代科学技术融入人类社会的生活、使工具能够为人所用，由此数据科学家们在用大数据分析技术建立分析模型、对物联网进行研究的过程中也应该实事求是，根据客观事实建立分析模型，进而为用户提供更加切合其实际需要的选择，注意主客观的结合，尊重客观事实，克服主观臆断。

---

① 《马克思恩格斯选集》（第1卷），北京：人民出版社，2012年版，第51页。

通过前面的阐释,我们对物联网及与之相关的基本伦理问题有了一个基本的了解。需要我们关注的是,在物联网中,我们原则上被排除在外,在这种情况下,相互作用的是"事物"。因此,如果"伦理学"指的是指导人类行动的标准和原则,那么这样的伦理学理论能否应用于物联网呢?我们必须要考虑物联网中的"伦理"与网络上放置的各种设备收集的大量数据相关联,这些数据不仅仅是为了达到特定设备与其他设备连接的目标而需要的数据。那么我们应该如何处理这些数据?收藏这些数据合法吗?另外,如果通过物联网收集各种数据,就会发生未经我们同意这种情况,这一切都使我们的隐私受到威胁。有人指出,在很多情况下,需要我们放弃部分隐私来实现安全,这是我们使用物联网需要付出的代价。然而,这似乎并不完全正确。事实上,我们还要考虑连接设备的增多削弱了系统的安全性,使其更容易受到计算机攻击,连接到网络的设备数量越多由于不能得到充分保护,系统被黑客攻击的可能性就越大。但是这些问题都涉及大数据管理、隐私保护和安全问题,我们可以再一次提到道义解决方案。大数据管理可以受到控制和限制,对敏感数据的访问已经并且可以越来越多地受到保护,还可以通过专门的管理机制来保证更高的安全性。这一切都是可以做到的,而且实际上在我们已经指出的限度内,已经通过规章制度来惩罚所有可能的违规者。

到目前为止,我们身处的环境与我们的日常生活、离线世界重叠,我们在虚拟空间中行动的机会逐渐扩大。物联网的情况发生在虚拟环境,而我们并没有转向虚拟环境。我们继续生活在我们的日常环境中,也许由于与其他基于技术的环境的互动,我们的生活范围甚至扩大和增加了,但我们被排除在那些只涉及"事物"和它们交换的数据关系之外。我们面临一个新的局面:人类与物联网的关系恰好是在它连接起来之前和之后才给出的,连接以前,人类是设计师、程序员、设备构建者和网络工作者,连接以后,他们可能是所处理数据的最终用户。

也有人认为,"智能"环境,即"事物"相互联系的环境,不仅与人类日常活动的环境重叠,而且有取代它们的风险。事实上,这种环境比现实世界更理性、更有条理、更有效率,在某种程度上,我们是把它们联系在一起的人。所以分析人和机器之间的关系,就是分析"物"的网络背景下形成的人类可以实现的关系模式。从伦理的角度来看,如果我们被排除在这种环境之外,道德理论、标准和原则实际上只能部分地影响我们的行为[①]。因此,在这种

---

① 参见:Adriano Fabris. *Ethics of Information and Communication Technologies*. Springer International Publishing AG. 2018. p. 81。

环境下采取的行动只是"事情"的行动,这种行为也是按照标准和原则进行的,在这种情况下,所讨论的标准和原则是数据传输的有效性和效率,以及旨在确保某些过程符合实现某一目标的标准和原则,这就要考虑一个特定的程序如何被认为是"好的"。但如果是这样的话,很明显,规范这些装置的行为的伦理是一种功利的伦理,问题仍然是实用程序应该是系统的实用程序,还是用户的实用程序呢?无论如何,如果物联网中没有人类行动的空间,那么我们控制这些过程的能力肯定被认为是更少的。但是如果我们失去了控制,我们也失去了责任,我们不再能够完全影响某些进程的后果。事实上,在很多情况下,在我们所经历的科技时代,我们甚至无法预测这些后果。这一切提出了最后一个决定性的伦理问题:如果我们生活在一个独立于我们干预之外的环境中,并且我们不再完全能够控制正在进行的行动的后果,我们如何保持我们道德存在的地位?这是一个过去经常与自然事件有关的问题,但是随着物联网技术的发展,这样的一个道德伦理问题显得越来越紧迫。

第四节　虚拟现实的伦理考量

一、虚拟化和虚拟现实

1. 虚拟化

虚拟化是一个过程,通过这个过程,人们可以创建一些在效果和性能上都存在的东西,但在现实中却不存在这种虚拟的东西。它是对现实、真实现象(如公司的计算资源,如存储、网络服务器、内存等)的物理抽象。它涉及并吸收参与者将真实世界的实体虚拟地重建成具有相应深度信息的看似真实的图像,从而使这些图像具有高度的真实感。这一过程既体现了抽象性又体现了重构性,创造了一种完整的参与者沉浸感,同时参与者可以自主地改变他们所选择的新环境,以适应个人的喜好。换句话说,虚拟化是一个过程,它使真实的实体、场景和事件虚拟地镜像自我,它是对现实的虚拟化。在许多方面,它是人与人之间以及人与机器之间通过电子媒介进行交互的中介①。

根据参与者虚拟化过程的沉浸方式以及虚拟化过程中所赋予他们的自

---

① Wikipedia. http://en. wikipedia. org/wiki/Virtualization.

主权,虚拟化在现实生活中有各种不同的表达形式,如游戏、计算和生活本身。目前对我们的生活影响最大的是在计算资源和虚拟现实的虚拟化表达上。我们将讨论这两种类型在社会和道德上如何影响人类。那么我们首先从计算资源的虚拟化开始,然后讨论虚拟现实(VR)。

威睿(VMware.com)是计算虚拟化市场的全球领导者,它将计算资源虚拟化定义为软件创建虚拟机(VM)的过程,其中包括一个名为虚拟机监控程序的虚拟机监视器,它可以动态地、透明地分配硬件资源,使得多个操作系统(称为客户机操作系统)可以在单个物理计算机上同时运行。例如,使用软件虚拟化,可以使用现有的底层硬件和软件资源(如操作系统),在一个物理操作系统上创建并运行多个独立的虚拟机,使用现有的硬件资源执行独立的系统任务。硬件虚拟化也采用相同的概念,可以基于一个底层硬件创建多个服务器或客户机。虚拟化概念已经存在一段时间了。

通过将底层物理计算资源划分为许多功能相同的虚拟机,虚拟化大幅提高了硬件和软件等计算系统性能方面的潜在能力。在过去的 20 年里,这项技术的普及程度有所提高,而今天这种情况仍在继续。根据 IT 研究公司 IDC 的数据,2012 年首席信息官(CIO)的优先级排名、虚拟化以及 IT 提供的服务器整合是首席信息官的首要任务。40% 的首席信息官选择了虚拟化和服务器整合,超过了 IT 领域的任何其他领域[①]。

虚拟化热潮的驱动因素是虚拟化产生的服务器整合节省了投资计划的资金,如云计算、移动、数据分析和将社交媒体用于商业目的。这一快速增长反映了虚拟化带来的不断变化的好处,它不仅推动了整合和提高系统利用率,还通过利用虚拟机的移动性改进了 IT 环境的管理和操作。

2. 计算虚拟化的历史

计算虚拟化的历史和它的概念一样令人惊叹。由于 20 世纪 60 年代的计算机一次只能完成一项任务,并且依赖于人工操作人员,因此系统性能的提高在两个方面受阻:作业提交和计算阶段。改进提交阶段的一种方法是使用批量处理,其中作业被提交到队列中,系统从中选择它们,从而减少人工干预和错误。批量处理改进了一些系统性能,但还不够深入。这个问题,导致 IBM 开始着手开发 S/360 大型机系统。S/360 主机能够运行几乎所有 IBM 旧系统的遗留功能,尽管它仍然是一台批处理机器。在接下来的几年里,对能够同时运行多个用户任务的机器的需求越来越大,特别是在贝尔实

---

① Mullins R (2012) *Virtualization tops CIO priorities in* 2012: *IDC savings from server consolidation will go to new IT innovations*. IDC says. Information Week. 11 Jan 2012.

验室(Bell Labs)和麻省理工学院(MIT)这样的研究领域。为了响应对速度的日益增长的需求,IBM 推出了 CP-40 大型机,后来发展成 CP-67 系统,这被认为是第一个支持虚拟化的商业大型机。CP-67 有一个独特的操作系统组合,由 CMS(控制台监视系统)组成,该控制程序被称为正确的 CP。CMS 是一个小型单用户交互式操作系统,CMS 运行的 CP 实际上在大型机上运行,以创建单独运行自己的 CMS 副本的虚拟机。对于运行 CMS 的每个虚拟机,CP 分配了构成虚拟机的底层物理机的部分①。

当微处理器在 20 世纪 80 年代及以后首次涉足计算机领域时,创造了一个个人计算机时代,导致各种大小的计算机网络出现,这些网络似乎降低了计算成本,提高了系统性能,虚拟化技术被置之不理,几乎被遗忘。这种情况直到 20 世纪 90 年代中期才有所改变,当时计算成本再次飙升,尽管计算是按客户机-服务器模式大规模分布的。随着信息技术成本的上升,人们越来越需要重新审视虚拟化。

1999 年,威睿引入了一种新的虚拟化技术,它不是运行在大型机上,而是运行在 x86 系统上。威睿虚拟化技术能够隔离 x86 体系结构的共享硬件基础设施。今天,威睿是 x86 虚拟化领域的全球领导者,提供桌面、服务器和数据中心②。

3. 虚拟现实

虚拟现实(VR)是一种虚拟化技术,它采用计算机控制的多感官通信功能,允许与数据进行更直观的交互,并以新的方式涉及人类的感官。虚拟现实也是一个计算机创造的环境,让用户沉浸其中,让他们更容易地处理信息。由于虚拟化,存在感或沉浸感是虚拟现实区别于其他基于计算机的应用程序的一个关键特性。

图形显示设备显示了所创建环境的总体效果。显示屏可以是音频,触摸或视觉显示,大小不一,从可以用作护目镜的非常小的尺寸到房间中很大的尺寸。其中最常见的是戴上可产生模拟声音的耳机。触摸显示器通常是通过指尖传递触摸效果的小工具,然后用户可以可视化该对象。触摸设备的技术并不是很发达;但是,传感器在环境中的人和环境的源头之间创造了一个交流的渠道。换能器的主要任务是通过环境的占用者来映射或变换动作,例如眼睛、手、脑活动、言语的运动,有时血液中静脉的运动进入计算机

---

① History of virtualization. http://www.everythingvm.com/content/history-virtualization.

② Harrisday. History of Virtualization. Info Barrel Technology. 18 Oct 2009. http://www.Infobarrel.com/History_of_Virtualization.

兼容的形式,因此计算机系统可以提供适当的响应。图像生成器是要显示在指定显示设备上的图像的创建者。图像生成器根据计算机系统的输出响应传感器的输入创建这些图像。生成的图像可以是可视的,就像有人在星系中旅行的模拟;它也可以是其他形式的,如音频,它可以模拟瀑布或雷暴的声音。

当所有这些组件一起工作时,就产生了一个高度图形化的交互式计算机生成环境。这些三维计算机生成的环境包含交互式传感器设备,为环境的使用者创造体验,而不是幻觉,因为用户与内容和对象交互,而不是与图片交互,而且他们从来没有实际地在这些环境中。

VR 最初是一门没有应用程序的科学,而现实生活中的 VR 应用程序是很难遇到和开发的,这促使许多人将其定义为寻找问题的解决方案①。然而,如今,VR 在医学和科学领域的应用越来越多,包括科学和仿真数据的可视化。VR 可视化将大量的多维科学研究和模拟数据映射到三维显示中,为原始数值数据的表示提供了更加准确和真实的方法,从而有助于更好地理解所研究的抽象现象②。让我们来看看几个 VR 项目。

在最著名的虚拟现实娱乐领域中,有几个有趣的项目,例如麻省理工学院(MIT)的人工生命互动学院视频环境(ALIVE)③。ALIVE 创建了一个虚拟环境,允许人类参与者与动画自主代理居住的虚拟世界之间进行无线自由交互。通过与代理的交互,系统了解用户的反应和情绪,并使用这些信息为用户在游戏中的下一步行动制定计划。除了娱乐,VR 在科学可视化方面的应用最为广泛,它将计算科学中复杂的数据结构转化为易于理解和研究的数据结构。在医学领域,VR 正被成功而熟练地应用于通过反射立体显示和通过不同程度的旋转将大量数据带入三维成像。约翰霍普金斯大学信息增强医学中心(the John Hopkins University's Center for Information Enhanced Medicine)(CIEMED)与新加坡大学信息增强医学中心(the Center for Information Enhanced Medicine of the University of Singapore)合作就是一个很好的例子。该项目模拟了手术过程中大脑和心脏的三维医

① Singh G. Feiner S. Thalmann D (1996) Virtual reality: software and technology. Commun ACM 39(5),pp. 35 – 36.

② Bryson S (1996) Virtual reality in scientific visualization. Commun ACM 39(5),pp. 62 – 71.

③ Maes P (1995) Artificial life meets entertainment: lifelike autonomous agents. Commun ACM 38(11),pp. 108 – 117.

学图像[①]。

在医学、科学可视化和仿真领域之外，VR 正被应用于多个领域，包括驾驶和飞行员培训。西班牙瓦伦西亚大学（the University of Valencia）的 LISITT（Laboratorio Integrado de Sistemas Inteligentes y Tecnologias de la Información en Tráfico）（综合信息系统与信息技术实验室）的 SIRCA（Simulador Reactivo de Conduccion de Automobiles）（汽车驾驶反应模拟器）项目很好地说明了 VR 应用在此领域的影响。SIRCA 项目致力于中小型面向对象驾驶模拟的开发，目的是培训驾驶员[②]。

尽管 VR 最初是一个不起眼的开端，在寻找应用的过程中也曾遭遇过类似于科学的笑话，但近年来，它在医学、设计、艺术、娱乐、可视化、仿真和教育等多个领域都得到了广泛的应用。与计算资源虚拟化一样，虚拟现实也有不同的类型，重点的四种虚拟现实是沉浸式、桌面、投影和模拟虚拟现实。

二、虚拟化与伦理

如前所述，计算虚拟化和 VR 都是新的前沿领域。对许多人来说，"边界"这个词唤起的形象，重新点燃了一种自由冒险主义的感觉，不受管制，纯粹。虚拟化环境使用户更接近这一浪漫的愿景。但幻觉就是幻觉，它引出了两个主要的社会和伦理主题。一个是环境使用者的反应和感受，另一个是环境创造者的意图。需要考虑的一些因素和问题包括：

（1）情感关系与掌控感：这是虚拟环境面临的一个重大心理问题，特别是虚拟现实用户在环境中，甚至在离开后，都会受到心理上的影响。虽然用户可以在虚拟现实环境中与智能体进行互动，享受智能体所产生的情感高潮，但他们也倾向于与智能体建立情感关系。这种关系可能以对智能体的更深层次的依恋的形式出现，这给用户一种控制的感觉，然后在用户方面创建一种责任感和信任感。这种关系也可能采取敌对的形式，在这种情况下，用户感到失去控制，可能在内部和离开环境后变得敌对。在这两种情况下，用户都有可能采用其中一个智能体的角色，并尝试将其置于环境之外。这种情况引起的直接问题是，谁应对虚拟现实环境的结果负责。

（2）安全性：除了 VR 环境使用者可能会发展的心理和精神状况外，在环境中使用者也有安全隐患。随着智能体的智能不断提高，尤其是在 VR

---

① Bayani S, Fernandez M, Pevez M (1996) Virtual reality for driving simulation. Commun ACM 39(5):72-76.

② Different Kinds of Virtual Reality. The handbook of research for educational communications and technology. http://www. aect. org/edtech/ed1/15/15-03. html.

环境中,智能体可能会给用户带来身体和精神上的伤害或现实伤害。这些影响可能直接由用户在环境中的接触引起,也可能会延迟一段时间,可能是在用户离开环境几周之后。

(3)人与智能体之间的交互:虚拟现实环境中用户和智能体之间的交互有许多后果,包括交互的性质、要执行的活动以及用户和智能体的反应和情感。如果用户认为交互是友好的,则可能不会有问题;否则,可能会给用户留下智能体优越的印象,并且用户可能会因为与智能体相关联的高智能水平而感到威胁。这可能会导致用户因为失去控制和可能的无助感而发疯。

(4)创造者的意图:这些总是很难预测,而且可能在这个方向上对用户来说是最大的危险。人们永远无法确定这些环境是否在做他们想做的事情。在使用环境时可能存在一些恶意意图,例如,在用户不知道的情况下为创建者或创建者的智能体收集有关用户的信息。可能是某些权威机构暗中利用环境对用户进行心理改造。

不幸的是,与人工智能中很多人不愿意向他们投降不同,在虚拟现实中,有一种毋庸置疑的意愿,即在第一次被要求时就放弃一切,因为人们在寻找快乐。由于虚拟现实是一门新兴的科学,目前还没有针对虚拟现实环境下用户行为的全面研究。这是值得研究的,理想情况下,随着虚拟现实技术的进步,这类研究可能会出现。但问题是,如果有问题,我们该怎么办?我们可以对抗任何邪恶的创造者意图和用户不负责任的行为,让虚拟现实环境在软件和硬件中植入道德规范,就像我们之前在阿西莫夫(Asimov)的精神中讨论的那样。但正如我们之前指出的,没有办法用这种嵌入式代码预测这些虚拟现实智能体的结果。问题仍然是一样的。虚拟现实环境是坚持代码还是改变代码?在多大程度上呢?我们永远不会知道。因此,教育用户如何负责任地使用虚拟现实环境可以在这方面有所帮助。

该责任应基于与 VR 相关的合理的伦理和道德原则。柯林斯·贝尔登(Collins Beardon)[①]。概述了与 VR 相关的著名哲学家的三项传统原则:

(1)一个人不应该用计算机做没有计算机就不应该承担责任的事情。

(2)不断接触虚拟现实会使生活中那些决定社会发展、人际洞察力和情感判断的方面变得贫乏。

(3)计算机应该用于计算和符号操作,是处理现实的适当方法的应用

---

① Beardon C (1992) The ethics of virtual reality. Intell Tutor Media 3(1),pp. 22 – 28.

程序中。

　　除此之外，我们还要加上欺骗，这是康德（Kantian）的伦理原则，因为使用者可以伪装成他人，欺骗他人。例如，考虑以下虚拟现实场景：你婚姻幸福；你意识到婚外情的问题，你不赞成。你有一长串令人信服的理由，比如健康（性病，如艾滋病、疱疹和梅毒）、不想要或可能是私生子的结果、对不忠行为的道德制裁，以及你自己的自尊。但在你下一次接触虚拟现实时，你与一位非常漂亮的性伴侣配对，你发现自己卷入了在现实世界中不会发生的非法性行为。虚拟现实环境消除了你对婚外情的所有限制；你现在甚至可以用功利主义伦理理论来为你的行为辩护。这是传统伦理理论的困惑，还是虚拟现实新现实对这些理论的重新定义？这个场景反映了贝尔登（Beardon）对 VR 的定义——一种深刻的哲学困惑。

三、虚拟化的社会和伦理意义

　　为了评论虚拟化对社会和道德的影响和后果，让我们提出一些由这一领域的杰出人士提出的论据：首先，虚拟化对社会的预期好处之一是，通过开放虚拟的社会互动领域，以前所未有的方式扩展已知的、相对管理的人类社会领域和社会网络，其中许多领域具有一定程度的管理控制[①]。虚拟化的另一个好处是，在社交方面是利用工具为社会创建新的虚拟社交网络，摆脱旧的社交网络[②]。这些新工具也使这些新的虚拟网络之间的通信变得可能和容易。此外，虚拟化正在新的虚拟环境中轻松创建新的人类身份，这使得身份验证更加困难，但同时也在自我创建和自我表示方面创造了前所未有的潜力。这可能给人类带来新的机遇。正如罗纳德·珀瑟（Ronald Purser）所说，虚拟化原则上具有消除、增强或定位于世界存在的潜力。他认为，这可能会导致一种新的文化表达形式，使个人甚至人群将自己的想象力投射到一个集体空间中，从而使普通个人能够成为虚拟现实中的艺术家。这种提高意识的潜力可能会促进一种新的文化美学的出现，这将导致集体想象力的重生[③]。这将对社会有益。

　　另一方面，上述发展可能会对我们今天所知的社会基础设施造成破坏，

---

①　Purser RE. Virtualization of consciousness or conscious virtualization：what path will virtual reality take? http://online. sfsu. edu/rpurser/revised/pages/iabddoc. htm.

②　Purser RE. Virtualization of consciousness or conscious virtualization：what path will virtual reality take? http://online. sfsu. edu/rpurser/revised/pages/iabddoc. htm.

③　Wikipedia. Phenomenology. ethics and the virtual world. Technoethics. http：//en. wikipedia. org/wiki/Technoethics＃Phenomenology. 2C_Ethics_and_the_Virtual_World.

因为一个人可以轻松地决定成为自己想成为的人。从今以后，这些无与伦比的虚拟化机会可能会让社会付出代价。这是因为真正的虚拟化需要缺乏现实。如果个人和团体没有这种意识，就不会承担任何责任，因为个人和团体会被其行为的真实后果所掩盖。实际上，如果没有个人或团体责任感的具体体现，就没有承诺，也没有风险。因此，在这样的环境中，道德参与受到限制，人际关系变得微不足道。这可能导致社会无法从虚拟化中受益。

道德方法要求我们确保我们在与世界互动的每一个薄弱环节上都投入我们最好和最彻底的思考。正如我们在上面所看到的，虚拟化的所有形式，都是一个过程和一项技术，必然会使社会结构复杂化和变革。我们必须处理它的所有道德和安全漏洞，通过这些漏洞，有意无意地利用这些技术，而且这些利用必将对人类产生深远的影响。

要了解虚拟化安全问题并了解为保护任何虚拟化基础架构而付出的努力，必须记住虚拟化技术是基于软件的。因此，任何软件产品中都曾遇到过的所有安全问题和漏洞都有可能存在于虚拟化基础架构中。对于有兴趣保护虚拟化基础架构的人员来说，这为他们提供了广阔的领域。为了缩小关注范围，将重点放在虚拟化基础架构的特定主要组件（例如虚拟机管理程序，主机，转换器，通信路径以及可能的用户）上很重要，而且可能更可行。这些主要的关注点可以根据已知的最佳安全协议和最佳实践进行保护。更具体地说，重点应该放在理解所有虚拟基础设施都基于物理端口网关上，因此如果我们加强这些入口点的安全性，我们可以在保护虚拟基础设施方面取得很大进展。因此，我们首先感兴趣的点是那些特定类型的网络流量在物理网络中的那些点。我们首先关注这些问题，因为进出虚拟基础设施的网络流量通过这些点。通过这些指定点对虚拟基础设施进出流量的限制，也为来自虚拟基础设施接入网关环之外的未经授权的用户提供了额外的虚拟资源安全性。随着越来越多的安全组件（传统上是基于硬件的，如防火墙和 VPN）被包含和迁移到虚拟基础设施中，虚拟基础设施内的安全性也得到了增强，从而确保虚拟基础设施客户自己能够将其物理网络的安全性和法规遵从性要求的实施扩展到虚拟环境中。

计算机网络虚拟化带来的最大威胁可能是使用一台物理计算机就可以访问许多虚拟基础设施。因为如今的显卡和网卡就仿佛是微型计算机，可以看到所有虚拟机中的一切。它们可以被用作所有虚拟机的间谍，让一台个人电脑监视多个网络。

小结

在本章中,我们探究了一些最新出现的伦理问题,这些问题与物联网、大数据、虚拟现实相关。在探索物联网问题时,我们特别强调了使用大数据发挥的重要作用,而在物联网中使用大数据进行分析时,我们要关注数据科学家的职业道德伦理和用户的个人公共道德,特别是科学家在物联网上使用大数据分析可能遇到一些潜在的职业道德伦理难题。我们认为,人类今天所经历的科技时代,有些后果我们或许无法进行准确预测。这就需要我们考虑一个决定性的伦理问题:如果我们生活在一个独立于我们干预之外的环境中,并且我们不再完全能够控制正在进行的行动的后果,我们如何保持我们道德存在的地位? 随着物联网、虚拟技术的快速发展,这一道德伦理问题显得越来越紧迫。我们还要进一步深入思考虚拟化作为一个过程和一项技术,必然会使社会结构复杂化和发生重大变革。我们必须要未雨绸缪,从道德上及早考虑各种道德风险和漏洞。

第八章　赛博空间管理的伦理问题分析

通过前面几章的探究,我们非常清晰地看到,20 世纪以来,随着现代信息技术的快速发展,人类的生活发生了翻天覆地的变化,科学技术以前所未有的速度和深度影响着人类生活的方方面面。随着数字电子媒介的蓬勃兴起、计算机与国际互联网的日益普及以及种种信息处理技术的不断发展和应用,我们传统的认知渠道、思想观念和生活方式发生了巨大的变化。一个很自然的事实是,有科学技术的发展,有科学技术对人类生活的影响,就会牵涉到人类对自身创造物的管理问题。在赛博技术时代,人们的活动已经不再局限于传统的三维立体空间而是逐步进入了虚拟的赛博空间,因此,我们探究的伦理问题就会自然关涉到对赛博空间的管理问题,事实上也是如此,在赛博技术的伦理探究中,有很多的问题都与赛博空间的管理密切相关。在本章,我们就是要从伦理学的角度解读与赛博空间管理相关的一些问题。

第一节　赛博空间管理的理论基础

"伦理学"(Ethika)这一词汇是由亚里士多德首先提出的。其肇始源远流长,从希腊美德伦理传统,到基督教伦理传统,再到资产阶级契约伦理传统,西方伦理精神承载着历史的精神重现于人类各个历史发展阶段。

一、理论基础

在漫长的发展过程中,伦理学逐渐建立起了自己的独特体系,就目前的情况而言,学界一般将伦理学划分为四种类型。第一种被称为描述性的伦理学,也就是通常我们所说的伦理学史,其任务在于对某一特定的文化共同体历史上存在着的道德定律与价值系统进行纯经验意义上的描述,并分析特定的地理气候环境、宗教文化传统及经济发展水平对某种道德意识的形成与演变所产生的影响。第二种被称为规范伦理学，其任务在于探索为了实现"好的生活"所应遵循的正确的道德行为的准则。第三种被称为元伦理学，其任务在于分析道德对话的语言与逻辑，研究伦理论证的方法。第四种被称为应用伦理学①。

在当代伦理学的研究中，应用伦理学成为了当之无愧的新热点。它的发展和兴起突出体现了伦理学的本质特征：实践性，因为应用伦理学研究的是现实社会中特定领域里出现的重大热点问题的伦理维度。

现代科学技术的发展进一步促使伦理学扩大其研究范围，这使得伦理学和人类的现实生活联系得更为密切。伦理学越发展越现出它的"实践"特点。实践性也使得伦理学把目光更多地投向了公共大众的日常生活实践中的道德行为和道德意识，致力于解决现实社会中带有普遍性的道德问题，力图引导和推动社会文明和社会进步。"当代伦理学的发展实际上在总体趋势上是要完成对道德绝对主义和道德相对主义的超越。虽然说这一理论任务尚未完成，但是已经取得了一些理论突破，应用伦理学思潮的出现就是重要的理论成果。这主要体现为：一方面它反对脱离现实只做空洞的逻辑推演或架空道德价值的理论倾向，主张伦理道德成为事件中的内在要素或成为解决现实问题的内在机制，而不做出旁敲侧击或"马后炮"的姿态；另一方面它又反对回避崇高，一味迎合世俗，放弃伦理学的实践精神和放下批判武器的态度。②"就目前的应用伦理学发展来看，赛博空间伦理学无疑是其研究的核心分支之一。学界对于赛博空间伦理学的探究也越来越多。

二、赛博空间管理学的核心问题

从总体上来看，赛博空间伦理学涉及的论题很多，不过，在我们看来，赛博空间伦理学的核心论题之一是赛博空间管理的伦理问题。这样言说的理由在于：

1. 赛博空间是无限延伸的、非物理的空间，置身于其中不用考虑时空和所处位置，并且计算机之间可以相互交流，人机之间也可以交流。赛博空间的特点就是它不能明确指出某个行为活动发生的具体时间和地点，它也不能预见将会在哪里发生信息堵塞。应该注意的是，不是只存在唯一的赛博空间而是有许多赛博空间。人们在多种多样的虚拟空间中生活、工作、相知相爱，这些虚拟空间有时是一个整体，有时又相互冲突。所以，赛博空间

---

① 参见：甘绍平，《论应用伦理学》，哲学研究，2001 年，第十一期。
② 李伦，《鼠标下的德性》，南昌：江西人民出版社，2002 年版，总序第 2 页。

指的是由数字技术创造的虚拟通讯空间,它不局限于计算机网络的活动,而是包括了数字信息通讯技术参与的所有的社会活动。[①] 而社会活动就必然要涉及管理的问题,因此,我们需要从伦理学层面来研究赛博空间的管理或控制问题。

2. 信息技术的发展促使赛博空间管理的伦理探究日益重要。信息技术的飞速发展从各个方面改变着人类的生活,人们在享受着信息技术带来的便捷的同时,也经历了信息技术带来的一系列负面的影响。面对这些负面的影响,人类应该如何应对呢?有的人主张就赛博空间而言,它是一个全新的区域,传统的规则在这一区域之中不能适用,他们宣称赛博空间是自由的虚拟空间,赛博空间无需任何管理,这样的思想无疑是赛博空间的自由主义思想。这样的思想是极具吸引力的。但是,无论如何,这样的思想或许只能是一种理想罢了,因为赛博空间不是一片理想的净土,在赛博空间中,存在着各式各样的犯罪行为,有些行为是人类迄今为止都未曾见过的。也就是说,赛博空间确实是由技术创造的虚拟空间,但是,这一虚拟空间不可能与现实世界的政治完全脱节,仍然需要政策的管理。也有的人主张采取强硬的态度来管理赛博空间,在这些人看来,赛博空间这一虚拟空间从某种意义上已经在我们的现实世界开始了殖民活动,为了避免其完全控制人类的生活,应该通过规范和准则对赛博空间进行管理。这样的论点又会产生新的讨论,即对于赛博空间的管理以何种方式做出呢?赛博空间的管理会是民主式的吗?赛博空间管理是广泛参与的吗?赛博空间管理需要新的政治实践规则吗?等等。这些问题都涉及了深层次的伦理问题,与人类的生活息息相关,它需要人类进行深入的思索。

3. 需要指出的是,无论人们关于赛博空间管理存在多少争论,也不管人们对于未来的赛博空间管理采取何种立场,有一点是可以肯定的,即随着赛博技术的发展,它会与道德的各个层面产生冲突,人类必须做出道德选择。我们必须就技术设计的方式做出选择,在可能的赛博技术应用中做出选择,对于某些应用的责任做出选择。同样,对于赛博技术的应用带来的利益和弊端如何进行分配呢?这对于不同的社会成员非常重要。对于技术的控制和管理以及技术对于未来的影响等问题也涉及了伦理的考量。

也就是说,赛博空间伦理学探究的各个方面都与赛博空间管理有密切的联系,赛博空间管理涉及的伦理问题是赛博空间伦理学的核心论题之一。虽然人们已经逐渐注意到了赛博空间管理的重要性,但是,在笔者看来,目

---

① 参见 Cee J. Hamelink. *The Ethics of Cyberspace*. SAGE Publications. 2000. preface.

前人们一提到赛博空间管理,焦点都是针对赛博空间技术的发展带来了种种的负面影响,要求政府、组织对于赛博空间加强管理,消除这些不良的影响。人们试图通过对于赛博空间的强化管理维护自己的合法权益,但人们往往会忽视一个问题:在他们所期望的种种强制管理措施背后,是否存在对于其合法权益的侵犯和破坏呢? 比如赛博空间管理中的监视系统和过滤系统对于人的基本权利有侵犯吗? 网络内容的审查是对于自由言论的侵犯吗? 从更为广泛的角度看,赛博空间管理中数字资源的分配存在侵犯人权的行为吗? 因此,目前人们关注的赛博空间管理的伦理问题是不全面的,考量的深度也有待于进一步挖掘。

总之,赛博空间管理涉及赛博空间管理的政策制定和执行,这突出体现了实践的特征,这也是与包括应用伦理学在内的伦理学研究一脉相承的。

第二节　赛博空间管理的概念和争论

赛博空间包含了计算机媒体通讯的所有形式,因此,它包括以下六个方面:1.数字计算机(从笔记本电脑到专家系统);2.通过数字电子连接电话机的网络;3.数字操作运输系统(如汽车、火车、飞机、电梯);4.数字操作控制系统(如应用于化学程序、医疗卫生和能源供给中的控制系统);5.数字操作设备(如手表、微波炉和VCD);6.独立运行自动系统的数字操作机器人①。上面的观点可以被视为是最为广义的赛博空间概念,几乎囊括了赛博空间的所有形式。

不过,赛博空间是一个充满争论的场所,赛博空间管理更是如此。究竟什么是赛博空间? "管理"的真正意味是什么呢? 赛博空间应该被管理吗? 它能够被管理吗? 如果能够被管理,那么应管理赛博空间的哪些方面呢? 又应该由谁来执行这样的管理呢? 是应该由政府、私人组织或是网络使用者自己进行这样的管理吗? 有的人和组织提倡在赛博空间中进行强制的管理,传统、保守的组织认为应对赛博空间中的一些言论进行审查。而一些自由团体反对对于赛博空间的自由言论进行限制,在他们看来,应该对电子商务而不是赛博言论进行管理。

---

① Cee J. Hamelink. *The Ethics of Cyberspace*. SAGE Publications,2000. p. 9.

一、基本问题

探究赛博空间的管理问题，我们首先要对赛博空间做出说明，即：需要对赛博空间的本体论做出说明：网络是媒介还是空间呢？John Weckert 指出："要想很好地理解赛博空间管理的问题，应当区分下面这两个问题，(1)网络能够被管理吗？(2)网络应该被管理吗？[①]"第一个问题或许争议较少，因为大部分人都认为，能够对网络进行管理，只是这种管理有时要面临很多的困难，主要是管理程序的模式有时很难贯彻执行，而且会产生一些副作用。人们关心最多，也是争议最多的是第二个问题，这是一个规范性的问题，即：赛博空间应该被管理吗？为了回答这一问题，首先要探讨以下两个附带的问题：(1)赛博空间的精确意思是什么？(2)管理一词究竟是什么意思呢？

要对于赛博空间做出精确的说明似乎很难。例如，如果认为它是一空间的话，那么这是一个虚拟的空间(Virtual Space)，它包含了组成网络的、生存于数据库中的所有数据和信息。也有人认为赛博空间是另一类型的媒介，它与早期的媒体(如电话、电视)截然不同。电话是一对一的媒介，电视是一对多的媒介，而网络或许是多对多的媒介，这一媒介的独特之处在于：它不需要你很富有就可以获取且不用编辑或出版商批准就可以发表自己的思想和观点。但是，网络真的是媒介或媒体吗？或者它真能被理解为像公共空间那样的空间吗？

一般而言，广义媒体共有如下四种类型：出版商、广播电台、分销商以及公共载波。出版商主要涉及报纸和杂志，广播主要涉及电视和收音机，电话公司及光缆公司是公共载波的主要形式，诸如此类，它们都是信息分布的主要渠道。但是，就网络而言似乎这四种形式都不太适合。有的学者指出，赛博空间可以以下面的方式进行理解，即：它是一种空间模式，在这一空间模式中，赛博空间被视为是具有数字特征的公共空间。这样的模式会影响到我们关于网络公共政策的制定，如果网络被视为是公共空间的话，那么保证每一个人能获取到网络信息，就具有了好的法律和道德理由。那么，网络真能通过公共空间进行模式化吗？它应被理解为一种新类型的媒介吗？这样的讨论具有重要的意义，这不仅仅是一个语义辨析的问题，赛博空间本体论的讨论最终决定了我们是否以及如何对其进行管理。例如，如果我们将其视为是如公共空间那样的空间，那么，应对其适用一组规则进行管理；如果它被视为是媒介的一种，那么就应当采用完全不同的规则。例如，我们在现

---

① Information ethics. Library Hi Tech ISSN 07378831. Volume 25. Number 1. 2007. p. 38.

实空间中可以对成人电影录像带的租售进行管理。因为一录像租售店是一现实空间，它可以明文规定并且实际上可以阻止一些不符合年龄的人购买成人电影，而相同的情形若是发生在如电视这样的广播媒介的话，管理的规则就大不相同了。"因此，在我们成功地解决与网络管理有关的问题时，我们要知道以何种模式理解赛博空间将极大地影响我们赛博空间管理适用的模式。[①]"

众所周知，为了监视现实空间中事项的真实程度，比如内容和质量，我们组建了不同的管理机构。为了管理食品工业的质量，我们组建了 FDA（Federal Drug Administration）。通过这样的机构促使食品质量满足相关的健康和营养标准。这些机构可以对产品的内容和质量进行监管；而在商业领域，国家可以通过商业机构加强法律和政策的执行，从而对于商业活动和交易进行监管，例如，这些机构可以控制垄断和其他的一些非公平贸易行为。

而在赛博空间，需要另外的一些标准对电子商务领域的商业活动进行监管。在现实空间中，管理行为的积极作用显而易见。但是赛博空间的管理工作不能简单地与现实空间中的管理行为进行类比。赛博空间的最主要特征在于其分散性，我们何以可能对其进行管理呢？而且在现有的法律框架之下，没有完全对应的法律体系可以适用于赛博空间。那么，有可能对赛博空间做出有效的管理吗？拉里·莱塞（Larry Lessig）或许是一位乐观主义者，在他看来，赛博空间管理并不像人们一开始想象的那样困难重重，他认为赛博空间管理与物理现实空间比较而言，不需要太多的管理，而且使用的管理方式也与现实世界中的方式有很大的区别。莱塞指出："在赛博空间中，对于密码的理解是理解管理如何运作的关键。赛博空间管理有如下四种模式：法律、社会规范、市场压力、密码。[②]"在考查这四种模式适用于赛博空间之前，让我们先看一下这四种模式在现实世界中是如何发挥作用的。

二、赛博空间管理模式

就拿吸烟这一行为作为阐述莱塞管理模式的例子。

首先，可以通过明确的法律规定在公共建筑中吸烟是违法的，也可以通过特定的法律禁止香烟制造商在电视上面做广告；与明确的法律不同，社会规范可以在餐厅张贴"请勿吸烟，谢谢您！"的标语，也可以在餐厅中划分吸

---

① Information ethics. Library Hi Tech ISSN 07378831. Volume 25. Number 1. 2007. p. 39.

② Information ethics. Library Hi Tech ISSN 07378831. Volume 25，Number 1，2007. p. 41.

烟区与非禁烟区;市场压力也可以影响到吸烟行为,例如,可以将烟价定到只有有钱人才可以支付得起;另外,在百货商店销售的所有香烟可以置放在上锁的门后面,商店经理需要被授权才能拿到钥匙打开锁子取出香烟。

下面让我们来看一下莱塞的模式在赛博空间中的运用,一个很明显的区别是,莱塞主要强调了密码的重要作用。在莱塞看来,密码意味着程序、设备和协议,例如软件和硬件的总和构成了赛博的空间,密码可以使一个人进入赛博空间,在赛博空间中,我们要服从于密码,正如现实世界中物理的门可以将我们挡在房间之外,密码也可以阻止我们进入网站。莱塞认为密码决定了赛博空间信息的获取和传输,他还认为密码技术的本质是不固定的,因为不同的计算机体系具有不同的环境。例如,95 年的网络与今天的互联网就存有很大的区别。在 95 网络环境之下,人们可以自由地以匿名方式浏览网络,但是,在今天的网络世界中有很多限制。莱塞指出,我们事实上已经从自由空间进入了控制空间。在他看来,在赛博空间之中,密码要比法律更为有效,密码就是法律,而密码的发展加速了信息政策的私有化进程[①]。Elkin-Koren(2000)软件密码技术的发展促进了信息政策和法律的有效执行,不过,密码技术确实在某种程度上通过数字形式控制了信息的获取,而这样的信息获取控制从某种意义上而言使信息的自由流通受到了限制[②]。因此,在考虑信息版权问题时又会引出信息获取的自由问题。密码技术的发展使得对信息的获取在某些方面比版权法中规定的更为困难,这使得信息技术的政策私有化程度愈来愈高,这就要求我们考虑对与版权法相关的法律以及传统的伦理问题带来了哪些挑战。一般而言,在对于技术、信息的获取进行法律规定时,会进行公共的辩论以求在私人和公共之间达成某种平衡,而随着诸如密码这样的高数字技术的发展,信息的私有化程度得以强化,这种公共的争议也减少了,法律似乎也难以有效调节,这使得公私之间的平衡程度大大减弱了。

第三节　赛博空间管理伦理探究的重要意义

从上面的探讨可以看出,赛博空间管理涉及了很多深层次的伦理考量。

---

① 参见:Information ethics. Library Hi Tech ISSN 07378831. Volume 25,Number 1,2007. pp. 43 - 45。

② 参见:Information ethics. Library Hi Tech ISSN 07378831. Volume 25,Number 1,2007. p. 46。

人类关注的隐私、自由言论、平等、安全等伦理问题都与赛博空间管理密切关联。就目前的赛博空间管理而言还存在着种种弊端。主要的问题在于：在赛博空间管理中没有贯彻国际上认可的基本的人权标准，即自由、平等、安全等标准往往在赛博空间管理中被抛之脑后。这些问题引起了很多学者的高度关注。荷兰的哈姆林克（Cee J. Hamelink）在其《赛博空间的伦理学》（2000）这本书中主张在赛博空间管理中要遵循国际上的基本人权标准，并且认为当前的赛博空间管理实践是难以令人满意的。哈姆林克对于当前赛博空间管理中存在的一些伦理问题进行了详细的分析。在他看来，赛博空间管理要以人性化的方式来进行。斯宾纳尔（Richard A. Spinello）在《网络伦理：网络道德与法律》（2000）这本著作中（于2003年出版了第二版《铁笼，还是乌托邦：网络空间的道德与法律》）对于网络管理的公共政策、法律等方面进行了探究，作者的主旨在于：公司和个人有能力对网络空间的基本规则进行某种控制，不过，这样的控制需要谨慎的决策，这将有助于确保计算机和网络技术被明智地和谨慎地使用，以改善人类的生产状态，促进人类的繁荣。所有的信息技术，包括那些旨在解决网络社会问题的技术，应当遵照公平公正的原则来实施。里克弗兰克·乔根森（Rikke Frank Jørgensen）在《全球信息社会中的人权》（2006）这本著作中从全球的视角讨论了在信息社会中如何维护人类的基本权利这一核心伦理问题。他详细探究了言论表达的自由、信息的获取自由、隐私的保护、参与的自由、信息社会中的平等和发展等问题。乔根森提倡在信息社会中，应该遵循人类的基本人权标准。信息技术的发展应当促进人权标准在各个层面的落实，政府应该利用信息技术促进人权的维护而不是造成新的歧视的不平等。

艾玛·鲁克斯比（Emma Rooksby）和约翰·韦克特r（John Wecke）在《信息技术和社会公正》（2007）中就新的信息和通讯技术对于人类社会带来的道德意义进行了分析。作者主要关注下面这一道德问题：在对信息技术的益处进行分配时如何保持公正，作者探究了哲学和数字鸿沟的联系，就知识产权的保护、数字鸿沟与全球公正等问题提出了精辟的分析。

从上面的这些学者的探究可以看出，赛博空间管理涉及的伦理问题是更为宏观、更为深层次的伦理问题。赛博空间管理的伦理探究是社会学、伦理学、政治学等学科共同关注的话题。这些问题应当引起赛博空间管理者以及普通赛博空间使用者的高度重视。这其实也体现出了应用伦理学的研究主旨，即应用伦理学研究的核心主旨就在于探究人的基本权利如何得以维护和保障。

当代著名赛博技术伦理学家哈姆林克提倡在分析赛博技术伦理问题时

不是依仗道德的权威性强加于所有社会成员，而是通过所有当事人之间的对话使得道德标准得到合理的发展。他认为人们通过"伦理对话"不断进行道德判断、道德选择，进而建立起来道德标准，这是一个反复的和动态的过程①。我们知道对话是人与人之间的行为，然而随着信息技术的发展，人与人的对话方式发生了变化——人与人之间的对话间植入了一个新的领域就是赛博空间，它包括所有以计算机为媒介的交流形式，人与技术之间的界限已经消失，一个模糊的领域出现，这个领域就是赛博空间。由于越来越多的物品都配有数字设备，它们也就具有了智能形式，能够相互交流。这就意味着赛博空间必然以"对话"作为其文化根基，人们在赛博空间中的道德选择也必须依据"伦理对话"。

哈姆林克认为进行"伦理对话"的基本前提是所有的对话者具备思考自己观点和论证自己偏好的能力，他把这种能力称为"苏格拉底的品质"，即具有苏格拉底式的思考自己信念的能力。苏格拉底认为我们的观念主要由信念而非知识决定，而我们却没法解释这些信念，因此对我们自己的假定进行批判的审查是所有严肃反思的核心。基于苏格拉底的这个观点，哈姆林克用"人性"来建构赛博空间的道德，主张"在最低限度上，这意味着赛博空间的全球治理应当有一个民主的和包容性的构造，并且应当意识到所有行动者的公共责任"②。哈姆林克的条件在某种程度上确立了赛博空间道德基础的正当化原则，然而他的这个原则在具体的应用中也有缺陷，因为他忽视了两个重要的问题：（1）一个行为主体对现实中某个人的信任如何与某种信念联系起来？（2）赛博空间中的交往缺乏普世的依据，如何保证赛博空间中相互信任的信念具有有效性？

哈姆林克理论的局限性源于他没有注意到赛博空间中交流者的一个显著特点：以计算机为中介的交流不同于面对面的交流。具体来说，行为者在赛博空间中的交往行为与赛博空间之外同样的行为者在假设情况中的交往行为的道德性是不同的，这就致使构成行为道德性的内容在这两种情况中也不一样。判断一个行为是否是道德的，我们常用的方法是在某个确定的、已知的情境中，依据某种伦理理论把情境中的事情或对象实体化，用一个判断句来表达道德判断。例如，如果在某个既定的情境中，我们是用行为功利主义进行判断的，那么对一个行为的道德判断将交给那些在既定情境中的

①　参见：（荷）哈姆林克，赛博空间伦理学，李世新译，北京：首都师范大学出版社，2010年版，第33页。

②　参见：（荷）哈姆林克，赛博空间伦理学，李世新译，北京：首都师范大学出版社，2010年版，第52页。

大多数人来决定,这些人会根据自己所获得的最大的感官快乐和最小痛苦进行判断。然而,我们还会发现另一种情况,在不同情境中的两种行为,由于使用的是相同的道德标准进行道德判断,即用规则功利主义进行判断,对这两种行为最终的道德判断结果未必不同。如此看来,赛博空间内外的行为在道德判断上也应该没有什么差别。但是我们需要澄清的是,由于制定道德标准的情境不同,因而对某个行为在道德判断方面就有了差异。对赛博空间内外行为是否具有道德性进行判断是非常有意义的,它会导致行为者在发生行为时,也就是在进行道德选择时,有两个方面的作用:(1)处于交往状态的行为者,不论是在赛博空间内还是赛博空间外发生行为时,都会在两种情境中依据道德要求正确考虑、制定他们的行动步骤;(2)某个行为者的行为反映着特殊的情境,所以我们在判断这两种情境中的行为的道德性时需要区别对待情境的不同。在此基础上,我们需要重新思考哈姆林克的"伦理对话"条件。

哈姆林克认为人要有反思信念的能力,并且在需要的时候要跳出自己的假定。我们可以把这个条件阐述为:一个行为者的价值观表现为他在某种情况中的某种需求,也就是说一个行为者对某事的价值判断等价于这个行为者相信在完全合理的情况下什么是他在某种状况中想要做的,一个行为者只有具有真实的信念和正确思考的能力才能保证其道德选择是合理的。如果考虑赛博空间内外的行为差异,哈姆林克实际上遗漏了对"行为者犯错"情况的分析。这种情况是:如果一个行为者对某事的价值判断等价于行为者对假想愿望的信念,那么它似乎错误地允许假想的愿望可以源于一个错误。我们常见于赛博空间中的名言"你永远不知道,屏幕背后跟你聊天的是不是一只狗",表达的就是这种状况。这种情况表明,一个行为者在某种情境中对行为的规范理性的假想愿望是错误的,那么它就不具有这个情境中的行为的规范理性。一般而言,行为的规范性理性需要满足这样的条件,即在合理的情况下,行为者在某种情景中渴求行为的规范理性时,才能具有这种行为的规范理性。

按照这个条件,我们可以认为在我们作为交流使用的语言中具有这样的行为的规范理性概念,也就是说,只要我们的行为满足某种要求,我们的行动就符合理性,因为当行为者发现自己具有行为的规范理性的时候,他就会相信他想要做某事。然而,在"行为者犯错"的情形中经常发生的情况是:一个行为者在合理的条件里相信他想要做某事,但却没有对行为的规范理性的渴求。虽然行为者对行为的规范理性没有需求的情况并不会给他提供改变信念的理由,但是他却无法相信他的所作所为是合理的。因此,依据自己的标准的行为是不合理的。在这个意义上,哈姆林克提出思考自己的信念"应当能够跳出自己的假定"的条件貌似合理,因为商议(对话)是理性的行为者以某种方式产生行动欲望的信念,与他者商议(对话)可以推动意向性的行为,但是我们也要区分两种情况:信念充分与信念不充分。在信念充分的情况下,哈姆林克的条件是成立的,只要一个信念足以产生一个行动,我们就可以认为行为者与他者商议(对话)增强了对行为的规范理性的需求,从而推动了行为。但是在信念不充分的情况下,如果一个行为者通过与他者商议(对话),"跳出了自己的假定",接受了行为的规范理性的需求,但是这个信念却不意味着必然引起行为,因为他可能认为这个信念在实践上可能是不合理的。

为此,我们认为有必要对哈姆林克的这个条件进行必要的修改。在正常的情况下,哈姆林克的条件能够解释一个行为者通过商议(对话)的过程相信他有一个行为的规范理性,这个信念使他产生行动的想法进而采取行动。我们讨论的主要是行为不能通过行为者的道德商议(对话)来解释的情况。假设有一个人每天都坚持跑马拉松,他认为这项运动不仅有益健康而且怡情养性,进而他相信跑马拉松不会影响他完成其他工作。在这种情况下,把行为者的动因单纯解释为跑马拉松有益健康及怡情养性的信念完全合理。如果这个人相信跑步降低了他的正常能力,尽管他可能缺乏刺激行动的原因,但是把正常能力不受跑步影响的信念看作行为的刺激行动的原因是不正确的。因为跑步这种行为是无需信念就能说明的,此外这个信念就其本身而言不知道跑步的原因是什么。这个例子表明,信念可能影响一个刺激行动的原因而无需刺激原因的一部分。也就是说,背景条件是产生一个行为的充分条件的一部分。现在的问题是,如果我们不对行为传达任何理由,那么信念如何刺激任何行为?我们在某种方式上刺激行为,我们就必须在这种方式上有行动的理由,即我们必须有信念不能表达的理由。由此可知,行为的动机需要信念,但是信念并不是动机的来源。在这个意义上,我们应该把哈姆林克的条件修改为"在某种程度上确信应该能够跳出自己的假定"。

因此,哈姆林克的思想是具有局限性的,我们从中得到的启示在于:将适合现实的道德伦理应用于赛博空间时,就需要改变某种核心信念的形成条件。从赛博空间内外交往行为的差异这个事实出发,我们认为行为者的信念在一个由其他人设定的现实中受到其他信念的限制,赛博空间中某种交往的条件限制着需要形成这些潜在信念条件的证据的可用性。

小结

在本章中,我们对赛博空间管理的相关伦理问题进行了简要的阐释,特别是针对人们容易忽略的管理中涉及的人权等问题进行了简短的分析。我们需要重点关注的是:通过赛博空间的伦理探究可以使我们对于赛博空间伦理学中涉及的一些深层次的、更为基本的伦理问题进行关注,也可以使我们更为深刻地理解应用伦理学的学科性质。从现实的角度而言,赛博空间管理的伦理探究带给我们的启示在于:各国政府在进行赛博空间管理中要遵循伦理道德基本规范,要考量人的基本权力,尽量避免在进行赛博空间管理过程中出现侵犯人的基本权利的现象。

第九章　赛博技术伦理问题的哲学省思

通过前面几章的论述,我们利用传统的伦理理论对与赛博技术相关的伦理问题进行了探究,这些问题既有传统的、一直伴随人类发展的老问题,也有随着新的时代背景、新的科技进步而产生的新问题。在我们看来,无论时代如何变迁,人类社会的发展总有内在的规律可循,人类的道德生活也有其内在的发展机制和逻辑,因此,虽然随着现代信息赛博技术的迅猛发展,人类的道德生活也发生了重大的变化,但我们既有的伦理理论仍然没有过时,这些理论仍然是我们应对当下和未来生活中的伦理问题的百宝箱。当然,时代在变化,毕竟应用的环境发生了巨大改变,我们在应用这些传统既有的伦理理论分析新的伦理问题时也必须要具体问题具体分析,不能搞教条主义、不能生搬硬套。正如我们前面所述,在传统的伦理理论中,整体而言,我们可以认为道义论、功利论是伦理学思想发展过程中的两条主要脉络,时至今日,人类仍然可以借助于其理论意蕴指导我们的生活实践。但在赛博技术快速发展的今天,我们不得不面临这样的一个困境:赛博技术的产生、使用一方面为我们的生活带来了便捷,一方面又带给我们很多二律背反的伦理困惑,而赛博技术的伦理问题无疑典型地属于应用伦理学的范畴,其凸显了伦理学的实践特征。

我们在研究中深刻地感受到:借助于传统的伦理理论分析、思考由赛博技术引起的伦理问题,反过来也带给我们很多的哲学反思,对于在理论层面完善人类的伦理理论有许多重要的启示。通过对赛博技术进行伦理反思,我们发现单一地使用诸如道义论或功利论是片面的、不全面的,因为它们二者具有各自的理论根基,具有理论产生的现实考量,因此并不能适用于任何的场景。现代科技发展背景下产生的伦理问题异常复杂多样多变,这就更加需要我们提升思维分析能力,要综合、辩证、整体、具体地分析这些伦理问题。实践表明,分析解决现当代的赛博技术伦理问题,需要我们辩证综合并批判性地使用好伦理"工具箱",只有运用好伦理理论的各种资源,人类才能有效应对当下面临的很多与赛博技术相关的伦理道德困境。

第一节　道义论与后果论的融合

在西方，有两种伦理理论或理论研究进路，在不同的历史时期或此起彼伏、或交错并行，对西方的政治、经济、文化、法律、伦理起到了突出的作用，它们就是道义论和结果论。道义论和后果论是伦理思想史上两种非常重要并影响深远的理论和方法，虽然二者各有利弊，但自古至今，它们都发挥着非常重要的作用。即便到了今天，仍有许许多多的学者乐于道义论和后果论的研究。他们的研究目的或是完善道义论和后果论，或者将二者完美地结合。于是就出现了道义论和后果论的一些当代形态，如以布兰特为代表的规则功利主义、盛庆琜的统合效用主义等等；也出现了结合二者的新理论，如弗兰克纳的混合义务论等。

一、赛博伦理学家的观点

许多赛博伦理学家通过将道义论和后果论用于分析赛博技术伦理问题后，发现二者并非可以在解决其道德困境时发挥全面的作用。因此，这些伦理学家提倡将二者融合起来，取长补短，更好地为分析伦理问题服务。

有些人会质疑：我们能成功地将我们标准伦理理论应用到赛博伦理学中吗？哲学家沃尔特（Walter Mamer）曾经指出使用赛博技术产生了新的伦理问题[①]。如果沃尔特及其支持者的观点是正确的话，那么，我们需要新的伦理理论来处理这些新的伦理问题吗？是否现存的理论可以适用于这些新的伦理问题中呢？即使赛博技术带来了新的伦理问题，我们仍会质疑：需要新的伦理理论来处理这些问题吗？弗洛里迪和桑德斯（Sanders）认为，因为有些赛博伦理学的问题是全新的，这些问题对于我们的传统伦理概念、理论框架形成了挑战，因此需要新的伦理学理论，他们将信息伦理学（information ethics，IE）的方法论框架作为理解由赛博技术引起的伦理问题的基本框架。

伯纳德·格特（Bernard Gert）赞同弗洛里迪和桑德斯的观点，他认为诸如功利主义和道义论，这些标准伦理理论是不能充分应对赛博空间的伦理问题的。但是，格特的观点与弗洛里迪和桑德斯的观点并不完全相同。在

---

① Richard A. Spinello. Herman T. Tavani. *Readings in CyberEthics* (2nd ed.). Sudbury. Mass: Jones and Bartlett Publishers. 2004. p. 7.

格特看来,关键的问题不在于标准理论学理论不能应用到与赛博技术相关的道德问题中,而在于这些伦理理论不能作为应对、理解、分析日常生活中的道德问题的理想模型。原因在于功利主义者和道义论者提出的道德阐述过于简化的。格特指出:应当用我们日常的道德价值体系即"共同道德"(Common Morality)来取代这些理论。"共同道德"指的是:在面对道德问题和做出道德判断时,大多数人在无意识的情况下所采用的某一道德体系。这一体系的规则也是为人们所熟知的。在我们看来,格特从一般性角度探讨道德伦理理论的方式是有借鉴意义的。而通过这一方式,无疑可以更加深入地理解诸如赛博伦理问题这样的特定问题。实际上,他的共同道德体系是公共的,诸如一些在没有外力的影响下为朋友拷贝一个软件程序是否在道德上是允许的这类伦理问题,这个理论也能给予解答。

摩尔与以上几位哲学家不同,他提出了另外一种模式,这一模式融合了功利主义和道义理论的核心特征。不过,摩尔的理论也受到了格特"共同道德体系"理论的影响。与格特一样,摩尔相信存在共同道德价值,摩尔将这些价值称为"核心价值"(core values),不过,摩尔的理论与格特的理论有很大的差别,因为摩尔的理论试图将传统伦理理论的某些重要方面融入单个统一的伦理理论之中来。

总的来看,摩尔认为传统的伦理理论框架能充分理解和分析由赛博技术产生的问题,在"公正的后果主义和计算"(Just Consequentialism and Computing)一文中,他提出了"公正后果主义"(Just Consequentialism),这一理论强调社会政策的后果要受到公正的制约①。

摩尔的公正后果主义理论的应用主要有两个步骤:(1)审议(2)选择。摩尔认为,在审议社会政策时,我们必须只考虑"公正的政策"(Just Policy)。我们可以通过"公正测试"(Impartiality Test)来决定哪一政策是公正的政策。一政策要想通过公正测试必须要具备以下两个条件:(a)不会对个人或团体造成不公正的伤害;(b)支持公正、个人权利等。从公正政策中,我们再选择最好的政策,这一工作在选择阶段来完成。

摩尔指出,人们对于什么样的社会政策是最好的政策不会有一个普遍、统一的认识,因为理性的人总要有自己的观点。不过,摩尔认为借助于某些"核心价值",我们至少可以就什么样的政策是不公正的形成某种共识。在进入选择阶段之前,我们首先要消除这些不良的、不公正的社会政策。

---

① James Moor. *Just consequentialism and computing. Ethics and Information Technology.* 1999. pp. 61 - 65.

　　由此可见，一些从事赛博伦理问题研究的学者已经意识到，道义论和后果论都有各自的长处与局限。道义论在强调道德内在价值的崇高性、道德动机的纯洁性、道德法则的绝对性的同时，也体现了自身的不足——过于绝对地将道德理想与功利价值及其他价值对立起来，使其在实际应用中过于僵化，时效性较差，故而显得空洞、晦涩。在现实生活中，人自身的重要性是不言而喻的，道德只是人类生活诸多方面之一，并非全部，道德能够有助于人类实现自身和社会的至善的目标，但强调道德的绝对性也是片面的。后果论关心行为的结果，这种方法将复杂的道德问题简单化，用非道德的价值（行为的后果）来对一个行为的道德属性（善或恶）进行评价，为我们提供了解决道德问题的一种途径。然而，为了评价一个行为是否道德，必须对每个受影响的人进行判断，在个人幸福中进行增加或减少的计算，然后将所有的价值相加，这就使得后果论所需考虑、预测的对象太多，难以完全达到，并且无法对不同的后果进行精确的比较。

　　问题在于，我们如何将二者恰当地融合起来，极大地发挥二者各自的优点，尽量避免二者的缺点呢？万俊人教授指出："我们并不能因此而把它们理解为两种完全无关，或者是水火不容的伦理学理论进路，即使仅仅从学理方法的角度，也不能持这种截然两分的看法。事实上，许多伦理学家或伦理学流派都曾经在这两者之间做过许多新的综合性探究。这些探究一方面加深了对道德目的论和伦理道义论的理解，另一方面也揭示了某种或某些新的学理方式和新的建构伦理学理论的可能性。"①遗憾的是上述西方伦理学家都没有把自己的理论同赛博技术的实践相结合。因此，基于赛博伦理学的性质和任务上的特点，赛博伦理学若想长足发展，必须跳出"道义——后果"论的藩篱，借鉴人类历史上一切优秀的伦理资源；必要时还要开阔视野，借鉴别的学科的研究方法和研究成果，发展和创新伦理学。

二、后果论和道义论的"调和""统合"与"混合"

　　后果论和道义论是道德哲学中互相对立的最重要的两个理论派别，二者各有利弊。一方面，后果论者试图从道义论中寻求理论以弥补古典功利主义的理论缺陷和不足；另一方面，道义论者也企图从后果论中寻找资源来修正自身的理论不足。后果论与道义论的这种理论"混合"和"统合"的具体形态有规则功利主义、统合效用主义和混合义务论。

　　二十世纪，在道义论、直觉主义以及以摩尔为代表的元伦理学的批判

---

　　①　　万俊人，《论道德目的论与伦理道义论》，学术月刊，2003 年，第 1 期。

下,古典功利主义逐渐走向衰落。二十世纪中叶,在吸收了道义论的合理成分后,功利主义开始逐渐复苏。现代功利主义将道义论和后果论融合,在很大程度上调和了功利论和道义论的分歧,形成了现代功利主义,例如,美国哲学家布兰特(Richard B. Brandt)创建的规则功利主义和台湾学者盛庆球提出的"统合效用主义"(Unified Utilitarianism)就是道义论与后果论的融合。

此外,美国著名的伦理学家威廉·K·弗兰克纳(W. K. Frankena)在其代表作《善的求索——道德哲学导论》中探讨了规范伦理学的问题,并在综合以往规范伦理学各派理论的基础上提出了一个重要理论——"混合义务论"(mixed deontology)。这也是一种道义论与后果论的融合。

接下来,我们分别讨论这几种融合。

1. 规则功利主义:道义论与后果论的"调和"

当代规则功利主义伦理学家布兰特在调和道德目的论与伦理道义论的分歧或对立的方面作出了很大的理论努力。规则功利主义代表人物布兰特认为,衡量人们行为的道德意义或价值的根本标准只能是该行为所产生的实际功效。任何关于行为道义的判断或评价都只能是特殊的、实质性的,不可能是纯粹形式的或普遍的[①]。

规则功利主义者认为,在选择行动时如果处处以行为的直接功利后果作为道德标准,将可能导致对社会基本道德原则的破坏,反而不利于社会功利后果的最大化。因此,规则功利主义不强调什么行为能够具有最大的功利,而是强调哪一种准则具有最大的功利。功利原则的运用不在于决定采取什么特殊行动,而在于确定遵循什么准则。这样,规则功利主义既坚持了功利原则,又避开了对于具体行为进行功利演算的难题。同古典功利主义一样,规则功利主义仍然未能解决好功利的分配正义问题。

同行为功利主义相比,规则功利主义在对某个行为进行快乐总量计算时,它很容易就想到某条特殊的道德规则被作为普遍适用的道德规则之后会产生什么样的长期后果。它执行功利演算时比行为功利主义简单得多,它克服了行为功利主义很难给定计算对象的问题。现实中,并非每一个道德决策都要进行功利演算,因此也无需花费时间和精力去分析每一个特殊的行为是否道德。规则功利主义不要求对每一个道德决策进行功利演算。规则功利主义比行为功利主义重视人的责任和义务感,与道义论融合得更为紧密。由于规则功利主义关注的是某个行为典型的后果,所以,偶然的非

---

① 参见:万俊人,《论道德目的论与伦理道义论》,学术月刊,2003 年,第 1 期。

典型的后果不会影响一个行为的善，这就解决了行为功利主义面临的道德运气困惑。

然而，在行为功利主义和规则功利主义中都存在功利原则的遗留问题：功利演算仅仅关心所产生的最大幸福总量而忽视了对幸福总量的公平分配问题。

2. 统合效用主义：道义论与后果论的"统合"

台湾学者盛庆琜潜心于功利主义理论的研究，在《统合效用主义》(Unified Utilitarianism)一书中他指出，古典的功利主义最大的结症在于它只强调效果最大化，而忽视了效果在公正分配方面的问题。盛庆琜在比较了以正义原则为最终原理的道义论和以效用原则为最终原理的功利论之后，说道："虽然我不打算驳斥别的伦理学理论，我还是相信效应主义（即功利主义）是最为可信的理论。"[①]可见，盛教授是站在功利主义的立场上有效地吸收道义论的理论来弥补后果论的不足。盛先生看到了功利主义的弱点，提出他的更为完备的"统合效用主义"理论。他明确申明："我的这一理论中可被看作古典效用主义的延伸、修正与现代化，或者更恰当地说，是现代各种不同的效用主义理论的一种折衷和统合。[②]"

盛庆琜首先指出了古典功利主义五个没有解决或者没有很好解决的五个难题：①传统的功利主义对效用原则的解释是朴素的、含糊不清的；②传统的功利主义没有发觉价值在"功利"中作用；③将个体和社会的观点揉合在一起，致使传统功利主义给人的印象是以个人主义为主；④传统的功利主义未能解决最大效用与最适当分配的问题；⑤传统的功利主义在原则或规则发生冲突时显得手足无措。他还指出传统的功利主义所使用的道德判断用词的意义显得有些模糊、不确定或不肯定。比如"善"这个被道德哲学家讨论得最多的词，虽然将其进行精确的哲学术语界定是比较困难的，但也不应当出现如此的概念混乱情况。

盛先生提出的"统合效用主义"是一个传统功利主义无法媲美的、系统的、效用原则体系。他的效用原则坚持的是一个积极的生活态度、一个求得令人的终极目标效用最大化的基本思想。这里的效用的最大化一方面依赖于自然环境所提供的全部资源，这是物质价值；另一方面依赖于人类的共存，这是精神价值。因此，盛先生的效用原则必须具备基本乐观主义原则、道德判断原则和最佳化原则。其中，最佳化原则将效用原则与自然原则和

①　盛庆琜，《功利主义新论》，上海：上海交通大学出版社，1996年版，第6页。
②　盛庆琜，《功利主义新论》，上海：上海交通大学出版社，1996年版，第4页。

共存原则联系起来,即,自然原则和共存原则渗透在道德判断原则和最佳化原则之中。人性原则、理性原则、自然环境原则、有限原则四部分构成了自然原则;正义原则、互惠原则、优先原则、相对重要性原则组成了共存原则[①]。"统合效用主义"不仅解决了传统功利主义与道义论的矛盾,而且实现了人性、道德与自然的有效结合。

"统合效用主义"中还提出了"道德满足感"这一范畴。盛先生将其视为是行为主体进行道德决策的一个决定性因素,一个内在动因。相对于"合理利己主义"、"利他主义","道德满足感"更加适合我国学者的价值观——对利己主义的厌恶。

并且,"综合效用主义"提出了一种效用主义的公平分配理论。盛先生对社会效用最大化和最佳分配、社会福利函数、人际间的效用比较、分配的范本、分配的品质及最大化问题的约束作了全新的规定和解释,这无疑是对传统功利主义理论的一个重大突破。

3. 混合义务论:道义论与后果论的"混合"

规则功利主义和统合效用主义都是后果论者为了弥补古典功利主义的理论缺陷和不足而从道义论中寻求帮助产生的理论成果。弗兰克纳提出的混合义务论则是道义论者从后果论中寻找理论资源来修正自身理论的缺陷的成果。

弗兰克纳在其代表作《善的求索——道德哲学导论》[②]中,在综合以往的规范伦理学各派理论的基础上提出了"混合义务论"。它包括"善行原则"和"公正原则"两个原则。

弗兰克纳认为功利主义者所持的功利原则不是最基本的原则,还有某种产生善和防止恶的基础原则在支撑着功利原则,而这个基础的原则就是"善行原则"。善行原则包括四个方面内容:"①一个人不应该造成罪恶或伤害(做坏事);②一个人应该防止罪恶或伤害;③一个人应该消除罪恶;④一个人应该行善或促进善。[③]"这四个方面在意义上是依次递进的,在相同情况下,①优先于②,②优先于③,③优先于④。弗兰克纳认为,同功利主义相比较,善行原则不仅注重对善恶的质的检验,还重视对量的考察,能够更加准确地判断行为的是非。并且善行原则是一种自明义务原则,许多自明的是

---

① 参见:盛庆琜,《功利主义新论》,上海:上海交通大学出版社,1996年版,第15页。

② 〔美〕威廉,K.弗兰克纳,《善的求索:道德哲学导论》,黄伟合,包连宗译,沈阳:辽宁人民出版社,1987年版,第100页。

③ 〔美〕威廉,K.弗兰克纳,《善的求索:道德哲学导论》,黄伟合,包连宗译,沈阳:辽宁人民出版社,1987年版,第101页。

非规则或义务规则都可以从善行原则中引申出来，但这个原则的局限性——仅仅告诫人们要行善防恶，而并没有解决怎样分配善恶的问题。故此，必须引用第二个原则——公正原则来对善行原则进行补充。

弗兰克纳所谓的"公正原则"，即在分配善恶的时候采取公正的态度。他认为亚里士多德的古典价值标准：公正就是给予人们以应得的奖赏或按其价值给予奖赏，和以马克思主义为代表的标准：公正就是按照人们的需要、能力或两者来对待人们，这两种标准都是不合理的。由于社会不能在人们获得美德分配时提供平等的条件，所以就不能把美德作为分配的基础，因此美德作为分配公正的标准是不能成立的。马克思所言的"各尽其能、按劳分配"，是一种形式上的平等，"平等待人并非指对待人的完全一样，公正也并非那样千篇一律①"，弗兰克纳比较赞成平等主义的标准，"公正就是平等待人，即把善与恶平等地分配给人们的意思②"。他认为公正的实质就是平等，这是一种机会上的平等，而并非实际上的平等。每个人的能力各有不同，其生活质量肯定也是有差别的，这种平等并不意味着使人们的生活保持在同一个水平上。可见，弗兰克纳所提倡的公正原则，实际上是西方近代以来的思想家们所一贯倡导的"机会均等"。

弗兰克纳把善行原则和公正原则这两条"自明的原则"作为他的义务论的两条基本原则，当二者发生冲突时，公正原则优先。弗兰克纳本人认为，这两个原则既吸收了道义论和目的论之长，又弥补了各自的不足，对二者而言无疑是一种超越，此乃"混合义务论"中"混合"之意；强调公正原则的优先地位，是为了同功利主义相区别，此乃"混合义务论"中"义务论"之目的。他的"混合义务论"与康德义务论的不同，他强调一切义务必须以功利为前提。他不满足于纯粹的道义论解释，也不想放弃功利原则的合理性，这就是他的所谓"混合义务论"的伦理学主张。

功利主义用行为的结果对行为进行道德的是非判断，道义论注重从行为动机判断行为的正确与否，弗兰克纳的"混合义务论"综合了道义论与目的论之所长的理论，是一种较道义论或目的论更加精致和完善的道德理论。善行原则的四个方面，由低到高，向人们提出了不同层次行善防恶的道德要求，强调了道德原则对道德实践的指导意义，显示出它与元伦理学的区别。旨在"机会均等"的公正原则告诉我们，客观存在的社会差异，个人能力的不

---

① 〔美〕威廉，K. 弗兰克纳，《善的求索：道德哲学导论》，黄伟合，包连宗译，沈阳：辽宁人民出版社，1987 年版，第 109 页。

② 同上：〔美〕威廉，K. 弗兰克纳，《善的求索：道德哲学导论》，黄伟合，包连宗译，沈阳：辽宁人民出版社，1987 年版，第 105 页。

同,可能永远都无法彻底消除差异和差距,只能把差距控制在社会和公众所能容忍的范围之内,这同样体现了特殊与一般的关系。

从上述的规则功利主义、统合效果主义和混合义务论的分析中,我们可以发现后果论和道义论二者之间正在走向融合、统一。这些新理论突破了道义论和后果论的非此即彼的狭小的理论视野、狭隘的思维模式和狭窄的研究方法,促进了现代伦理学的发展。但是,由于规范伦理学视阈的局限性,"道义——后果"论思维模式作为理论和方法在伦理学实践中仍然会遇到很多难题。接下来,我们讨论对后果论和道义论二者的超越。

三、后果论和道义论的"统一"

按照马克思主义伦理学的辩证观点来看,"道德作为一种社会的特殊价值形态,应是功利原则与道义原则的统一,外在的功利价值与内在的精神价值的统一,工具与目的的统一。而要达到上述三者统一,就必须以个人利益与社会利益的统一为基础。①"因此,在本书中,将马克思主义伦理学视域下道义论与后果论的融合方式称作"统一论"。它指的是"个人与集体的统一""目的与手段的统一"和"道义论和功利论的统一"。

1. 个人利益与集体利益的统一

马克思主义伦理学以辩证唯物主义和历史唯物主义为方法论,科学地回答了"道德与利益"的关系问题,改造了以往的各种道义论和功利论。

首先,马克思反对离开物质利益空谈道德,并且他也反对功利主义立足于个人利益谈论道德的狭隘。马克思指出,道德作为一种人类精神现象同样是以物质为基础的,否定物质的基础作用很容易将道德陷入神秘主义。正如马克思在《神圣家族》一书中所说的:"思想一旦离开利益,就一定会使自己出丑。②"

其次,马克思还指出,群体利益、人类的共同利益是道德成立的利益基础。同样,在《神圣家族》中马克思还指出:"既然正确理解的利益是整个道德的基础,那就必须使个别人的私人利益符合于全人类的利益。③"

纵观道义论和后果论争论的历史,其根本的原因在于它们二者都没有实现个人利益与集体利益的统一。私有制社会中,个人利益与社会的整体利益经常处于分裂和对立状态,在处理两者的关系时,总是在集体利益和个

---

① 朱贻庭,《超越功利论与道义论的对立》,道德与文明,1990 年,第 6 期。
② 《马克思恩格斯文集》(第 1 卷),北京:人民出版社,2009 年版,第 286 页。
③ 《马克思恩格斯文集》(第 1 卷),北京:人民出版社,2009 年版,第 335 页。

人利益二者之间进行选择。功利主义者强调的是功利原则，而非道义原则；强调的是外在的功利价值，而忽视了道德所具有内在的价值；强调的是道德的工具意义，而忽视了道德的目的意义。

社会主义社会为个人利益与集体利益的融合开辟了广阔的道路，历史上以个人利益与整体利益相对立为基础的价值观——功利论或道义论，就不再适应于社会主义的利益关系。社会主义社会中的道德价值导向是社会主义集体主义。这要求个人要维护集体利益，而集体也应满足个人正当的利益要求和个性发展，这种双向的利益要求，即是集体主义的功利原则。这里，集体主义道德原则相对于所要实现的功利目标而言，是工具和手段，但它又是集体和个人所应树立的道德理想和精神境界，又是目的，集体主义是目的和手段的统一；同时，既然集体主义是理想境界，因而就具有内在的精神价值，因而它又是外在的功利价值和内在的精神价值的统一，功利原则和道义原则的统一，而这种统一的基础，就是个人利益与集体利益的统一。因此社会主义集体主义避免了功利论和道义论的片面性，达到了对功利论与道义论对立的超越[①]。

2. 目的论与工具论的统一

众所周知，目的是行为主体预想达到的行为结果，手段则是为实现行为的目的采取的方法和途径。在道德判断中，按照马克思主义伦理学的观点，目的和手段是辩证统一的，目的在行为全过程中具有指导意义，手段为目的服务，受目的制约。马克思主义伦理学超越了道德目的论与道德工具论的二元对立，构建了新的目的工具合一论。在马克思主义者看来，从个人与他人的关系中就能充分证明人既是目的又是手段，是目的与手段的统一。马克思认为："每个人只有作为另一个人的手段才能达到自己的目的；每个人只有作为自我目的才能成为另一个人的手段；每个人既是手段，同时又是目的，而且只有成为手段才能达到自己的目的，只有把自己当作自我目的才能成为手段。[②]"

从马克思在《政治经济批判（1857—1858 手稿）》的论述中我们可以明白，人是目的与手段的统一，而作为人的道德不是抽象的，其建立在现实的经济关系和社会条件基础之上，因此，人的道德也应该是目的与手段的统一。一方面，人作为道德的主体，从主观能动性发挥的视角而言，自然要不断对道德进行批判性审视、创造性利用和辩证性理解。与此同时，道德作为

---

① 参见：朱贻庭，《超越功利论与道义论的对立》，道德与文明，1990 年，第 6 期。
② 《马克思恩格斯全集》（第 30 卷），北京：人民出版社，1995 年版，第 198 页。

一种约束规范，也是可以被人利用和把握的，正是在这样的认识和运用过程中，道德在塑造人际关系和社会秩序中起到了重要作用。可见，道德内涵工具性的价值。另一方面，人的特征在于具有理性，从理性出发，人要服从于社会中的道德规范、法律法规，进而最终服务于自身的发展，因此，道德作为个人的精神力量又有其作为目的价值的一面。马克思主义伦理学注重将道德的内在价值和外在价值有机统一，反对形而上学割裂二者的观点，其实质在于将道德的目的性与手段性结合起来。

3. 道义论、后果论和德性论的统一

马克思主义伦理学，在分析了功利论和道义论的缺点和长处后指出：不关心行为后果的，不进行功利分析的道义论是片面的；而忽视行为动机和行为原则的功利主义理论同样也是片面的。马克思主义伦理学在吸取了道义论和后果论的精华后，提出对行为进行评价既要看动机又要看结果，应把动机与结果有机地统一起来。马克思伦理学对行为的评价理论远远地超越了道义论和后果论[①]。

马克思主义伦理学不仅将后果论与道义论有机地统一起来，还把德性论也统一进来。它将功利论与道义论中的规范或准则内化为人的秉性、品质、情操或习惯，将道义论、后果论和德性论有机统一。

可见，马克思主义伦理学包含了后果论与道义论的积极因素，是对历史上各种功利论和道义论的积极超越，它既是功利论的，又是道义论的，然而它又不同于以往任何一种功利论或道义论，它是人民大众的功利主义与革命的道义论的有机统一[②]。

综上，不论是规则功利主义、统合效用主义和混合义务论，还是从马克思伦理学角度论实现融合方式的"统一论"都是试图从不同的侧面和角度探讨道义论和后果论的融合。从赛博技术的伦理问题给我们的启示是：我们不仅要实现道义论和后果论的融合，而且要发现更深层的哲学意蕴。在这个过程中，我们需要转换视角、开拓新的研究方法，或借鉴各种伦理理论及其研究方法。当某种伦理资源不能很好地解决问题时，非常有必要寻求其他伦理资源的帮助，将规范伦理、美德伦理、描述伦理、元伦理、普遍性和相对性、理性主义和情感主义等文化和伦理资源融合在一起，非常有利于我们更好地分析问题和解决伦理问题。

为此，我们的立场是：坚持唯物辩证的分析视域，在特殊主义与一般主义之间保持平衡，在相对主义与绝对主义之间保持必要的张力，超越内在理由与

---

①　参见：魏英敏，《功利论、道义论与马克思主义伦理学》，东南学术，2002年，第1期。

②　参见：魏英敏，《功利论、道义论与马克思主义伦理学》，东南学术，2002年，第1期。

外在理由的截然二分,实现后果论和道义论的多视角、多层面的"超越",促成赛博伦理理论中的"实践转向"。

第二节　一般主义与特殊主义之间的平衡

像环境伦理学、生态伦理学、经济伦理学一样,赛博伦理学一直难以为其辩护问题找到清晰的、毫无争议的方式,它作为新的应用伦理学分支,自然也面临如何辩护的问题[①]。有的人认为可以应用普遍的道德原则来进行辩护,他们将这样的辩护方式称为工程模式(Engineering Model),有的人认为需要用更为具体的道德原则来进行辩护,即不同的行业需要制定自己的道德原则,这样的方式被称为原则主义(Principlism)。还有的人认为我们应该停止谈论道德原则,他们认为道德判断是与特定的历史环境密切相连的,我们不可能从单个的例子中总结、提炼出结论,即使这些例子看起来是非常简单的,简单性建基于不确定的、丰富的道德实际,它的特征在道德上是相对的,具有极大的迷惑性[②]。

可见,就道德方法论而言,赛博伦理学主要有对立的两派,一派是道德一般论者,一派是道德特殊论者。无论是极端的一般论者还是极端的特殊论者,他们都不会满意应用伦理学中看似令人信服的方法概念的两个充分性标准:第一,一个方法概念首先必须能够容纳道德实践和论说的丰富性及复杂性;第二,它必须能够帮助我们对于道德推理的动态性进行模式化处理。因为,道德推理涉及信念修正,我们往往要借助新技术来改变我们关于事实和道德的观念。此外,道德决策的建构不能以还原论式的方式做出,在其动态模型中必须要容纳一般原则和特殊原则(情境论者)这两个方面的因素。

从某种意义上而言,工程模式倡导理论立场,而道德特殊论者则反对这样的立场。不过,这两种立场都是比较极端的,为了克服二者的局限性,有学者提出了第三种立场,即第三种方法论:广泛反思平衡(wide reflective equilibrium)方法[③]。下面我们逐一地对道德一般论者坚持的工程模式和道

①　John Weckert. *Computer ethics*. England: Burlington. 2007. xix

②　Robert M. Baird. Reagan Ramsoweer. Stuart E. Rosenbaum (eds.). *Cyberethics. Social & Moral Issues in the Computer Age*. (2nd ed.). NY: Amherst. 2000 p. 80. 82.

③　James Griffin "How We Do Ethics Now" in A. Phillips Griffiths. (ed.). *Ethics*. Cambridge University Press 1993.

德特殊论者坚持的特殊主义（原则主义）或反理论进行探究，在此基础上，对"广泛反思均衡"方法论的合理性进行评论。

一、工程模式：道德一般论

在应用伦理学方法论中，工程模式被认为是较为极端的一般论立场，这一立场的主旨在于将抽象的、一般的道德原则应用于个别的经验事例。

（1）对于所有行为 x，如果 Ax，那么 x 是被允许的。

（2）Aa 因此

（3）行为 a 是被允许的[①]。

这里建构的道德辩护与物理学的解释相类似。在自然科学中，演绎推理模式在很长的一段时期内都是解释的主要模式，即一事实由两个前提推出，一个前提是自然规律，一个前提阐述了相关的事实，这一伦理模型的前提所预设的是伦理理论包含了清晰明确的知识：普遍有效的道德原则、毫无争议的事实描述、通过逻辑演绎将道德原则应用于道德的事实。这一模式被认为是价值中立且公正的模式。

这一模式的缺陷是显而易见的。当我们将两个或更多的互相竞争的原则应用到同一事例中时我们会得出相互矛盾的结论。例如，我们在避免对 Tom 造成伤害的时候可能是以不尊重 Harry 的隐私为前提的，或者是尊重了 Harry 的隐私却对 Tom 造成了伤害。在这里，伤害原则和隐私原则都得以应用，但是我们无法断定哪一个原则更具有优越性。因此，只有制定出判定优越性的规则，各个原则之间的冲突才会避免，也才能真正适用演绎推理。不过，除非我们可以在其他层次提出辩护问题，否则这样的优越性规则是很难制定的。因此，从某种意义上来讲，工程模式依赖于冲突规则之间的平衡，那种极端的演绎方式难以成立。或许，我们最好在认真思考基本原则的基础上来回应伦理冲突，而不是依赖于细化的规定。

其他反对工程模式的理由可以分为两种类型，一种是实践派（practical），一种是原则派（principled）。实践派认为，在实际生活中，人们在作出伦理决策时倾向于关注案例、事件和故事等，也就是说，人们总是借助于单独的历史叙述，而很少考虑抽象的或者是一般化的规则。因此，工程模式难以发挥自己的作用。原则派认为，工程模式忽略了信念修正的现象，因为其内在的逻辑是唯一的，但是道德信念系统不具有这样的唯一性，我们

---

① Robert M. Baird. Reagan Ramsoweer. Stuart E. Rosenbaum. *Cyberethics. Social & Moral Issues in the Computer Age*. (2nd ed.). NY：Amherst. 2000. p. 80. 84.

只要增加新信息到道德信念系统中,就要相应地改变我们的观念。另外,这一模式不允许例外的存在。但是,在现实中,道德规则和原则中有很多的例外出现,这些例外是我们必须要给予关注的。原则派还指出,工程模式的大前提条件也是有问题的,因为大前提条件被假定拥有道德知识,但是将这样的道德知识作为一般的规则或原则是难以令人信服的。我们总是擅长为道德问题找出解决的方法,但是我们不擅长制定原则来解释为什么我们的解决方法是最好的方法。即使我们能够制定出包含道德知识的一般原则,我们又将面临新的困境:这些原则能否在经验上具有优越性呢? 如果能够,难吗? 这一优越性的程度又是多深呢?

另外,还存在翻译模糊性以及意义变化等问题,诸如诚实、信任、伤害、人类福祉等术语是从社会和文化情境中获得其意义的,它们的意义如果不发生变化,就不能随便应用于不同的情景之中。例如,"小心"一词的意义在不同的情形中其意味就不尽相同,在操场上、在过马路时、在点燃蜡烛时、在倒牛奶时、在与陌生人谈话时,其意义都不一样,从表面上看来,这些表述的规则是确定的、清晰的,一旦将其运用到特殊事例中,就不可避免产生重要的解释问题。尤其是对于那些从本质上来讲就具有争议的概念,如隐私、责任、民主、自主等,它们的争议本身就涉及这些概念的涵义和定义。

让我们来思考下面这个例子,当医生与其患者谈话时,职业准则通常要求他们必须诚实,不能对患者撒谎,要告诉患者全部真相,即使患者得了不治之症也应如此。认知心理学家指出,当医生面对患者难以治愈的情形时,在处理相关信息时会掺杂情感上的因素,他们总是在告知患者的时候隐瞒一些真相,因此,"告之真相"这一术语与心理学理论关系密切,即个体在处于情感压力之下时,处理信息时难以遵守告知全部真相这一要求。因此,这种普遍的职业准则在特定情况下难以应用。此外,规范术语总是受经验因素的影响,我们要对于意义转换保留足够的敏感。技术促进了变化,语言直觉要追踪其变化,而我们的道德思考要体现其变化。总之,工程模式试图以直接的方式在没有解释的情形下将一般伦理理论适用于特殊事例之中仅是一种幻想。

赛博技术提出了很多困难的概念以及语义问题。摩尔指出:"在信息技术发展的早期阶段,概念发生了快速的变化,概念困惑层出不穷,由之产生了政策真空(policy vacuum)。[①]"在赛博技术作为媒介登上历史舞台的那一刻,我们就要开始思考"隐私""财产""平等""民主""自主""知识""政

---

①　Moore, James H. *What is computer ethics*? Metaphilosophy. 1985(16):pp. 266 - 275.

治""信息"等概念的意蕴,概念仅是工具,我们要与时俱进对其进行重构,就像实用主义哲学家杜威(John Dewey)那样。因此,通过列举概念的充分必要条件不可能将道德探究的概念一劳永逸地严格定义。

正是由于实践道德探究的这一特征,赛博伦理学就道德关键概念的解释以及哲学重构还需要做大量的工作。这里要说明一点,我们不能假定我们所研究的概念具有永恒的本质,我们应该以实用主义的精神作为研究的指导,即:若我们以不同的方式来做出阐述时,体现出来的实践意义亦有所不同。卡尔·丹尼·克劳泽(Carl Danner Clouser)指出包括赛博伦理学在内的应用伦理学,其最大困难之一是:概念的模糊性。工程模式假定了给定的原则适用于给定的事例中,但是它没有考虑与之相关的哲学问题,即:如何解释与我们经验相关的"文本开放"(open-textured)的概念。可见,工程模式面临种种困难和问题,而这些问题又是难以避免的。

二、特殊主义和反理论

既然工程模式面临的这些问题是难以避免的,于是许多道德哲学家转变了其道德哲学的研究方式,即:研究道德哲学不需要伦理理论,不需要一般规则或者普遍原则。这样的范式被称为"反理论"(antitheory)或"特殊主义"(particularism)。他们在解释"道德原则"和"道德理论"时试图避免演绎主义和基础主义,而演绎主义和基础主义正是工程模式的核心所在。

"反理论"这一术语包含了道德探究的不同概念,这一理论的主旨在于:第一,反规则、反演绎、反基础、反抽象、反理想化、反精释、反确定、反普遍、反方法、反原则、反决策程序等等。伦理学中的反理论者们反对用普遍有效的原则来管理理性的人;第二,他们反对通过计算化的方式将抽象原则适用到道德问题之中;第三,他们反对为了探究道德问题而刻画可以得出答案的演绎程序的做法。他们认为规范的理论化是不可能实现的,也是没有必要的。人们讨论单个的事例、讲述故事和寓言并使用他们的感知及判断能力,他们应用他们的实践智慧来总结特殊情境中的道德特征。对于他们而言,在特定的历史情境中为人们找寻公正是至关重要的,一般原则和抽象概念扭曲了人类历史事实。

反理论者和特殊主义者们的立场能够具有多少说服力取决于如何解释"理论"一词。如果人们使用了理论的强科学概念和道德原则的宽泛概念的话,反理论立场就会具有更多的说服力。劳登(Louden)曾经指出,反理论者至少会拒斥以下六个假定中的一个或更多假定:

1. 所有正确的道德判断和实践都是从普遍的无时间限制的原则中演

绎得出的。这是理论所要做的工作。

2. 所有道德价值都似乎是可通约的(commensurable),即:它们在一共同的测度标准基础之上可以相互比较,而理论的任务就是要构造这一标准。

3. 所有道德分歧和冲突都可以合理地解决。每一道德问题仅有一个正确答案,而理论的工作就是找出这一答案。

4. 得到一正确答案的正确方法与计算决策程序相关。道德理论的任务就是要提供这一决策程序。

5. 道德理论完全是规范的,它不具有描述或解释功用。

6. 道德问题最好由道德专家来解决,因为道德专家通晓道德规则及演绎推理。

根据布朗(Brown)的观点:"上述六个假定共同刻画了工程模式。换言之,反理论者不能接受工程模式的演绎主义、基础主义等等[①]"。

另一方面,反理论者也受到人们的批评,其中有两个反对"反理论"方法的观点:第一个观点是:理论和理论化看起来似乎是我们实践的一部分。试图找出一般原则来应对人们在特殊事例中考虑的判断和直觉,并且将之拓展到其他事例中是很自然的事情,它是道德生活的有机组成部分。只有当人们过分地夸大了理论和实践之间的区别时,人们才会赋予实践以优势地位。第二个观点是:反理论立场存在一个难以避免的困境,它存在着一个道德辩护的"黑箱"(black boxes),即,它不能为道德判断提供公共辩护。因为方法论问题是神秘的、非透明的,从而使得我们难以设想公共生活中辩护的情景。公共事务以及职业的决策制定依赖于一般原则,那些关乎他人福祉的决策必须要与某些确定原则相一致,只有这样才能提供有限的选择从而避免人们一味地服务于自己的利益。公共事务中的辩护要求透明性,在这些批判者看来,反理论者们强调了一般原则中的大量例外事例,但是他们的观点是难以成立的。特殊主义者和反理论主义者们对于一般原则的反对存有很大风险,即:在倒洗澡水时将婴儿一起倒掉了。因此,他们的观点是偏激的[②]。

---

① Robert M. Baird. Reagan Ramsoweer. Stuart E. Rosenbaum. *Cyberethics. Social & Moral Issues in the Computer Age*. (2nd ed.)NY: Amherst. 2000. p. 84.

② Robert M. Baird. Reagan Ramsoweer. Stuart E. Rosenbaum. *Cyberethics. Social & Moral Issues in the Computer Age*. (2nd ed.)NY: Amherst. 2000. p. 85.

三、"广泛反思平衡"方法

除了极端的一般主义和特殊主义之外,另外的一个方法就是"广泛反思平衡"方法。这一方法由詹姆斯·格里芬(James Griffin)在其文章——"我们现在如何做伦理学"(How We Do Ethics Now)中提出。这一方法的论旨在于:伦理学的最好程序应当既要考虑特定的、有关情境的直觉,也要考虑我们制定的使道德实践具有意义的一般原则,最终要将二者融合在一起。在格里芬看来,这一方法是目前伦理学中占主导地位的方法。"广泛反思平衡"试图将一般主义者和特殊主义者融合在一起,即它包含了特殊主义者对于道德辩护工程模式的反对,但同时也不放弃道德理性具有优越性这一原则。将"广泛反思平衡"真正作为道德探究方法的是著名的政治哲学家罗尔斯,罗尔斯所说的反思平衡在很大程度上是一种规范要求,强调了对具有主体间性意义的交往互动的事实描述以及各种语境下的交往互动的一般方法论原则。① 从整体上来讲,"广泛反思平衡"试图将道德主体持有的下面三种信念进行融合:a,一组经过思考的道德判断;b,一组道德原则;c,一组相关的背景理论。为了达到它们之间的一种相互融贯,每一信念需要借鉴其他信念的合理因素,同时还要考量相关的背景理论,只有这样才能获得思考平衡。

通过这一方法,工程模式中的基础主义以及演绎主义的缺陷被融贯所弥补,可以被恰当地解释,即融贯模式可以除去基础主义者的歧义性,也可以去除纯演绎主义的僵化性、固定性特征。根据融贯方法,不存在认识上有绝对优势位置的基础,我们的道德信念就像是"信念网络"(web of beliefs)一样,所有命题都捆绑在一起从而获得相互支持。正如处于一网中,不存在明显的起点,道德信念之间只有非矛盾、融贯、联结的关系。任何命题都不能免于修正,但有些命题是牢固树立的,我们可以永远坚持它,例如,我们难以想象在什么样的情况下我们将放弃"2+2=4"这一算术命题。就这一方面而言,特殊具体判断和一般原则之间的关系也是如此。"说谎总是错误的"曾被当作概念真理,但是现在它被作为是一个经验真理。道德辩护的融贯概念要比基础主义者的概念更符合信念修正及可错推理的现象。这也是"广泛反思平衡"的重要特征所在。

德沃金在讨论罗尔斯的反思平衡方法时为这一方法做了辩护。在他看来,这一方法蕴涵了知识责任,在应对那些对于我们而言至关重要

---

① 参见:刘莘,罗尔斯,《"反思平衡"的前提,哲学研究》,2007 年,第 5 期。

的道德问题时，我们不仅要减少失败、错误的概率，而且我们也有责任和义务去减少不确定信念的数量，同时，还要明确清晰地表明我们的意图所在。另外，我们还要向他人表明我们是可错的，也乐于接受批评，而这样做的最好方法就是做出一般断定。在公共领域及职业场合，一个人的道德判断的前提就是：交流的透明性、原则性的陈述。

相比较而言，"广泛反思平衡"方法是较为合理的实践道德推理模型，它既可以克服一般主义工程模式的缺陷，也可以弥补特殊主义和反理论的不足，这正是其"平衡"一词体现出来的内在哲学意蕴，这一方法提醒我们在为赛博伦理学研究做出辩护时，要以全面的、辩证的思维方式来进行思考，不要陷入一般主义或者是特殊主义的偏激立场之中。作为新兴的应用伦理学学科，赛博伦理学与我们的日常生活息息相关，其道德考察和探究对于人类而言至关重要。在从事赛博伦理学的研究中，赛博伦理学家或是道德哲学家们也要贯彻"广泛反思平衡"这一方法，只有这样才能使得计算机伦理学的研究获得真正的辩护。

第三节　绝对主义与相对主义之间的内在张力

道德相对主义与道德绝对主义之争是对赛博技术进行伦理反思时不得不涉及的问题。这一争论实际上是道义论与功利论之争的具体反映。有关这一争论的问题主要有：道德相对主义中是否包含真理？道德相对主义局限是什么？道德绝对主义有没有合理性，其局限性是什么？等等。在回答这些问题之前，我们首先要澄清学界对相对主义的错误理解。

一、为相对主义正名

由于历史的原因，人们对于相对主义的理解过于简单化了，即认为相对主义就是不存在普遍的标准。这样一来，给人造成的印象就是，我们的一切哲学探究都没有标准可以依循了，这样的结论无疑对哲学探究是灾难性的打击。其实，相对主义并不是如我们理解的那样简单，相对主义问题是非常复杂的，它总是与实在论、客观主义、基础主义、理性主义有着密切的联系，因而具有深刻的内涵。

在科学哲学中，"合理性"是其核心概念，也是与相对主义有关的重要概念。它表示一种行为或信念以及选择它的理由（以此与决定它的原因区别开来）之间的关系。有理性是人类行为和信念的显著特征。很显然，对所有人来说,不同的人们从各种各样的行为和信念中选择相同的信念和行为,他们也可能怀有不同的理由。合理性与主体或说话者有关,这是毫无疑问的。因为说话者属于不同的群体,依赖于不同的基本信念或背景假定,拥有不同的知识资源,因而在相似的生活境况下处理同样的或相似的问题时,他们自然有不同的,并且永不可能是相同的理由来选择信念和行为。[①] 透过合理性这一概念,我们可以看到,相对主义的理论基础是接近我们日常生活的,能够为我们所接受。

江天骥先生在评价相对主义问题时指出,对于相对主义而言最有利的论据有以下四个方面:(1)人们已发现了不同的宗教、道德体系、习俗、社会制度和信念体系,这是一个显而易见的事实。文化差异的程度常令人惊讶,要解释这种现象只能诉诸不同的有效性标准和不同的合理性标准。现在如果按人类学家的证据充分表明的那样,普遍主义和线性进化主义应予以抛弃,因为我们永不可能找到一种跨文化的超级标准来评判不同的标准,那么唯一的选择似乎就是相对主义。(2)近来出现在哲学和人文科学中的社会学转向广泛地引起了一些基本概念,如哲学、意义、真理和合理性的急剧变化。经验主义和理性主义的内在的、个体化的认识论双双让位于外在的、社会化的认识论,其核心思想是群体的实践。不同的实践导出支配个体行为和信念的不同规范,这表明了合理性标准的差异性,这些规范在一开始可能只是对社会活动的不同方式和习性的描绘,但当群体的大多数成员遵从这些准则,并以之判断他人的行为时,它们就会具有规范力。因此,不同的实践产生不同的合理性标准。一旦你承认局部合理性,则相对主义跟随而来。(3)传统哲学家可能会反对说,即使不同的宗教、道德规范和信仰体系——总之,不同的文化是不争的事实,但这并不意味着信仰的不可通约性以及随之而来的相对主义。因为,人们的生活和社会活动都是在一定的环境和社会组织形式中完成的,差异性可以通过环境和社会组织形式的不同来得到说明。他们必须生存,实践大致相同的社会活动——工作、结婚、生育、统治与被统治、压迫与被压迫、剥削与被剥削、屠杀与制造战争,这也是不争的事实。尽管我们不能用一种普遍的标准来衡量不同的行为,不能按进化级别来排列不同的行为,但我们仍然可以评价它们在行使职能、效率、实现自我成就方面的相对程度——简言之,可以评价他们"教化"的相对程度。但这种反对意见预设了一种跨文化的超级标准,仅仅从所有的人都是同类型的动物、有相同的生理功能以及具有大致相同的心理特性模式这点来说,它才显得有道理。相对主义者可以反驳说，从共同的生理、心理基础到文明和文化的普遍特征的推理是不正确的。两者之间的裂缝并没有架通，因而推导过程中的"跳跃"是不合理的。（4）最后，相对主义的力量也是源于这一事实：我们还远不能对科学方法做出唯一[正确的]描述，实际上我们也不能指望由科学方法的理论提供唯一的合理性模式。相异的和不相容的科学理论必然与相异的、不相容的合理性形式相匹配。如相对主义所坚决主张的，永远不要指望普遍的、独立于范式、文化的科学合理性标准和道德、审美判断的标准，这一点相当中肯①。

透过上面的论述，我们可以看出，在相对主义中也有合理的因素，它具有重要的哲学意义。江天骥先生的分析对于哲学研究具有重要的借鉴意义。就目前来讲，在哲学研究中存在的相对主义和绝对主义争论的趋势是：绝对主义的观点正逐渐失去其往日的光辉色彩，相对主义逐渐在抬头。就赛博伦理学领域而言，绝对主义和相对主义正呈现出一种相互补充、相互渗透的趋势。

二、道德相对主义中的"真理"

希拉里·普特南（Hilary Putnam）和伯纳德·威廉斯（Bernard Williams）这两位西方学者同样对道德相对主义和绝对主义进行了深入的探讨。

威廉斯被公认为是他所生活的时代（1929—2003）最伟大的哲学家之一，尤其是他在20世纪下半叶的哲学伦理学领域中被认为是最具影响力的人物之一。在威廉斯的一本专著《道德：伦理学导论》（1972）中，他对伦理学领域中的"绝对真理"这一概念发出了警告，并且他对那些按照绝对的东西来系统化道德生活和道德经验的功利主义理论及其他道德理论表示出了强烈的不满②。

道德相对主义中是否包含真理？威廉斯的回答是肯定的。在"相对主义中的真理"这篇论文中，威廉斯指出，"只是在某个特定的领域内，我才想要声称相对主义包含了一些真理，而那个领域就是伦理相对主义的领域。③"

威廉斯指出，回答这一问题的条件是：第一，必须有两个或多个在某种程度上是自足的信念系统（S）。在他看来，"相对主义的问题关系到在两个

---

①　参见：江天骥文，《相对主义的问题》，李涤非译，世界哲学，2007年，第二期。
②　参见：[美]伯纳德·威廉斯，《道德运气》，徐向东译，上海：上海译文出版社，2007年版，译者序第1页，第9页。
③　[美]伯纳德·威廉斯，《道德运气》，徐向东译，上海：上海译文出版社，2007年版，第186页。

信念系统之间的交流,或者在它们和其他某个派别之间的交流,特别是关系到偏爱其中的哪个系统的问题。"第二,两个信念系统必须是互相排除的。这个问题又可以转变为:"两个相互排除的信念系统的(最一般的)条件是什么?"他的回答是"是 S1 和 S2 具有冲突后果的情形。"换言之,"应该存在某个'是/非'问题,对这个问题,S1 的后果 C1 回答'是',S2 的后果 C2 回答'非'。在这个条件下,S1 和 S2 必须是可比较的。①"

在有着冲突后果的情形中,相对主义本该回答的问题就是这个"是/非"问题。在他看来,在人文社会科学领域,有一些信念系统可能彼此不同,以至于根本就无法按照冲突的后果来比较它们。有些社会人类学家发现,"那些信念系统与现代的科学社会的信念系统是不可通约的。②"威廉斯强调指出,在广泛意义上的伦理情境中,冲突就更明显了。在伦理领域中,"是/非"问题是实践问题,即关于要做某件事情的问题。因此,冲突的最简单情形是在这种问题的答案之间出现的。"在这种情形中,有关的表述是:一个信念系统有可能对这样一个问题给出一个肯定的回答,而另一个信念系统,则有可能对它给出一个否定的回答。这就平行于得出冲突预言的两个理论,但并不提出这一问题:在那两个信念系统中哪个系统事实上得到了证实。③"实际上威廉斯认为,在伦理学中的情况与其他领域不一样,两个互相冲突的理论不一定要确定哪一个得到了证实。这是一个实践问题,这个问题只要在实际事实中得到了回答就满足了这个可比较条件。在他看来,在伦理学中可以存在以信念系统为基础的冲突,两个人可以处于一个冲突状况中,在那个冲突状况中他们对同一个行动问题给出了对立的回答,他们可以在他们的价值系统的激发下提出对立的回答。

威廉斯指出,假设我们真实地面对某个信念系统,那么就会有一些评价词汇,例如"真与假""对与错""可接受与不可接受"这样的词汇,"当我们思考或谈论这种面对的时候,我们就会采用这些词汇,而且本质上必须采用这些词汇。我们采用这些词汇,以及与它们相联系的那些考虑的方式,当然会随着我们所考虑的信念系统的类型而有所不同。比方说,随着在这种信念系统之间,所得到的可比较性的程度而有所不同。④"威廉斯进一步指出:"认为我刚才概述的那个观点,就是对待一种特定的信念系统的恰当观点,在一

---

① [美]伯纳德·威廉斯,《道德运气》,徐向东译,上海:上海译文出版社,2007 年版,第 188—189 页。
② [美]伯纳德·威廉斯,《道德运气》,徐向东译,上海:上海译文出版社,2007 年版,第 190 页。
③ [美]伯纳德·威廉斯,《道德运气》,徐向东译,上海:上海译文出版社,2007 年版,第 191 页。
④ [美]伯纳德·威廉斯,《道德运气》,徐向东译,上海:上海译文出版社,2007 年版,第 198 页。

种可以公认的意义上,就是对这种信念系统持有一种相对主义的观点。就一种给定的信念系统而言,相对主义就是:对于一个信念系统以及仅仅与它处于想象面对中的人来说,评价那个信念系统的问题并没有真正地出现。这种形式的相对主义,不像大多数其他的相对主义是连贯的。我将要阐明但不想加以论证的那个相对主义中的真理就是:至少对于伦理见解来说这个观点是正确的。①”威廉斯最后指出:“我已经试图表明,当把相对主义运用于伦理学时,它包含了一些真理,这些真理存在的一个必要条件(但不是充分条件)是:伦理实在论是假的,没有什么对于伦理领域中的信念系统而言是真的——虽然有些东西是它们要真正面对的东西,而这一点恰好就是为什么很多选项是不真实的理由。②”

三、道德相对主义的困难

普特南(1926—2016)是美国当代著名的哲学家之一,他的睿智和多产已经跨越了半个世纪,几乎很难找出他未曾涉足的哲学领域,从形式逻辑到宗教哲学,从量子理论到伦理学,从强调技术性的论证到弱化技术的伦理探究,内容涉及逻辑、数学、心理哲学、语言哲学、科学哲学、物理学、历史学、伦理学、宗教以及社会政治的众多领域。他不是一位满足于为众多哲学分支添砖加瓦的人,他的目光一直关注着大的哲学问题,关注着元哲学的命运,思维的触角也因此延伸到了伦理学、宗教以及其他非科学知识的领域③。关于威廉斯对道德相对主义和绝对主义的观点,普特南与其展开了辩论。

在普特南看来,威廉斯的“相对主义中的真理”的观点仍然是有问题的。“首先,让我指出迄今为止我一直没有机会加以评论的东西:威廉斯对真理概念满不在乎。有时,真理是一个语言共同体的实践所‘追踪’的东西;但是,在其他时候,威廉斯仅仅把真理看作是‘去引号的’,这就是说,他使用这个原则——如果我们断言 S,我们就必须说 S 是真的,而不诉诸任何‘追本溯源’的考虑。④”比如,威廉斯在他所谓“真实的面对”中对待“真”一词用法就存在问题。

普特南认为,第一,即使对威廉斯自己的目的而言,“真实的”面对和“想象的”面对之间的区分也是令人遗憾的。以现状来说,按照威廉斯的定义,

---

① ［美］伯纳德·威廉斯,《道德运气》,徐向东译,上海:上海译文出版社,2007 年版,第 200 页。
② ［美］伯纳德·威廉斯,《道德运气》,徐向东译,上海:上海译文出版社,2007 年版,第 202 页。
③ 陈亚军,《从分析哲学走向实用主义——普特南哲学研究》,北京:东方出版社,2002 年版,前言 1。
④ ［美］希拉里·普特南,《重建哲学》,杨玉成译,上海:上海译文出版社,2008 年版,第 104 页。

犹太人和纳粹分子之间的面对不被算作是真实的面对——因为"转投"另一方面的观点无论是对犹太人还是对纳粹分子而言都不是"真实的选择"。然而,威廉斯不会否认,在这种冲突中使用善与恶、正确与错误的语言是适当的。因此,威廉斯的区分应该加以修补以消除这个不一致。

第二,威廉斯说,在想象的冲突中,"真理问题并不真正产生"。然而,他又说,其他与自己遥远的共同体的成员,具有伦理知识而且他们的信念是真的。这是一个明显的矛盾且无法消除。"譬如说,以如下方式作答就无法消除矛盾;当我想要谈论一个遥远的共同体概念,并且想要拒绝镶嵌在其后的概念中的价值时,我可以说'我同意如此这般行事是不贞洁的,但是,我不把贞洁看作是一种美德'(这就是说,冲突是用诸如善、正当或者美德这样的'薄的'概念表示的;这仍然允许我们说遥远的共同体的厚的判断是真的)。①"首先,有许多东西传统的共同体看作是不贞洁的,而我们并不把她们看作是不贞洁的,如伊斯兰国家就认为女性不戴面纱是不贞洁的,而我们却不这么认为。其次,这个回答与威廉斯的一个明确的声明相矛盾:只有在真实冲突的情况下,评价语言(包括"真"和"假")才被使用。说该行为是不贞洁的这个判断是真的(尽管我们被"剥夺了"作这个判断的权利,)又说我们不能说该判断是真的或假的,这是一个完完全全的矛盾。

普特南进一步从能不能谈普世伦理的角度批评了道德相对主义。首先,能不能谈普世伦理? 道德相对主义对这个问题的回答是否定的,认为根本没有也无需所谓的普世伦理,所有道德命题的真假只是相对于或内在于文化语言共同体而言的,没有超越这种共同体的一般道德规范;文化语言共同体成员的意见一致(consensus);或者用罗蒂的话说,文化语言共同体成员的"协同性"(solidarity)或"文化同伴的一致"(agreement of cultural peers)是决定真/假、客观/主观、合理/不合理的最终标准。

针对这种道德相对主义,普特南的基本观点是:撇开道德相对主义在实践生活中可能带来的灾难不说,即便是在学理上,道德相对主义的立场也是难以成立的。为了说明这一点,普特南提出了以下论证:

第一,"文化语言共同体"是一个过于含混不清的概念,"文化同伴的一致,这个概念指的是什么,并不清楚"。文化语言共同体的边界在哪里? 多大的共同体才能算作语言文化共同体?

普特南指出"如果我对我的妻子说'我们的厨房需要上油漆',在这个情

---

① 转引自[美]希拉里·普特南,《重建哲学》,杨玉成译,上海:上海译文出版社,2008年版,第105—106页。

况中,意识到我认为我们的厨房需要上油漆的唯一文化上的同道人是我的妻子(假定我没有与其他任何人讨论过该问题)。在一定意义上说,我的文化上的同道人同意:也就是说,实际上知道我作出这个判断的所有文化上的同道人同意它是真的。那意味着该判断是真的吗? 请允许我们举一个更极端的例子。让我们假定我单独生活,而我认为我的厨房需要上油漆,并且我不与任何人讨论这个判断。在这种情况中,知道我的判断的所有文化上的同道人(即我)同意它是真的。按照罗蒂的理论,那意味着它是真的?[①]"

一个民族可以是一个共同体,一个社团可以是一个共同体,那么一对在孤岛上生存的夫妻是否也是一个共同体呢? 再极端一些,如果我一个人生活在孤岛上,是否我就构成了一个共同体呢? 如果是,那么我的标准也就成了道德判断的真假对错的标准? 这听起来似乎显得荒谬,因为就像维特根斯坦说的那样:认为自己在遵守规则并不就是遵守规则。以我的标准为标准等于没有标准。但如果不是这样的话,共同体的划界又是依据什么呢?库恩用"范式"来规划共同体,但"范式"这个概念本身又要通过共同体来说明,所以,说共同体这个概念不清晰并不过分。

第二,就算文化共同体的"意见一致"这个不清晰的概念大致可以用来作为评价道德判断正当性的标准,道德相对主义者自身也没有真正地遵守这一标准。

其实,在道德相对主义者用"意见一致"来说明道德判断正当性的时候,他们的头脑中已经有了什么是"意见一致"的看法。他们在阐释他们的道德相对主义的时候,实际上认为自己发现了一个众人没有发现的真理。而当相对主义者站在了众人立场之外时,实际上已经违背了自己的共同体的"意见一致"的标准。对此,普特南指出:"作为经验的事实,如果'我的大多数文化同伴不同意相对主义是正确的'这个陈述是真的,根据相对主义自身的真理标准,相对主义就不是真的!"[②]

第三,道德相对主义的归宿否定了自己的出发点。本来,道德相对主义是作为道德绝对主义的对立面问世的。道德绝对主义是一种道德霸权主义,一种道德不宽容主义。为反抗这种不宽容,道德相对主义的初衷是承认不同文化语言共同体的同等地位,拒绝在它们之上的先验道德立场,主张宽容。然而,如果真正坚持道德相对主义的主张,不仅无法实现这一诉求,而

---

① 〔美〕希拉里·普特南,《重建哲学》,杨玉成译,上海:上海译文出版社,2008 年版,第 66—67 页。

② 〔美〕希拉里·普特南,《重建哲学》,杨玉成译,上海译文出版社,2008 年版,第 71 页。

且还会走向反面,和道德绝对主义殊途同归。在普特南看来,威廉斯的相对主义可以称之为"第一人称的相对主义"[①],而"第一人称的相对主义听起来危险地接近唯我论。"[②]这样一来,道德相对主义原先希望达到的宽容却转化为了道德霸权主义、道德唯我论。

四、道德绝对主义的困难

既然道德相对主义站不住脚,则道德绝对主义、道德先验主义是不是有道理呢?

为了避免道德相对主义的泥淖,人们期望着一种大写的普遍的伦理规范,这种规范的普遍绝对品质,要么由神性来保证,要么由普遍理性来保证,它威临于各个具体文化语言共同体之上,超越具体的道德经验,超越具体的时空界限,凌空而下,令人敬畏。应该说,这是一种非常良好的愿望,并且也确实在一定程度上对道德相对主义有所抑制,为道德的高尚、尊严提供了基础。舍生取义,视死如归,只有超越了个体的经验存在,才有如此巨大的道德勇气。康德所谓的"位我上者,灿烂星空;道德律令,在我心中"已经表明了这种道德的性质,它与宇宙天地一样,浩然充沛,普遍绝对。把人从动物界提升起来的不正是这种崇高的道德感吗?

的确,道德绝对主义有一定的合理性。然而,道德绝对主义也有它的局限性。道德绝对主义带给人类的不仅是超越动物的一面,同时也还有剥夺人的自由,把人作为非人的另一面。当依靠普遍理性找到了大写的普世伦理时,所有的异端行为便只能是有一种解释,那就是对真理的故意拒绝。于是这对异端的制裁便有了神圣的依据,剥夺他们的人权,也就是顺理成章的事了。如果真能找到通往这绝对普世规范的密道,那将是人类的大幸。可是,令人遗憾的是,在这迷雾缭绕的星球上,至今我们也没寻见那条通天的梯子,而且恐怕将来也注定不会更加走运。因为从人类的角度说,我们无法采用"神目观"去谈论普世伦理。

普世伦理不论怎样抽象、普遍,必须以命令的形式给出,这就不能不涉及命运的意义问题。当代许多哲学家已经论证过,同一个语句的不同使用者,尽管用同一种句法形式,但由于其构成要素的语词在他们那里可能有着不同的指称,那看起来同样的语句便有可能具有不同的意义。我们能理解我们文化同伴所使用的概念、所说的话,那是因为我们在同一个语言环境下

---

① [美]希拉里·普特南,《重建哲学》,杨玉成译,上海:上海译文出版社,2008 年版,第 73 页。
② [美]希拉里·普特南,《重建哲学》,杨玉成译,上海:上海译文出版社,2008 年版,第 75 页。

生活,我们理解彼此所用概念的指称,我们了解我们所在的语言共同体的游戏规则。没有这些,不要说上帝,即便是另一个人,说的是同样的话,我们也会心存狐疑。同样的道理,如果说有一种先验的绝对普遍的普世伦理,先于并超越于各种文化共同体之上的话,那么它的意义,我们又怎么能理解呢?除非站在我们的立场上,我们可能理解一个命题的涵义,但那样一来,这个命题也就不是那么先验的了[①]。

道德相对主义如果还有那么一些洞见的话,那就是它看到了道德先验主义的这一困境。道德相对主义的正确之处在于,它意识到我们不可能像我们所幻想的那样,用一个思想的天钩将我们从地上拎起来送往天国。我们总是在我们的语言框架中谈论世界,谈论上帝,谈论道德。世界、上帝是沉默不语的,它不会开口告诉我们什么是大写的普世伦理的判断,没有办法让上帝开口做出评判[②]。

道德先验主义眼里的普世伦理是一种非时间、非语境的概念,它等待在那里,人们只能发现它而不能改变它,否则它就失去了先验绝对的品质。很明显,用先验绝对的方式来谈论普世伦理是行不通的,我们还必须另辟蹊径。

综上,尽管普特南的哲学立场有过多次转变,但贯穿始终的脉络是:由绝对主义走向相对主义再超越两者的对立进入一种新的哲学视野,在绝对主义和相对主义之间寻得了一条中间道路。在赛博技术伦理研究中,相对主义和绝对主义之争始终是一个热点问题。除威廉斯等少数学者之外,多数学者都采用拒斥相对主义的立场。赛博技术伦理问题研究的理论和实践表明,应该在绝对主义和相对主义这两个极端之间寻求一种平衡,保持必要的张力。

第四节　内在理由与外在理由二分的超越

在上文的赛博伦理问题探讨过程中,常常涉及这样的问题:一个道德行动的实施可能具有什么理由? 这种理由是外在的理由还是内在的? 换言之,对一个道德语句的解释应该是外在的还是内在的?

在这个问题上,有两种对立的观点,其代表人物是威廉斯和普特南。我们先来看威廉斯的观点。

---

①　参见:陈亚军,《如何谈普世伦理——一种实用主义的形式考察》,哲学评论,2007 年,第 6 辑。
②　参见:陈亚军,《如何谈普世伦理——一种实用主义的形式考察》,哲学评论,2007 年,第 6 辑。

一、外在理由和内在理由

对于什么是外在理由和内在理由,威廉斯做了如下规定:"'A 有一个理由做某件事情'或者'存在着一个要 A 做某件事情的理由'这种形式的语句,从表面上看,有两种不同的解释。按照第一种解释,这个语句的成真条件大概意味着:A 具有某个动机,通过做某件事情,那个动机就会得到侍奉或促进,而且,如果事实表明不是这样,那么那个语句就是假的。换句话说,存在着与行动者的目的相联系的一个条件,如果那个条件得不到满足,那么按照第二种解释,并不存在这样的条件,而且,用来表述行动理由的语句不会因为缺乏一个合适的动机而被证伪。我将把第一种解释称为'内在的'解释,将把第二种解释称为'外在的'解释。①"

"有时候,出于方便,我会提到'内在的理由'和'外在的理由'这两个说法,正如我在标题中所做的那样,但我们应该只是把这种说法理解为一种方便的说法。②"

威廉斯在《内在理由与外在理由》这篇论文中首先规定了什么是"内在的理由"和"外在的理由"。并且进一步指出,这两个说法中有一种是成问题的。

威廉斯指出:"内在解释的最简单的模型将是这样的:A 有一个理由做某件事情,当且仅当 A 有某个欲望,通过做那件事情,A 就可以使得那个欲望得到满足。用另一种方式我们可以说:当且仅当 A 有某个欲望,他相信那个欲望是通过他做那件事情而得到满足的。③"

在威廉斯看来,内在理由与人的欲望、动机等心理因素有关。威廉斯这种见解往往被认为是"毁灭性的",因为在这个领域中,他的主要目的是要表明现代道德哲学在什么意义上没有真正地面对我们伦理经验。在他看来,外在理由的观点在某种意义上说并没有真正地面对我们的伦理经验。另一方面,他有一个实际上贯穿了他的整个伦理思维的观点,这个观点涉及他对行动的动机和理由的本质的思考。

他进一步指出:"任何内在解释模型都必须显示一种相对性——理由陈述相对于行动者的主观动机集合(subjective motivational set)的那种相对性。④"可见,威廉斯认为内在理由的本质在于:第一,它是相对的,不是绝对

① [美]伯纳德·威廉斯,《道德运气》,徐向东译,上海:上海译文出版社,2007 年版,第 144 页。
② [美]伯纳德·威廉斯,《道德运气》,徐向东译,上海:上海译文出版社,2007 年版,第 144 页。
③ [美]伯纳德·威廉斯,《道德运气》,徐向东译,上海:上海译文出版社,2007 年版,第 145 页。
④ [美]伯纳德·威廉斯,《道德运气》,徐向东译,上海:上海译文出版社,2007 年版,第 145 页。

的;第二,它与主观的动机集合有关。

威廉斯提出的这一观点是与康德的伦理传统相对立的。康德的伦理传统普遍认为,道德并不取决于我们的感性欲望——不管我们是否想要服从道德要求,我们都必须服从道德要求。正是在这个意义上,康德把道德要求设想为所谓的"绝对命令"。实际上,按照康德主义理由的本质是绝对的、客观的;而威廉斯的观点则恰好相反。

"内在理由与外在理由"这篇文章中,威廉斯对康德的这一观点发起了挑战和提出了批评。不管我们如何理解"行动的理由"这个概念,任何道德行动都是出于某个理由而履行的。在威廉斯看来,一个"行动的理由"这个概念至少必须满足两点:第一,它必须在对那个行动的正确说明中起着一定作用。如果行动者正确地慎思,那么,一个行动的理由必须构成他在适合的条件下行动的动机。第二,一个行动的理由也必须能够为那个行动提供某些理性支持,尽管它所提供的支持力度不一定是决定性的。如果一个理由还没有以某种方式合理化行动者的行动,那么我们就不可能说他是为了那个理由而行动。从第一点中,威廉斯推断说,如果某个东西要算作一个行动的理由,它就必须设法与威廉斯所称的"行动者的主观动机集合"联系起来。

按照威廉斯,"主观动机集合"可以定义为 S。"因此,我们不应该认为 S 是被静态地给出的。慎思的过程可以对 S 产生各种各样的影响,这是一个内在理由理论应该很乐于推荐的一个事实。所以就 S 中的可能要素而言,这样一个理论也应该比某些理论家所认为的要更加自由。到目前为止我主要是按照 S 中的所有要素,但它可能也会使人们忘记这个事实:S 能够包含评价的倾向、情感反应的模式、个人的忠诚以及各种各样的计划这样的东西,即被抽象地认为体现了行动者的承诺的一切东西。[①]"简言之,在威廉斯看来,"一个行动者的主观动机集合体现了他在他的生活中真正关心和在乎的东西。[②]"威廉斯认为,这个"主观动机集合"是动态的而非静态的,它主要不是逻辑因素而是心理因素。

威廉斯进一步规定了什么是"内在"。他说:"在内在的意义上,'行动者有理由做某件事情'这个说法其实是有一个模糊性的,因为:即使我们假设行动者可以通过慎思从他的主观动机集合中得出他有理由做那件事的结论,因此被激发起来做那件事情,但这些慎思过程可能或多

---

① [美]伯纳德·威廉斯,《道德运气》,徐向东译,上海:上海译文出版社,2007 年版,第 150 页。
② [美]伯纳德·威廉斯,《道德运气》,徐向东译,上海:上海译文出版社,2007 年版,译者序第
　30 页。

或少是被模糊地设想的。然而,对于那些把行动理由的内在概念视为基本概念的人来说,这种模糊性并不是一个障碍,相反倒只是表明:与某些人可能已经做出的假设相比,有一系列更加广泛、但也更不确定的状态,可以算作一个人行动的理由。①"简言之,在威廉斯看来,内在的东西是模糊的,并非决定性的"是或非"的问题,而是可以用或然性或者概率来表征的东西。

威廉斯认为:"外在理由陈述的全部要点是:不管行动者的动机如何,这种陈述都可以是真的。但是,除了激发一个行动者采取(有意)行动的那种东西外,没有什么其他的东西能够说明他的行动。因此,即便我们认为外在理由陈述是真的,我们也需要某种其他的东西——某种心理联系——来说明行动;那种心理联系似乎就是信念。②"实际上,威廉斯认为,道德理由仅仅考虑真实性等逻辑因素是不够的,还必须考虑信念之类的心理联系。

威廉斯进一步认为,当我们对某个人说"他有理由做某事情"时,只有当他能够通过慎思把我们赋予他的那个理由与其主观动机集联系起来之时,他才确实有理由做那件事情。在威廉斯看来,如果一个行动者通过慎思无论如何都不能把人们赋予他的"行动理由"与他的主观动机集相联系,那么这个理由对他来说就是"外在的";而那种能够与行动者的主观动机集发生慎思上的联系的理由则是"内在的理由"。因此,威廉斯提出了一个新颖的主张:"关于行动理由的惟一真实的主张就是内在的主张。③"威廉斯的结论是:"我刚才讨论的所有这些问题都有明确的答案,那些答案完全符合按照行动的内在理由对实践合理性提出的一个概念,而且,在我看来,它们也是完全合理的答案。④"

二、外在理由的存在性问题

然而,这个见解引起了很多批评,并且引发了"是否确实存在'外在的'行动理由"这个进一步的问题。在这个问题上普特南的观点很有针对性。

普特南认为"在这个修辞性的问题上,困扰威廉斯的应当是这样的事实:对外在理由的谈论并不就是形而上学的谈论,它是一种伦理学的谈论,是我们在伦理生活内部进行的谈论。善意的人通常把做正确事情的价值、

---

① [美]伯纳德·威廉斯,《道德运气》,徐向东译,上海:上海译文出版社,2007年版,第157页。
② [美]伯纳德·威廉斯,《道德运气》,徐向东译,上海:上海译文出版社,2007年版,第152页。
③ [美]伯纳德·威廉斯,《道德运气》,徐向东译,上海:上海译文出版社,2007年版,第159页。
④ [美]伯纳德·威廉斯,《道德运气》,徐向东译,上海:上海译文出版社,2007年版,第161页。

偏好或欲望包含在他们对他们的'价值'、'偏好'或'欲望'的描述中。成为一个善良的人正是要关心做正确的事情。当我对做什么产生疑问时,我常常问自己要做的正确事情是什么,而我是通过指出我认识到我应当作如此这般的事情为我最终(或常常)做一件事或另一件事提供辩护的。当所争论的正确性不是狭义的道德上的正确性,而是从什么是我的生活中的善,什么是对我来说最好的观点看的正确性时,类似的看法也是适用的。当威廉斯告诫我们,谈论外在理由是'错误的或不融贯的'时,他似乎有意无意地正在采纳一种对于我们实际道德生活的极度修正主义立场。①"简言之,普特南对"内在理由"和"外在理由"的区分不以为然,认为它是对实际道德生活的曲解。

普特南进一步指出"我们还记得威廉斯在'混杂的'和'空洞的'伦理概念之间作出了一种尖锐的区分。也许只是就诸如'正确'这样空洞的伦理概念而言,威廉斯才会说,对发现、知道以及类似的东西的谈论是纯粹的'欺骗'。在威廉斯看来,混杂的伦理概念的情形就不同了。一人能够知道(假定他是置身于特定的'社会世界'之内的)一种行为是'冷酷的'、'忠实的'、'愚蠢的'或'无聊的',如此等等。如果发现一种行为是冷酷的、忠诚的或无聊只不过是发现我的文化上的同类就是这样看待这种行为的,那么威廉斯似乎与理查德·罗蒂(Richard Rorty)一样在'一种语言游戏内部的'谈论与'语言游戏外部的谈论'之间做出了尖锐区分。这种二分法在我看来是完全站不住脚的。不管怎样,如果伦理语言的真值性降低为不过就是罗蒂所谓一种语言游戏内部的客观性,那么它就只不过是一种特定的文化内部共识。②"在普特南看来,两种理由的区分实际上类似于罗蒂的语言游戏的内部与外部之分。把伦理语言真值性降低为语言游戏内部的客观性,有罗蒂式相对主义之嫌。

普特南指出:"一言以蔽之,一旦承认内在理由和外在理由之间的鸿沟的存在,一旦接受诉诸外在理由是'错误的或不融贯的'这条教条,就难以理解怎样才能避免伦理学上的罗蒂式的相对主义。③"显然,普特南的论证确实指出了威廉斯理论的"软肋",即:威廉斯的内在理由和外在理由之分是站不

---

① [美]希拉里·普特南,《事实与价值二分法的崩溃》,应奇译,北京:东方出版社,2006 年版,第 110 页。
② [美]希拉里·普特南,《事实与价值二分法的崩溃》,应奇译,北京:东方出版社,2006 年版,第 111 页。
③ [美]希拉里·普特南,《事实与价值二分法的崩溃》,应奇译,北京:东方出版社,2006 年版,第 113 页。

住脚的。

对这个问题的进一步探讨不是本书的主题,但我们感兴趣的是威廉斯提出内在理由论的动机和初衷。威廉斯试图用这一理论来反对理性主义的道德哲学,尤其是康德式的道德理论。实际上,威廉斯想要表明的是,道德理由的可应用性,不像康德主义者所设想的那样,取决于道德行动者的实际动机,而是取决于那些人在应用中是否具有正确动机。所以,道德理由不是无条件的、绝对的,而是相对的、有条件的。它们的可应用性取决于行动者的实际情景和心理状态。这样一来,威廉斯实际上就把道德心理学置于道德哲学研究的基础地位上了①。

综上,我们认为,内在理由和外在理由截然二分并没有充足的理由。在赛博技术的伦理研究中,可行的进路是超越这种截然二分,辩证地思考道德理由问题。

三、赛博伦理学的"认知转向"

通过前面的分析可知,威廉斯的"内在理由"理论的要点是:第一,道德理由应该是动态的,不是静态的,它随我们活生生的道德生活而变化、发展;第二,道德理由应该是相对于我们的主观动机集合的,它不是"绝对命令",不具有决定性,而是模糊性的;第三,它应该是与行动者的主观动机集发生慎思上的联系的理由,因而是内在的,不是外在的。这一理论进一步强化了他的伦理学基本观点,即:伦理生活必须是从一个人自己的第一人称的观点来过的生活。只有当一个人自觉地接受了一个伦理生活的必要性,从他自己的观点来真实地和诚实地审视他自己的行为、选择和决定,我们才有可能在每个人都在追求一个有意义、有价值的生活的同时,把一个和谐宽松的伦理共同体构建出来。实际上,威廉斯所要做的一切是要把伦理生活的本来面目及其在人类生活中的地位向我们揭示出来,是要抵制任何简单化的理论倾向,并在这项工作中把哲学或者哲学反思本身的限度展示出来。显然,威廉斯把伦理问题归结到道德心理学,他的思想体现了当代赛博伦理等应用伦理学研究中的一个重要趋势或发展方向,那就是赛博伦理学的"认知转向"。有人认为"认知转向"是"实践转向"的一种具体体现。这是对当代西方伦理学界盛行的绝对理性主义、演绎主义思潮的反叛,为我们的赛博伦理学研究提供了重要而深刻的启示。

---

① 〔美〕伯纳德·威廉斯,《道德运气》,徐向东译,上海:上海译文出版社,2007年版,译者序第31页。

第五节　美德伦理学与规则伦理学的互补

美德伦理学与规则伦理学是规范伦理学的两种重要理论。美德伦理学将更多的视角投入到行为者（agent）本身，这一点与道义论和效果论强调行为（action）是不同的，美德伦理学更诉诸解答"应当成为怎样的人"而不是"应当采取什么样的行动"；其次，美德伦理学经常使用"善""美德"这些德性论概念来表达意义，而非用"正确""正当""义务""责任"这些义务论的概念表达。美德伦理学反对将伦理学等同于为行为提供指导的某些规范或原则①。这两个伦理理论在不同的历史时期对于解决当时的伦理问题发挥了突出的作用。然而，面临赛博时代的伦理困惑，单一的使用两种理论以逃离赛博技术引发的伦理困境远不如将两个理论互补，从而更能全面地、合理地分析和解决问题。

一、美德伦理学 VS 规则伦理学

纵观西方哲学史，我们可以清晰地发现伦理学的踪迹。苏格拉底、柏拉图、亚里士多德，伊壁鸠鲁、斯多戈都曾对善、幸福有过深入的讨论。古希腊时期的哲学家们探讨的核心问题通常是"我应该成为一个什么样的人？""什么是善？""什么是好人？""何以成为好人？"。"对古希腊人来说，伦理生活是从内部来过的，因为他们关心的是应当成为一个什么样的人。在古代伦理学家看来，美德对人类来说是完全自然的。②"很多现代伦理学学者将古希腊时期对于"善""幸福"的讨论视作是美德（德性）伦理学（Virtue Ethics）的缘起。

"从理论上看，西方哲学自柏拉图以后一直想寻求对自然和人的确定性认识，因而西方哲学一直注重理性分析和证明，这自然而然会将注意力直接放在命题意义的逻辑分析和证明上，直接放在我们日常的道德判断的分析和证明上，而不是进行道德判断的人身上，康德和密尔都是如此。③"随着社会伦理和价值观日趋多元化，具有内在价值的传统美德伦理学理论不断受到具有外在价值的规则伦理学理论的挑战，如康德主义伦理学、功利主义、

---

① 参见：Hursthouse Rosalind. *On Virtue Ethics*. Oxford University Press. 2002. p. 25。

② 徐向东，《道德哲学与实践理性》，北京：商务印书馆，2006 年版，第 2 页。

③ 陈真，《美德伦理学和道德建设》，江苏社会科学，2005 年，第六期。

社会契约论。这样的要求最终使传统美德伦理学失去了当初赖以生存的环境。

与美德伦理学相对,当代道德哲学家们更加关心的是"应该如何行为?"的问题。该问题的回答"往往是按照义务的语言而提出来的。这样一来,道德生活不再被看作是从内部来过的,而是人类被要求履行那些好像是从外部施加给他们的道德责任。道德被重塑为一个与法律相类似的规则系统,那个系统约束人们履行或者不履行某些行动。①"在第一章中,我们提到了神命论,虽然神命论作为我们分析赛博技术伦理问题的工具显得并非得心应手,但它的历史作用是不容忽视的。随着宗教的产生,教义应运而生。以基督教为例,在基督教观念中,人犯有不服从和反叛上帝的"原罪",因此,人有义务努力回到上帝创造他之时所赋予他的原有的本性,但他现在却从上帝创造的那个本性中异化出来,这就是"道德义务"与"原罪"之间的关系。基督教教徒期待着上帝的救赎、要遵守上帝的指令。"随着犹太——基督教传统在西方世界的兴起,道德的根源被放置在由上帝制定的法则(divine law)的思想中。结果,'我应该如何生活?'这个基本的问题就被变成另一个面目全非的问题:'我应该如何行动?'而对后面这个问题的回答往往是按照义务的语言提出来的。②"正是由于这个缘故,现代道德往往是以义务为基础的,以规则为中心的,我们履行某个行为时总是被某种规则约束自己。

作为现代规则伦理学(Rule Ethics)基本理论的道义论和后果论,我们能够在这两个理论中找到基督教伦理学的影子。道义论的代表——康德绝对命令的第一种表述:"要只按照你同时认为也能成为普遍规律的准则去行动"和功利主义者的最大幸福原则:"判断一个行为是正确的(或错误的)的依据是,该行为增加(或减少)受影响者的幸福总量",二者都非常关注履行某个行为是否正当的问题。如果某个行动能够成为一种普遍化的行动,那么就去履行它;如果某个行动能产生最大的功利后果,那么也去履行它。二者以行动的对错作为判断标准的方法体现了基督教伦理学分析道德问题的思维范式。康德主义理论和功利主义理论潜移默化地向我们传达着"义务""服从"和"遵守"的理念,这或多或少地体现出规则伦理学的某种强制性。"义务感"意味着"使命感",不遵守义务就会受到指责,从心理上认为"义务"是履行某个行为的理由,而并非由内而外的一种"自发"意愿。我们可以将

---

① 陈真,《美德伦理学和道德建设》,江苏社会科学,2005 年,第六期。
② 徐向东,《道德哲学与实践理性》,北京:商务印书馆,2006 年版,第 2 页。

这些"义务感"视作是某种规范性(normativity),似乎我们有义务遵守规范、准则、规则、原则等。这些规范对我们的生活和行为具有指导意义,它们不考虑我们的意愿、欲望,可以说是对我们提出了某些命令、支配和要求,或向我们推荐某个东西,对某个行为具有引导作用①。在外部的道德要求之下,神命论、义务论、功利主义、契约论在人类历史的长河中的确发挥了久远的、重要的作用。

然而,任何一种理论都不是完善的,随着康德义务论、功利主义不能彻底地解决道德、伦理悖论问题,越来越多的西方学者再次发现美德伦理学的重要作用。他们开始了对传统美德伦理学的复兴与发展。"20世纪末和本世纪初以来,许多西方哲学家开始较系统地研究美德伦理学,并将能够给我们提供行动规范、指导我们行动的美德伦理学称作'规范美德伦理学'。他们的目的是反驳对传统美德伦理学的批评(即美德伦理学只是以行动为基础的功利主义和以义务为基础的义务论的补充,本身并无独立的地位),试图说明美德概念的第一性(primacy),并从中发展出像效果主义和义务论那样可以运用的道德规则或原则。他们希望将美德伦理学发展成为足以和功利主义、义务论相抗衡的规范伦理学理论。②"

二、美德伦理学与规则伦理学的互补

在《尼各马可伦理学》中,亚里士多德表达了他的观点,他认为快乐源于生活在美德的生活中。他在智力美德(intellectual virtue)和道德美德(moral virtue)中进行了区分。前者可以通过教育习得,后者可以通过重复适当的行为得到。例如,通过把说实话训练成习惯,你可以获得诚实的美德。亚里士多德认为从合乎道德性的行为中产生快乐是一个信号,这个信号预示着你已经获得了美德。

当然美德也是有价值的,这里简单地列举二十多个詹姆斯·瑞查斯(James Rachels)给出的美德:仁义(benevolence)、文明(civility)、同情(compassion)、自觉(conscientiousness)、合作(cooperativeness)、勇敢(courage)、尊重(courteousness)、可信(dependability)、公平(fairness)、友善(friendliness)、慷慨(generosity)、诚实(honesty)、勤劳(industriousness)、公正(justice)、忠诚(loyalty)、适度(moderation)、耐心(patience)、谨慎(prudence)、理性(reasonableness)、自律(self-discipline)、

---

① 参见:徐向东,《道德哲学与实践理性》,北京:商务印书馆,2006年版,第53页。
② 陈真,《当代西方规范美德伦理学研究近况》,国外社会科学,2006年,第四期。

自力（self-reliance）、婉约（tactfulness）、体贴（thoughtfulness）、宽容（tolerance）①。

一个拥有许多道德美德的人具有突出的道德性格。根据亚里士多德的观点，当拥有突出性格的人面对某个道德问题时，他知道如何做是正确的，因为行为将符合他的性格。

美德伦理学的优点：

美德伦理学有两个伦理理论所不具备的优点：第一，它为好的行为提供了道德动机。功利演算和绝对命令都没有对动机进行描述。功利主义者或康德主义者也许能够做正确的事情，但行为背后的原因是消极的（cool）、分析的（analytical）。但是，美德伦理学却强调忠诚、体贴、尊重、可信以及其他的社会互动的健康特征的重要性。

美德伦理学的第二个优点是它为公正（impartiality）问题提供了解决办法。回忆功利主义、康德主义和社会契约论，这三个理论要求我们完全公正地、平等地对待所有人。这个假设导致道德评价很难为大多数人所接受。例如，当一对夫妇面临一个选择：花费 4000 美元带孩子去迪斯尼乐园游玩一周，或为 1000 个饥饿的非洲难民捐款，功利演算的结果也许认为挽救 1000 个难民的生命是正确的行为。然而，我们中的大多数人都期待善良的家长将会为他们的孩子表现更多的仁慈，这种仁慈远远超过想要展现给生活在地球另一端的人。

美德伦理学避免了公正的陷阱，它不强调每个行动必须被设计为产生最广大群众的最大利益。相反，美德伦理学论者认为一些美德是对某些特定的人，这对另外一些人也是公平的、平等的。爱情、友谊和公正都是美德，它们都允许一个人被公平地对待为朋友、爱人、家庭成员。诚实、文明、尊重的人会将这些美德平等地延伸到所有人。

美德伦理学的缺点：

然而，美德伦理学也有明显的缺陷。单独地使用美德伦理学通常很难在特殊的情景中决定如何做。比如，突然爆发了三个火场，由你负责安排、分配人员灭火。火场一在一座山的附近，那里有很多富豪的别墅；火场二在发生于一个 1000 人左右的贫穷小镇；火场三在一个中型郊区。你只有灭掉两个火场的人力和物力资源，你会去哪个火场救援？回忆我们上面列出的美德，实施哪个？同情？公平？公正？谨慎？

---

① 参考：James Rachels. *The Elements of Moral Philosophy*. (8ᵗʰ ed.). McGraw-Hill. Boston. MA. 2015. p. 162。

假设我们认为联系最密切的是谨慎美德,谨慎的事情如何做呢?也许谨慎规定你分配消防员以达到财产损失最小化,但是你作出决策是根据每个火场受到威胁的财物的总价值量,这是功利主义者解决问题的路径。

也许我们认为关系最紧密的是公正美德。猜想,只有两个火场是受到火灾救援保护的,使用公正作为你的美德,你也许会按照火灾救援条例决定去哪里救援。按照既定的政策采取行为好像非常像康德主义者作出决策的方法。

你也许会认为在决定使用功利主义的方法前采取谨慎的态度,或公平的意志将作为康德主义者分析的先行者(antecedent)。即使这些都成立,但还是会遗留一个基本问题。如果欲望表现出不同的美德迫使你面对不同的行为,你会采取哪种行为?另外,回答这些问题的方法论是什么——在这些情境中,一个拥有突出性格的人如何做?

进路:以美德伦理学补充其他伦理理论

很多伦理学家认为不应该将美德伦理学视作是一个孤立的理论,应当将美德伦理学作为一个补充去填补其他伦理理论,如功利主义。将美德伦理学加入伦理决策者的行为中,这会使决策者既思考他们采取行为的理性,又思考行为的有益或有害后果。

还记得那个道德运气的问题——对行为功利主义的一个主要批评?因为一个行为正确与错误的判断仅仅按照它的后果,一个不幸的、未预测的后果可以导致一个行为被视为是错误的。例如:"阿姨住院送鲜花"的例子,为表达心意送鲜花给阿姨,不幸的是她对鲜花过敏。作为一个后果,她必须在医院多住两天。从纯行为功利主义的观点看,你做了一件错事。然而,将功利主义和美德伦理学理论混合起来,我们还可以看到你的行为中的体贴美德。可见,将美德伦理学部分引入会使我们思考行为后果时更为简单。尽管那位阿姨因鲜花过敏,但她还是会赞美你的体贴,这就是一个益处。另外,你通过为这个阿姨送花,加强了你的体贴习惯的实践,这是另一个益处。另一个在第三章列举的为一个住院的朋友复制游戏软件的例子,同样在受到功利主义者批评的同时,却受到美德伦理学支持者的鼓励,因为这个行为表现出同情、体贴的美德。

综上,面对复杂的赛博技术伦理问题,仅仅依靠某种普遍的、基本的道德规范去规范人们的行为,是不能彻底地实现赛博空间的有序与稳定的。现代伦理学理论既不是单一的规范伦理理论,也不是单一的美德伦理学理论,而是两者的结合。用规范伦理去规范人们的行动,用美德伦理去指导人的生活和自我完善是解决赛博技术伦理问题的又一路径。

第六节 赛博伦理理论中的"实践转向"

古希腊百科全书式的哲学家亚里士多德把人类的学问分为三大类:理论的、实践的和制作的;近代哲学家康德把哲学三分为理论哲学(认识论)、审美哲学(美学)和实践哲学(伦理学)。亚里士多德的实践哲学包含了伦理学和政治学;而康德的实践哲学除了包括伦理学、政治哲学,还包括法哲学。有意思的是,这两种区分至少具有某种形式上的相似性。然而,亚里士多德的实践哲学是纳入他的目的论理论框架之中的,而康德的实践哲学则与目的论实践哲学强调善(好)、价值和责任相对,转而推崇权利(正当)、规范和义务,从而具有道义论色彩。于是当今的实践哲学出现这样一个图景:不但试图调和亚里士多德与康德的实践哲学,而且试图把功利主义整合到实践理性的理论框架中来。这样一来,复兴亚里士多德主义、改进康德主义和修正后果论,并以调和三大派为目的,出现了各种理论流派,从而构成了当代实践哲学的主流[1]。

一、阿马蒂亚·森的实践转向

实践哲学发展至今,已经沿着目的论、道义论和后果论三大传统分成三派。其中,后果论这一派的重要代表阿马蒂亚·森[2](Amartya Sen)值得关注。森将伦理学与经济学相结合,其重要贡献之一是融合了后果论与道义论,试图调和或超越后果论与道义论。按照亚里士多德目的论,道德评判由道德以外的某个至善目的决定;按照康德的道义论,道德评判由道德本身的先验标准决定;按照后果论及其前身功利主义,道德评判由行为的后果决定。由于目的论和后果论都认为道德的判据外于道德本身,目的论和后果论常被归为外在主义一类。这与威廉斯的内在主义相对立。

由于康德式的道德律令在处理多边相互依赖性的情境时显得过于僵硬,考虑问题过于绝对,而在这一方面,后果论的框架具有更大优势,森的理

---

① 参见:[美]希拉里·普特南,《事实与价值二分法的崩溃》,应奇译,北京东方出版社,2006年,总序。

② 阿马蒂亚·森(Amartya Sen,1933—)出生于印度,他因为在福利经济学上的贡献获得1998年诺贝尔经济学奖。从经济学的观点森论证了民主的普世价值,他认为民主应为人类社会的任何成员所天生享有。

论框架主要基于后果论。但传统后果论同样有明显的局限。例如,属于后果论的传统功利主义关注"个体社会效用的总和",它的做法是,先对不同行为的"效用总和"进行排序,而最优解就是那个效用总和的最高的方案。然而,这种思考方式忽略了行为本身。作为一种改良和扩展,森把行为本身及其动机也纳入到了广义的后果评价中。他认为,后果推理的范围也应该包括选择的过程,而不只是狭义地定义的最终结果[①]。

于是,森构建起一种广义后果论,这种后果论克服了传统后果论的三个主要局限:第一,用"情境化的评价"取代"立场中立"(不应该假设当事人以"局外人"的立场评价某个事态);第二,用"最大化的评价框架"代替"完备排序",这样一来,即便找不出唯一的最优方案,最起码也要找一个;第三,用"状态成分的非排斥性"代替"纯事态"概念,这样一来,行为、动机和过程也应包含在广义的事态中[②]。

在赛博技术伦理研究中,我们应该借鉴威廉斯、普特南和森的思想,探讨如何吸取道义论、后果论和目的论的合理方面,克服道义论、后果论和目的论的局限,超越各个流派的分歧和争论,实现赛博技术伦理研究的"实践转向"。

二、赛博技术伦理研究的"实践转向"的几个方面

我们认为,赛博技术伦理研究的"实践转向"主要体现在以下几个方面:

第一,在赛博技术领域,道德评价应该是"情境化的评价",而不是"立场中立"的评价。

正如森所主张的那样,我们不应该假设当事人以"局外人"的立场评价某个事态。"立场中立"的评价是一种理想化的评价,不适合于复杂多变的赛博技术的伦理实践。总之,在道德评价中,后果论的观点具有一定的合理性,但是,传统后果论的观点必须进一步修正。

第二,在赛博技术领域,道德理由应该是"内在的",而不是"外在的"的。

正如威廉斯所指出的那样,内在理由是相对于主观的动机集合的,不是绝对的道德律令;此外,它与道德理由仅仅考虑真实性等逻辑因素是不够的,还必须考虑信念之类的心理联系,从而行动的内在理由符合实践合理性的要求。在这一方面,融合了目的论因素的修正的后果论的观点具有一定

---

① 参见:后果评价与实践理性的评论:http://www.douban.com/review/1172563/c1。

② 参见:[美]希拉里·普特南,《事实与价值二分法的崩溃》,应奇译,北京东方出版社,2006年,总序。

的合理性,在克服道义论局限的基础上进一步完善道德理由理论。

第三,在赛博技术伦理学领域,应该在道德相对主义与道德绝对主义之间保持必要的张力。既要保留道德相对主义与道德绝对主义的合理因素,又要克服二者各自的局限性。

我们知道,在自然科学领域,两个互相冲突的理论必须确定哪一个得到了证实,在伦理学中的情况则不一样,两个互相冲突的理论不一定要确定哪一个得到了证实。原因在于,这一领域的问题主要是一个实践问题,这个问题只要在实际事实中得到了回答就满足了这个可比较条件。正如威廉斯所说,在伦理学中可以存在以信念系统为基础的冲突,两个人可以处于一个冲突状况中,在那个冲突状况中,他们对同一个行动问题可以给出对立的回答,他们可以在他们的价值系统的激发下作出对立的回答。道德相对主义的合理性在于,它克服了道德先验主义的困境,认为我们总是在我们自己的语言框架中谈论世界,谈论道德。我们无法借助上帝或者绝对理性来做出道德的评判。但是,威廉斯的"第一人称的相对主义"有转化为道德霸权主义最终走向道德唯我论之嫌,这是道德相对主义的局限。

尽管康德式的绝对主义确实在一定程度上对道德相对主义有所抑制,为道德的高尚、尊严提供了基础。然而,道德绝对主义的局限性也是很明显的。绝对主义的普遍理念必须以命令的形式给出,这就不能不涉及命令的意义问题。众所周知,同一个语句的不同使用者,尽管用同一种句法形式,但由于其构成要素的语词在他们那里可能有不同的指称,这就使得同样的语句有可能具有不同的意义。仅当我们在同一个语言环境下生活,我们才能理解彼此所用概念的指称和意义。显然,除非站在我们自己的立场或语境上,否则我们难以理解这种先验的绝对普遍命令的意义,而这样一来,这个命令也就不是先验的了。

在赛博技术伦理研究中,伦理分析和道德辩护更离不开语言环境和具体情景。先验的绝对普遍命令的应用将受到一定限制。因此,我们应该吸取道德相对主义和道德绝对主义的合理因素,克服其各自的局限,在相对主义和绝对主义之间保持必要的张力。

第四,在赛博技术伦理学领域中,道德辩护应该在道德特殊主义与道德一般主义之间保持平衡。既要保留道德特殊主义与道德一般主义的合理因素,又要克服二者各自的局限性。这也是罗尔斯提出的"广泛反思平衡"方法带给我们的最大启示。

如果我们将赛博技术伦理研究的"实践转向"放在更为宽泛的当代实践哲学视域下,我们将不再把"伦理学"理解为一个原则系统的名称——尽管原则(例如,黄金法则,或它完善的继任者,绝对命令)的确是伦理学的一部分——而是把它理解为一个互相联系的关注系统①。在普特南看来,这些关注相互支持但局部也有张力。普特南在这里强调的是杜威的观念,即伦理学关注的是实践问题的解决。普特南指出,重要的是实践问题——与哲学家的理想化思维试验不同——典型的是"杂乱的"。他们没有确定的解决办法,只有处理一个特定的实践问题的好一些的和差一些的方法。正如杜威强调的,在物理学作为其范式的这种"科学的"意义上,人们一般不能期望为一个实践问题找一个"科学的"解决办法,即使在社会科学的统计学研究作为示范的"科学的"研究这种意义上通常也不能,尽管当问题是大规模的社会问题时,社会科学研究肯定是这个研究的必须的一部分②。

在普特南看来,迄今为止,大多数伦理学家在进行伦理探究时仍然倾向于做出片面的选择,他们除了坚持自己的理论观点之外还试图要么否认其他关注的伦理意义,要么把它们还原为他们喜欢的关注。似乎他们想要把伦理学看作矗立在单独一根柱子上的一尊高贵的雕像。普特南指出:"我的图画是相当不同的。我的图画将会是一张有许多腿的桌子。我们都知道一张有许多腿的桌子当它所立的地面不平时会晃动,但这样的桌子是很难翻倒的,这就是我对伦理学的看法:像一张有很多腿的桌子,它晃得很厉害,但很难翻倒。③"

第七节　实践哲学视域下的赛博伦理学

正是整体伦理学研究的实践转向④促生了一门新兴应用伦理学的诞生——赛博伦理学。赛博空间技术代表着技术发展的前沿,也带来了一个充满伦理和社会问题争议的新环境。在这种新环境中,一方面赛博空间中的犯罪和新伦理冲突日益加剧,另一方面我们对赛博技术的依赖程度也在与日俱增。随着我们对赛博空间负面影响认识的深化,对这个环境的不安

---

① 参见:[美]希拉里·普特南,《没有本体论的伦理学》,孙小龙译,上海:上海译文出版社,2008 年版,第 19 页。
② 参见:[美]希拉里·普特南,《没有本体论的伦理学》,孙小龙译,上海:上海译文出版社,2008 年版,第 25—26 页。
③ [美]希拉里·普特南,《没有本体论的伦理学》,孙小龙译,上海:上海译文出版社,2008 年版,第 25 页。
④ 就我们的理解而言,当代哲学的实践转向一很重要的根源在于信息技术对人类生活的现实影响,这一巨大影响催生了哲学的信息转向。

全感也随之加深。摩尔(James H. Moor)注意到这种技术革命在新的技术环境中对传统伦理学的影响,而要反映这种变化就需要定义一种新的伦理学。赛博伦理学正是在这样的实践推动下应运而生的。一般而言,赛博伦理学可以被定义为:应用伦理学的一个分支,考察赛博技术使用和发展过程中出现的道德、法律和社会问题,赛博技术广泛指计算机技术,互联网计算技术、信息和通讯技术。最近,人们也使用"计算机伦理学"这一术语往往使人们认为伦理学的研究与计算机器或计算职业相联系,从某种意义上而言,赛博伦理学的范围更广泛;也有人用"网络伦理学"(internet ethics)和"信息伦理学"(information ethics)来指称这一应用伦理学领域。不过,赛博伦理学的研究范围要比网络伦理学更为宽泛,而"信息伦理学"关注于信息的伦理方面,这要比赛博伦理学更宽泛。不过,人们往往不太在意这几个术语之间的区分,而更倾向于将它们互换使用。

一、赛博伦理学的发展脉络

从历史发展脉络而言,计算机技术的创立者之一,诺伯特·维纳(Norbert wiener)在 60 年前就已经关注到科学技术带来的伦理问题,他持有一个坚定的立场,即科学技术应当服务于人类的福祉。他对于新技术的双面潜力(被用于好的目的和坏的目的)的关注是具有超前意识的,因此他被贝奈姆(Terrell Ward Bynum)称为赛博伦理学的创立者。在二战期间,诺伯特·维纳教授协助研发击落快速战机的科研项目。该项目所使用的技术促使他和他的同事们开辟了新的研究领域——"控制论",也即信息反馈系统。这一概念与当时发展迅猛的数字计算机相结合,产生了广泛的影响。值得我们注意的是,诺伯特·维纳教授在当时就已经观察到社会和伦理正在发生革命。1948 年,在《控制论——或是对于动物和机器的控制和交流》(cybernetics:or control and communication in the animal and the machine)一文中他就信息和通讯技术提出了许多重要的观点。两年后他出版了具有划时代意义的《人类的人类使用》(The Human Use of Human Being,1950)一书,在这本书中,他对人类生活的目的进行了解释,提出了公正的四个原则,给出了研究应用伦理学的方法,并对计算机伦理学中的重要论题进行了探讨。虽然他没有使用"计算机伦理学"这一术语,但他的论述为今天的计算机伦理学研究和分析奠定了坚实的基础。

维纳教授对计算机伦理学进行的基础性研究工作超越了他生活的时代,因此在二十世纪四、五十年代并未引起人们的关注。他预示到计算机技术与社会的整合最终将带来社会的剧烈变化,并且这一变化将彻底改变人类生活——工人必须在工作中调整自我,政府必须颁布新的法律,工商业必须制定新的政策,专业组织必须为其成员开辟新的行为模式,社会学家和心理学家必须研究新的社会和心理学现象,哲学家必须重新思考和定义旧的社会和伦理学概念。

二十世纪六十年代中期,加利福尼亚的门罗·帕克(Menlo Park)开始致力于研究某些人通过计算机专业化手段从事非伦理的和非法的活动。他认为人们一旦开始使用计算机就将伦理抛之脑外。1968 年,他发表了《信息程序中的伦理学规则》一文,并首次对计算机机器协会的专业行为进行了规范。在以后的二十年里,帕克继续致力于计算机伦理学的研究,发表了大量的文章和观点,对今天的研究产生了重要的影响。尽管帕克的理论没有系统的体系,但他无疑是继维纳之后在计算机伦理学研究中产生了重要影响的一位人物。

二十世纪六十年代末,计算机科学家约瑟夫·魏森鲍姆(Joseph Weizenbaum)开创了 ELIZA 计算机程序——用计算机模拟心理医生进行诊断。在他的著作《计算机力量和人类推理》(Computer Power and Human Reason)中他详细论述了将人类视为纯粹的机器的观点。魏森鲍姆的著作和言论激发了人们对于计算机伦理学进行研究的热情。

二十世纪七十年代,沃尔特·曼纳(Walter Maner)首次用“计算机伦理学”这一术语来指称由计算机技术产生的伦理学问题以及人们进行的相关研究。从七十年代晚期一直到八十年代中期,曼纳进行了很多实验,他十分关注大学的计算机伦理学教育,发表了大量的文章来讨论隐私、计算机犯罪、计算机决策、技术独立以及伦理学的专业模式等问题。曼纳的研究工作促进了计算机伦理学课程在美国的普及,并吸引了众多学者步入该领域进行研究。

二十世纪八十年代,信息技术带来的社会和伦理问题成为欧洲和美国的公共问题。人们开始对计算机犯罪、计算机崩溃引起的灾难、通过计算机数据库侵犯隐私以及软件版权的归属问题等进行了广泛的讨论。八十年代中期,詹姆斯·摩尔(James Moor)在《元哲学》(Metaphilosophy)中发表了颇有影响的论文《什么是计算机伦理学?》(1985);黛博拉·约翰逊(Deborah Johnson)出版的《计算机伦理学》一书是第一本关于计算机伦理学的教材。雪利特·克尔(Sherry Turkle)的《第二自我》(Second Self)主要探究了计算带给人类心理的影响;1987 年,朱迪思·派罗(Judith Perrolle)在他的《计算机和社会变化:信息,产权和权利》(Computers and Social Chang:Information,Property and Power)一书中使用社会学方法对计算和人类价值进行了考察。

1991 年，Terrell ward Bynum 和 Maner 召开了第一届关于计算机伦理学的国际多学科大会，这次会议被视为是该领域的里程碑。这次会议首次将哲学家、社会学家、心理学家、计算机专家、律师、商业领导、新闻记者和政府官员聚在一起讨论计算机的伦理学问题。

从此，计算机伦理学逐步走入新的大学课程、研究中心、学术会议、期刊论文和学校教材，最值得关注的一点是：众多学科的学者、思想家及专业组织机构开始关注计算机伦理学的研究，这也使得计算机伦理学的研究具有了跨学科的性质。在英国、荷兰、波兰、意大利还建立了专门的计算机伦理学研究中心，并且召开了多次的重要会议讨论这一论题。计算机伦理学的先锋 Simon Rogerson 建立了计算和社会责任中心（Center for Computing and Social Responsibility），他认为需要在九十年代中期进行计算机伦理学的第二代研究，亦即阐述计算机伦理学的概念基础、发展符合计算机伦理要求的行为框架，从而可以使人们预见信息技术应用带来的效果。

从上面的论述可以看出，赛博伦理学、计算机伦理学的发展经历了一个逐步完善、动态变化的过程，在这一过程中，计算机伦理学充实了自身，也逐步渗透到了其他学科之中，这使得其研究更具有了理论和现实意义。

二、赛博伦理学视域下的"人类"

计算机技术的无处不在，对于我们的生活造成了难以估量的影响，使我们每一个人的生活各方面都发生了变化。无论是在发达国家还是在发展中国家中，这样的变化都是巨大的。因此，我们不需要为与计算机技术有关的伦理问题而吃惊，我们要关注的是计算机伦理学或赛博伦理学（亦为全球信息伦理学）的发展改变了将人类作为社会动物的这一定义。

从整个西方思想的发展历程来看，对于这一概念的认识有着几次重要的变化，亚里士多德将人类称之为"政治动物"，斯多葛学派将人类称之为"社会动物"。亚里士多德将人类置于动物这一范畴之中，生存在社会中或兽群之中是人的自然条件，人首先被视为是社会的成员，然后才被视为是单独的个体，不过，这样的看法从先笛卡尔开始遭到了挑战，人们不再将人的社会性作为人的第一属性，强调了个体的重要性，并且试图使个体凌架于社会之上。这样一来，对于人的属性的探究成为了学者和普通民众关注的焦点。

卡尔·马克思将人类作为社会的人，在他看来，人是具有理性的，为了维护自己的利益，人类应当采用共同生活的形式，很多哲学家，社会学家也认为，人类本质的社会特征使我们真正称其为人。梅迪（G、H、Mead）指出：
"思维是人类社会经验的反映。不过，强调人的社会性并不意味着完全抹杀
了人的个体性。①"

人类进入了信息社会，在网络空间时代，对于个体的认识也发生着巨大
变化。对于个体的确认是动态的，也极大地依赖于社会性。人类生存的社
会性方面包括交流、通讯，因此考察与人类相关的伦理问题，就应该将人视
为交流的人。因此，信息通讯技术应被视为人类非常重要的技术，对于人类
具有特殊的意义。正是由于这一原因，信息通讯技术的社会影响要比其他
技术深远得多，对于人类生活的影响既有正面的也有负面的，这基于人类自
身使用技术的目的，也依赖于人类的不同评价标准，对于一个人有用的东西
或许对于另外一个人而言就是有害的。这对于人类群体而言也是相同的道
理，试图建立于任何人都有益的伦理学都归于了失败。目前来看任何伦理
学都只能代表一定人群的利益，似乎不可能建立普遍适用的伦理学。康德
和边沁是典型的西方哲学家，他们的伦理学价值的基础是西方文明。因此，
他们的伦理学也不是普遍的道德价值。如果要创立全球信息通讯技术社会
的普遍伦理学，我们就不能采取这样的立场作为出发点。更为有趣的是，试
图建立普遍适用的伦理学的意图在对于人性概念进行阐述时更为明显，这
样的探究是通过对于非人的动物智能以及人工智能对的研究来完成的。

三、赛博伦理学探究的主要论题及其方法论意义

那么，赛博伦理学或者是信息伦理学探究的根本性问题有哪些呢？这
一问题是对于信息伦理学的一些具体问题进行考察的基础。信息伦理学在
理论上具有独特性吗？有的理论家试图为信息伦理学研究进行辩护，在他
们看来，计算机技术的使用带来了独特的元伦理以及认知难题，这些难题、
困境的存在要求我们将之作为统一的理论问题域进行专业化的研究。不
过，对于计算机伦理的独特性有不同的理解：第一，有的学者指出计算机伦
理学是在计算机行为中涉及一些其它类型的行为所不具有的伦理特质意义
上而言具有了独特性。目前存在的一些责任、允许、好/善等概念可以充分
地描述业已存在的一些行为的伦理特质，这样的解释可以被称之为是元伦
理论题。而信息伦理学中的一些行为难以通过传统的伦理概念来进行充
分、恰当的描述，因此，有人断言：一般的和应用伦理学思维的元伦理基础是

---

① 　Herman T. Tavani. *Ethics & Technology：Ethical Issues in an Age of Information and Communication Technology*. Hoboken，NJ：John Wiley & Sons，2007，p. 51.

不充分的;第二,有学者认为业已存在的伦理理论或许能够充分地解决其他应用伦理学中存在的一些问题,但是它们却不能有效地解决计算机使用中存在的伦理问题,因此计算机伦理学的独特性在于规范理论,计算机技术呈现出来的伦理问题作为客观的事物,不能借助于已经存在的伦理理论来解决,因为已经存在的伦理理论的客观论域不能包含全部新生的行为,关键不在于人们应用一般伦理理论的能力,而在于一般伦理理论自身辖域的局限性。第三,有学者也指出,在应用伦理学其他领域中有用的推理类型在计算机伦理学的背景中可能只具有有限的功用。梅纳(Walter Maner)指出,我们没有足够的资源来构建能将计算机使用中的问题相联接的桥梁,信息伦理学中的问题是不确定的认识论的论题,计算机呈现出来的伦理问题不能与应用一般伦理理论的其他应用伦理学领域相比较,在认识论主旨看来,现已存在的规范(normative)理论可以适用到具体的问题中,但对于解决计算机伦理学中的问题显得有些力不从心,我们没有足够充分的认识资源来确定它们如何应用。第四,计算机器创立了伦理上非常重要的属性,计算机技术拥有其他无生命的人造物所没有的独特性,也就是说,计算机机器是独特的,因为它可以创立一些形式的道德标准[①]。

那么,如何评价以上几种关于信息伦理学独特性的观点呢?

元伦理主旨在一开始就应被抛弃,我们没有理由认为业已存在的伦理范畴在元伦理主旨描述的方式中是不充分有效的,事实上,人们不能够提出令人信服的理由来论证。这就像是某一行为和其否定都不是义务性的或强制性的,我们对这样的行为很难给予辩护。我们没有直觉上的资源对这类断言进行评价,因为这类范畴完全脱离了现已经存在的判断和行为。

规范性论旨的问题在于它不能充分地断言道义理论、功利理论、关心理论(care theories)、基于权利的理论(righr based theores)都得出了错误的结论,人们要想对于自己的断言进行辩护的话就必须借助于一些合理的、有说服力的理论和原则,但是如果拒斥了现存的所有理论和原则的话,人们就缺乏了直觉理论和原则,这样的直觉理论和原则可以作为判断、评价现存的理论和原则的标准。

认知论旨的问题在于:认知上的不确定性在应用伦理学中并不稀奇,伦理学家们对于与计算机无关的一些论题也存有很多争议,例如:堕胎、死刑、经济公正性等问题,虽然他们一般在贫穷的不幸和生命尊严方面有共识,但

---

① Herman T. Tavani. *Ethics & Technology*: *Ethical Issues in an Age of Information and Communication Technology*. Hoboken. NJ: John Wiley & Sons. 2007. pp. 79 - 80.

是,只要有两个相互冲突的结论可以通过这些原则同时予以说明的话,那么有些原则在认识上是不确定的也就很明显了,因此,认识上的不确定性并不罕见。

属性主旨也是有问题的,这一论旨的提倡者认为计算机拥有道德标准,事实上,计算机的属性中,没有一个很明显地具有与道德标准有联系的伦理特征,这些属性只具有工具价值,并不具有值得从道德上尊崇的内在价值。我们非常重视计算机的复杂性、速度和拓展性,因为计算机的这些属性使我们有可能完成不同的有价值的任务,我们重视计算机的成本效率,那是因为计算机可以帮助我们更便宜地实现我们的目标。因此,或许计算机的显著特征在于:它没有一个直觉上恰当的基础来说明什么东西可以作为内在有价值的东西来支持下面的断言:在人造物中,计算机属性是独特的,因为它们拥有一个道德标准。

无论如何,人们认为存在一些独特的与计算机技术相关联的问题的思想足以使人们关注计算机伦理学这一学科,这一点是难以否认的事实。由于计算机技术的发展,用户可以低廉的价格获取重复生产的数字音乐,也可以通过网络自由获取信息和知识,而这都与知识产权和自由言论等伦理问题密切相关。很明显,由于计算机技术的使用引起的伦理问题相当广泛,这是其他技术难以比拟的:首先,计算机伦理问题促使人们关注职业化道德中的一些困境。即,关注于设计、研究和应用计算机技术的人群的伦理问题;第二,计算机技术的普及促使人们思考与人类福祉和生活质量相关的问题,例如产权问题;第三,人们获取到范围广泛的具有技术特征的知识,并接触到与这些技术相关的伦理问题时,人们倾向于通过高质量的伦理论证来探究这些问题,这也表明,理解计算机技术有助于形成深刻的计算机伦理学观点,这是一个经验性问题。

另外,在信息伦理学中存在一些基本理论的争论,主要关注赛博伦理学(信息伦理学)的本质及方法论。有的理论描述了在赛博信息伦理学中解决问题时的本质以及与其他领域解决问题的关系;有的试图论述在解决赛博信息伦理学中解决问题时的方法论和原则,也有的学者将信息伦理学中的方法论作为探究应用伦理学中存在的问题的方法论的起点。主要的观点如下:

吉特·伯纳德(Benard Gert)(1999)指出包括信息伦理学在内的所有应用伦理学的问题应通过共同道德(Common morality)来解决,吉特将共同道德定义为:当人们面对道德问题,并且做出道德判断时,人们在决定自己如何行为时所使用的道德系统。在吉特看来,在给定的不同文化中,人们就道德问题具有的共识比差异多。虽然,对于差异的探讨也是很重要的,信息伦理学中的问题也应通过这些人类共享的道德判断来解决。

弗洛里迪(Luciano Floridi)试图通过统一的方法来解决信息伦理学中的问题,他得出了四个基本的伦理原则用之管理信息圈(infospehere)中主体的行为,信息对象虽然不具有人类或生物的属性,但是,仍然是值得尊重的,信息伦理学提供了道德评价的一般框架。弗洛里迪提出了四个普遍规律来反对信息熵(informatimation entropy):

(1)信息熵不应该在信息圈中被产生。

(2)信息熵应该在信息圈中被阻止。

(3)信息熵应该在信息圈中被消除。

(4)信息圈应该被保护、扩展、改进、丰富和强化。

文迪·哈文(Jerson van den Hoven)指出,信息伦理学中的问题应通过反思平衡(equilibrium)法来探讨,这一思想最早由罗尔斯提出。概据这一思想,伦理推理应该向产生自我融贯的系统发展。在这样的系统中,一般的伦理断言和具体的基于案例的判断可以相互支持、辩护和解释。如果要为一信息伦理学中的问题所采取的立场进行辩护的话,要求我们证明这一立场属于伦理信念的最融贯的系统①。

有些信息伦理学家主要关注于信息通讯技术(信息通讯技术)或信息伦理学论化中的偏见问题。贝瑞·菲利普(Philip Brey)认为多数的信息伦理学中的理论化未能考虑诸如性、性别和女性伦理学角度进行研究,因此,对于信息伦理学中的问题,不能得出不同角度的观点。一些信息伦理学家还强调了信息伦理学范围与其他伦理学领域关系的解释,强调计算机带来了世界范围内具有革命性的影响,这就迫切需要一门新的全球伦理学理论,这一新理论是对于现代计算机和相关技术发展的回应,另外,这一理论应当具有全球影响,而不应当像功利主义一样仅限于在欧洲和美国具有影响,并且应该替代某些国家的传统伦理理论。还有学者认为,计算机和信息伦理学将在某种意义上消失,变成更为一般的伦理探究。根据这种观点,信息技术将逐渐融入我们的生活之中,我们将不再将其作为是特殊的事物进行考察。信息技术及与之相联系的问题将完全溶入到我们的日常生活之中,这样一来,也就不需要一特殊的计算机或信息伦理学了。在这派学者看来,如果从伦理角度看网络技术的话,网络技术有三个特殊的地方值得我们思考。第

---

① 参见:Herman T. Tavani. *Ethics & Technology: Ethical Issues in an Age of Information and Communication Technology*. Hoboken, NJ: John Wiley & Sons. 2007. pp. 79 - 80。

一,网络的范围是全球的并且是互动的,第二,网络使用者以匿名的方式进行交流,第三,网络技术使得信息的再现成为可能,这样的观点虽然关注于这些特征引发的伦理道德差异,却并没有断言网络必然会引起独特的伦理问题。很明显,关于这些问题的争论受到了一个人初始的观点的影响,如果人们考虑的出发点是技术的优势的话,那么人们一般会关注计算机特征的独特所在;如果人们的出发点是伦理学视角的话,人们将主要关注于人类行为和人类价值,而不会关注于计算机技术的具体差别和细节①。

摩尔在其"什么是计算机伦理学"(1985)文中指出,计算机技术与其他的技术不同,它是逻辑可拓展的,(logically malleable)因为它是为不同的任务而设计的,而大多数技术只完成某一特定的任务,正是由于计算机是可拓展的,因此它可会创立人类行为的新可能性。

摩尔进一步指出,这些新的可能性是无限的,因此会带来很多"真空"(vacuums)。一般而言,有两个类型的真空值得关注:(1)法律和社会政策的真空,我们需要法律和社会政策用之指导,管理计算机带给人类的新的行为选择,即:政策真空;(2)与概念框架相关的真空问题。有些规范性问题具有模糊性。人们不易理解和表述。摩尔指出,即使这些问题得以解决了,我们也能很好地理解这些新问题,但是,我们也有时会发现目前存在的一些法律和社会政策是难以适用的。因此,我们通常要修改存在的社会政策或创立新的政策,并且要为这些修改过的和新创立的政策辩护,根据摩尔,一恰当、充分的计算机伦理学方法论包含了以下四个步骤:

(1)确认出现的任意政策真空;

(2)辨析、厘清同时出现的概念迷惑;

(3)修改业已存在的社会政策,如果必要的话,制定新的政策;

(4)为修改的或新制定的政策辩护(提供正当理由)。

摩尔在后期的著作中,认为需要一独立的计算机伦理学领域来进行研究,因为日常伦理学不能充分地应对由计算机技术带来的诸多伦理问题,在摩尔看来,日常伦理学低估了计算机伦理问题对于传统概念框架造成的挑战,他也反对伦理相对主义的主旨,即:不存在道德的普遍标准,相反,他认为某些普遍的核心的人类价值在道德中具有非常重要的作用。从某种意义上而言,大多数计算机伦理学家都将摩尔的方法作为计算机伦理学这一新兴的应用伦理学科的标准方法。

---

① Herman T. Tavani. *Ethics & Technology: Ethical Issues in an Age of Information and Communication Technology*. Hoboken. NJ: John Wiley & Sons. 2007. pp. 82 - 84.

就赛博空间方法论而言,贝瑞批判了在他看来主流的计算机伦理学,提出了"解构的计算机伦理学"(disclosive Computer ethics)。这一方法的主旨在于:解析计算机系统中不明显的特征所具有的道德意蕴(moral implications)。为了完成这一任务,贝瑞认为计算机伦理学研究应当是跨学科而且是多层次的,在他看来,在学科层次,哲学家、计算机专家、社会科学家应合作起来,进行跨学科研究;在解构层次,计算机科学家要具备专业的技术来识别,解构出计算机系统中不明影视业的特征,哲学家在理论层次中扮演重要角色,他们要对于这些新的特征进行概念分析,并且要确认现已存在的伦理理论能否被成功地应用,或者是否需要一修正的或完全新的伦理理论(在这一阶段,研究者可以检测政策真空是否已经出现)。最后在应用层次,社会科学家,哲学家和计算机科学家需要通力合作将伦理理论应用到具体的问题和实践中去。

亚当·艾莉森(Alison Adam)认为充分的计算机伦理学方法论应当明确地考虑与性别相关的偏见问题。她认为女性伦理学(feminist ethics)能够与经验研究相结合,即:强调观察的作用。应当将计算机伦理学的研究推进到下面这一个层次上来:易于确认计算给性别问题带来的启示,对于这些启示的确认将影响我们关于诸如隐私和权利这样的传统计算机伦理学问题的态度,而这反过来又将影响我们在应对这些计算机伦理问题时所采取的政策。亚当和贝瑞的方法论具有重要的意义,因为他们的方法论不仅有助于消除影响赛博伦理学的各种偏见,而且他们的方法论框架还会影响我们确认伦理问题以及制定与赛博技术相关的社会政策的方式。

弗洛里迪等人则提出了另外的方法论框架,即"信息伦理学"(information Ethics)或"IE",这一方法也探讨了赛博伦理学中的偏见问题。IE 建立在 Floridi 早先提出的框架之上。他指出,计算中的伦理研究倾向于具有优势地位的实体(entity),这些实体生存于生物圈"(biosphere),由于存在这样的偏见,计算机伦理学研究的标准模式不能考察生存于信息圈"(infosphere)中的那些实体的伦理重要性。从某种意义上来说,IE 可以被视为是环境伦理学研究中使用的方法论的扩展,在这一领域中,许多研究者都指出:传统的伦理分析倾向于"人类中心主义"(anthropocentric),因为传统的伦理理论只考虑与人类相关的伦理问题。有些环境伦理学家指出:道德的考虑范围应当扩展到包括所有生存于生物圈中的实体存在的生态系统中来。不过,在弗洛里迪看来,环境伦理学家的观点还不够深入、透彻,因为他们的观点又倾向于了"生物中心主义"(bicentric)。应当将道德考量扩展到信息实体上来,即:将信息圈包括进来,也就是说,一些非生物实体也应当被道德进行考量。但是,传统的计算机伦理学方法论框架不能考查信息实体的道德地位,因此,应当建立 IE 方法论模式,也许有人会认为弗洛里迪的提议是具有争议和过于激进的。不过,近来人工智能领域取得的进展促使计算机伦理学家认真地思考如下的论题:自动人工机器人(autonomous artificial agents)的其他类型的实体信息展示出了理性的行为,这些应当接受道德考量吗?

就基本的伦理理论而言,为了应对计算机技术带来的伦理问题,我们要对于业已存在的政策进行修改,甚至还要创立新的社会政策以填补政策真空。不过,正如弗洛里迪指出的那样,我们要对于修改的社会政策以及新制定的社会政策提供辩护,哲学家们为了完成这一任务就必须借助于标准的伦理理论。哲学家们一般非常关注基于结果(Consequences)或责任(duty)这两个标准的伦理理论。功利主义是结果论伦理理论的一种形式,这一学说主张我们通过评价一政策被执行可能产生的结果就可以确定一特定的社会政策在道德上是否是可接受的。一般而言,功利主义者只关心那些能给绝大多数个体带来最大利益的社会政策。道义论是基于责任的伦理理论(Deontological),这一理论拒斥将结果作为确认一社会政策在道德上能否被接受的标准。在道义论者来看,一项政策可能产生对于绝大多数人而言好的结果,但是这一政策仍有可能在道德上是难以被接受的。在他们看来,一项政策在道德上是可接受的仅当被这项政策影响的每一个都被尊重且给予了平等的考虑。在这样的情境中,某些人如果被作为了其他人的手段、工具的话,那就都应被平等地对待。

有些人对功利主义进行了批驳,他们指出:功利主义者以促进大多数人的幸福为主旨,但他们忽略了每一个个体的公正和公平的重要性。同理,道义论者也遭到了批评,批评者指出:道义论忽略了整个社会利益和幸福的重要性,因为他们过分地强调了每一个单个个体的权利、义务和尊重等。在我们看来,或许解决这样的理论困境的理想出路在于:构造一结合功利主义和道义论的伦理理论,克服二者各自的缺点,不过,这一工作不是轻而易举的,因为哲学家们在综合这些理论的时候必须要使这一新的伦理理论具有内在融贯性,而且在逻辑上面要有一致性。

关于赛博伦理学的作用和地位问题,一般有以下五种基本立场:

(1) 赛博伦理学没有基础。

(2) 专业化/职业立场,赛博伦理学仅是一门职业伦理学。

(3) 激进立场。赛博伦理学处理独特的问题,需要独特的方法。

(4) 保守立场。赛博伦理学作为特殊的应用伦理学,它探讨传统道德问题的新类型。

（5）革新立场。理论的赛博伦理学可以通过大量的新视角来拓展元伦理的讨论。这一理论的主旨在于：虽然赛博伦理学问题不是绝对独特的，但是这些问题确实使得标准的宏观伦理学（macro ethics）在应用时不太充分，因此，促进了新的伦理理论的研究。[①]

需要指出的是，与其他应用伦理学领域相比，赛博伦理学的研究还处于开始阶段，远未达到成熟的程度。在过去的二十几年中，关于赛博伦理学、信息伦理学、计算机伦理学出版了很多的新书，期刊，并且召开了很多会议，同时，大学中设置了一系列相关的课程，如："伦理学问题和信息技术"、"信息伦理学""互联网和社会"等。在法律学校、商业学校及政府学校中也开设了有关赛博法律和公共政策的课程。这一相对较新的应用伦理学领域的内容是动态的，它总是发生快速的变化以反映网络和计算机技术对于我们社会、政治和法律等方面造成的影响，道德哲学家的政策制定者必须认真考虑，诸如黑客、网上垃圾、黑洞之类的新的伦理和社会问题，以便填补"政策真空"，伦理分析是必须的，只有通过伦理分析才能为新法律、新政策和新规范提供正当理由，也才能在处理这些伦理问题时保持公平、公正。

从实践哲学的视角来看，赛博伦理学或信息伦理学或许可以作为环境伦理学的拓展，它的概念基础是：信息对象（information object）、信息圈（infosphere）、熵（entropy）。

总之，赛博技术对于当代社会造成了极大的影响，而赛博伦理学就是对这种影响进行的实践关怀。数字革命引起了难以预测的问题，超越了伦理的、理论的、法律的发展速度，为了弥补政策及概念真空，赛博伦理学对于个别事例进行了拓展性及密集性（intensive）的研究，它通常会联系到现实世界中的问题，通过类比来进行推理，这就使得赛博伦理学的理论会存在不一致、不充分，也缺乏一般的原则的困境。

事实上，赛博伦理学的目的在于在原则性的选择和可辩护伦理标准的基础之上得出决策，从而借助于概念评价、道德明见、规范指导、教育项目、法律建议、工业标准等提供一般化的结论，并且将这一结论应用到所有可对比的例子中去。因此，至少从 20 世纪 70 年代开始，赛博伦理学的重点从问题分析转移到了策略方法上来，这导致了行为的职业化模式、技术标准、使用规定和新法令的不断演变。

---

① Herman T. Tavani. *Ethics & Technology: Ethical Issues in an Age of Information and Communication Technology*. Hoboken. NJ: John Wiley & Sons. 2007. p. 86.

四、赛博伦理学的未来发展趋向

从上面的论述中,我们了解了学者们从不同的角度对于赛博伦理学进行的探究,事实上,不同的理解角度是与赛博伦理学的不同发展阶段密切相关的。在不断的发展过程中,赛博伦理学探究的论域也在不断发生变化。一般而言,赛博伦理学探究的主要论题有:工作场所的计算机、计算机犯罪、隐私与匿名、知识产权、职业责任等等,但随着信息通讯技术的迅猛发展,其视域也不断扩展,在目前的赛博伦理学研究中,除了继续关注业已存在的一些伦理问题之外,还出现了一些新的探究趋向,我们称之为新的趋向并不是说在以前的探究中对其毫无洞察,而是指这些趋向在以前没有成为我们探究的重点,但是,随着赛博技术的发展,这些问题在未来的赛博伦理学研究中将会越来越受到重视。我们在这里重点考察以下几个方面的新趋向:1.赛博伦理学研究思维范式的转变;2.技术哲学与赛博伦理学的关系越来越密切;3.对道德与机器的关系的探讨会越来越深入;4.赛博伦理的全球化。

1.计算机伦理学研究思维范式的转变。传统的赛博伦理学研究范式是反思性(reactive)的,即伦理滞后的,在这一研究框架中,人们总是通过衡量一特定的结果是否符合既定的伦理原则而做出判断。但是,存在很多的技术难以与标准的观点相符合,这就需要我们重新思考伦理标准。目前的知识产权机制就很难将所有的信息技术包括在内。这就表明了反思研究范式的局限所在。而前瞻式(proactive)思维范式与之不同,它强调伦理在先,即我们首先要仔细考虑要从技术中获取什么,什么样的生活才是我们想要的好的生活呢?我们要采取特定行为指导技术的发展。虽然前瞻式的思维范式的伦理评价要依赖于伤害的事实鉴定以及技术运行产生的益处的考察,也就是说,我们需要做出预测,不过,小心的预测是有好处的,我们总是对于将要发生的事情作出预测,然后以之为基础来行事。事实上,前瞻式思维和反思式思维具有重要的哲学背景,即它们是为了应对错误的二分法而产生的。赛博伦理学也难以将这两种思维方式完美的结合,不过,随着赛博技术的持续发展,我们应该对于其可能产生的结果做出最好的理解和预测。如果我们只是被动地等待技术被研发出来,就有可能难以避免灾难性的后果。当然,我们并不是说为了避免不良后果的产生就不再研发技术了,我们意指的是:在技术发展的过程中,伦理学的考量也必须随之发展。在赛博伦理学的研究过程中,我们要尽可能地将前瞻式思维和反思思维结合起来,这样才能对于赛博技术的研发以及其后果做出最好的理解,从而促使我们更好地应对相关的伦理问题。

2. 技术哲学与赛博伦理学的关系越来越密切。如果从技术决定论的角度来讲,技术发展和伦理学没有直接的关系。即使是以前瞻式的思维方式来从事研究,我们也只能预测结果而不是等待结果的发生。[①] 不过,以前瞻式的范式从事计算机伦理学的研究可以使我们认真考量赛博技术设计中的伦理和社会价值因素。基于这样的考虑,赛博伦理学就要对于技术产生的政策真空、技术发展带来的后果以及与技术发展相关的伦理问题进行考察和探究,这也促使技术哲学家们认真考虑技术以及相关的政策在促进个体和社会的效益中应有的责任。而技术哲学家和赛博伦理学家都要考虑如下的问题:对于人类而言,什么样的生活才是好的生活呢? 技术应当如何设计才能带来最大的效益呢? 技术设计目的何在呢? 技术发展要以生产力作为唯一的衡量标准吗? 虽然存在如此多的问题,不过,就技术发展的目的应当是促进人类社会的整体福祉来讲,无论是技术哲学家还是计算机论学家都不会存有异议。总之,技术哲学和赛博伦理学都要关注信息技术给我们生活带来的变化,无论这样的变化是有益的还是有害的。对于赛博伦理学家而言,在未来的研究中,他们要关注一些更为宏观的问题,最为重要的一个问题可能就是:技术应当向什么样的方向发展。

3. 对道德与机器的关系的探究会越来越深入。随着计算机机器越来越成熟,其应用的技术也越来越先进。人们开始重新考虑下面这一问题:机器可以被视为道德主体吗? 机器有道德生活吗? 虽然这一问题在二十世纪六十年代就进行过探讨,但是无疑这一重要的论题一直没有成为赛博伦理学或信息伦理学的主要论题。进一步而言,计算机技术不仅仅改变了环境,也改变了人类自身,在信息化的时代,人类的道德生活有什么样的变化呢? 赛博伦理学家对于这些重要的问题没有给予足够的重视。不过,可以预见的是:在未来的计算机伦理学探究中,这些问题将会占据重要的位置。理由如下:"计算机变得越来越强大,它模拟人类行为的能力会逐渐增强;人类的决策越来越依赖于计算机;我们探究这一论题的基点在于实际的软件主体而不是在安谈科学虚构的人性化了的机器人。[②]"

4. 全球互联网将世界各地的人们紧密地连接在了一起,赛博伦理学已经逐渐演变为一个更为宽泛、更为重要的领域,有人将之称为"全球信息伦理学"(global information ethics)。Krystyna Gorniak-Kocikowska 在他的论文《计算机革命和全球伦理学问题》(1996)中首次指出,人们应在全球范

---

① John Weckert. Computer ethics. England:Burlington. 2007. p. xvii.
② John Weckert. Computer ethics. England:Burlington. 2007. p. xvii.

围内研究一种共同认可的行为标准,以促进和捍卫人类价值,即关于伦理学和价值的争论不局限于任何一个特定的地理区域,也不会被任一宗教和文化所限制。

目前,已经有两百多个国家通过网络连接起来,各个国家的宪法从网络角度而言只是一个地区法律,它不能应用到其他国家中。比如,如果美国的计算机用户想保护自己在互联网上言论自由的权利,那么应该适用哪一个法律呢?如果一个欧洲国家的居民试图通过网络与另一个国家的居民进行交易,但在后者的国家中,法律规定这样的交易是非法的,那么这个欧洲人是否要接受这个国家的法律制裁呢?

现在的网络技术几乎已经可以提供安全的国际贸易交易平台。全球网络贸易迅速地扩展,那些拥有技术设施的国家正在分享经济的快速增长,而不具备这种技术支持的国家和地区就会逐渐被甩在经济发展的列车后面,这样一来,全球网络贸易快速增长会带来什么样的经济和政治后果呢?

如果无论是在富国还是在穷国,人们都可以通过网络非常便宜、便捷地了解世界新闻,获取世界著名图书馆和博物馆提供的教材、文献和著作,感受世界各地的政治、宗教和社会活动,那么,这样丰富的全球教育会给政治独裁、孤立的社区、融合的文化、宗教活动带来什么样的影响呢?如果世界上著名的大学通过网络来提供学位和知识,那么会给其他大学造成什么样的伤害?一些大学是否将被迫退出大学教育圈?

我们知道,业已存在的贫国与富国之间的差距,甚至一个国家中的贫富差距已经产生了许多不稳定因素。如果教育、贸易、就业、医疗服务以及其他生活必需品都通过网络来提供的话,贫富差距会不会愈来愈扩大呢?

总体上来看,今后的赛博伦理学研究发展的趋势应当是:不再局限于赛博技术而谈论赛博伦理学,它会关注更为宏观的一些与技术相联系的伦理问题,会深入思考技术哲学关注的一些话题。同时,在研究范式上会转向前瞻式思维,对于机器和道德之间的关系的探究也会逐步地深入,进而对于人类自身的道德问题做出阐释。就学科发展而言,赛博伦理学的研究进路使得伦理问题的探究很零散,赛博伦理学的一个自然的发展趋势就是逐渐意识到要独立成为一门学科,将策略性的解决方法与全球性的战略分析相结合,而一旦成为独立的学科,就有必要对其进行元理论的反思,即对它的研究任务、本质以及成为独立学科予以辩护,而且还要讨论其与其他范围广泛的元伦理理论的关系。那么,赛博伦理学能成为融贯的、一致的学科吗?这不仅仅是一个理论问题,更是需要从实践中不断反思的过程,这或许也是整体伦理学面临的一个问题,需要我们不断地探索和思考,这也正是实践哲学的内在精神实质和历史使命所在。

通过前面的阐述,我们探究了与赛博技术相关的伦理问题,涉及政治学、社会学、哲学、计算机科学甚至包括经济学在内的众多学科,这充分说明赛博技术的伦理探究不仅仅是伦理学的问题。在当今计算机信息网络时代,伦理问题关涉到了各个方面和层次,需要各个学科的共同合作才能清晰阐述由赛博技术的使用带给我们的伦理问题,也才能够提出适当的应对方案。从更宏观的角度而言,包括计算机信息通讯技术在内的赛博技术体现了科学的精神,而伦理学的探究体现了人文的精神,从这一视角来看,赛博技术的伦理探究无疑是将科学和人文精神结合在一起的一个新视角。或许我们应牢牢记住:我们必须通过人文的视角对于新兴技术进行考量,将科学和人文脱离开来的思维方式势必会给人类生活带来难以预计的灾难性后果。赛博技术不应当仅仅被视为是科学技术的产物,它自身亦具有人文的因素,只有具有了这样的审视视野,赛博技术的发展才会真正促进人类的福祉。

结　语

在本书中,我们从"伦理学"的渊源开始,重点围绕当代应用伦理学的热点——赛博技术的伦理问题进行了分析和阐释。对赛博技术伦理问题以及赛博技术伦理学的探究使我们更加深刻地领悟到伦理学的本质特征:实践性,而这一特征决定了其在不同的时代都会因现实的问题而激发起伦理学强大的生命力和适应性。

正如本书中阐释的各种赛博技术伦理问题所揭示的那样,现代计算机信息科学技术的发展进一步促使伦理学扩大其研究范围,这使得伦理学和人类的现实生活联系更为密切,伦理学越发展现出它的"实践"特点。实践性也使得伦理学把目光更多地投向了公共大众日常生活实践中的道德行为和道德意识,致力于解决信息社会中带有普遍性的道德问题,力图引导和推动信息技术时代的社会文明和社会进步。"当代伦理学的发展实际上在总体趋势上是要完成对道德绝对主义和道德相对主义的超越。虽然说这一理论任务尚未完成,但是已经取得了一些理论突破,应用伦理学思潮的出现就是重要的理论成果。这主要体现为:一方面它反对脱离现实只做空洞的逻辑推演或架空道德价值的理论倾向,主张伦理道德成为事件中的内在要素或成为解决现实问题的内在机制,而不做出旁敲侧击或'马后炮'的姿态;另一方面它又反对回避崇高,一味迎合世俗,放弃伦理学的实践精神和放下批判武器的态度。①"

赛博信息伦理学之所以成为研究的热点,正是基于上述的时代和理论背景。随着计算机信息技术的迅猛发展,其影响渗透到了人类生活的各个方面。人类不得不面对这样的一个事实:人们在享受计算机信息技术带来的便捷的同时,又会为由其产生的各式各样的伦理问题所困扰。这就需要我们对计算机信息技术进行哲学反思,随着反思活动的逐步深入,反思研究最终成为了一种研究范式,学界将这样的研究范式称之为信息技术的反思

---

① 李伦,《鼠标下的德性》,南昌:江西人民出版,2002 年版,总序第 2 页。

转向(reflective turn)。与信息技术领域的这种反思转向相对应,在道德哲学领域也出现了实践转向(practical turn),许多道德哲学家不再沉迷于教堂式的元伦理学和方法论研究,逐渐转向了规范伦理学以及其在公共事务中的应用问题研究。他们对于当代计算机信息技术带来的急迫的道德问题给予了高度关注,并试图找到应对的方法,这样的研究转向使得应用伦理学成为了当代伦理学研究的新热点。不过,必须指出的是,传统的元伦理学和方法论问题并没有彻底退出历史舞台,许多的研究机构尝试从不同的视角来对其做出阐述,包括赛博信息技术在内的高新技术的发展对于我们业已存在的伦理观念造成了挑战,下面这一理论问题显得异常重要:道德判断如何获得使其成立的合法理由。根据摩尔对于计算机伦理学的刻画,即计算机技术的伦理应用的政策制定和辩护就存在于这一技术的主要任务之中。我们如何就隐私、平等获取、知识产权等与计算机技术密切相关的道德观念做出辩护呢? 我们又如何为解决公共政策问题提出的方法进行辩护呢? 我们如何阐释物联网、虚拟现实、人工智能、机器人这些高科技带来的伦理问题呢?

事实上,我们在探究这些问题时,赛博伦理学面临和其他应用伦理学分支一样的困境,即如环境伦理学、生态伦理学、商业伦理学一样一直难以为其辩护问题找到清晰的、毫无争议的方式。作为一门新兴的伦理学学科,学界对赛博伦理学的学科性质、学科范畴、研究内容等问题还没有统一的认识。有学者认为可以适用普遍的道德原则来进行辩护,也有的学者认为需要更为具体的道德原则来进行辩护,即不同的行业需要制定自己的道德原则,还有的学者认为我们应该停止谈论道德原则,他们认为道德判断是与特定的历史环境密切相连的,我们不可能从单个的例子中总结、提炼出结论,即使这些例子看起来是非常简单的,简单性建基于不确定的、丰富的道德实际,它的特征在道德上是相对的,具有极大的迷惑性。我们可以看出,无论是一般伦理学还是应用伦理学,就道德方法论而言主要区分为道德一般论和道德特殊论,而我们认为应该对这样的方法论进行批判性扬弃,我们提倡借助于新技术改变我们关于事实和道德观念做出的道德推理,希望通过辩证综合路径来进行理性分析。

通过全书的探究,我们还应该树立一个基本的理念:通常来说,伦理学的发展总是滞后于技术的发展,因此,我们应当给予伦理学机会来追赶技术发展的脉搏,否则技术的发展会将伦理学远远地抛在身后,伦理学也只能暗自叹息了。技术的发展与伦理学发展之间的差距是不争的事实,不过我们可以从亚里士多德的远古洞见中汲取营养以弥补这样的差距,从某种意义上来讲,计算机技术、赛博技术的迅速发展并不是造成其与伦理学之间差距的直接原因。计算机技术、赛博技术虽然飞速发展,但它并没有脱离人类社会而是逐渐渗透到了人们的日常生活中,它为我们提供了便捷的银行、多元的娱乐、方便的通讯,可以帮助我们组织旅行、预测天气等等。技术的发展自身并没有任何负面影响,是我们人类自身在计算机技术、赛博技术的发展过程中采取的无度、无节制方式导致了其负面影响的产生,也使得人类的伦理考量似乎永远难以和计算机技术发展同步进行。必须指出的是:是市场驱使计算机技术、赛博技术的迅猛发展,它们潜在的赚钱机遇促使人们疯狂地竞争,在这样的氛围中伦理学永远不会占据优势地位,人们只关心它们在第一时间获取的巨额利润,不会考量这样的技术是否会促进伦理生活的改善。计算机技术、赛博技术不再是纯净的学术世界,它变成了巨额贸易的市场、大公司以及政府的力量在左右这个技术市场的发展,今日的计算机技术、赛博技术是以人们难以预料的速度在扩张,它遍及全球、辐射到各种文化,这样的扩张并非都是理性的或无害的。在技术社会中,生活在地球上的每个人都似乎难以摆脱其影响,甚至会触及几个世纪之后的子孙后代。之所以产生技术与伦理差距的鸿沟,原因就在于我们被大规模的计算机化的同时,没有充分考虑这样的计算机化给我们的伦理生活造成了何种影响。从原则上来讲,伦理鸿沟可以弥合吗? 让我们来考察一个思想试验。假设我们拥有权利来颁布一项关于新的计算机技术发展的禁令,即:在伦理学鸿沟能被弥合之前不可以研发任何新的计算技术,毫无疑问,这样的假设禁令会令人们感到万分震惊。如果计算机科学进入了无限漫长的假期,学生还会对其产生兴趣吗? 一旦计算机技术成为了冷冻的技术,还会有人将其作为职业吗? 有人会批评这样的假设或试验是以哲学家的视角做出的,它是以计算机科学家付出巨大代价为成本的,或许这样的批评不无道理,但是为什么计算机科学家不能成为推动计算机技术伦理学研究的力量呢? 当新的计算机技术出现时,我们没有明确的理念恰当地利用它,这时,伦理鸿沟就会形成。计算机技术造成了政策真空,它可以被用来完成无限多的任务,人类对于计算机应用没有做好伦理上的、法律上的,以及社会上的准备。不过,问题似乎并不仅仅是制定政策这么简单,这样的政策还应当从伦理上得以辩护、法律上给予支持、社会上予以接受。计算技术推动了选择好的政策的进程,计算技术的快速发展要求我们对于新的情景做出反应,同时,人类要对于计算机化的行为本质做出阐述,这就涉及在不同的情境中(比如,通过网络赌博,赌博者所处的国家法律规定赌博是违法的,而提供网址的国家却认为赌博并不违法)我们如何选择,如果我们有充足的时间,在对于情景进行好的概念分析的基础上,我们可以获得好的政策,但是迅速扩张的计算机技术不允许我们如此从容地应对这些问题。上面探究的思想试验或许难以成为现实,但它却带给我们很多启示,至少我们有机会对于最近的技术政策进行思考,政策真空可以被填充,伦理鸿沟可以逐渐弥合,我们能够以更为理性、系统的方式计划计算机技术、赛博技术的发展。不过还有一点难以否认:即使我们对新的计算机技术、赛博技术做出足够的思考,伦理鸿沟也难以完全弥合,现代的技术总会有新的应用,新的政策真空总会不断产生。

总之,我们正在经历现代信息技术的扩张以及相应增加的伦理鸿沟,即使我们可以停止计算机信息技术扩张,而伦理鸿沟也可以弥合,但是现存的技术总会找到新的应用而产生新的政策真空。那么,我们该如何应对这样的情形呢?或许古代的伦理资源会给我们以启示,如果亚里士多德是一位计算专家,他会给我们什么样的建议来处理伦理鸿沟呢?亚里士多德最伟大的成就之一就是他构造了逻辑。亚里士多德为了区分好的和坏的推理对逻辑概念进行了详细的研究,对于亚里士多德而言,对逻辑做出适当的分析是任何一个领域做出好的推理的基础工作。他对于三段论理论以及其他逻辑部分的探究成为了两千多年来逻辑领域的标准。虽然在过去的一个多世纪里,其工作被现代符号逻辑所超越,但是他研究逻辑的思路仍然被广泛接受。亚里士多德不仅是一位优秀的逻辑学家,而且是一位具有高超技巧的观察家。他善于观察一切事物,并将其进行分类,根据他的观点,科学可以被分为三类:理论的、实践的、生产的,划分的根据是它们各自的目的。计算机科学的理论层面会被归入到理论科学一类,不过,亚里士多德可能会将使用计算机的工作划归到艺术科学一类中,因为计算职业是计算机技术和服务的生产者,这和具有高超技术的手工业艺人是一个道理。在亚里士多德看来,手工业艺人是非常重要的,没有他们政治城邦将难以运作,而只有在城邦中人们才可以获得幸福,才能实现人们活动的目的。在亚里士多德的眼里,实体不仅仅是一种存在,它们是为了目的而存在的,对象具有本质,通过本质追寻目的,亚里士多德的世界完全是理论的世界,一切事物都要追寻其目的。亚里士多德认为城邦的目的不仅仅是为了使人生存,更重要的是使人类繁荣,如果城邦恰当地运行,那么其组成部分也将运行得恰当,因此,亚里士多德会将计算职业视为不仅是服务与技术,而且要为好的生活提供支持,亚里士多德不会反对技术的发展,他会提倡发展技术,但他也会坚持一点:计算机技术的发展要坚持人类繁荣,这是其发展的终极目标。

亚里士多德认为伦理学关注于德性的研究,在他看来,人类与其他事物一样具有本质,人类的本质是有理性,这与动物和植物的本质不同。人类将幸福作为自然的目的,但追求这一目的要借助于理性的原则。正是理性将人类与其他实体区别开来,人类可以基于理性选择自己的行为并产生出幸福,就计算而言,软件程序员要具备美德就不能采取鲁莽的行动或是将自己或他人处于危险之中,这就要求软件程序员认真检测自己的程序,直到证明其具有绝对的正确性时,即程序没有问题时才可以使用自己的程序。具有德性的程序员可以恰当地平衡风险与利益,这也是亚里士多德意味的德性的精髓所在,即:在各种极端中保持平衡,而实践智慧就是要赋予人们找寻平衡点的能力。亚里士多德的伦理理论告诉我们,要获得德性就必须要实践德性。我们的性格是由我们的习惯塑造的,人们拥有勇气、忍耐、诚实等性格,因为在过去的长期时间内人们不断在实践这些德性,我们要想获得具有美德的计算机科学家就必须培养、建立他们适当的习惯,这样的训练应早早开始而且要持之以恒。若从亚里士多德的视角来看,计算机科学家要获得伦理美德不仅仅是被教予伦理学知识,更要在长期甚至是一生的时间中实践它。毫无疑问,亚里士多德的德性论有助于我们处理伦理鸿沟问题,如果我们是诚实的、公正的、勇敢的,那么在良好的性格基础之上,我们更有可能恰当地行为并且制定更适合的政策来应对伦理鸿沟问题。需要说明一点,这里论述的观点并不是要说明具有好的性格就无需对政策真空和概念迷惑情境做仔细的分析,计算机伦理学具有很高的认识成分,仔细地思考对于制定伦理上可以辩护的政策至关重要。不过,德性理论可以作为处理伦理鸿沟问题的好的开始,这样的路径是正确的,要想很好地应对计算机扩张问题,计算专家和相关人员就要尽可能地拥有亚里士多德所谓的实践智慧。

在当今时代,人们身处于人与机器并存的大背景中,新的人与机器(人机)共存似乎要比传统的一些问题更令人担忧。欧洲哲学传统对于人类选择自己行为的能力异常关注,因为这一点正是动物所欠缺的,不过,现在的计算机器对于人的这一先天禀赋形成了挑战,例如:在交易所可以进行期货买卖而无需人的介入,先进的飞机可以自己起飞、降落到目的地。在这些事例中,虽然计算机仍要被人类监管,而且其最终目标亦有人所设定,但是过去的只属于人类的大量决策和控制现在是机器来完成的,人类很多的计算机系统中对于决策而言变得无关紧要。虽然我们目前还不能对由赛博技术引发的社会伦理问题提出一揽子的理论及现实解决方案,但是对于这样的问题进行探究显得异常紧迫。

我们可以确定地预见,人类在 21 世纪的生活会由于信息通讯技术日新月异的发展而发生翻天覆地的变化,包括信息通讯技术在内的高新科学技术的发展对人类生活的影响将愈加持续和深刻,伦理和道德生活也概莫能外。社会生活、道德关系和价值观念的变化,直接或间接地影响着我们传统的认知渠道、思想观念和生活方式,在这样的时代境遇下,包括伦理学研究在内的哲学研究必须进一步扩大其研究范围,转变研究的范式,更新理论的概念框架,要与人类的现实生活联系得更为密切,从而进一步凸显自己的"实践"特点,彰显自己作为时代精神的精华的高贵品质。我们有理由相信,哲学作为一种时代的反思知识体系,将发挥自己反思和建构的功能,对信息时代信息技术的无孔不入的影响做出自己的理论回应。在我们看来,哲学必将在自己的体系中有机融合由信息哲学所奠定的信息本体论、信息认识论、信息思维论等新的哲学元素,从而更新人们对哲学基本问题的认识与分析。正如有学者指出的那样:"信息的科学研究不仅为哲学提供了崭新的信息理论的哲学方法,为哲学贡献了具有原创意义的方法论。另一方面,信息的哲学反思又为信息社会的理论基础提供了系统论证,形成了与其他哲学分支并立的新的理论体系,引导并规范着信息社会的思想观念、价值取向和行为准则。根据我们的研究,西方各种后现代思潮大有收摄于信息哲学的趋势,并有可能出现新的理论综合,这是值得引起我们注意的。①"

---

① 刘钢,《当代信息哲学的背景、内容与研究纲领》,哲学动态,2002 年,第 9 期。

参考文献

英文：

［1］ Adam D. Moore.（ed.）. *Information Ethics：Privacy. Property. and Power.* Seattle. WA：University of Washington Press. 2005.

［2］ Adriano Fabris. *Ethics of Information and Communication Technologies.* Springer International Publishing AG. 2018.

［3］ Ahlstrom-Vij K. *Epistemic paternalism：a defence.* Palgrave Macmillan, London. 2013.

［4］ Ahn, S. J., Bostick, J., Ogle, E., Nowak, K., McGillicuddy, K., &Bailenson, J. N. *Experiencing nature：Embodying animals in immersive virtual environments increases inclusion of nature in self and involvement with nature.* Journal of Computer-Mediated Communication. 2016.

［5］ Amy Harmon. *Some search results hit too close to home.* The New York Time. April 13,2003.

［6］ Anderson，M.；Anderson，S. L. *Machine Ethics；Cambridge University Press.* Cambridge，UK，2011.

［7］ Andrew Feenberg. Darin Barney（eds）. *Community in the Digital Age：Philosophy and Practice.* Lanham，MD：Rowman & Littlefield. 2004.

［8］ Anderson M，Leigh Anderson S（eds.）. *Machine ethics.* Cambridge University Press，Cambridge，UK. 2011.

［9］ Angelo A. *A reference guide to new technology.* Greenwood Press，Boston，MA. 2007.

［10］ Arkin RC. *Governing lethal behavior in autonomous robots.* Chapman Hall/CRC，New York. 2009.

［11］ Asaro，P. *How Just Could a Robot War Be.* IOS Press：Amsterdam，The Netherlands，2008.

［12］ Barcousky L. *PARO Pals：Japanese robot has brought out the best in elderly with Alzheimer's disease.* Pittsburg Post-Gazette. 2010.

［13］ Bartlett J. *The dark net：inside the digital underworld.* Melville House Publishing，New York. 2015.

［14］ Bayani S. Fernandez M. Pevez M. *Virtual reality for driving simulation.* Commun ACM 39(5). 1996.

[15] Benjamin W. *The work of art in the age of mechanical reproduction*. Prism Key Press, New York. 2012.

[16] Bergson H. *Matter and memory*. Digireads Publishing, Overland Park. 2010.

[17] Bostrom, N. *Superintelligence: Paths, Dangers, Strategies*. Oxford: Oxford University Press. 2014.

[18] Bradley T. *DroidDream becomes android market nightmare*. PCWorld, 12 Mar 2011.

[19] Brandenburg M. *Mobile device security overview*. Search Mobile Computing. June 2012.

[20] Briggs A, Burke P. *A social history of the media: from Gutenberg to the internet*. Polity Press, Cambridge. 2010.

[21] Bronner G. *La démocratie des crédules*. PUF, Paris. 2013.

[22] Bryson S. *Virtual reality in scientific visualization*. Commun ACM 39(5). 1996.

[23] Byung-Chul H. *The Burnout society*. Stanford University Press, Stanford. 2013.

[24] Capurro R, Nagenborg M. *Ethics and robotics*. IOS Press, Amsterdam. 2009.

[25] Catter M. *Minds and computers: an introduction to the philosophy of artificial intelligence*. Edinburgh University Press, Edinburgh, UK. 2007.

[26] Cees J. Hamelink. *The Ethics of Cyberspace*. SAGE Publications. 2000.

[27] Christen P. *Data matching: Concepts and techniques for record linkage, entity resolution, and duplicate detection*. Heidelberg: Springer, 2012.

[28] Christian Fuchs. *Internet and Society: Social Theory in the Information Age*. New York: Routledge. 2007.

[29] Colin Bennett, Charles Raab. *The Governance of Privacy. Policy Instruments in Global Perspective*. London: The MIT Press. 2006.

[30] Cook A, Dolgar J. *Cook and Hussey's assistive technologies principles and practices*. Mosby Elsevier, St. Louis. 2008.

[31] David Tabachnick, Toivo Koivukosky (eds.). *Globalization, Technology and Philosophy*. Albany: State University of New York Press. 2004.

[32] Davis. Michael. "Thinking Like an Engineer" In D. G. Johnson and H. Nissenbaum. (eds.). *Computing Ethics and Social Values*. Englewood Cliffs. NJ. 1995.

[33] Deborah G. Johnson. *Computer Ethics*. NJ: prentice Hall. Englewood. Cliffs. 1985.

[34] DeCew. Judith. "*Privacy and Policy for Genetic Reseach.*"In H. Tavani, (ed.). *Ethics, Computing. and Genomics*. Sudbury. MA: Jones and Bartlett.

[35] Dekoulis, G. *Robotics: Legal, Ethical, and Socioeconomic Impacts*. InTech: Rijeka, Croatia. 2017.

[36] Dekker M, Guttman M (eds.). *Robo-and-information ethics: some fundamentals*. LIT. Verlag, Muenster. 2012.

[37] Deleuze G, Parnet C. *Dialogues II*. Continuum, London, New York. 2012.

[38] Diodato R. *Estetica del virtuale*. Bruno Mondadori, Milano. 2005.

[39] Donn B. Parker. *Fighting Computer Crime*. Scribner. 1983.

［40］ Doward J. *The big tech backlash*. The Guardian. 2018.

［41］ Drushel BE, German K（eds.）. *Ethics of emerging media*. The Continuum International Publishing Group, New York. 2011.

［42］ Edmund F. Byrne. Privacy. *In Encyclopedia of Applied Ethics*. volume 3. Academic Press. 1998.

［43］ Edmund S. Morgan. *Benjamin Franklin*. Yale University Press. New Haven. CT. 2002.

［44］ Edward J. Bloustein. Privacy as an aspect of human dignity: An answer to Dean Prosser. In Ferdinand David Schoeman,（ed.）. *Philosophical Dimensions of Privacy: An Anthology*. Cambridge University Press. Cambridge, England. 1984.

［45］ Ess Ch. *Digital media ethics*. Polity Press, Malden. 2009.

［46］ Ess C. *Aristotle's virtue ethics*. Philosophy and Religion Department, Drury University. 2013.

［47］ Eugeni R. *La condizione post-mediale*. La Scuola, Brescia. 2015.

［48］ Fabris A（ed.）. *Etica del virtuale*. Vita & Pensiero, Milano. 2007.

［49］ Fabris A. *Philosophy, images, and the mirror of machines*. In: Paič Z, Purgar K（eds）Theorizing images. Cambridge Scholars Publishing, Newcastle upon Tyne. 2016.

［50］ Fairweather. N. Ben. "No PAPA: Why Incomplete Code of Ethics are Worse Than None at All." In Terrell Ward Bynum. Simon Rogerson.（eds.）. *Computer ethics and professional responsibility*. Malden. MA: Blackwell. 2004.

［51］ Firmage. D. Allan. "The Definition of a Profession". In D. G. Johnson.（ed.）. *Ethical Issues in Englewood Cliffs*. NJ: Prentic Hall. 1991.

［52］ Floridi L.（ed.）. *The Cambridge handbook of information and computer ethics*. Cambridge U. P.. Cambridge. 2010.

［53］ Floridi L. *The ethics of information*. Oxford U. P. Oxford. 2013.

［54］ Floridi L. *The fourth revolution. How the infosphere is reshaping human reality*. Oxford U. P. Oxford. 2014.

［55］ Foot PhR. *Natural goodness*. Oxford U. P, Oxford. 2001.

［56］ Ford, M. *Rise of the Robots: Technology and the Threat of a Jobless Future*. New York: Basic Books. 2015.

［57］ Freedman J. *Robots through history: robotics*. Rosen Central, New York. 2011.

［58］ Frey, C. B., and Osborne, M. *Technology at Work v2.0: The Future Is Not What It Used to Be*. Oxford Martin School and Citi. 2016.

［59］ Fried, Charles. "Privacy: A Rational Context." In M. D. Ermann, M. B. Williams, and C. Gutierrez,（eds.）. *Computers, Ethics, and Society*, New York: Oxford: Oxford University Press.

［60］ Giannis Stamatellos. *Computer Ethics: A Global Perspective*. Sudbury, Mass: Jones and Bartlett Publishers. 2007.

［61］ Gomery D, Pafort-Overduin C. *Movie history. A survey*. Routledge, London. 2011.

［62］ Goodfellow, I., Yoshua, B., and Aaron, C. *Deep Learning*. Cambridge, US: MIT Press. 2016.

［63］ Greengard S. *The internet of things*. The MIT Press. Cambridge. 2015.

［64］ Greenwood. Ernest. "Attributes of a Profession". In D. G. Johnson. （ed.）. *Ethical Issues in Englewood Cliffs*. NJ: Prentic Hall. 1991.

［65］ Gundel DJ. *The machine question: critical perspectives on AI, robots and ethics*. The MIT Press, Cambridge, MA. 2012.

［66］ Gunkel DJ. *The machine question: critical perspectives on ai, robots, and ethics*. MIT Press, Cambridge, MA. 2012.

［67］ Gruman G. *Virtualization's secret security threats: virtualization can be both a blessing and a curse. serving up improved security while at the same time hiding dangers*. InfoWorld. 13 Mar 2008.

［68］ Gundel DJ. *The machine question: critical perspectives on AI, robots and ethics*. The MIT Press, Cambridge, MA. 2012.

［69］ Haikonen PO. *Robot brains: circuits and systems for conscious machines*. Wiley, New York. 2007.

［70］ Harris. Charles E. Michael S. Pritchard. and Michael J. Rabins. *Engineering Ethics: Concepts and Cases*. (3rd ed.) Belmont. CA: Wadsworth. 2004.

［71］ Helen Raduntz. *Intellectual Property and the Work of Information Professionals*. Oxford: Chandos Publishing. 2006.

［72］ Herman T. Tavani. *Ethics & Technology: Ethical Issues in an Age of Information and Communication Technology*. Hoboken. NJ: John Wiley & Sons. 2007.

［73］ Himanen P. *The hacker ethic and the spirit of the information age*. Random House, London. 2010.

［74］ Holmes DE. *Big data: a very short introduction*. Oxford University Press. Oxford. 2017.

［75］ Homburg V. *Understanding e-government: information systems in public administration*. Routledge, London, New York. 2008.

［76］ Houbing S, Ravi S, Tamim S, Jeschke S. *Smart cities: foundations, principles, and applications*. Wiley, Hoboken. 2017.

［77］ Hursthouse Rosalind. *On Virtue Ethics*. Oxford University Press. 2002.

［78］ Immanuel Kant. *Foundations of the Metaphysics of Morals*. second edition. Translated by Lewis White Beck. The Liberal Arts Press. Pretice-Hall. Upper Saddle River. NJ. 1997.

［79］ Immanuel Kant. *Lectures on Ethics*. Cambridge University Press. 2001.

［80］ James Griffin. "How We Do Ethics Now" in A. Phillips Griffiths. （ed.）. *Ethics*. Cambridge University Press. 1993.

［81］ James H. Moor. "*What's Is Computer Ethics?*" Metaphilosophy 16. No. 4 (October 1985).

［82］ James H. Moor. Terrell Ward. （eds.）. *Cyberphilosophy: the intersection of philosophy and computing*. Malden. MA ; Oxford: Blackwell. 2002.

［83］ James Moor. *Just consequentialism and computing. Ethics and Information Technology*. 1999.

〔84〕 James Rachels. *The Elements of Moral Philosophy*. McGraw-Hill. New York. NY. fourth edition. 2003.

〔85〕 James H. Moor. "Reason, Relativity, and Responsibility in Computer Ethics". In Richard A. Spinello, Herman T. Tavani. *Readings in CyberEthics* (2nd ed.) Sudbury, Mass. Jones and Bartlett Publishers. 2004.

〔86〕 Jean-Jacques Rousseau. *The Social Contract*. Penguin Books, London, England. 1968.

〔87〕 Jeffery, R. *Reason and emotion in international ethics*. Cambridge University Press. 2014.

〔88〕 Jeremy Bentham. *An Introduction to the Principles of Morals and Legislation*. Clarendon Paperbacks. Oxford. University Press. Oxford. England. 1996.

〔89〕 Jeroen van den Hoven, John Weckert. *Information technology and moral philosophy*. Cambridge, UK; New York: Cambridge University Press. 2007.

〔90〕 Jerónimo HL et al. *Jacques Ellul and the technological society in the 21st century*. Springer, Berlin/New York. 2013.

〔91〕 Jha, U. C. Killer. *Robots: Lethal Autonomous Weapon Systems Legal, Ethical, and Moral Challenges*. Vij Books India Pvt: New Delhi, India, 2016.

〔92〕 J. M. Kizza. *Ethical and Social Issues in the Information* Age. Texts in Computer Science. Springer-Verlag London. 2013.

〔93〕 John Locke. *The Second Treatise of Government*. Cambridge University Press. Cambridge. England. 1988.

〔94〕 John Rawls. *A Theory of Justice*, Revised Edition. The Belknap Press of Harvad University Press, Cambridge, MA. 1999.

〔95〕 Johnson DG. *Computer ethics*. Pearson, London. 2009.

〔96〕 John Stuart Mill. *On liberty. In On liberty and Utilitarianism*. Bantam Books, New York, NY. 1993.

〔97〕 John Stuart Mill. *Utilitarianism*. Filiquarian. 2007.

〔98〕 John Weckert. *Computer ethics*. England: Burlington. 2007.

〔99〕 Johnson DG. *Computer ethics*. Pearson, London, New York. 2009.

〔100〕 Joseph Migga Kizza. *Computer Network Security and Cyber Ethics*. (2nd ed.). Jefferson, N. C.: McFarland. 2006.

〔101〕 Justin Oakley. Dean Cocking. *Virtue Ethics and Professional Roles*. Cambridge University Press. Cambridge. England. 2001.

〔102〕 Kadushin Ch. *Understanding social networks: theories, concepts, and findings*. Oxford University Press, Oxford, New York. 2012.

〔103〕 Kant, I. *Kant: The Metaphysics of Morals* (*Cambridge Texts in the History of Philosophy*) (*L. Denis, Ed.; M. Gregor, Trans.*). Cambridge: Cambridge University Press. 2017.

〔104〕 Kevin Bowyer. *Ethics and computing: living responsibly in a computerized world*. (2nd ed.). New York: IEEE Press. 2001.

〔105〕 Kemp DS. *Autonomous cars and surgical robots: a discussion of ethical and legal responsibility*. Legal Analysis and Commentary from Justia, Verdict. 2012.

[106] Kizza JM. *Computer network security and cyberethics，3rd edn*. McFarland Publishers，Jefferson. 2011.

[107] Ladd. John. "The Quest for a Code of Professional Ethics：An Intellectual and Moral Confusion. " In D. G. Johnson and H. Nissenbaum. (eds.). *Computing Ethics and Social Values*. Englewood Cliffs. NJ. 1995.

[108] Lawrence C. Becker and Charlotte B. Becker. (eds.). *Encycolpedia of Ethics*. New York & London：Garland Publishing. 1992.

[109] Lawrence Lessig. *Code and Other Laws of Cyberspace*. New York：Basic Books. 1999.

[110] Lejacq，Y. '*Grand Theft Auto V' torture episode sparks controversy*. News，N. B. C. 2013.

[111] Leroux C. *EU robotics coordination action：a green paper on legal issues in robotics*. In：Proceeding of international workshop on autonomics and legal implications，Berlin，2 Nov 2012.

[112] Levy D. *Love and sex with robots：the evolution of human-robot relationship*. Harper Perennial，London. 2008.

[113] Linda L. Brennan，Victoria Johnson Social. *Ethical and Policy Implications of Information Technology*. Hershey，PA：Information Science Publishing. 2004.

[114] Linn P，Abney K，Beckey GA. *robot ethics：the ethical and social implications of robotics*. The M. I. T Press，Cambridge. 2009.

[115] Lin P，Abney K，Bekey G（eds. ）. *Robot ethics：the ethical and social implications of robotics*. MIT Press，Cambridge，MA. 2012.

[116] Lin，P. Abney，K. ；Jenkins，R. *Robot Ethics 2. 0：From Autonomous Cars to Artificial Intelligence*. Oxford UniversityPress：Oxford，UK. 2018.

[117] Linowes J. *Unity virtual reality projects*. Packt Publishing，Birmingham. 2015.

[118] Lipson，H. ，and Kurman，M. *Fabricated：The New World of 3D Printing*. Hoboken，US：Wiley Press. 2012.

[119] Louis P. Pojman. （ed. ）. *Ethics Theory：Classical and Contemporary Readings*. CA：Wadsworth. 2002.

[120] Lozano R（ed. ）. *Unmanned aerial vehicles：embedded control*. Wiley，Hoboken，NJ. 2010.

[121] Luciano Floridi（ed. ）. The Blackwell Guide to the Philosophy of Computing and Information. Wiley：Blackwell. 2003.

[122] Luegenbiehl，Heinz C. "Code of Ethics and the Moral Education of Engineer. " In D. G. Johnson and H. Nissenbaum，（eds. ）. Computing Ethics and Social Values. Englewood Cliffs，NJ. 1991.

[123] MackinnonP. *Robotics：everything you Need to know about robotics from beginner to expert*. CreateSpace Independent Publishing Platform. 2016.

[124] Maes P. *Artificial life meets entertainment：lifelike autonomous agents*. Commun ACM 38(11). 1995.

[125] Manetti G，Fabris A. *Comunicazione*. La Scuola，Brescia. 2011.

[126] Markham，A. N. ，Tiidenberg，K. ，& Herman，A. *Ethics as methods：Doing*

ethics in the era of big data research——*Introduction*. Social Media Society. 2018.

［127］ Mark Warschauer. *Technology and Social Inclusion*：*Rethinking the Digital Divide*. Cambridge，Mass：MIT Press. 2003.

［128］ Martin，K. *Ethical implications and accountability of algorithms*. *Journal of Business Ethics*. Advance online publication. 2018.

［129］ May L，Delston JB. *Applied ethics*. *A multicultural approach*. Routledge，London/New York. 2015.

［130］ May Thorseth，Charles Ess（eds.）. *Technology in a Multicultural and Global Society*. Trondheim. 2005.

［131］ Michael J. Quinn. *Ethics for the Information Age*. (2nd ed.). Boston：Pearson/Addison-Wesley. 2005.

［132］ Migga Kizza J. *Ethical and Social issues in the information age*. Springer，London，Heidelberg，New York，Dordrecht. 2013.

［133］ Mike Quinn. *Ethics for the Information Age*. (3rd ed.). Addison Wesley. 2008.

［134］ Mitchell，M. *Complexity*：*A Guided Tour*. New York，NY：Oxford University Press，2009.

［135］ Moreman CM，Lewis AD（eds.）. *Digital death*：*mortality and beyond in the online age*. ABC-CLIO，LLC，Santa Barbara. 2014.

［136］ Mullins R. *Virtualization tops CIO priorities in* 2012：*IDC savings from server consolidation will go to new IT innovations*. IDC says. Information Week. 11 Jan 2012.

［137］ North M. *The Hippocratic Oath*（*trans*）. National Library of Medicine，Greek Medicine. 2012.

［138］ Ohn Weckert. *Computer ethics*. England：Burlington. 2007.

［139］ Paola，I. A.；Walker，R. Nixon，L. *Medical Ethics and Humanities*. Jones & Bartlett Publisher：Sudbary，MA，USA，2009.

［140］ Pariser E. *The filter bubble*：*how the new personalized web is changing what we read and how we think*. Penguin，New York. 2011.

［141］ Parsons，T. D.，Gaggioli，A.，& Riva，G. *Virtual reality for research in social neuroscience*. Brain Sciences. 2017.

［142］ Peddie J. *Augmentad reality*：*where we will all live*. Springer，London，Heidelberg，New York，Dordrecht. 2017.

［143］ Pierre Bourdieu，Jean Passeron，*Reproduction in Education*. *Society and Culture Reproduction in Education*. *Society and Culture*. london. SAGE Publications Ltd. 1990.

［144］ Pippa Norris. *Digital Divide*：*Civic Engageme*. *Information Poverty*. *and the Internet Worldwide*. Cambridge University Press. Cambridge. England. 2001.

［145］ Pitrat J. *Artificial beings*：*the conscience of conscious machine*. Wiley，Hoboken，NJ. 2007.

［146］ Prell Ch. *Social network analysis*：*history*，*theory and methodology*. Sage，Los Angeles，London，New Delhi，Singapore，Washington D. C. 2012.

［147］ Presser L，Hruskova M，Rowbottom H，Kancir J. *Care. data and access to UK health records：Patient privacy and public trust.* Technol Sci. 2015.

［148］ Prodhan，G. *European Parliament Calls for Robot Law，Rejects Robot Tax.* Reuters. 2017.

［149］ Quinn M. *Ethics for the information age.* Addison Wesley-Pearson. London. New York. 2012.

［150］ Rachels，James. "*Why Privacy Is Important?*" In Deborah G. Johnson. Helen Nissenbaum. *Computers. Ethics and Social Values.* NJ：Prentice Hall. 1995.

［151］ Rae，S. *Moral choices：An introduction to ethics.* Zondervan. 2018.

［152］ Raffoul F. *The origins of responsibility.* Indiana University Press，Bloomington and Indianapolis. 2010.

［153］ RanischR，Sorgner SL（eds.）. *Post-and transhumanism：an introduction.* Lang，Frankfurt a. M. 2014.

［154］ Regan. Priscilla. M. *Legislating Privacy：Technology，Social Values，and Public Policy.* Chapel Hill：The University of North Carloina Press.

［155］ Richard A. Spinello. *Cyber Ethics：Morality and Law in Cyberspace.* Sudbury. MA：Jones and Bartlett Publishers，2000.

［156］ Richard A. Spinello. *Ethical Aspects of Information Technology.* NJ：Prentice Hall Inc. 1995.

［157］ Richard A. Spinello. Herman T. Tavani. *Readings in CyberEthics*（2nd ed.）. Sudbury. Mass：Jones and Bartlett Publishers. 2004.

［158］ Richard A. Spinello. *Case Studies in Information Technology Ethics and Policy.*（2nd eds.）NJ：Upper Saddle River. 2003.

［159］ Richard A. Spinello. *CyberEthics：Morality and Law in Cyberspace.*（2nd ed.）. MA：Sudbury. MA：2003.

［160］ Richard A. Spinello. *Ethical Aspects of Information Technology.* New Jersey：Prentice Hall. 1995.

［161］ Robert M. Baird. Reagan Ramsoweer. Stuart E. Rosenbaum（eds.）. *Cyberethics. Social & Moral Issues in the Computer Age.*（2nd ed.）. NY：Amherst. 2000.

［162］ SegallK. *Insanely simple：theobsession that drives apple's success.* Penguin Random House，London. 2012.

［163］ Segall K. *Think simple：how smart leaders defeat complexity.* Penguin Random House，London. 2016.

［164］ Shackleford D. *An introduction to virtualization security.* SANS-Tuesday，9 Mar 2010.

［165］ Shafer-Landau R. *The fundamentals of ethics.* Oxford University Press，Oxford. 2011.

［166］ Sigmund Freud. *Civilization and Its Discontents.* N Y：W. W. Norton & Company. 1995.

［167］ Singh G. Feiner S. Thalmann D. *Virtual reality：software and technology.* Commun ACM 39(5). 1996.

[168] Soraj Hongladarom, Charles Ess (eds.). *Information Technology Ethics: Cultural Perspectives*. Pennsylvania: Hershey. 2007.

[169] Spyros G. Tzafestas. *Roboethics: A Navigating Overview*. Publisher: Springer International Publishing. 2016.

[170] Stacey L. Edgar. *Morality and Machines: Perspectives on Computer Ethics* (2nd ed.). Sudbury. Mass: Jones and Bartlett. 2002.

[171] Stamatellos G. *Computer ethics: a global perspective*. Jones & Bartlett Publishers, Sudbury. 2007.

[172] Stephen Buckle. *Natural Law and the Theory of Property: Grotius to Hume*. Oxford: Clarendon Press. 1991.

[173] Tamaki S. *Hikikomori: adolescence without end*. Minnesota University Press, Minneapolis. 2013.

[174] Tavani HT. *Ethics and technology: controversies, questions and strategies for ethical computing*. Wiley, Hoboken. 2012.

[175] Terrell Ward Bynum. Simon Rogerson. *Computer Ethics and Professional Responsibility*. Blackwell Publishing Ltd. 2004.

[176] Terell Ward Bynum. (ed.). *Computers and Ethics*. New York: Blackwell, 1985.

[177] Terrell Ward Bynum, Simon Rogerson. *Computer ethics and professional responsibility*. Malden, MA: Blackwell Pub. 2004.

[178] Terrell Ward Bynum, James H. Moor (eds). *Cyberphilosophy: The Intersection of Philosophy and Computing*. Malden, MA; Oxford: Blackwell. 2002.

[179] Terrell Ward Bynum, Walter Maner, John L. Foder. *Computing and Privacy*. Research Center on Computing & Society. 1993.

[180] Terrewll Ward Bynum, Walter Maner, John L. Fodor (eds). *Software Ownership and Intellectual Property Rights*. Research Center on Computing & Society. 1993.

[181] Thomas Hobbes. *Lebiathan*. Penguin Books, London, England, 1985.

[182] Tom Forester, Perry Morrison. *Computer Ethics: Cautionary Tales and Ethical Dilemmas in Computing*. London: MIT Press. 1990.

[183] T. W. Bynum. *Information ethics: An introduction*. Oxford: Oxford University Press. 1997.

[184] T. W. Bynum, James H. Moor. *The Digital Phoenix: How Computers are Changing Philosophy*. (eds.). Oxford: Oxford University Press. 1998.

[185] Tzafestas, S. G. *Introduction to mobile robot control*. Elsevier, New York. 2013.

[186] Tzafestas, S. G. *Sociorobot World: A Guided Tour for All*. Springer: Berlin, Germany. 2016.

[187] Tzafestas, S. G. *Systems, Cybernetics, Control, and Automation: Ontological, Epistemological, Societal, and Ethical Issues*. River Publishers: Gistrup, Denmark, 2017.

[188] Tzafestas, S. G. *Roboethics: Fundamental concepts and future prospects*. Information, 2018.

[189] van Asbroeck B, Debussche J, Ce'sar J. *Building the European Data Economy*: *Data ownership*. White Paper, Bird and Bird. 2017.

[190] Vanderelst, D., and Winfield, A. *An architecture for ethical robots inspired by the simulation theory of cognition*. Cogn. Syst. Res. 2017.

[191] Veruggio, G., Solis, J., & Van der Loos, M. *Roboethics*: *Ethics Applied to Robotics*. Guest Editorial. 2011.

[192] Vitali Rosati M. *S'orienter dand le virtuel*. Hermann, Paris. 2012.

[193] Wallach W, Allen C. *Moral machines. Teaching robots right from wrong*. Oxford U. P., Oxford/New York. 2009.

[194] Walter Maner, Terrell Ward Bynum. John L. Foder. *Computer Ethics Issues in Academic Computing*. Research Center on Computing & Society. 1993.

[195] Wang P, Goertzel B (eds.). *Theoretical foundations of artificial general intelligence*. Atlantis Thinking Machines, Paris. 2012.

[196] Washington J. *For minorities, new 'digital divide' seen*. Associated Press. 2011.

[197] Wayne T. *Digital divide is a matter of income, er 12, 2010*. The New York Times, 12 Dec 2010.

[198] White SD. *Military robots*. Book Works, LLC, New York. 2007.

[199] Wiener N. *Cybernetics*: *or, control and communication in the animal and in the machine*. Martino Fine Books, Eastford. 2013.

[200] Wittes B, Liu JC. *The privacy paradox*: *The privacy benefits of privacy threats*. Center for Technology Innovation at Brookings. 2015.

[201] Woyke E. *The smartphone*: *anatomy of an industry*. The New Press, New York. 2014.

[202] Zaloga S. *Unmanned aerial vehicles*: *robotic air warfare 1917－2007*. Osprey Publishing, Oxford. 2008.

[203] Ziccardi G. *Il libro digitale dei morti. Memoria, lutto, eternità e oblio nell'era dei Social Network*. UTET, Torino. 2017.

中文

[1] [澳大利亚]迈克尔·尼尔森,《重塑发现:网络化科学的新时代》,祁澍文、石雨晴译,北京:电子工业出版社,2015 年版。

[2] [澳大利亚]汤姆·福雷斯特、佩里·莫里森,《计算机伦理学:计算机学中的警示与伦理困境》,陆成译,北京:北京大学出版社,2007 年版。

[3] [澳大利亚]约翰·L·麦凯,《伦理学:发明对与错》,丁三东译,上海:上海译文出版社,2007 年版。

[4] 鲍宗豪,《网络伦理》,郑州:河南人民出版社,2002 年版。

[5] 蔡拓,《契约论研究》,天津:南开大学出版社,1987 年版。

[6] 陈美章、刘江彬,《数字化技术的知识产权保护》,北京:知识产权出版社,2000 年版。

[7] 陈亚军,《从分析哲学走向实用主义——普特南哲学研究》,北京:东方出版社,2002 年版。

［8］陈炎，《Internet 改变中国》，北京：北京大学出版社，1999 年版。

［9］陈真，《当代西方规范伦理学》，南京：南京师范大学出版社，2006 年版。

［10］成素梅，《人工智能的哲学问题》，上海：上海人民出版社，2020 年版。

［11］崔晓亚，《流动的边界——网络与信息》，厦门：厦门大学出版社，2000 年版。

［12］段伟文，《信息文明的伦理基础》，上海：上海人民出版社，2020 年版。

［13］戴潘，《大数据时代的认知哲学革命》，上海：上海人民出版社，2020 年版。

［14］戴永明、蒋恩铭，《网络伦理与法规》，福州：福建人民出版社，2005 年版。

［15］董焱，《信息文化论：数字化生存状态冷思考》，北京：北京图书馆出版社，2003 年版。

［16］段永朝，《电脑，穿越世纪的精灵》，北京：海洋出版社，1999 年版。

［17］［德］冈特·绍伊博尔德，《海德格尔分析新时代的技术》，宋祖良译，北京：中国社会科学科出版社，1993 年版。

［18］［德］彼得·科斯洛夫斯基，《后现代文化：技术发展的社会文化后果》，毛怡红译，北京：中央编译出版社，1999 年版。

［19］［德］康德，《实践理性批判》，关文运译，北京：商务印书馆，1960 年版。

［20］［德］康德，《道德形而上学原理》，苗力田译，上海：上海人民出版社，1986 年版。

［21］［德］康德，《法的形而上学原理——权利的科学》，沈叔平译，北京：商务印书馆，1991 年版。

［22］［德］康德，《实践理性批判》，韩水法译，北京：商务印书馆，1999 年版。

［23］［德］康德，《康德的道德哲学》，牟宗三译，西安：西北大学出版社，2008 年版。

［24］［德］康德，《纯粹理性批判》，邓晓芒译，北京：人民出版社，2004 年版。

［25］［德］马克思、恩格斯，《马克思恩格斯全集（第 40 卷）》，中共中央马克思、恩格斯、列宁、斯大林著作编译局编，北京：人民出版社，1957 年版。

［26］［德］施瓦布，《第四次工业革命：转型的力量》，李青译，北京：中信出版集团，2016 年版。

［27］方兴东，《骚动与喧哗：IT 业随笔》，北京：海洋出版社，1999 年版。

［28］冯鹏志，《伸延的世界：网络化及其限制》，北京：北京出版社，1999 年版。

［29］［法］卢梭，《社会契约论》，何兆武译，北京：商务印书馆，2005 年版。

［30］［法］费尔南多·伊弗雷特，《人工智能和大数据：新智能的诞生》，吴常玉译，北京：清华大学出版社，2020 年版。

［31］高亮华，《人文主义视野中的技术》，北京：中国社会科学出版社，1996 年版。

［32］龚群，《当代西方道义论与功利主义研究》，北京：中国人民大学出版社，2002 年版。

［33］郭良，《网络创世纪：从阿帕网到互联网》，北京：中国人民大学出版社，1998 年版。

［34］［古希腊］亚里士多德著，《尼各马可伦理学》，廖申白译，北京：商务印书馆，2003 年版。

［35］［古希腊］柏拉图，《柏拉图全集》第 2 卷，王晓朝译，北京：人民出版社，2003 年版。

［36］［古罗马］西塞罗，《国家篇法律篇》，沈叔平，苏力译，北京：商务印书馆，1999 年版。

［37］胡虎、赵敏、宁振波，《三体智能革命》，北京：机械工业出版社，2016 年版。

［38］何怀宏，《契约伦理与社会正义：罗尔斯正义论中的历史与理性》，北京：中国人民大学出版社，1993 年版。

［39］胡景钊、余丽嫦，《十七世纪英国哲学》，北京：商务印书馆，2006 年版。

［40］胡泳、范海燕，《黑客：电脑时代的牛仔》，北京：中国人民大学出版社，1997 年版。

［41］胡泳、范海燕，《网络为王》，海口：海南出版社，1997 年版。

[42] 胡泳,《另类空间:网络胡话之一》,北京:海洋出版社,1999 年版。

[43] [荷]朗伯·鲁亚科斯、瑞尼·凡·伊斯特,《人机共生:当爱情、生活和战争都自动化了,人类该如何相处》,栗志敏译,北京:中国人民大学出版社,2017 年版。

[44] 计海庆,《人的信息化与人类未来发展》,上海:上海人民出版社,2020 年版。

[45] 江怡,《走进新世纪的西方哲学》,北京:中国社会科学出版社,1998 年版。

[46] 姜奇平,《数字财富》,北京:海洋出版社,1999 年版。

[47] [加]德克霍夫,《文化肌肤:真实社会的电子克隆》,汪冰译,保定:河北大学出版社,1998 年版。

[48] [加]金利卡,《当代政治哲学》,刘莘译,上海:上海三联书店,2004 年版。

[49] [加]马歇尔·麦克卢汉,《理解媒介——论人的延伸》,何道宽译,北京:商务印书馆,2000 年版。

[50] [加]斯蒂芬尼·麦克卢汉等编,《麦克卢汉如是说:理解我》,何道宽译,北京:中国人民大学出版社,2006 年版。

[51] [加]斯蒂芬尼·麦克卢汉等编,《麦克卢汉如是说:理解我》,何道宽译,北京:中国人民大学出版社,2006 年版。

[52] 廖申白著,《伦理学概论》,北京:北京师范大学出版社,2009 年版。

[53] 李伯聪,《高科技时代的符号世界》,天津:天津科技出版社,2000 年版。

[54] 李河,《得乐园·失乐园:网络与文明的传说》,北京:中国人民大学出版社,1997 年版。

[55] 李伦,《鼠标下的德性》,南昌:江西人民出版社,2002 年版。

[56] 李伦,《人工智能与大数据伦理》,北京:科学出版社,2018 年版。

[57] 李伦,《数据伦理与算法伦理》,北京:科学出版社,2019 年版。

[58] 刘丹,《无网不胜》,沈阳:辽宁人民出版社,1997 年版。

[59] 刘钢,《信息哲学探源》,北京:金城出版社,2007 年版。

[60] 刘华杰,《计算机文化译丛》,保定:河北大学出版社,1998 年版。

[61] 刘吉、金吾伦,《千年警醒:信息化与知识经济》,社会科学文献出版社,1998 年版。

[62] 刘云章,《网络伦理学》,北京:中国物价出版社,2001 年版。

[63] 卢风、肖巍,《应用伦理学概论》,北京:中国人民大学出版社,2008 年版。

[64] 卢风,《应用伦理学:现代生活方式的哲学反思》,北京:中央编译出版社,2004 年版。

[65] 陆俊,《重建巴比塔:文化视野中的网络》,北京:北京出版社,1999 年版。

[66] 陆群,《寻找网上中国》,北京:海洋出版社,1999 年版。

[67] 吕耀怀,《两种自律观的歧义》,道德与文明,1996,第 3 期。

[68] 吕耀怀,《信息伦理学》,长沙:中南大学出版社,2002 年版。

[69] 罗国杰,《伦理学》,北京:人民出版社,2002 年版。

[70] [联邦德国]施太格缪勒,《当代哲学主流》,王炳文、燕宏远等译,北京:商务印书馆,1992 年版。

[71] [美]A. 麦金太尔,《德性之后》,中国社会科学出版社,1995 年版。

[72] [美]阿尔温·托夫勒,《权利的转移》,刘江等译,北京:中共中央党校出版社,1991 年版。

[73] [美]埃瑟·戴森,《2.0 版数字化时代的生活设计》,胡泳、范海燕译,海口:海南出版社,1998 年版。

[74] [美]爱德华·A·卡瓦佐、加斐诺·莫林,《赛博空间和法律:网上生活的权利和义务》,王月瑞译,南昌:江西教育出版社,1999年版。

[75] [美]艾萨克·阿西莫夫,《机器人短篇全集》,叶李华译,南京:江苏文艺出版社,2014年版。

[76] [美]艾伯特·拉斯洛·巴拉巴西著,《爆发:大数据时代预见未来的新思维(经典版)》,马慧译,北京:中国人民大学出版社,2012年版。

[77] [美]拜伦·瑞希,《人工智能哲学》,王斐译,上海:文汇出版社,2020年版。

[78] [美]芭芭拉·赫尔曼,《道德判断的实践》,陈虎平译,北京:东方出版社,2006年版。

[79] [美]比尔·盖茨,《未来之路》,辜正坤译,北京:北京大学出版社,1996年版。

[80] [美]比尔·盖茨,《未来时速:数字神经系统与商务新思维》,蒋显璟、姜明译,北京:北京大学出版社,1999年版。

[81] [美]彼得·辛格,《实践伦理学》,刘莘译,北京:东方出版社,2005年版。

[82] [美]彼得·辛格,《一个世界:全球化伦理》,应奇译,北京:东方出版社,2005年版。

[83] [美]贝奈姆、罗杰森编,《计算机伦理与专业责任出版社》,李伦等译,北京:北京大学出版社,2009年版。

[84] [美]伯纳德·威廉斯,《道德运气》,徐向东译,上海:上海译文出版社,2007年版。

[85] [美]查尔斯·普拉特,《混乱的联线:因特网上的冲突与秩序》,郭立峰译,保定:河北大学出版社,1998年版。

[86] [美]查克·马丁,《数字化经济:电子商业的七大网络趋势》,孟祥成译,北京:中国建材工业出版社,香港:科文(香港)出版有限公司,1999年版。

[87] [美]道格拉斯·凯尔纳、斯蒂文·贝斯特,《后现代理论:批判性的质疑》,张志斌译,北京:中央编译出版社,1999年版。

[88] [美]德马科、福克斯,《现代世界伦理学新趋向》,石毓彬等译,北京:中国青年出版社,1990年版。

[89] [美]弗兰克纳,《伦理学》,关键译,北京:三联书店,1987年版。

[90] [美]格雷博什·鲁蒂诺,《媒体与信息伦理学》,霍政欣译,北京:北京大学出版社,2008年版。

[91] [美]吉姆·布拉斯科维奇、杰里米·拜伦森,《虚拟现实:从阿凡达到永生》,辛改译,北京:科学出版社,2015年版。

[92] [美]杰伦·拉尼尔,《互联网的冲击》,李龙泉、祝朝伟译,北京:中信出版社,2014年版。

[93] [美]库兹韦尔,《奇点临近》,董振华、李庆诚译,北京:机械工业出版社,2011年版。

[94] [美]库兹韦尔,《人工智能的未来》,盛杨燕译,杭州:浙江人民出版社,2016年版。

[95] [美]科尔曼等,《算法导论》,殷建平等译,北京:机械工业出版社,2013年版。

[96] [美]兰斯·斯特拉特,《麦克卢汉与媒介生态学》,胡菊兰译,开封:河南大学出版社,2016年版。

[97] [美]莱文森,《数字麦克卢汉:信息化新千纪指南》(第2版),何道宽译,北京:北京师范大学出版社,2014年版。

[98] [美]卢西亚诺·弗洛里迪,《第四次革命——人工智能如何重塑人类现实》,王文革译,杭州:浙江人民出版社,2016年版。

[99] [美]兰斯·斯特拉特,《麦克卢汉与媒介生态学》,胡菊兰译,开封:河南大学出版社,2016年。

[100] [美]劳拉·昆兰蒂罗,《赛博犯罪:如何防范计算机罪犯》,王涌译,南昌:江西教育出版,1999年版。

[101] [美]理查德·罗蒂,《哲学和自然之镜》,李幼蒸译,北京:商务印书馆,2003年版。

[102] [美]罗尔斯,《正义论》,北京:中国社会科学出版社,1988年版。

[103] [美]罗林斯,《机器的奴隶:计算机技术质疑》,刘玲,郭晓昭译,保定:河北大学出版社,1998年版。

[104] [美]理查德·A·斯班尼罗,《信息和计算机伦理案例研究》,赵阳陵译,北京:科学技术文献出版社,2003年版。

[105] [美]理查德·A·斯皮内洛,《世纪道德:信息技术的伦理方面》,刘钢译,北京:中央编译出版社,1999年版。

[106] [美]理查德·A·斯皮内洛,《铁笼,还是乌托邦:网络空间的道德与法律》,李伦译,北京:北京大学出版社,2007年版。

[107] [美]马克·史洛卡,《虚拟入侵》,张义东译,台湾:远流出版事业股份有限公司,1998年版。

[108] [美]摩尔,《皇帝的虚衣:因特网文化实情》,王克迪、冯鹏志译,保定:河北大学出版社,1998年版。

[109] [美]迈克尔·海姆,《从界面到网络空间:虚拟实在的形而上学》,金吾伦、刘钢译,上海:上海科技教育出版社,2000年版。

[110] [美]迈克尔·海姆,《从界面到网络空间——虚拟实在的形而上学》,金吾伦、刘钢译,上海:上海科技教育出版社,2000年版。

[111] [美]迈克尔·J.奎因著,《互联网伦理:信息时代的道德重构》,王益民译,北京:电子工业出版社,2016年版。

[112] [美]马克斯劳卡,《大冲突:赛博空间和高科技对现实的威胁》,黄镨坚译,南昌:江西教育出版社,1999年版。

[113] [美]摩尔,《皇帝的虚衣:因特网文化实情》,王克迪、冯鹏志译,保定:河北大学出版社,1998年版。

[114] [美]玛蒂娜·罗斯布拉特,《虚拟人:人类新物种》,杭州:浙江人民出版社,2016年版。

[115] [美]尼尔斯·尼尔森,《理解信念:人工智能的科学理解》,北京:机械工业出版社,2017年版。

[116] [美]尼克,《人工智能简史》,北京:人民邮电出版社,2017年版。

[117] [美]尼克,《人工智能简史》,北京:人民邮电出版社,2017年版。

[118] [美]尼古拉·尼葛洛庞蒂,《数字化生存》,胡泳,范海燕译,海口:海南出版社,1996年版。

[119] [美]尼古拉斯·布宁,《西方哲学英汉对照辞典》,余纪元译,北京:人民出版社,2001年版。

[120] [美]欧若拉·奥尼尔、[英]伯纳德·威廉斯,《美德伦理与道德要求》,南京:江苏人民出版社,2008年版。

[121] [美]皮埃罗·斯加鲁菲,《智能的本质:人工智能与机器人领域的64个大问题》,任莉、张建宇译,北京:人民邮电出版社,2017年版。

［122］［美］派卡·海曼，《黑客伦理与信息时代精神》，李伦译，北京：中信出版社，2002年版。

［123］［美］皮特·J.邓宁、鲍伯·麦特卡菲，《超越计算：未来五十年的电脑》，冯艺东译，保定：河北大学出版社，1998年版。

［124］［美］乔希·格雷戈里等，《人工智能》，长春：吉林出版集团股份有限公司，2019年版。

［125］［美］希拉里·普特南，《事实与价值二分法的崩溃》，应奇译，北京东方出版社，2006年。

［126］［美］R·罗蒂，《后哲学文化》，黄勇译，上海：上海译文出版社，2004年版。

［127］［美］汤姆·L.彼彻姆，《哲学的伦理学》，雷克勤等译，北京：中国社会科学出版社，1990年版。

［128］［美］汤姆·弗雷斯特，佩里·莫里森，《计算机伦理学——计算机学中的警示与伦理困境》，陆成译，北京：北京大学出版社，2006年版。

［129］［美］汤姆·福雷斯特，佩里·莫里森，《计算机伦理学：计算机学中的警示与伦理困境》，陆成译，北京：北京大学出版社，2007年版。

［130］［美］威廉·J.米切尔，《比特之城》，范海燕、胡泳译，北京：生活·读书·新知三联书店，1999年版。

［131］［美］威廉·K.弗兰克纳，《善的求索：道德哲学导论》，黄伟合，包连宗译，沈阳：辽宁人民出版社，1987年版。

［132］［美］希拉里·普特南，《重建哲学》，杨玉成译，上海：上海译文出版社，2008年版。

［133］［美］希拉里·普特南，《理性、真理与历史》，童世骏、李光程译，上海：上海译文出版社，2005年版。

［134］［美］希拉里·普特南，《实在论的多副面孔》，冯艳译，北京：中国人民大学出版社，2005年版。

［135］［美］尤瑞恩·范登·霍文，《信息技术与道德哲学》，陈凡、赵迎欢等译，北京：科学出版社，2014年版。

［136］［美］约翰·L.卡斯蒂，《虚实世界：计算机仿真如何改变科学的疆域》，王千祥、权利宁译，上海：上海科技教育出版社，1998年版。

［137］［美］约瑟夫·巴·科恩、大卫·汉森，《机器人革命：即将到来的机器人时代》，潘俊译，北京：机械工业出版社，2015年版。

［138］［美］詹姆斯·P.斯特巴，《实践中的道德》，程炼译，北京：北京大学出版社，2006年版。

［139］倪愫襄，《伦理学导论》，武汉：武汉大学出版，2002年版。

［140］聂文军，《西方伦理学专题研究》，长沙：湖南师范大学出版社，2007年版。

［141］欧阳康，《当代英美哲学地图》，北京：人民出版社，2005年版。

［142］乔岗，《网络化生存：Internet》，北京：中国城市出版社，1997年版。

［143］曲富有、马秀华、胡凤春，《虚拟世界的道德"防火墙"》，哈尔滨：黑龙江人民出版社，2006年版。

［144］［日］小仓志祥，《伦理学概论》，吴潜涛译，北京：中国社会科学出版社，1990年版。

［145］［日］城田真琴，《大数据的冲击》，周自恒译，北京：人民邮电出版社，2013年版。

［146］单学英，《现代网络伦理》，上海：上海电子出版有限公司，2004年版。

［147］沙勇忠，《信息伦理学》，北京：北京图书馆出版社，2004年版。

[148] 盛庆琜,《功利主义新论——统合效用主义理论及其在公平分配上的应用》,上海:上海交通大学出版社,1996 年版。

[149] 宋希仁,《西方伦理思想史》,北京:中国人民大学出版社,2004 年版。

[150] 宋吉鑫,《网络伦理研究》,北京:科学出版社,2012 年版。

[151] 孙伟平,《猫与耗子的新游戏:网络犯罪及其治理》,北京:北京出版社,1999 年版。

[152] 汤林森,《文化帝国主义》,上海:上海人民出版社,1999 年版。

[153] 唐凯麟,《伦理学》,北京:高等教育出版社,2001 年版。

[154] 唐凯麟,《伦理学教程》,长沙:湖南师范大学出版社,1992 年版。

[155] 唐凯麟,《西方伦理学流派概论》,长沙:湖南师范大学出版社,2006 年版。

[156] 涂纪亮,《从古典实用主义到新实用主义——实用主义基本概念的演变》,北京:人民出版社,2006 年版。

[157] 万俊人,《现代西方伦理学史》,北京:北京大学出版社,1992 年版。

[158] 万俊人,《现代性的伦理话语》,哈尔滨:黑龙江人民出版社,2002 年版。

[159] 万俊人,《现代西方伦理学史》,北京:北京大学出版社,1990 年版。

[160] 王海明,《伦理学原理》,北京:北京大学出版社,2001 年版。

[161] 王和平,《信息伦理学》,北京:军事科学出版社,2006 年版。

[162] 王路,《走进分析哲学》,北京:三联书店,1999 年版。

[163] 王润生,《西方功利主义伦理学》,北京:中国社会科学出版社,1986 年版。

[164] 王小东,《信息时代的世界地图》,北京:中国人民大学出版社,1997 年版。

[165] 王泽应,《义利并重与义利统一》,长沙:湖南人民出版社,2001 年版。

[166] 王正平、周中之,《现代伦理学》,北京:中国社会科学出版社,2001 年版。

[167] 巫汉祥,《寻找另类空间——网络与生存》,厦门:厦门大学出版社,2000 年版。

[168] 吴伯凡,《孤独的狂欢:数字时代的交往》,北京:中国人民大学出版社,1998 年版。

[169] 项家祥、王正平,《信息网络与文化教育》,上海:上海三联书店,2006 年版。

[170] 萧琛,《全球网络经济》,北京:华夏出版社,1998 年版。

[171] 徐向东,《道德哲学与实践理性》,北京:商务印书馆,2006 年版。

[172] 徐向东,《美德伦理与道德要求》,南京:江苏人民出版社,2007 年版。

[173] 徐向东,《自由意志与道德责任》,南京:江苏人民出版社,2006 年版。

[174] 徐云峰,《网络伦理》,武汉:武汉大学出版社,2007 年版。

[175] [新西兰]罗莎琳德·赫斯特豪斯,《美德伦理学》,李义天译,南京:译林出版社,2016 年版。

[176] [英]西季威克,《伦理学方法》,廖申白译,北京:中国社会科学出版社,1992 年版。

[177] [英]休谟,《人性论》,关文运译,北京:商务印书馆,1997 年版。

[178] [英]亚当·斯密,《道德情操论》,谢宗林译,北京:中央编译出版社,2008 年版。

[179] [英]约翰·穆勒,《功利主义》,徐大建译,上海:上海人民出版社,2008 年版。

[180] [英]约翰·斯图亚特·穆勒,《功利主义》,叶建新译,北京:九州出版社,2007 年版。

[181] [英]安东尼·吉登斯,《现代性的后果》,田禾译,南京:译林出版社,2000 年版。

[182] [英]巴雷特,《赛伯族状态:因特网的文化、政治和经济》,李新玲译,保定:河北大学出版社,1998 年版。

[183] [英]边沁,《道德与立法原理. 西方伦理学名著选辑(下卷)》,周辅成译,北京:商务印书馆,2000 年版。

［184］〔英〕伯纳德·威廉斯，《道德运气》，徐向东译，上海：上海译文出版社，2007 年版。

［185］〔英〕戴维·罗斯，《正当与善》，菲利普·斯特拉顿译，上海：上海译文出版社，2008 年版。

［186］〔英〕玛格丽特·博登，《人工智能的本质与未来》，孙诗惠译，北京：中国人民大学出版社，2017 年版。

［187］〔英〕玛格丽特·博登主编，《人工智能哲学》，刘西瑞、王汉琦译，上海译文出版社，2001 年版。

［188］〔英〕尼尔·巴雷特，《数字化犯罪》，郝海洋译，沈阳：辽宁教育出版社，1998 年版。

［189］〔英〕密尔，《功用主义》，唐钺译，北京：商务印书馆，1957 年版。

［190］〔英〕托尼·海伊等，《第四范式：数据密集型科学发现》，潘教峰、张晓林等译，北京：科学出版社，2012 年版。

［191］〔英〕维克托迈尔·舍恩伯格、肯尼思·库克耶，《大数据时代：生活、工作与思维的大变革》，盛杨燕、周涛译，杭州：浙江人民出版社，2013 年版。

［192］〔英〕维克托·迈尔·舍恩伯格，《大数据时代》，周涛译，杭州：浙江人民出版社，2013 年版。

［193］〔英〕维克托·迈尔·舍恩伯格、肯尼思·库克耶，《大数据时代：生活、工作与思维的大变革》，盛杨燕、周涛译，杭州：浙江人民出版社，2013 年版。

［194］〔意〕卢西亚诺·弗洛里迪主编，《计算与信息哲学导论》，刘钢主译，北京：商务印书馆，2010 年版。

［195］〔印〕阿马蒂亚·森，《后果评价与实践理性》，应奇译，北京：经济管理出版社，2006 年版。

［196］严峰、卜卫，《生活在网络中》，北京：中国人民大学出版社，1997 年版。

［197］严耕、陆俊，《网络悖论：网络的文化反思》，长沙：国防科技大学出版社，1998 年版。

［198］严耕，《网络伦理》，北京：北京出版社，1998 年版。

［199］严耕，《终极市场：网络经济的来临》，北京：北京出版社，1999 年版。

［200］叶秀山、王树人，《西方哲学史（第八卷）》，南昌：江苏人民出版社，2004 年版。

［201］曾国屏、李正风、段伟文等，《赛博空间的哲学探索》，北京：清华大学出版社，2002 年版。

［202］张怡，《虚拟现象的哲学探索》，上海：上海人民出版社，2020 年版。

［203］张平，《网络知识产权及相关法律问题透析》，广州：广州出版社，2000 年版。

［204］张庆熊、周林东、徐英瑾，《二十世纪英美哲学》，北京：人民出版社，2005 年版。

［205］张新宝，《隐私权的法律保护》，北京：群众出版社，1997 年版。

［206］张震，《网络时代伦理》，成都：四川人民出版社，2002 年版。

［207］赵敦华，《现代西方哲学新编》，北京：北京大学出版社，2001 年版。

［208］赵兴宏，《网络伦理学概要》，沈阳：东北大学出版社，2008 年版。

［209］郑成思，《知识产权文丛（第二卷）》，北京：中国政法大学出版社，1999 年版。

［210］钟瑛、牛静，《网络传播法制与伦理》，武汉：武汉大学出版社，2006 年版。

［211］钟瑛，《网络传播伦理》，北京：清华大学出版社，2005 年版。

［212］周辅成，《西方伦理学名著选辑》，北京：商务印书馆，1996 年版。

［213］周中之，《伦理学》，北京：人民出版社，2004 年版。

［214］朱银端，《网络伦理文化》，北京：社会科学文献出版社，2004 年版。

［215］张玉宏，《品味大数据》，北京：北京大学出版社，2016 年版。

论文

［1］ 陈食霖，《"道义论"抑或"功利论"：生态伦理学的根据》，中南财经政法大学学报，2003 年，第 5 期。

［2］ 陈晓平，《面对道德冲突：功利与道义》，学术研究，2004 年，第 4 期。

［3］ 陈亚军，《如何谈普世伦理——一种实用主义的形式考察》，哲学评论，2007 年，第 6 期。

［4］ 陈明，《大数据与镜像化生存：对大数据时代的哲学反思》，《浙江传媒学院学报》，2015 年，第 6 期。

［5］ 高亮华，《"技术转向"与技术哲学》，哲学研究，2001 年，第 1 期。

［6］ 龚群，《论道义论与功利论的一个根本区分：正当与善何者优先》，道德与文明，2008 年，第 1 期。

［7］ 龚群，《论社会事实与三种价值的内在关系》，中国人民大学学报，2005 年，第 1 期。

［8］ 龚群，《对以边沁、密尔为代表的功利主义的分析批判》，伦理学研究，2003 年，第 4 期。

［9］ 江天骥，《相对主义的问题》，世界哲学，2007 年，第 2 期。

［10］ 金吾伦，《信息时代与思维方式变革——笛卡尔思维和打破现状思维》，哲学动态，1998 年，第 3 期。

［11］ 李芬，《论马克思主义伦理学的理论特色——道义论与功利论的统一；目的论与工具论的统一》，铜仁学院学报，2007 年，第 4 期。

［12］ 李建珊、乔文娟，《科技价值二分的哲学思考》，南开学报（哲学社会科学版），2007 年，第 6 期。

［13］ 李建珊，《计算机化与人类文明》，道德与文明，1990 年，第 4 期。

［14］ 刘钢，《从信息的哲学问题到信息哲学》，自然辩证法研究，2003 年，第 1 期。

［15］ 刘钢，《当代信息哲学的背景、内容与研究纲领》，哲学动态，2002 年，第 1 期。

［16］ 刘钢，《科学背景转移与信息哲学》，哲学动态，2003 年，第 12 期。

［17］ 刘钢，《信息哲学：科技哲学的新范式》，自然辩证法通讯，2004 年，第 4 期。

［18］ 刘钢，《哲学的"信息转向"》，江西社会科学，2004 年，第 4 期。

［19］ 刘莘，《罗尔斯"反思平衡"的前提》，哲学研究，2007 年，第 5 期。

［20］ 刘雪梅、顾肃，《功利主义的理论优势及其在当代的新发展》，学术月刊，2007 年，第 8 期。

［21］ 吕耀怀，《两种自律观的歧义》，道德与文明，1996 年，第 3 期。

［22］ 郦全民，《关于计算的若干哲学思考》，自然辩证法研究，2006 年，第 8 期。

［23］ ［美］L·弗洛里迪、刘钢，《信息哲学的若干问题》，世界哲学，2004 年，第 5 期。

［24］ 乔学斌，《试论目的论与道义论之辩》，北京理工大学学报（社会科学版），2006 年，第 1 期。

［25］ 任晓明，《哲学的信息技术转向——逻辑机器哲学的兴起》，江西社会科学，2004 年，第 3 期。

［26］ 史育华，《谈"道义论"与"功利主义"的内在统一性》，涪陵师范学院学报，2007 年，第 2 期。

［27］ 田鹏颖，《从技术的思想到技术的伦理学转向——卡尔·米切姆技术哲学思想述评》，哲学动态，2005 年，第 5 期。

［28］ 万俊人，《"效率"与"公平"之间和之外——读盛庆琜教授的《效用主义新探——一种统一的效用主义及其在分配正义上的应用》，人文杂志，1996 年，第 3 期。

［29］万俊人,《论道德目的论与伦理道义论》,学术月刊,2003 年,第 1 期。

［30］王泽应,《论道德目的论与道德工具论》,苏州铁道师范学院学报(社会科学版),2001 年,第 3 期。

［31］王泽应,《义利之辨与社会主义义利观》,道德与文明,2003 年,第 5 期。

［32］魏英敏,《功利论、道义论与马克思主义伦理学》,东南学术,2002 年,第 1 期。

［33］吴国盛,《哲学中的"技术转向"》,哲学研究,2001 年,第 1 期。

［34］吴志樵,《论功利主义与道义论》,中共中央党校学报,2004 年,第 1 期。

［35］［新西兰］罗莎琳德·赫斯特豪斯,《规范美德伦理学》,邵显侠译,求是学刊,2004 年,第 1 期。

［36］颜青山,《"伦理转向"还是"技术转向"》,哲学动态,2002 年,第 10 期。

［37］张华夏,《统合效用主义的理论贡献及其问题——简评盛庆琜的新功利主义》,开放时代,2001 年,第 1 期。

［38］张培伦,《效益与德行:以弥尔效益主义为例》,哲学与文化,2003 年,第 8 期。

［39］周中之,《弗兰克纳的"混合义务论"述评》,道德与文明,1989 年,第 1 期。

［40］朱贻庭,《超越功利论与道义论的对立》,道德与文明,1990 年,第 6 期。

［41］［中国台湾］盛庆琜,《"对的"与"好的"》,探索与争鸣,2003 年,第 1 期。

后　记

书稿终于完成，回顾撰写的过程，不禁感慨万千。八年时光在整体宇宙时间维度中不算太长，但就一部书稿而言也不算太短，特别是撰写过程中的种种经历令人记忆犹新、难以忘怀。本书是2014年国家社科基金后期资助项目的成果，也是作者从攻读博士学位开始起长期学术耕耘的结晶。八年中，我们这个时代也发生了翻天覆地的变化，人类正在经历百年未有之大变局，特别是新科技革命日新月异，以人工智能、大数据等为代表的科技发展态势日趋明朗，我们的生产方式、生活方式、思维方式也已经并仍在变革中。八年中，我们还经历了世纪新冠疫情，在与病毒斗争的过程中，科技也发挥了其应有的作用，展现了信息智能时代人类在自主性、自觉性、适应性以及拓展自身能力方面的无限潜能。Chatgpt的出现令我们耳目一新，其作用的发挥、效能的评估目前还有很多未知性，我们从某种意义上试图拭目以待、静观其变，但现实在提示我们想做旁观者似乎很难，在这样的一个科技变革时代，人人都是剧中人，如果我们不能未雨绸缪，进行前瞻性思考，就会被时代抛弃，这越来越表明并不是危言耸听。从本书研究的主题而言，我们越来越感受到研究的重要性，从大范畴来讲，当下以及未来的科技变革，都可以归于赛博技术、信息技术视域下，特别是科技发展呈现的正反面效应一如既往，较之于已显陈旧，甚至已被淘汰的技术，新技术并没有成为"单刃剑"，"双刃"效应更加明显、迅急、多样多元，有些甚至涉及到了更为深层次的对人的本质、人与人工智能的内在区别等问题的深度审视。建立在对人类处理与自身、与自然、与社会关系深刻反省基础上的伦理思想、基本的伦理分析路径一以贯之具有重要意义。这个时代更加需要我们在乱花渐欲迷人眼中保持清醒头脑，更加需要我们传承创新传统伦理思想，发挥其指导人类生活的重大作用。现象纷繁复杂，我们需要在科学理论指导下，在遵循人类发展内在规律的基础上，透过现象考察科技发展的本质，探寻历史过往，审视既有存在，把握未来趋势。

马克思在1856年4月14日"人民报"创刊纪念会上的演说中指出，在我们这个时代,每一种事物好像都包含有自己的反面。我们看到,机器具有减少人类劳动和使劳动更有成效的神奇力量,然而却引起了饥饿和过度的疲劳。新发现的财富的源泉,由于某种奇怪的、不可思议的魔力而变成贫困的根源。技术的胜利,似乎是以道德的败坏为代价换来的。随着人类愈益控制自然,个人却似乎愈益成为别人的奴隶或自身的卑劣行为的奴隶。甚至科学的纯洁光辉仿佛也只能在愚昧无知的黑暗背景上闪耀。我们的一切发现和进步,似乎结果是使物质力量具有理智生命,而人的生命则化为愚钝的物质力量。现代工业、科学与现代贫困、衰颓之间的这种对抗,我们时代的生产力与社会关系之间的这种对抗,是显而易见的、不可避免的和无庸争辩的事实。每当我们阅读以上文字时,内心就会产生震撼,相信读者也会有同感,在这样的一个变革时代,科技进步迅猛,但饥荒、瘟疫、战争并没有远离,我们人类如何使用好自己的创造物,如何避免科技异化,如何处理好主体客体化、客体主体化等问题,仍然在考验着人类的智慧。但我们相信,人类在历经种种挫折曲折之后,定会有光明的前景,我们仍然坚信,科技变革自身是进步的力量,是人类最终解决各种难题的金钥匙。无论时代如何变迁,社会如何发展,人类必须要过伦理的生活,我们必须要对生活进行伦理的审视,这一点我们确定无疑,唯如此,生活之航船才会不偏向,才能真正驶向光明未来之自由王国。

本书的出版,要感谢的人很多,从博士论文选题开始,凝结了导师任晓明教授的心血,已故武汉大学桂起权教授多次醍醐灌顶的指导令我永远铭记,课题评审专家的意见和建议使我受益良多。要特别感谢课题组成员的精诚合作、辛勤付出,感谢上海三联书店编辑的辛勤工作,特别要感谢郑秀艳编辑多次的耐心沟通指导。

我们深知,本书不足之处在所难免,敬请读者指正。

最后,对本书出版给予支持的专家、学者和编辑们表示最诚挚的感谢。

李蒙

2023 年 4 月 23 日于成都

图书在版编目(CIP)数据

赛博技术伦理问题研究/李蒙著.—上海:上海三联书店,
2023.10
ISBN 978-7-5426-8054-9

Ⅰ.①赛…　Ⅱ.①李…　Ⅲ.①技术伦理学－研究
Ⅳ.①B82-057

中国国家版本馆 CIP 数据核字(2023)第 053089 号

赛博技术伦理问题研究

著　　者 / 李　蒙

责任编辑 / 郑秀艳
装帧设计 / 一本好书
监　　制 / 姚　军
责任校对 / 王凌霄

出版发行 / 上海三联书店
　　　　　(200030)中国上海市漕溪北路 331 号 A 座 6 楼
邮　　箱 / sdxsanlian@sina.com
邮购电话 / 021-22895540
印　　刷 / 上海巅辉印刷厂有限公司

版　　次 / 2023 年 10 月第 1 版
印　　次 / 2023 年 10 月第 1 次印刷
开　　本 / 710 mm×1000 mm　1/16
字　　数 / 350 千字
印　　张 / 20
书　　号 / ISBN 978-7-5426-8054-9/B·825
定　　价 / 80.00 元

敬启读者,如发现本书有印装质量问题,请与印刷厂联系 021-56152633